现代电源设计与应用系列丛书

现代通信电源技术及应用

主　编　徐小涛
副主编　吴延林

北京航空航天大学出版社

内 容 简 介

本书紧密跟踪现代通信电源技术的最新发展，依据国内外通信电源技术的发展状况，深入浅出地介绍了几种典型的通信电源技术的基本原理、技术体制和功能结构，同时依据国内外通信电源技术的应用实践，详细介绍了典型通信电源技术的应用优势和工程实践。

本书包括现代通信电源技术概述、油机电源系统、开关电源、UPS电源、传统蓄电池技术及其应用、绿色电源技术及其应用、以太网供电、通信电源管理以及通信电源站的设计与配置等内容。

本书力求内容的科学性、先进性、系统性和实用性，可作为从事通信电源技术应用的工程技术人员、管理人员、电信运营商和设备制造商的技术参考书或培训教材，也可作为教材或参考资料供高等工科院校通信专业、电源专业及相关专业高年级本科生使用。

图书在版编目(CIP)数据

现代通信电源技术及应用/徐小涛主编. —北京：北京航空航天大学出版社，2009.7

ISBN 978-7-81124-813-5

Ⅰ.现… Ⅱ.徐… Ⅲ.通信设备—电源 Ⅳ.TN86

中国版本图书馆CIP数据核字(2009)第110332号

现代通信电源技术及应用

主　编　徐小涛

副主编　吴延林

责任编辑　张军香　刘福军　朱红芳

*

北京航空航天大学出版社出版发行

北京市海淀区学院路37号(100191)　发行部电话：010-82317024　传真：010-82328026

http://www.buaapress.com.cn　E-mail：emsbook@gmail.com

涿州市新华印刷有限公司印装　各地书店经销

*

开本：787×1092　1/16　印张：23　字数：589千字

2009年7月第1版　2009年7月第1次印刷　印数：5 000册

ISBN 978-7-81124-813-5　定价：39.00元

前 言

随着国内外信息化建设步伐的加快，现代通信电源技术作为通信设备稳定运行的基础，在国内外得到了越来越广泛的关注，并在相关领域得到广泛的应用。

为了适应现代通信电源技术的发展，满足从事通信电源技术研究、管理、服务、教学的工程技术人员了解现代通信电源技术发展的需要，作者专门编写了《现代通信电源技术及应用》一书。

全书共分为 9 章。第 1 章主要介绍现代通信电源技术的基本概念、技术特点、应用基本常识、基本功能和发展历程，综述了几种应用比较广泛的直流通信电源应用模式，并对通信电源技术的应用现状和发展趋势进行了介绍。第 2 章主要介绍柴油发电机组和燃气轮机发电机组这两种比较典型的油机发电技术，系统介绍了这两种典型的油机电机组的发展历程、技术特点、组成结构以及使用和维护，并对这两种典型油机发电技术的应用优势进行了介绍。第 3 章简要介绍开关电源技术的发展历程，系统介绍了开关电源技术的电路结构、关键元器件，分析了开关电源的工作原理和应用优势，并对以单片开关电源为代表的数字化开关电源技术和工程应用进行了介绍。第 4 章解释 UPS 电源技术的概念，简要介绍了 UPS 电源技术的类别，系统阐述了 UPS 电源技术的基本原理、电路结构、运行方式，并以 UPS 的选型、使用和维护为依托探讨了 UPS 电源技术在通信电源领域的应用。第 5 章主要介绍铅蓄电池和镍镉蓄电池这两种应用比较广泛的传统蓄电池技术，系统介绍了铅蓄电池和镍镉蓄电池的电源特性、工作原理和使用维护，重点探讨了应用最为广泛的阀控式铅酸蓄电池在通信电源领域的应用。第 6 章简要介绍新型绿色电源技术的发展，系统介绍了镍氢电池、锂电池、矾电池以及太阳能电池的工作原理和应用维护，并以通信基站绿色电源供给典型应用为例介绍了绿色电源系统在通信电源领域的工程应用实践。第 7 章主要介绍基于 IEEE 802.3af 标准的以太网供电技术，系统介绍了以太网供电系统的组成结构，探讨了以太网供电模式，并以以太网供电的应用优势为依托，以典型的以太网供电解决方案为范例，介绍了以太网供电技术的工程应用。第 8 章简要介绍现代通信电源管理技术的发展、通信电源设备的维护，系统描述了以动力环境监控系统为代表的新型通信电源管理技术，并以电源管理总线技术为基础，探讨了以手机为代表的便携式通信设备的电源管理策略。第 9 章介绍典型通信电源站的结构组成，探讨了通信电源站的设备配置和选择，并以通信基站电源的技术为基础介绍了通信电源的节能减排应用。

本书由徐小涛主编，吴延林参与编写。本书得到了徐静、徐浩、吴攀、肖婷、李文娟、吴金芳、李进军、潘侃杰、赵燕华、颜丽丽、柯珣、舒学云、徐武文、叶炼、刘武云、舒曼、高俊文等，在此向他们表示衷心的感谢。

在编写过程中，得到了艾默生公司、中兴通讯、摩托罗拉、烽火通信、IBM、创联电源、环宇电源、瑞达电源、华为、许继电器、英特尔和普天通信等企业的鼎力支持，他们为这本书的编写工作提供了大量宝贵的素材和翔实的应用实例。

北京航空航天大学出版社的董立娟老师为本书的出版付出了辛勤的劳动，北京航空航天大学出版社对本书的出版给予了大力的支持，在此一并表示感谢。

由于现代通信电源技术仍在不断发展之中，新的标准和技术应用不断涌现，加之作者水平有限，编写时间仓促，因而本书难免存在错漏之处，恳请各位专家和读者指正。

作　者

2009年4月于武汉

目　　录

第1章 现代通信电源概述

1.1 通信电源基本概念

通信电源作为通信系统的核心部分之一，在通信工程中具有无可比拟的重要地位。它包含的内容非常广泛，不仅包含常用的开关电源、UPS电源、通信用蓄电池和油机发电机组，还包括太阳能电池等绿色通信电源。通信电源的核心基本一致，都是以功率电子为基础，通过稳定的控制环设计，再加上必要的外部监控，最终实现能量的转换和过程的监控。现代通信设备需要稳定、可靠的电源设备来提供电源，电源的安全、可靠是保证通信系统正常运行的重要条件。

1.1.1 现代通信对通信电源的要求

现代通信设备由于其自身的工作特性，对通信电源的保障提出了越来越高的要求。

(1) 可靠性高

一般的通信设备发生故障影响面较小，是局部性的。如果电源系统发生直流供电中断故障，则影响几乎是灾难性的，往往会造成整个电信局、通信枢纽的通信中断。数字通信设备则对电源的要求更高，电源电压即使有瞬间的中断也不允许。

在数字程控交换局中，信息存在存储单元中，虽然重要的存储单元都是双重设置的，若电源中断，两套并行工作的存储器同时丢失信息，则信息需从磁带、软盘等重新输入程序软件，通信将长时间中断。因此，通信电源系统需要在各环节多重备份，配置"多路、多种、多套"的备用电源。在暂时还没有条件达到"三多"配置的地方，至少应有后备电池，以保证通信设备电源的稳定供给。

(2) 稳定性好

各种通信设备都要求电源电压稳定，不允许超过容许的变化范围，尤其是计算机控制的通信设备，数字电路工作速度高、频带宽，对电压波动、杂音电压、瞬变电压等非常敏感。所以，供电系统必须有很好的稳定性。

(3) 效率高

能源是宝贵的，电信设备在耗费巨资完成设备投资后，日常的费用支出中，电费是一笔比重很大的开支。尤其随着通信容量的增大，一个局的各种设备用上百、上千安培的用电量已是司空见惯，这时效率问题就特别突出。

这就要求电源设备(主要指整流电源)应有较高转换效率，即要求电源设备的自耗要小。

(4) 低压、大电流，多组供电电压需求

低压、大电流，多组供电电压需求增多，功率密度大幅度提升，供电方案和电源应用方案设计呈现出多样性。

(5) 模块化

模块化为设备自由组合扩容、互为备用、提高安全系数提供了保障。模块化有两方面的含义，一是指功率器件的模块化，二是指电源单元的模块化。实际上，由于频率的不断提高，致使引线寄生电感、寄生电容的影响愈加严重，对器件造成更大的应力(表现为过电压、过电流毛刺)。为了提高系统的可靠性，而把相关的部分做成模块。把开关器件的驱动、保护电路也装到功率模块中去，构成了"智能化"功率模块(IPM)，这既缩小了整机的体积，又方便了整机设计和制造。

多个独立的模块单元并联工作，采用均流技术，所有模块共同分担负载电流，一旦其中某个模块失效，其他模块再平均分担负载电流。这样，不但提高了功率容量，在器件容量有限的情况下满足了大电流输出的要求，而且通过增加相对整个系统来说功率很小的冗余电源模块，极大地提高了系统可靠性。即使出现单模块故障，也不会影响系统的正常工作，而且还为修复提供了充分的时间。

现代电信要求高频开关电源采用分立式的模块结构，以便于不断扩容、分段投资，并降低备份成本。不能像习惯上采用的1+1的全备用(备份了100%的负载电流)，而是要根据容量选择模块数 N，配置 $N+1$ 个模块(即只备份了 $1/N$ 的负载电流)即可。

(6) 实现集中监控

现代电信运行维护体制要求动力机房的维护工作通过远程监测与控制来完成。这就要求电源自身具有监控功能，并配有标准通信接口，以便与后台计算机或与远程维护中心通过传输网络进行通信，交换数据，实现集中监控。从而提高维护的及时性，减小维护工作量和人力投入，提高维护工作的效率。

(7) 自动化、智能化

现代通信设备要求电源能进行电池自动管理，故障自诊断，故障自动报警等，自备发电机应能自动开启和自动关闭。

(8) 小型化

现在各种通信设备的日益集成化、小型化，要求电源设备也相应地小型化，作为后备电源的蓄电池也应向免维护、全密封、小型化方面发展，以便将电源、蓄电池随小型通信设备布置在同一个机房，而不需要专门的电池室。

(9) 采用新的供电方式

相应于电源小型化，供电方式应尽可能实行各机房分散供电，设备特别集中时才采用电力室集中供电，大型的高层通信大楼可采用分层供电(即分层集中供电)。集中供电和分散供电各有优点，因条件不同应斟酌选用。

对于集中供电，电力室的配置包括交流配电设备、整流器、直流配电设备、蓄电池。各机房从电力室直接获得直流电压和其他设备、仪表所使用的交流电压。这种配置有它的优点，例如集中电源于一室，便于专人管理，蓄电池不会污染机房等。但它有一个致命的缺点，即浪费电能，传输损耗大，线缆投资大。因为直流配电后的大容量直流电流由电力室传输到各机房，传输线的微小电阻也会造成很大的压降和功率损耗。

对于分散供电，电力室成为单纯交流配电的部分，而将整流器、直流配电和蓄电池组分散装于各机房内。这样，将整流器、直流配电、电池化整为零，使它们能够小型化，相对的小容量。但有个先决条件，蓄电池必须是全密封型的，以免腐蚀性物质挥发而污染环境、损坏设备(现行的全密封型的电池已经能达到要求了）。

分散供电最大的优点是节能，因为从配电电力室到机房的传输线上，原先传输的大直流电流需要转变为传输 380 V 的交流。计算表明，在传输相同功率的情况下，380 V 交流电流要比 48 V 的直流电流小得多，在传输线上的压降造成的功率损耗只有集中供电的 1/49～1/64。

1.1.2　现代通信电源技术的应用比较

随着半导体工艺技术的不断升级，电路板上的元器件运行速度更快、体积更小，而且设备要求更多、更低的供电电压和更大的供电电流，最终系统的功能不断增加，而平均售价却可以不断下降。此外，用户对电源的故障修复时间、电源运行状态的感知与控制的要求越来越高，电源设计人员不再满足于实时监控电流、电压、温度，还提出了诊断电源供应情况、灵活设定每个输出电压参数的要求。这些需求已是今日的模拟解决方案难以满足的。因此，作为电源管理发展新思路的数字电源应运而生，其目标就是将电源转换与电源管理架构用数字方法集成到单芯片中，实现智能、高效的转换和控制及通信。

1. 数字电源的定义

数字电源是采用数字方式实现电源的控制、保护回路与通信接口的新型电源技术。可编程、响应性好和数字环路控制是表征数字电源的 3 个主要特征。数字电源有几种不同的定义，实现方式也各不相同。

第一种定义是数字检测，包括监视开关电源的状态，如温度、输入/输出电流、输入/输出电压、开关频率（占空比）等，并根据需求向主机报告。故障状态信息甚至时间标记等信息可存储在非易失性存储器中，并在将来某个时间上报这些信息。

第二种定义是在“数字检测”的基础上通过数字接口控制开关电源，一般是通过 I^2C 或类似的数字总线控制输出电压、开关频率、多通道电源的（上/下电）排序、上升斜率、跟踪、（软）启动、裕度控制、故障保护等等。实际上，目前市场上很多电源管理集成电路都以这种方式工作。

第三种定义是用数字电路彻底取代开关电源中的所有模拟电路，这是真正的原生数字电源。只须编写几行简单的代码，一个核心数字电源集成电路就可以配置成升压稳压器、降压稳压器及负输出、SEPIC、反激式或正激式转换器，将使开关电源更容易设计、配置而且更稳定。但要实现这点从目前看来是相当困难的，因为从物理定律上来说，电流是模拟信号，即使数字开关电源用 ADC 和 DSP 取代误差放大器和脉冲宽度调制器，数字开关电源也仍然需要电压基准、电流检测电路和 FET 驱动器，这些组件目前只有模拟形式的产品。此外，电感器、变压器以及电容器等模拟元器件在实现数字电源时也是不能没有的。

传统的模拟电源是以模拟控制环路为基础的，如果在模拟控制环路外添加模拟量采样和量化电路，并辅以通信电路，即可构成上面第一种定义中所指的带数字检测的比较初级的数字电源。

目前的数字电源大都是按照上面第二种定义（即数字控制＋数字监视）实现的，电源内部的模拟控制环路由数字控制环路替代。未来是属于数字电源的，但数字化是个渐进的过程，其发展很可能由同时使用模拟和数字技术的混合系统开始，进而演进到全数字实现。以前，数字化是以采用高成本的复杂多芯片电路方案为代价的。例如，一个具有电压、电流监视及控制能力的应用可能需要很多集成电路，如高稳定度基准源、高精度多通道 ADC、DAC 和专用微控制器，此外还需要不小的软件开发工作量。如果再考虑成本、复杂性、线路板空间限制和严苛的产品上市时间要求，以数字方式管理电源的确需要人们付出不菲的代价。

随着电源系统的性能和功率的不断提高，实现电源性能指标所必需的元件数量和成本也随之增加，越来越多的控制需要通过具有成本效益的数字电路实现。一般认为，在设计 DC-DC 变换器时，通常 100 W 以上的系统中会应用数字控制技术；而在设计 AC-DC 变换器时，250 W 以上的系统会应用数字技术，这样电源的经济性会更高一些。因此，在未来的电源系统中，模拟与数字技术将共存相当一段时间。以前，电源行业转向开关电源是一个很大的变化，而电源数字化趋势将会是一个更大的变化。

2. 模拟电源的优势与不足

目前，除了一些专门用于微处理器的转换器之外，市场上大多数砖形转换器、中间总线转换器及负载点 PoL 转换器仍采用模拟控制。这是因为许多模拟电源系统经过了多年的检验，可靠性还是很高的。

当前，尽管模拟电源解决方案的成本、性能(如负载变化时的电源响应时间)、占板面积等指标都优于数字电源解决方案，但对开发人员来说，它完全是一种固定模式的黑盒应用，抑制了开发人员发挥创造力的激情，开发人员对电源进行同步跟踪、电压排序、故障诊断及适应环境变化的能力还是比较差的。

许多高性能的 DC-DC 转换器仍通过简单的无源器件产生的模拟信号进行设置和控制。即使是具有最先进拓扑结构的高性能转换器，也还需要使用外部电阻、电容来确定诸如启动时间、输出点值及开关频率等参数。这些电阻、电容的值都是设计调试时确定的，制造完成后不可轻易更改，因此自适应的电源管理方案也就不可能实现。而且，为实现更多功能，就要设计更多的直接反馈电路，所以模拟控制环路会变得非常复杂。

传统的模拟控制架构已经使用多年，模拟控制电路因为使用许多元器件而需要很大空间，这些元器件本身的值还会随使用时间、温度和其他环境条件的变化而变动，从而对系统稳定性和响应能力造成负面影响。模拟控制的控制-响应特性是由分立元器件的值决定的，它总是面向一个范围狭窄的特定负载，因此无法为所有电压值或负载点提供最优化的控制响应。换句话说，如果需要一个可以在很多产品中重复使用而不必更换部件的设计平台，则模拟方案难以胜任。除此之外，模拟系统的测试和维修都非常困难。

3. 数字电源的应用优势比较

数字电源正是为了克服现代电源的复杂性而提出的，它实现了数字和模拟技术的融合，提供了很强的适应性与灵活性，具备直接监视、处理并适应系统条件的能力，能够满足几乎任何电源要求。数字电源还可通过远程诊断以确保持续的系统可靠性，实现故障管理、过电压(流)保护、自动冗余等功能。由于数字电源的集成度很高，系统的复杂性并不随功能的增加而增加过多，外围器件很少(数字电源的快速响应能力还可以降低对输出滤波电容的要求)，减小了占板面积，简化了设计制造流程。同时，数字电源的自动诊断、调节的能力使调试和维护工作变得轻松。

数字电源管理芯片易于在多相以及同步信号下进行多相式并联应用，可扩展性与重复性优秀，轻松实现负载均流，减少 EMI，并简化滤波电路设计。数字控制的灵活性能把电源组合成串联或并联模型,形成虚拟电源。而且,数字电源的智能化可保证在各种输入电压和负载点上都具有最优的功率转换效率。

相对模拟控制技术,数字技术的独特优势还包括在线可编程能力、更先进的控制算法、更好的效率优化、更高的操作精确度和可靠性、优秀的系统管理和互联功能。数字电源不存在模拟电源中常见的误差、老化(包括模拟器件的精度)、温度影响、漂移、补偿等问题,无须调谐、可靠性好,可以获得一致、稳定的控制参数。数字电源的运算特性使它更易于实现非线性控制(可改善电源的瞬态响应能力)和多环路控制等高级控制算法;更新固件即可实现新的拓扑结构和控制算法,更改电源参数也无须变更板卡上的元器件。

数字控制还能让硬件平台重复使用,通过设计不同固件即可满足各种最终系统的独特要求,从而加快产品上市,降低开发成本、元器件库存与风险。

数字电源已经表现出相当多的优点,但仍有一些缺点需要克服。例如,模拟控制对信号状态的反应是瞬时的,而数字电源需要一个采样、量化和处理的过程来对负载的变化做出反馈,因此它对负载变化的响应速度目前还比不上模拟电源。数字电源的占板面积要大于模拟电源,精度和效率也比模拟电源稍差。虽然数字控制方法的优点在负载点(PoL)系统中非常明显,但模拟电源在分辨率、带宽、与功率元件的电压兼容性、功耗、开关频率和成本(在简单应用中)等方面仍然占有优势。不过,如果考虑到数字电源解决方案具有的优点,使用模拟电路搭建功能相似的电路,成本并不一定就比数字电源低。

数字电源中包含的技术无疑是复杂的,但它的使用并不一定就复杂。它要求设计人员具有一定的程序设计能力,而目前的电源设计人员普遍都是模拟设计为主,缺乏编程方面的训练,这对数字电源的推广也造成了一定的障碍。

人们对数字电源还有一个担心就是它还不像模拟电源那样经过多年应用的考验,因而可靠性不高。但就像数字电路在概念上优于模拟电路一样,可靠性是设计的问题,而不是数字化的问题。成本显然也是约束数字电源广泛应用的一个主要因素。由于数字实现方式的成本看似高于相似的模拟实现方式,而且人们对于数字电源产品的采用存在顾虑,所以,从用户的角度来说,也只有当数字电源的成本等于或低于模拟电源(因为成本是市场考虑的第一因素),同时又能提供模拟电源做不到的许多先进功能的时候,数字电源才会被考虑。

综上所述,在简单易用、参数变更不多的应用场合,模拟电源产品更具优势,因为其应用的针对性可以通过硬件固化来实现。而在可控因素较多,需要更快实时反应速度,需要管理多个电源、复杂的高性能系统应用中,数字电源则具有优势。

4. 数字电源的发展

最近出现的数字电源产品的集成度和易用性已经达到一个更高的高度。包括传统的模拟电源厂商和新兴的数字电源芯片设计厂商在内的大部分厂商都在着手解决纯粹的电源转换以外的问题,包括添加监测功能,提供可与系统通信的数字接口,以及建立数字控制反馈环路,即在模拟变换器外面使用"数字外壳"。常见的方案有两种,即单芯片控制器方案和通过高性能数字芯片对电源实现直接控制的方案。

(1) 单芯片控制器方案

通过外接A/D转换芯片进行取样,取样后对得到的数据进行运算处理,再把结果通过D/A转换后传送到PWM芯片,从而实现单芯片控制器对开关电源的控制。这种方案的技术目前已经比较成熟,设计方法容易掌握,而且对单芯片控制器的要求不高,成本比较低。但是整套电路采用多个芯片,电路比较复杂;而且经过 A/D 和 D/A 转换等步骤,会造成比较大的信号延迟,进而影响电源的动态性能和稳压精度。有些单芯片控制器整合了 PWM 输出,但一般单芯片控制器的运行频率有限,无法产生足够高的频率和精度的 PWM 输出信号。

(2) 通过高性能数字芯片对电源实现直接控制

数字芯片(如 DSP 或 MCU)完成信号采样、处理和 PWM 输出等工作。由于数字 PWM 输出的信号功率不足以驱动开关管,一般还需通过一个驱动芯片驱动开关管,即数字控制器与功率级之间的接口由 MOSFET 驱动器提供。由于这些数字芯片有较高的取样速度(DSP 片内的 A/D 转换器完成一次 A/D 转换只需数百纳秒,相较之下,一般 8 位 MCU 控制器要数微秒之久)和指令周期,输出的 PWM 信号的分辨率仅数百皮秒,过流检测和关闭电源仅需数十纳秒,可以快速有效地实现各种复杂的控制算法,使设计具备较高的动态性能和稳压精度。此外,在微处理器的支持下添加 RS-232/485、USB、以太网等扩展通信手段也非常方便。数字控制的电源产品能够实现大部分数字电源的功能需求,但如果不添加一些额外部件,还实现不了全部功能需求。

这种"数字外壳"的架构存在以下问题:为了保证电源有较高的稳压精度,A/D 转换器必须有较高精度的取样,但高精度的取样频率需要更长的 A/D 转换时间,造成回路的实时反应能力变差。而且,高速的采样和运算将产生巨大的运算量,能达到实时要求的核心处理器还是很少的。虽然在要求比较高的场合一般都会用 DSP 芯片,其运算和取样速度快,功能强大,但 DSP 芯片结构复杂,成本比较高;而且 DSP 控制技术较难掌握,对设计者要求比较高。通用 DSP 芯片不是专门作为电源控制芯片使用的,一般的电源应用对通用 DSP 芯片资源的利用率不高。不过,目前以 DSP 为主要处理单元的数字电源芯片厂商,如 TI、Freescale 等公司都在优化其作为数字电源核心的 DSP 的结构,同时努力降低成本,并改善开发手段(提供评估板、IP 模块等),以帮助开发人员轻松地如期完成开发。除了 DSP 的方案,有的厂商提供基于 MCU(如 Silicon Labs 公司)或状态机(如 Zilker 公司)的方案,MCU 控制功能强大,而状态机的优点是低功耗。鉴于 DSP 和 MCU 两种方案各有长处,现在有的厂商(如 Silicon Labs 公司、Microchip 公司)开始将硬件 DSP 和辅助 MCU 同时集成到芯片中,使系统性能最优,效率已经可以与模拟电源相媲美。

软件设计对数字电源设计人员而言是另一个挑战。为降低数字电源的设计门槛,很多半导体厂商推出了不需要软件编程或者支持图形用户接口(GUI)的数字电源解决方案,设计人员通过 GUI 界面就能设定电源特性参数,而不需要任何编程技能。此外,还可根据具体系统的情况,设定每个输出电压的跟踪、升压时间和延时等。有的数字电源管理芯片允许设计人员通过芯片引脚配置电源特性参数。许多数字电源芯片允许在系统运行中通过电源管理总线(PMBus)来实时更改电源输出特性。系统控制算法的设计通常是在专用的集成开发环境(IDE)中进行,例如 TI 公司的面向 DSP 的 CCS、Silicon Labs 公司的基于 MCS-51 的 IDE 等。

目前,数字电源芯片的集成度已经达到较高的水平,适合复杂系统如服务器、通信设备等使用。芯片中集成数个同步控制器和自适应驱动器,有的集成了 MOSFET 或功率驱动模块、LDO、电荷泵及电源管理(包括热管理)功能。其他特性还包括可编程中断输出、看门狗等。

先进的半导体制造工艺在数字电源芯片上也得以利用,其中数字电路应用 0.18~0.25 μmVLSI 工艺;模/数混合电路应用高压 BiCMOS 工艺也比较常见。有的厂商借鉴大功率芯片的成功设计，在数字电源芯片上采用先进的封装技术，使芯片可以在工业级的温度范围内可靠工作。

毫无疑问，随着数字控制技术的发展和市场需求的驱动，电源领域里数字电源的技术优势将会越来越明显。由于从模拟电源到数字电源的完全转换还需要很长时间，因此模拟和数字控制技术将在未来较长时间内共存。数字电源技术为电源设计领域注入了新的活力，同时也对电源设计人员提出了更高的要求。如何在传统技术的基础上不断创新，进而设计出满足未来市场需求的电源系统将成为电源设计人员必须面对的新课题。

1.2 通信电源工程的基本常识

1.2.1 通信电源工程常用术语

(1) 电力网

电力网是电力系统的一部分，是由各类变电站(所)和各种不同电压等级的输、配电线路连接起来组成的统一网络，其任务是输送和分配电能到用电单位。

(2) 电力系统

电力系统由发电机、配电设备、变压器、电力线路、用电设备等构成的一个发电、供电、用电的统一体。

(3) 电气设备

电气设备泛指发电、变电、配电和直接用电的设备。诸如：变压器、配电线路、电动机、电器、电气测量仪表、电气保护装置以及电气用具等。

(4) 正弦交流电

正弦交流电指电路中电流、电压及电势的大小和方向都随时间按正弦函数规律变化，这种随时间做周期性变化的电流称为交变电流，简称交流。

(5) 三相交流电

三相交流电是由3个频率相同，电势振幅相等，相位差互差120°的交流电路组成的电力系统。

(6) 相 序

相序就是相位的顺序，是交流电的瞬时值从负值向正值变化经过零值的依次顺序。A、B、C三相的涂色应为：A－黄色，B－绿色，C－红色。

(7) 电气母线

电气母线是汇集和分配电能的通路设备，它决定了配电装置设备的数量，并表明了以什么方式来连接发电机、变压器和线路，以及怎样与系统连接来完成输配电任务。

(8) 电功率

电流通过电路到用电设备，用电设备通过消耗电源提供的能量而做功。单位时间内做的功叫电功率，分为有功功率 P、无功功率 Q 和视在功率 S 3种。

➤ 有功功率：电流流经纯阻性负载产生的功率。记作 P，单位为瓦(W)、千瓦(kW)、兆瓦(MW)。

➢ 无功功率：交流电路中，除 P 之外，还因电流流经储能元件产生电能-磁能的互相交换，而不实际作功，这种交换功率就是无功功率。记作 Q，单位为乏(var)、千乏(kvar)、兆乏(Mvar)。

➢ 视在功率：有功功率和无功功率的几何和。记作 S，单位为伏安(VA)、千伏安(kVA)、兆伏安(MVA)。

(9) 功率因数 $\cos\phi$

电压、电流之间的相位差角的余弦值($\cos\phi$)称为功率因数。功率因数值为1时，无功功率为零。

(10) 过　载

电源设备有规定的负载能力，超过额定的负载即为过载。

(11) 过载保护

电源设备在负载超载时进行的自我保护。

(12) 过电压

电气设备在正常运行时，所承受的电压为其相应的额定电压。但由于各种原因，可能出现暂时电压升高现象，破坏电气设备的绝缘，这种对绝缘有危险的电压升高称为过电压。

(13) 过压保护

当输入或输出电压超过安全范围时，电源设备自动进行断开输入或保护输出的动作。

(14) 地线、零线和火线

➢ 地线通过深埋的电极与大地短路连接；

➢ 市电的传输是以三相的方式，并有一根中性线，三相平衡时中性线的电流为零，俗称“零线”；

➢ 三相电的三根相线与零线有220V电压，会对人产生电击，俗称“火线”。

(15) 接　地

在电力系统中，将设备和用电装置的中性点、外壳或支架与接地装置用导体作良好的电气连接叫做接地。

(16) 接地电阻

接地装置的接地电阻为接地体对地流散电阻和接地线电阻的总和。

(17) 跨步电压

如果地面上水平距离为0.8m的两点之间有电位差，当人体两脚接触该两点时，则在人体上将承受电压，此电压称为跨步电压。

(18) 一次设备

直接与生产电能和输配电有关的设备称为一次设备。包括各种高压断路器、隔离开关、母线、电力电缆、电压互感器、电流互感器、电抗器、避雷器、消弧线圈、并联电容器及高压熔断器等。

(19) 二次设备

二次设备是对一次设备进行监视、测量、操纵控制和保护作用的辅助设备。如各种继电器、信号装置、测量仪表、录波记录装置以及遥测、遥信装置和各种控制电缆、小母线等。

(20) 高压断路器

又称高压开关，可以切断或闭合高压电路中的空载电流和负荷电流，且当系统发生故障时，通过继电保护装置的作用，切断过负荷电流和短路电流，以防止扩大事故范围，具有相当完善的灭弧结构和足够的断流能力。

(21) 隔离开关

隔离开关又称闸刀，它没有专用的灭弧装置，故不能用来接通和切断负荷电流及短路电流。但应具有足够的热稳定性和动稳定性，尤其不能因电动力的作用而自动断开，否则将引起严重事故。为了保证操作的安全，还应设置与接地闸刀、断路器等的联动装置。

(22) 负荷开关

负荷开关的构造与隔离开关相似，只是加装了简单的灭弧装置。它有一个明显的断开点，有一定的断流能力，可以带负荷操作，但不能直接断开短路电流。如果需要，要依靠与它串接的高压熔断器来实现。

(23) 低压断路器

低压断路器也叫低压自动开关，主要用于保护交、直流电路和与之相连接的电器设备。是用手动(或电动)合闸，用锁扣保持合闸位置，由脱扣机构作用于跳闸并具有灭弧装置的低压开关，现被广泛用于 500 V 以下的交、直流装置中，当电路内发生过负荷、短路、电压降低或消失时，能自动切断电路，保护其后的电器设备免受危害。

(24) 熔断器

熔断器主要由熔体、安装熔体的熔管和熔座 3 部分组成。熔断器是一种用于过载和短路保护的电器，它主要是借助熔体使电流超出限定值而熔化来分断电路的。

(25) 接触器

接触器是一类通过一个小容量电磁机构，频繁地远距离自动接通和断开主电路，并控制大容量电路或电动机的电磁式操作电器。

(26) 保险丝

保险丝是一种过热熔断型的小型器件，超载或负载短路时引起电流过大会烧断保险丝，保护电子设备不受过电流的伤害，也可避免电子设备因内部故障所引起的严重伤害。

(27) 电流互感器

电流互感器又称仪用变流器，是一种将大电流变成小电流的仪器，用英文字母 TA 表示。它是把电路中的大电流变成一定比例的小电流(一般二次绕组的额定电流是 5 A)后，再供给测量仪表或继电器的电流线圈。

(28) 电压互感器

电压互感器简称 PT，用 TV 表示。使用电压互感器可以把高电压降低到 100 V 后，再供给测量仪表和继电器的电压线圈。

(29) 电力电容器

电力电容器是全封闭结构的静止设备，在电源设备中广泛用作滤波和无功补偿。

(30) 继电器

继电器是一种能根据输入物理量的变化，使其自身执行机构动作的电器。继电器由 3 个基本部分组成：检测机构、中间机构和执行机构。

(31) 高压验电笔

高压验电笔用来检查高压网络变配电设备、架空线、电缆是否带电的工具。

(32) 接地线

接地线是当在已停电的设备和线路上意外地出现电压时保证工作人员安全的重要工具。按部颁规定，接地线必须是由 25 mm^2 以上裸铜软线制成。

(33) 标示牌

标示牌用来警告人们不得接近设备和带电部分，指示为工作人员准备工作的地点，提醒采取安全措施，以及禁止某设备或某段线路合闸通电的告示牌。可分为警告类、允许类、提示类和禁止类等。

(34) 遮　栏

为防止工作人员无意碰到带电设备部分而装设的屏护，分临时遮栏和常设遮栏 2 种。

(35) 绝缘棒

绝缘棒又称令克棒、绝缘拉杆、操作杆等。绝缘棒由工作头、绝缘杆和握柄 3 部分构成。在闭合或断开高压隔离开关，装拆携带式接地线，以及进行测量和试验时使用。

(36) 交流与直流

交流指电路中电压和电流的大小、方向随时间的变化而变化；反之则为直流。

(37) 整　流

将交流电转变为直流电的过程称为整流。

(38) 逆　变

将直流电转变为交流电的过程称为逆变，把直流电变成交流电的装置叫做逆变器。

(39) 整流器

把交流电变成直流电的装置叫做整流器，整流器是将 AC 转换为 DC 的电路装置。

(40) 浮充和均充

浮充和均充都是电池的充电模式。

(41) 安时数

安时数(Ah)是反映电池容量大小的指标之一，其定义是按规定的电流进行放电的时间。

(42) 电池内阻

电池内阻有欧姆内阻和极化电阻 2 部分。电池内阻决定了电池工作电压、工作电流和输出能量，内阻愈小的电池性能愈好。同组蓄电池的内阻应大致一致，不应有较大差异。

(43) 电池组循环寿命

蓄电池经历一次充电和放电，称为一次循环(一个周期)。在一定放电条件下，电池工作至某一容量规定值之前，电池所能承受的循环次数，称为循环寿命。

(44) UPS 的旁路

当 UPS 本身故障时，借由 UPS 内部的继电器自动切换至市电，由旁路电路持续供应电力给负载设备，使 UPS 不会因此造成电力中断。由此可以延长电池的寿命，并确保电池始终维持最佳状态。

(45) 接触不良

接触不良指在电气的连接部有松动、接触不好的情况，接触不良将导致电压的下降和损耗的加大。

(46) 绝缘电阻

绝缘电阻指设备内部之间或电路与机壳间电气隔离的程度，通常以绝缘电阻表示。

1.2.2　通信电源的选择

在通信事业蓬勃发展的今天，通信电源制造业竞争加剧，除了一些骨干企业外，还有一些中小型制造厂的产品也融入市场。竞争的焦点仍然是价格，往往有的人把价格低和性价比混为一谈，其背后不可避免地存在一个质量问题。在选择通信电源时应注意以下几个方面。

(1) 质量与服务

一般来说，正规厂家大都经过了 ISO9000 的认证，产品开发和生产都建立了严格的质量控制流程，产品质量有保证，产品的延续性也较长，今后维修和备件的供应有保障。但正规厂家的服务也是参差不齐的，某些厂家服务态度尽管非常好，但由于产品的质量欠佳，故障接连不断，这也是用户所不希望的。因此，质量与服务二者必须具备。

(2) 产品的综合指标要好

使产品的一两项指标好是不难做到的，若各项指标都好，离不开优秀的电路设计思想和元器件的质量保证，也离不开良好工艺和流程控制。综合指标对保证通信电路的正常工作有着重要意义。

(3) 产品价格

关于电源的价格，一直是人们感到很敏感的话题。在"性价比"的概念上，切忌认为价格低就是"性价比"好。质量过硬的产品为了保证良好的综合指标，选择优质的元器件以及采用精良的工艺，其生产成本必然不会低于低档产品，性能和价格的综合因素才是评判产品的正确定位。用户采用电源设备的目的是为通信设备和网络提供动力和保障，尤其在重要环节和信息中心，电源故障会造成不可弥补的损失和不良的影响，建议采购电源产品时一定要全面考虑，谨慎选择。

1.2.3　通信电源性能指标

一台通信电源中的元器件和设计方案的好坏，可以用如下的主要技术指标进行衡量。

1. 高效率、高输入功率因数

(1) 效　率

效率标志着电源的可靠性。设备在高温下更容易出故障，因为电路元器件理想指标的温度是 25℃，在这个基础上每升高 10℃，元器件的寿命就减半。高效率意味着本身功耗小，机内温升低，元器件服务期就可延长，这不仅节省能源，而且也会使设备的热设计变得简单，对设备的小型化十分有利。高频开关整流电源为减小设备重量和体积、提高动态品质，使工作频率变得越来越高，某些整流器开关频率达到了 200 kHz，开关过程功耗成为内部功耗的主要因素。近几年来得到迅速发展的软开关技术，即"零电压开关"(ZVT)和"零电流开关"(ZCT)技术得到了普遍应用，在理论上可以使开关损耗为零。目前高频开关电源的效率一般都达到 90%以上，最高的达到了 93%。

(2) 输入功率因数

输入功率因数高，可靠性也就高。通信环境最怕干扰，这种干扰轻则使信号失真，重则使信号中断。如果对电源本身的输入整流器工作不加任何限制，电源就会产生30%～50%的谐波电流干扰电网，使该电网变成干扰源，以传导和辐射的形式影响和破坏通信设备的功能。高频开关整流电源的功率因数由相移和波形失真两部分决定，高频开关整流电源在设备中普遍采用了功率因数校正电路，不仅降低了无功损耗，而且减小了干扰。目前电源的输入功率因数一般都在0.97以上，有的已达到0.99以上，可把谐波电流压低到3%～5%以下，保证通信的顺利进行。

2. 电磁兼容

通信电源的电磁兼容有两方面的含义，一是抵抗外来干扰的能力，这个能力越强越好；二是对外施放干扰的强度，这个强度越弱越好。因为目前的通信电源电路多是脉宽调制(PWM)工作方式，这种方式容易产生干扰，国际上对这种干扰制定了标准，例如对外辐射标准EN50081-1和抗干扰标准EN50082-1，符合了这两种标准，就可使通信环境达到比较理想的状态。

3. 对环境的适用性

不同环境中，通信电源的工作条件和环境差异极大，如某些移动通信基站及偏僻地区中继站的市电交流电源，工作条件恶劣，不但电网电压变化大，电压的品质也很差，工作环境的温度低的达到-40℃，高的达到60℃以上，这就对电源设备的适用性提出了非常苛刻的要求。

(1) 输入电压范围要宽

良好的适用性要求通信电源有宽范围输入电压的适应能力，即使在电网电压波动大的地区也能正常工作，这样就可减少电源输出端电池的放电次数，使电池不至于过早结束使用寿命。比如PC1200和MX28B系列通信电源就有着±20%以上的输入电压适应能力，甚至TWF0500系列可将输入电压适应能力扩展到交流88～264 V，这就为恶劣环境下通信系统的供电条件提供了可靠的基础。

(2) 运行温度和湿度范围要宽

在现代化机房等条件优越的环境中，温度和湿度都被严格控制在规定范围内，但通信电源的工作环境多数情况还是不理想。为了保证正常工作，就必须要求电源有耐高温和高相对湿度的能力，工作温度达到-40℃～+70℃、相对湿度可在85%以上的电源系统可适应多种环境的工作。

(3) 绝缘强度和安全标准

绝缘强度的指标很重要，一般要通过几个高压测试指标，比如输入端到地加交流1.5 kV、输出端到地加交流500 V和输入输出端加交流3 kV等测试电压，又例如加电1 min，漏电流小于规定值(电流小于10 mA等)，通过测试的产品就可以比较放心地使用。

为了机器和人身的安全，国际上各国都制定了相应的电源安全标准，如美国的UL、加拿大的CSA以及欧洲的CE等，在没有国家标准的情况下，也应该有相应的行业标准。如果电源没有符合这些标准的标志或说明，在使用中就令人担忧了。

4. 功率密度

提高电源设备的容量与体积之比(即功率密度)，是通信电源发展的普遍趋势。开关工作频率的提高、效率的提高、半导体器件和电路的集成化及磁性元件与电路的集成化，都将使电源设备的重量和体积进一步减小，即功率密度越来越大。目前，一个风冷式的48 V/50 A的高频开关整流器，其功率密度可高达475 mW/cm^3，重量只有5 kg。通信电源结构和电路设计使模块智能化，也是今后高频开关电源发展的方向。

5. 其他要求

为了便于使用和维护，要求电源具有过流、过压、短路保护功能，热插拔功能，指示和告警功能，温度控制和补偿功能等等。当前的电源发展应是朝着高频化、小型化、智能化和绿色化的方向。

1.3　通信电源系统的构成

1.3.1　通信电源的可用度要求

通信电源的可用度是指在一年内正常供电时间占全年时间的百分比（如可用度为99.9999%，表示每年的故障时间为32 s）；通信电源的不可用度是指在一年内故障时间占全年时间的百分比（如可用度为99.9999%，则对应的不可用度就是1×10^{-6}）。

根据《通信局（站）电源系统总技术要求》（TD/T1051—2000）的规定，不同通信电源局（站）电源系统的不可用度的要求如表1-1所列。

表1-1　不同通信电源局（站）电源系统的不可用度要求

类　别	不可用度	备　注
省会城市和大区中心通信枢纽（含国际局）、市话汇接局、电报（数据）局、无线局、长途传输一级干线站、市话端局以及特别规定的其他通信局（站）	$\leqslant5\times10^{-7}$	每年内电源系统的故障时间应≤15.8 s；平均20年内电源系统故障的累计时间应≤5 min
地（市）级城市综合局、1～5万门市话局、长途传输二级干线站或相当的通信局（站）等	$\leqslant1\times10^{-6}$	每年内电源系统的故障时间应≤31.5 s；平均20年内电源系统故障的累计时间应≤10 min
县（含县级市）综合局、万门以下市话局	$\leqslant5\times10^{-6}$	每年内电源系统的故障时间应≤2.6 min；平均20年内电源系统故障的累计时间应≤50 min

1. 高可靠性与可用性

可靠性是通信电源设备的首要指标，通信的不间断性首先要由通信电源予以保证。

可靠性反映的是设备综合技术水平，包括器件、材料、电路技术、热设计、电磁兼容（EMC）设计、制造工艺、质量控制等。我国在《通信局站电源系统总技术要求》中提出的可靠性指标是：在系统运行期间，平均无故障工作时间T_{MTBF}应不小于5×10^4 h。随着通信设备的发展，该要求还应该进一步提高标准，因此引出了可用性的概念。可用性与可靠性的不同之处在于：可靠性R是指设备在规定时间内不出故障的概率；可用性A是指在规定时间内，设备有效工作时间的百分比，其表达式为：

$$A = T_{MTBF}/(T_{MTBF} + T_{MTTR}) \tag{1-1}$$

T_{MTTR}是平均维修时间，如果T_{MTTR}的取值趋于0，那么A的取值趋于1，所以缩短维修时间是提高可用性的一个主要途径。

可用性也可以用时间表示，不同的是常常利用电源的允许故障时间t来表示，其表达式为：

$$t = \text{指定的工作时间段} \times (1 - A) \tag{1-2}$$

比如在这个例子中设$T_{MTTR}=4\,h$，由式(1-1)得$A=0.99992$，于是：

$$t = [5 \times 365 \times 24 \times (1 - 0.99992)]\ h = 3.504\,h \tag{1-3}$$

即当平均维修时间T_{MTTR}为4 h时，5年中机器不可用的时间为3.5 h时，缩短维修时间对系统来说非常重要。

2. 提高可用性的途径

近年来通信技术发展速度越来越快，网络带宽不断加大，这对通信系统的可靠性、可用性和准确性提出了更高的要求。通信电源是通信的基础设施，稍有差错就会导致严重的后果。实践中的统计结果证实，造成数据丢失、硬件故障和停机的主要原因是电源和温度，因此，提高电源的可用性势在必行。其主要措施有：

① 缩短维修时间T_{MTTR}，为了达到这个要求，厂商一般都把通信电源做成模块结构。

② 采取冗余并联措施。如果单台电源的可靠性只有0.416，则2台电源冗余并联后总的可靠性就是0.659。如果3台冗余并联，其可靠性就可以更高，依次类推。

③ 提高电源中元器件的档次。虽然采用冗余并联的办法可以提高可用性，但如果单个电源的可靠性上去了，就可减少电源的并联个数。尽管电源中元器件的寿命或可靠性是有限的，不可能做得非常高，但如果选择高档的元器件，可以大幅度地提高整体可靠性。

提高供电设备的可靠性和缩短平均维修时间T_{MTTR}是提高可用性的主要手段，二者不可偏废。

1.3.2 通信电源系统的基本结构

通信电源系统是对通信局(站)各种通信设备及建筑负荷等提供用电的设备和系统的总称。根据通信设备输入端对供电的要求是交流还是直流的不同，通信电源系统也分为交流供电电源系统和直流供电电源系统，其中直流供电电源系统由变电站(市电)、备用发电机组、直流不间断电源设备组成，交流供电电源系统由变电站、备用发电机组、交流不间断电源设备组成。

不论是交流不间断供电系统还是直流不间断供电系统都是以交流市电或备用发电机组作为电源，再变换为不间断的交流或直流电源供给通信设备。而通信设备内部电路需要的多种电压等级的直流电源，需要通过DC-DC变换器或AC-DC整流器来获得。因此从功能及转换层次来看又可将整个电源系统划分为三级。

国外将交流市电和备用发电机组部分称为第一级电源(Primary Power Supply)，这一级保证提供能源，但不保证不间断。而上述交流不间断电源设备和直流不间断电源设备则称为第二级电源(Secondary Power Supply)，它保证通信供电的不间断。此外，通信设备内部电路需要的多种直流电压通过DC-DC变换器或AC-DC整流器来获取，这一级电源称为第三级电源(Tertiary Power Supply),它常为插板电源或板上电源。顺便说一下,板上电源(Power on Board)我国习惯称为模块电源。

第三级电源通常称为机架电源,而第二级电源称为基础电源。但实际上第一级电源又是第二级电源的基础。把第二级电源称为基础电源,则第一级电源只能称之为交流电源系统,但这样一来又将和直流供电系统相对应的交流供电系统发生混淆。虽然说名词称谓是约定俗成,但也应有它们的明确定义和讲究其科学性,且最好和国际上的称谓相一致。综上所述,将通信电源系统分为交流不间断电源系统和直流不间断电源系统两大部分,并根据能量转换层次分为三级是比较合理的,如图1-1所示。

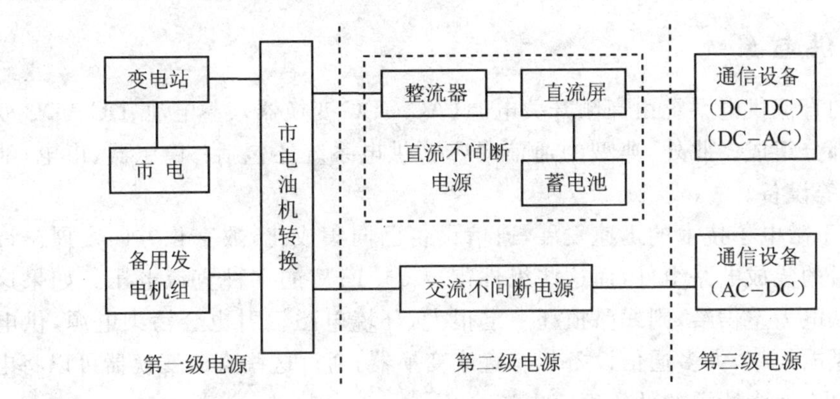

图1-1 通信局(站)供电系统示意图

因此,现代通信电源站主要由交流供电系统、直流供电系统和相应的接地系统、监控系统组成。

1. 交流供电系统

通信电源的交流供电系统由高压配电设备、降压变压器、油机发电机、UPS和低压配电设备组成。交流供电系统可以有3种交流电源:变电站供给的市电、油机发电机供给的自备交流电、UPS供给的后备交流电。

(1) 油机发电机

为防止停电时间较长导致电池过放电,电信局一般都配有油机发电机组。当市电中断时,通信设备可由油机发电机组供电。油机分普通油机和自动启动油机。当市电中断时,自动启动油机开始发电。由于市电比油机发电机供电更经济和可靠,所以,在有市电的条件下,通信设备一般都由市电供电。

(2) UPS

为了确保通信电源不中断、无瞬变,可采用静止型交流不停电电源系统,也称UPS。UPS一般由蓄电池、整流器、逆变器和静态开关等部分组成。市电正常时,市电和逆变器并联给通信设备提供交流电源,而逆变器是由市电经整流后给它供电。同时,整流器也给蓄电池充电,蓄电池处于并联浮充状态。当市电中断时,蓄电池通过逆变器给通信设备提供交流电源,逆变器和市电的转换由交流静态开关完成。

(3) 交流配电屏

交流配电屏的用途是输入市电,为各路交流负载分配电能。当市电中断或交流电压异常时(过压、欠压和缺相等),低压配电屏能自动发出相应的告警信号。

(4) 连接方式——交流电源备份方式

大型通信站交流电源一般都由高压电网供给,自备独立变电设备。而基站设备常常直接租用民用电。为了提高供电可靠性,重要通信枢纽局一般都由两个变电站引入两路高压电源,并且采用专线引入,通常是一路主用,一路备用,然后通过变压设备降压供给各种通信设备和照明设备,另外还要有自备油机发电机,以防不测。一般的局站只从电网引入一路市电,再接入自备油机发电机作为备用。一些小的局站、移动基站只接入一路市电(同时配备足够容量的电池),油机为车载设备。

2. 直流供电系统

通信设备的直流供电系统由高频开关电源(AC-DC 变换器)、蓄电池、DC-DC 变换器和直流配电屏等部分组成。此外,典型的通信局(站)供电系统还包括:稳压器、市电/油机自动转换柜、逆变器等设备。

近年来,由于微电子技术的迅速发展,通信设备已向集成化,数字化方向发展。许多通信设备采用了大量的集成电路组件,而这些组件需要 5～15 V 的多种直流电压。如果这些低压直流电压直接从电力室供给,则线路损耗一定很大,环境电磁辐射也会污染电源,供电效率很低。为了提高供电效率,大多通信设备装有直流变换器,通过这些直流变换器可以将电力室送来的高压直流电变换为所需的低压直流电。

另外,通信设备所需的工作电压有许多种,这些电压如果都由整流器和蓄电池供给,那么就需要许多规格的蓄电池和整流器,这样,不仅增加了电源设备的费用,也大大增加了维护工作量。为了克服这个缺点,目前大多数通信设备采用 DC-DC 变换器给内部电路供电。

DC-DC 变换器能为通信设备的内部电路提供非常稳定的直流电压。蓄电池电压(DC-DC 变换器的输入电压)在充、放电时会在规定范围内变化,但是直流变换器的输出电压能自动调整保持输出电压不变,从而使交换机的直流电压适应范围更宽,蓄电池的容量可以得到充分的利用。

蓄电池是直流系统供电不中断的基础条件。根据蓄电池的连接方式,直流供电方式主要采用并联浮充供电方式,尾电池供电方式、硅管降压供电方式等基本不再使用。

并联浮充供电方式是将整流器与蓄电池直接并联后对通信设备供电。在市电正常的情况下,整流器一方面给通信设备供电,一方面又给蓄电池充电,以补充蓄电池因局部放电而失去的电量;当市电中断时,蓄电池单独给通信设备供电,蓄电池处于放电状态。由于蓄电池通常处于充足电状态,所以市电短期中断时,可以由蓄电池保证不间断供电。若市电中断期过长,则应启动油机发电机供电。

这是最常用的直流供电方式。采用这种工作方式时,蓄电池还能起一定的滤波作用。但这种供电方式有个缺点:在并联浮充工作状态下,电池由于长时间放电导致输出电压可能较低,而充电时均充电压较高,因此负载电压变化范围较大。它适用于工作电压范围宽的交换机。

3. 接地系统

为了提高通信质量、确保通信设备与人身的安全,通信局站的交流和直流供电系统都必须有良好的接地装置。

(1) 通信机房的接地系统

通信机房的接地系统包括：交流接地和直流接地。

(2) 交流接地

交流接地包括：交流工作接地、保护接地、防雷接地。

(3) 直流接地

直流接地包括：直流工作接地、机壳屏蔽接地。

(4) 通信电源的接地

通信电源的接地系统通常采用联合地线的接地方式。联合地线的标准连接方式是将接地体通过汇流条(粗铜缆等)引入电力机房的接地汇流排,防雷地、直流工作地和保护地分别用铜芯电缆连接到接地汇流排上。交流零线复接地可以接入接地汇流排入地,但对于相控设备或电机设备使用较多(谐波严重)的供电系统,或三相严重不平衡的系统,交流复接地最好单独埋设接地体,或从直流工作接地线以外的地方接入地网,以减小交流对直流的污染。

通信电源系统的接地一定要可靠,否则不但不能起到相应的作用,甚至可能适得其反,对人身安全、设备安全、设备的正常工作造成威胁。

4. 通信局(站)供电系统设备用途

(1) 高低压变配电设备

高低压变配电设备主要包括：高压配电设备(一套)、变压器(一台或多台)、低压配电设备(一套)等。主要完成高压市电交流电源的引入、分配、输送、降压和低压交流电源的引入、分配、输送等功能。

(2) 交流自动稳压器

在通信电源系统中,要求交流电压的变动范围为－15％～＋10％。在市电供电电压不能满足上述规定值或通信设备有更高要求时,可通过在交流配电设备的前端配置交流稳压器,使供电质量满足要求。

(3) 整流设备

整流设备主要是将交流电源整流为通信设备所需的直流工作电源,其输出端与直流配电屏相连接,并通过直流屏的相应端子与蓄电池组和通信设备相连,对蓄电池组浮充电并向通信设备供电。

(4) 直流配电屏

直流配电屏主要用于直流电源的接入与负荷的分配,即整流器、蓄电池组的接入和直流负荷分路的分配。当直流供电异常时要产生告警或保护,如熔断器断告警、电池欠压告警、电池过放电保护等。

(5) 蓄电池组

蓄电池组在通信电源中主要用于直流供电系统与交流不停电系统(UPS),是其不可缺少的重要组成部分,是系统供电的最后一道保证,亦是维持正常通信的最后一道屏障。其作用有：

- 作为储能设备,当外部交流供电突然中断时,其作为系统供电的后备保护提供一定时间的不停电供电电源,以维持正常的通信；
- 中、小型柴油发电机组采用蓄电池作启动电源；

➤ 在与整流设备组合为直流供电系统时，整流器处于浮充工作方式，蓄电池组还起到平滑滤波的作用。

(6) 直流-直流变换器

直流-直流变换器(DC-DC)是一种将直流基础电源电压(－48V 或＋24V)变换为各种直流电压，以满足通信设备内部电路多种不同数值的电压(±5V、±6V、±12V、±15V、－24V等)的需要。

(7) 逆变器(DC-AC)

将通信用－48V 直流电源再逆变为 220V 交流电源，为通信设备提供不间断的交流供电。

(8) UPS 设备

在主用电源有意外中断或者是故障的情况下，仍然能够通过系统所带蓄电池持续给负载提供不间断的合格的交流电源，保证通信用电设备正常工作；在主用电源正常的情况下，则起到净化、提高主用电源质量的作用，同时使电网和负载进行隔离，既避免负载对电网产生干扰，又避免电网中的干扰影响负载。

(9) 发电设备

发电设备是将燃料(汽油或柴油)的热能转变为机械能的一种装置，并带动发电机转化为电能。发电机组主要处于备用设备的地位，但又是很重要的组成部分。在市电长时间停电后能起到保证通信设备正常工作的作用。

(10) 集中监控系统

在现场无人值守的情况下，监控中心能实时掌握电源设备运行情况，及时发现故障并提示派人处理，确保通信电源系统的可靠运行。

(11) 机房空调设备

机房空调设备主要起到调节室内温度与湿度，以及通风换气的作用，使机房温湿度等环境能够达到通信设备的运行要求。

1.3.3 通信电源架构

现代通信设备需要高效率、低功耗、符合能效规范的电子设备，需要更高性能、更小形状因数的无线系统，这为电源和电源管理设计提出巨大的挑战。设计人员要为各种 DSP、MCU、FPGA、ASIC、音频/视频和显示电路提供多电压、更大电流、更高效率、更低功耗、更低噪声、更小形状因数的电源和电源管理。为此出现了各种各样的电源架构来满足变化的电源管理要求。

1. 分布式电源架构

分布式电源架构(Distributed Power Architecture，DPA)是基站用的第一代电源架构。DPA 的实例如图 1-2 所示。这种电源架构对每个电压轨用隔离(砖式)电源模块提供。当电压轨有限时，DPA 工作良好，但每增加 1 个电压轨，其成本和 PCB 面积都显著增加。电压轨时序协调也很困难，需要增加外部电路来解决电压轨时序，也会增加成本和板面积。

2. 中间总线架构

为了克服 DPA 尺寸大和成本高的缺点，第二代系统采用中间总线(Intermediate Bus Ar-

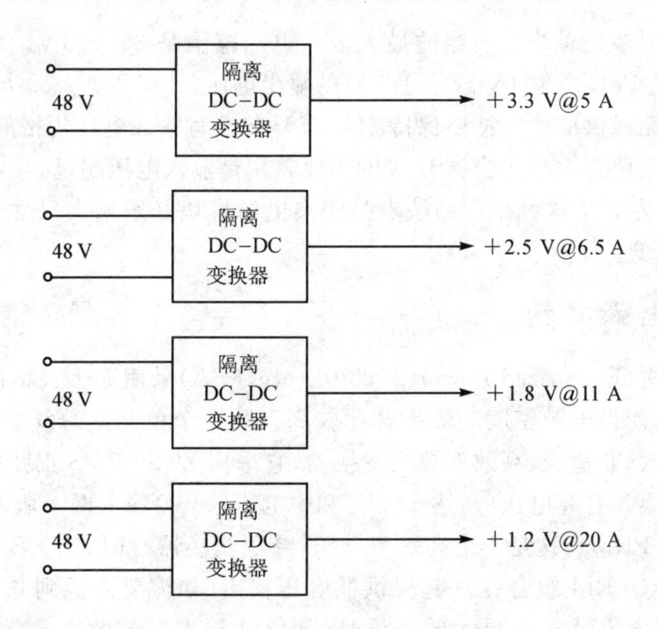

图 1-2　典型的 DPA 架构

chitecture,IBA)架构。中间总线架构有固定电压(fixed voltage)IBA、非稳压(unregulated)IBA 和准稳压(Quasi-regulated)IBA 几种。图 1-3 所示的固定电压 IBA 采用单个隔离砖式电源模块和很多非隔离负载点(PoL)DC-DC 变换器。PoL 可以是电源模块(如 TI 公司的 PTH 系列),也可以是分立的降压变换器。隔音变换器的输入电压范围(36～75 V 或 18～36 V)与第一代相同。它所产生的中间总线电压稳定到 3.3 V、5 V 或 12 V。中间总线电压选择取决于系统设计人员。这种设计的好处是:较小的 PCB 面积、较低的成本和较容易的电压时序(由于有自动跟踪特性)。这种电源架构会使电源效率降低,每个电压需要两次变换。

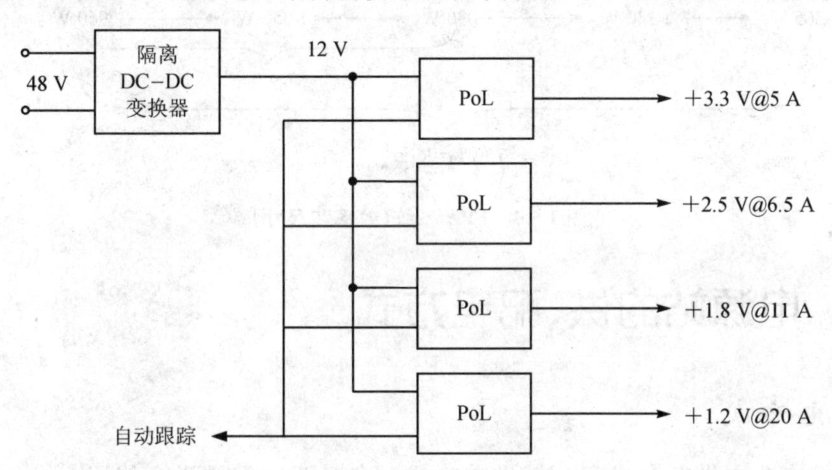

图 1-3　固定电压中间总线架构

为了满足微小区基站设计对高效率和小占位面积的要求,需增加隔离变换器效率,使其工作在固定占空比和不稳压输出,这就是非稳压中间总线结构。这种结构采用非稳压总线变换器,其输出电压与输入电压为一比值(例如 TI 公司 ALD17 5∶1 变换器产生的输出电压是输入电压的 1/5)。用这种技术设计的 150 W 系统的第一变换级用 1/16 砖式变换器,效率可达

96%。这种架构的限制是总线变换器的最大输入电压范围是36～55 V。PoL的输入电压必须小于12 V,才能使PoL产生1 V或小于1 V的输出电压。

为了满足一些无线供应商坚持要保持36～75 V传统宽输入电压规格的要求,电源供应商推出准稳压IBA。这种架构与非稳压IBA的主要差别是输入电压超过55～60 V范围时,其输出电压稳定到10 V左右。这种架构的缺点是隔离电源模块必须增大尺寸来实现稳压电路及在55 V以上效率降低。

3. 分比式电源架构

分比式电源架构(Factorized Power Architecture,FPA)采用3个灵活的单元来重新规定每个变换级的范围,使得电源密度和效率都比较高。第1个单元是总线变换器模块(BCM),这是1个窄范围输入、非稳压、高效率总线变换器,它采用ZCS－ZVS正弦幅度变换器(SAC)提供隔离和电压变换。有高电压(高达384 V)和中电压(48 V)输入两个版本。FPA的第2个单元是预调器模块(PRM),这是1个高效率升压-降压变换器。FPA的第3个单元是电压变换模块(VTM),它与PRM组合在一起提供低电压输出(如需要可低到0.82 V)。FPA单元(图1－4)为电源系统设计提供更大的灵活性、伸缩性和更高的效率。就尺寸而言,工作在3.5 MHz有效频率的SAC,对于高电源变换在小封装中采用平面磁性元件,这种结构的功率密度大于1000 W/in^3。

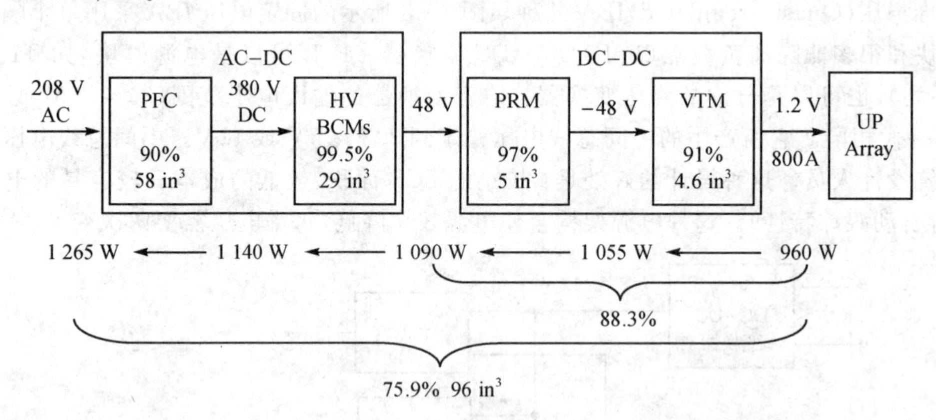

图1－4 FPA系统(效率和尺寸)

1.3.4 电源站的供、配电方式

1. 供电方式

供电系统有集中供电方式和分散供电方式。有时两种方式混合使用,主要由负载用途决定。

(1) 集中供电

集中供电方式就是电源、传输导线、控制装置、负载等相对集中在一个区域内完成某项工作。例如:应急移动通信车,发电、输电、用电都在一个有限范围内工作。

(2) 分散供电

分散供电方式是相对于集中供电方式而言,电源与负载分散运行,供电设备有独立于其他供电设备的负载。如某地区的移动通信系统供电,电源与各机站并不在一起,特别是用电的各机站,根据需要而分散安排,其特点是"散"。

➢ 电源分散,多路电源向系统供电;

➢ 负载分散,各种用电设备在各处用电。

分散供电系统最大的好处是系统关联性小,或者说各点互相影响小,因而,系统整体可靠性高。

2. 供电系统的特点

通常通信电源站用于承担重要通信设施的电源供给任务,因此供电系统具有其自身的特点:

① 无论是交流供电系统,还是直流供电系统,一般都采用并联冗余方式为提高可靠性的主要方式。

② 交流系统中,市电或自行发电是供电系统的核心,为系统可靠性关键。其他电压变换型电源对其有依赖性。直流系统依靠交流系统提供电源,但直流系统可以适当补充交流系统。

③ 不间断供电(UPS)技术的广泛应用,对信息处理设备的可靠用电有着极为重要的作用。

④ 应用自动切换(ATS)技术控制负荷。

3. 配电方式

通信电源系统有3种典型的配电方式:市电(包括双路供电),这是以往最常见的一种;市电+UPS,这种方式多用于一些通信量大的系统和重要的通信中心等;发电机作为市电的后备电源,这种方式多用于非常重要的场合或电力条件差的地区。目前这3种方式中以第二种配电方式最为普遍。

无论哪种配电方式,通信电源都是整个通信系统供电的最后一环,供电质量好坏直接影响着通信质量。通信电源由市电供电时,由于市电的电压变化范围较大,尤其是低电压时间较长时,会导致电池频繁放电,即使前面有UPS,一旦由于某种原因使供电切换到旁路时,仍然是直接由市电供电;通信电源由发电机供电时,频率和电压都不如市电稳定,也会导致电池放电,降低电池的使用寿命。

1.4 通信电源的分类

1.4.1 交流电源供电系统分类

常见的低压交流(220/380 V,50 Hz)供电系统有:IT、TN-C、TN-S、TN-C-S、TT供电系统。

供电的安全性指供电配电时不能对人有伤害或损坏设备。可靠性指在一定条件和时间内连续供电的能力。这是电源系统中的一对矛盾，当人身与设备安全性受到威胁时，需要切断电源，而切断电源又对用电设备连续供电产生影响。

1. IT 供电系统及接地方式特点

IT 系统是三相三线式供电及接地系统，该系统变压器（或发电机组三相输出）中性点不接地或经高阻抗接地，无中性线（俗称零线）N，只有线电压（380 V），无相电压（220 V），电器设备保护接地线（PE 线）各自独立接地，如图 1－5 所示。图中电容 C_1、C_2、C_3 为供电线路对地分布电容。

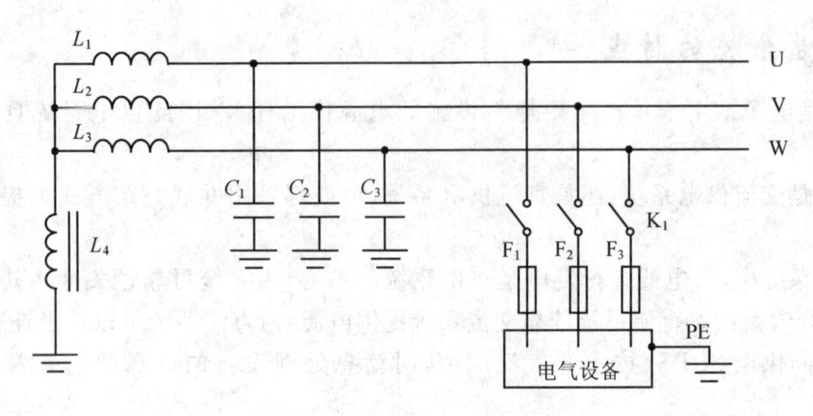

图 1－5 IT 供电系统简图

IT 系统在供电距离不很长时，供电可靠性高，安全性好。电源侧也可采取中性点经高阻抗接地。

IT 系统在一相接地时，单相对地漏电电流小，不破坏电源的电压平衡。一般用于不允许停电的场所，或是要求严格地连续供电的地方。

如果一相发生接地故障，则通过熔断器等可切断该相，其他两相可以供电。而且，设备进行了接地保护，当单相绝缘损坏碰到外壳，使金属外壳呈带电状态时，人员触及带电金属外壳可以避免触电事故的发生。这是因为电流将经过两条并联电路流通，一路通过接地线、大地，另一路是通过人体、大地。由于接地电阻（要求不超过 4Ω，最大不超过 10Ω）比人体电阻（最小 1000 Ω）小得多，所以大部分电流通过接地体，只有很小部分电流通过人体，即通过人体的电流不超过人体安全电流，保护了设备和人员安全。

此时，中性点漂移，另外两相对地电压将升高为 380 V，也就是说，另外两相原来对地电压为 220 V，一相接地故障发生时，另外两相对地电压升高为 380 V。但各相间电压（线电压）仍然对称平衡，因此，三相用电设备仍可以继续运行。

为防止非接地相再有一相发生接地，造成两相短路，规程规定单相接地时继续运行时间不得超过 2 h。如果不及时排除故障，绝缘设施长时间承受过高电压将导致事故。

当中性点不接地系统单相接地电流超过规定值时，为了避免产生断续电弧，避免引起过电压或造成短路，减小接地电弧电流，使电弧容易熄灭，中性点应经消弧线圈接地。消弧线圈实际上就是电抗线圈。

假设，C 相对地短路，由于中性点接地电抗的存在，感性对抗电流滞后 90°，而线路分布电容电流超前 90°。有效减小了短路电流的电弧，如图 1－6 所示。

IT供电系统由于没有配中性线N，不适合于有单相用电要求的通信设备。这种设备只适合有特殊要求的场所，如电力炼钢、重要的手术室、重要的实验室、地下矿井或坑道指挥所中重要的通信枢纽特定设备等，该供电系统对用电设备的耐压要求较高。

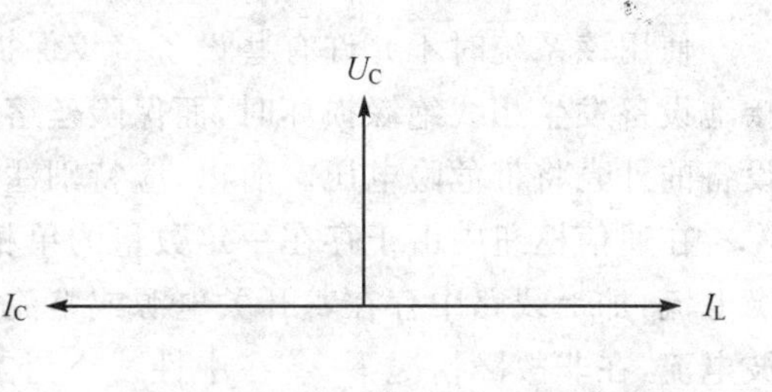

图1-6 假设C相短路时接地线电流矢量图

此外，中性点直接接地系统发生单相接地时，通过接地中性点形成单相短路，产生很大的短路电流，保护动作切除故障线路，使系统的其他部分正常运行。

由于中性点直接接地，发生单相接地时，中性点对地电压仍为零，非接地的相对地电压不发生变化。

2. TN-C供电系统及接地方式特点

TN系统的电源中性点直接接地，并引出有中性线N线、保护线PE线或保护中性线PEN线，属于三相四线制系统。

- 如果系统中N线与PE线全部合为PEN线，则系统称为TN-C系统。
- 如果系统中N线与PE线全部分开，则系统称为TN-S系统。
- 如果系统中前一部分N线与PE线合为PEN线，而后一部分N线与PE线全部分开，则称为TN-C-S系统。

TN系统中设备发生单相碰壳漏电故障时，就形成单相短路回路，因该回路内不包含任何接地电阻，整个回路内阻抗很小，故障电流很大，足以保证在最短的时间内使熔丝熔断，保护装置或自动开关跳闸，从而切除故障设备的电源，保障人身及设备安全。

TN-C供电系统常称为三相四线供电系统，该系统中性线N与保护接地线PE合二为一，即它的工作零线兼作保护线，通称为PEN线，如图1-7所示。

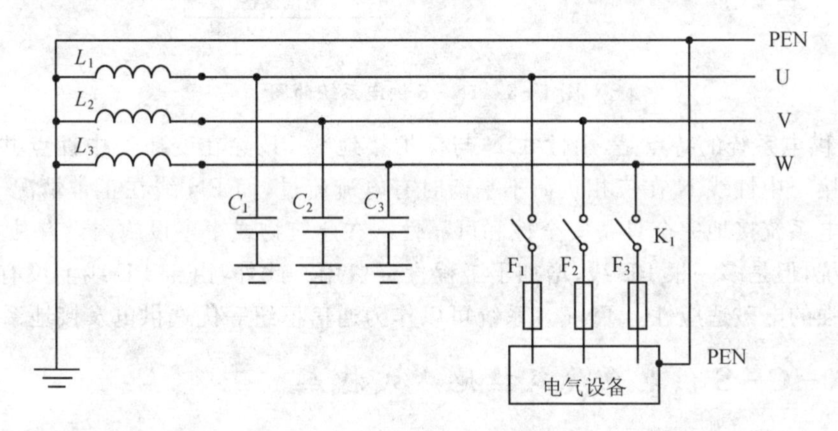

图1-7 TN-C供电系统简图

这种供电系统对接地故障灵敏度高，线路经济简单。在一般情况下，只要选用适当的开关保护装置和足够的导线截面积，就能满足安全要求。目前，采用这种供电系统的比较多，适用于三相负荷比较平衡且单相负荷容量较小的场所。

使用该系统时不允许有些设备接零保护，有些设备接地保护，这是非常危险的。因为一旦接地设备发生相线绝缘损坏时，而保险丝熔断电流又较大时不能及时切断故障部分电器，接零设备的外壳将带危险电压。所以，应特别注意不能接地、接零混用。

在通信枢纽中由于存在一定数量的单相负荷，难以实现三相负荷平衡。PEN 线上的不平衡电流，加上线路中存在着开关电源或整流器产生的三次谐波电流及荧光灯等引起的高次谐波电流，在非故障情况下，会在中性线 N 上叠加，且电流时大时小，极不稳定。造成中性线接地电位不稳定漂移。不但使设备外壳带电，对人身不安全，而且由于在电位基准点上叠加了这个漂移电位，从而使以其为基准电位的电子设备受到噪声电压的干扰，增加了话音的噪声电平，使设备不稳定工作。因此，TN－C 系统不应作为通信枢纽的供电及接地方式。

3. TN－S 供电系统及接地方式特点

TN－S 供电系统有 5 根线，即三根相线 U、V、W，一根中性线 N 和一根保护接地线 PE，电力系统仅一点接地，用电设备的外露可导电部分（如外壳、机架等）接 PE 线，如图 1－8 所示。

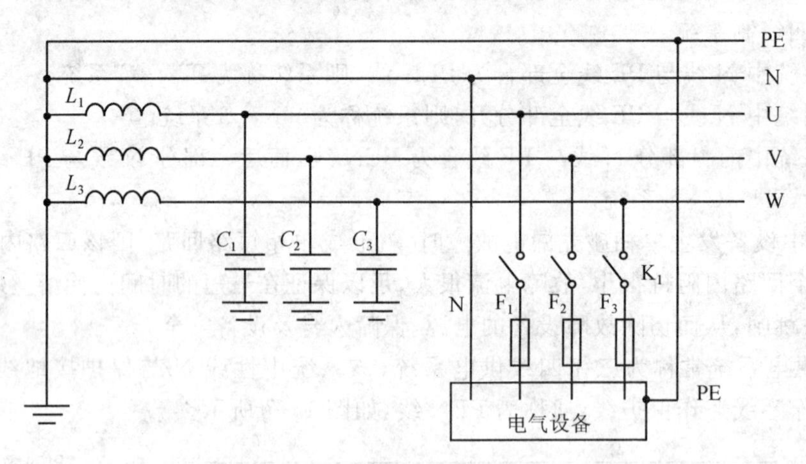

图 1－8　TN－S 供电系统简图

TN－S 供电系统的特点是，中性线 N 与保护接地线 PE 除在变压器中性点共同接地外，两线不再连接。中性线 N 在三相负荷不平衡时有电流流过，而 PN 线在正常情况下没有电流流过。该供电系统接地完全具备安全性和可靠性。在建筑物或军事设施内设有独立变配电所时常用该系统，但是多一根 PE 线，增加了工程投资费用。此外，由于 PE 线上没有电流，因而该系统有较强的电磁适应性。TN－S 系统可以作为通信枢纽等优选供电及接地系统。

4. TN－C－S 供电系统及接地方式特点

TN－C－S 供电系统由两个接地系统组成，前部分有 4 根线，是 TN－C 供电系统；后部分有 5 根线，是 TN－S 供电系统。分界点在 N 线与 PE 线的连接点处，分开后即不允许再合并，如图 1－9 所示。

这种供电系统一般用在民用建筑物中，供电由区域变电所引出的场所。进户前采用 TN－C 供电系统，进户后变成 TN－S 供电系统。目前，新建通信及其他设施中也比较常见。

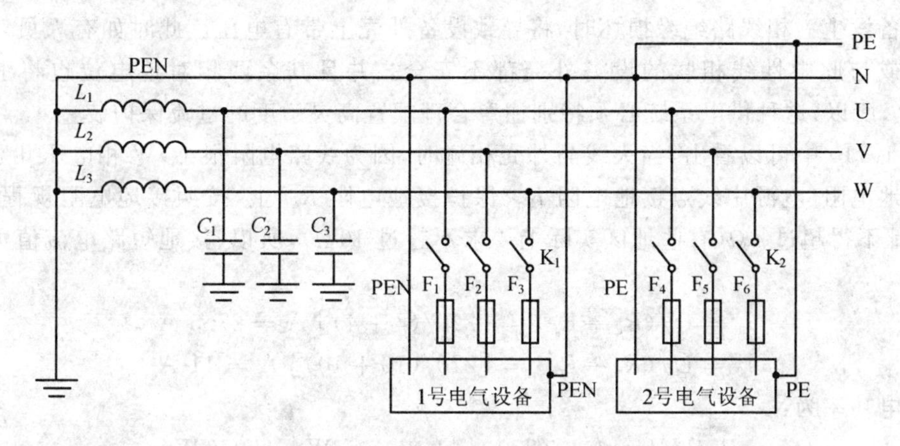

图 1-9　TN-C-S 供电系统简图

由于该系统 PEN 线上正常工作时有电流，使系统的 PE 线上和接于 PE 线上的电气设备金属外壳有对地电压存在，只是该系统 PEN 线多是系统干线，阻抗小，对地电压较小。所以这种系统接地方式不适宜作为通信枢纽最佳供电系统及接地方式。

5. TT 供电系统及接地方式

通常称 TT 供电系统属三相四线供电接地系统。该系统常用于设备供电来自于公用电网的地方，民用郊区较为常见。

TT 供电系统的特点：中性线 N 与保护接地线 PE 无电气连接，即中性点接地与 PE 线接地是分开的，因此设备的外壳与电源的接地无直接联系。即：设备的外露可导电部分均通过与系统接地点无关的各自的接地装置单独接地。

设备外壳是地电位，不会产生火花或电弧，因此较为安全。但当接地发生故障时，接地电流须流过设备接地电阻 R_e 和电源中性线接地电阻 R_n，回路阻抗较大，故障电流比 TN 供电系统小，降低了线路保护装置的动作灵敏度。

该系统在正常运行时，不管三相负荷是否平衡，在中性线 N 带电的情况下，PE 线均不带电，如图 1-10 所示。

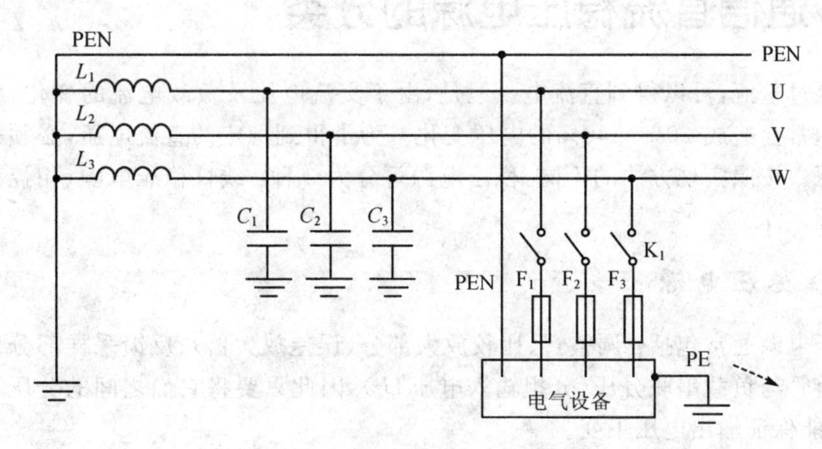

图 1-10　TT 供电系统简图

当设备发生一相线路绝缘损坏时，将导致设备外壳上带有电压。此时如有人员触接中性点连接线或与此中性线相联的设备外壳都不安全。并且其余两相对地电位也将上升超过300 V以上，所以，这种供电系统必须特别注意合理配置高灵敏度的过流保护装置。

从图 1-10 中可以看出，当火线与外壳相碰时，因为线路电阻很小，W 相电压几乎全部加在两个接地电阻(电源中线点接地电阻 R_n、保护接地电阻 R_e)上，按照接地电阻规程规定，这2个电阻都不得超过 4 Ω(有些地区实际上要求不超过 10 Ω)，所以，接地短路电流值可由下式求得：

$$I_1 = U/(R_e + R_n) = [220/(4+4)]\ \text{A} = 27.5\ \text{A} \tag{1-4}$$

$$I_2 = U/(R_e + R_n) = [220/(10+10)]\ \text{A} = 11\ \text{A} \tag{1-5}$$

对应单相电功率为：

$$P = UI\cos\phi = (220 \times 11 \times 0.8)\ \text{W} = 1936\ \text{W} \tag{1-6}$$

27.5 A 电流可以使额定电流 10 A 的熔断丝熔断(熔断丝通过大于额定电流 3 倍以上的电流时才能迅速熔断)切断电源；11 A 电流可以使额定电流 4 A 的熔丝迅速切断电源，从而防止触电事故发生。

但是对于熔丝额定电流大于 10 A 的用电设备，短路电流不能使之迅速熔断，这样 R_n 和 R_e 上都有 110 V 的电压，亦即所有与该接地装置相连的电气设备的金属外壳，对地都有 110 V 电压。当人体与设备金属外壳接触，亦发生触电。所以这种系统只能在小功率范围使用，如不超过 1 kW 时是可靠的。

另外，该系统故障电流小的不足之处可以通过加装漏电保护开关来弥补，以完善保护接地的功能。

可见，保护接地适用于中性点没有接地的电源供电系统中的电气设备，对于电源中性点接地的供电电网中，保护接地有局限性。为了保护电气设备，使熔断器等保护设备可靠动作，避免触电危险，中性点接地时采用保护性接零，如 TN 供电系统。

值得注意的是，在一个地区应使用同一种供电系统，不可同时混用多种供电系统，以确保设备安全可靠地运行。

1.4.2 通信直流稳压电源的分类

交流电经过整流，可以得到直流电。但是，由于交流电压及负载电流的变化，整流后得到的直流电压通常会造成 20%～40%的电压变化。为了得到稳定的直流电压，必须采用稳压电路来实现稳压。按照实现方法的不同，稳压电源可分为 3 种：线性稳压电源、相控稳压电源和开关稳压电源。

1. 线性稳压电源

线性稳压电源通常包括：调整管、比较放大部分(误差放大器)、反馈采样部分以及基准电压部分。调整管与负载串联分压(分担输入电压 U_i)，因此只要将它们之间的分压比随时调节到适当值，就能保证输出电压不变。

这个调节过程是通过一个反馈控制过程来实现的。反馈采样部分监测输出电压，然后通过比较放大器与基准电压进行比较判断，得到输出电压的偏差量，再把这个偏差量放大去控制调整管。如果输出电压偏高，则将调整管上的压降调高，使负载的分压减小；如果输出电压偏低，则将调整管上的压降调低，使负载的分压增大，从而实现输出稳压。图1-11为用分立元件组成的简单线性稳压电源电路。

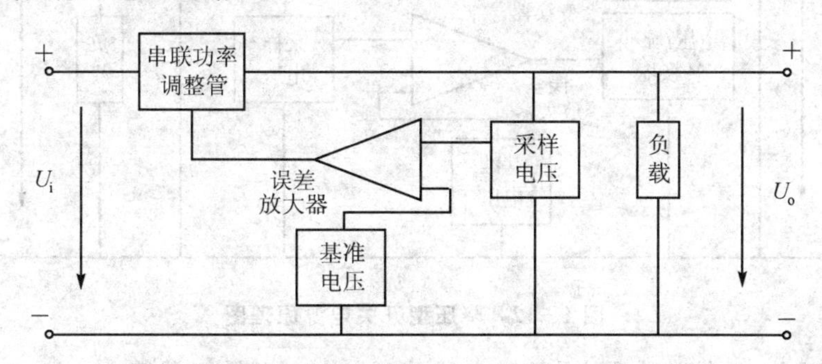

图1-11　线性串联稳压电源原理图

线性稳压电源的线路简单、干扰小，对输入电压和负载变化的响应非常快，稳压性能非常好。

但是，线性稳压电源功率调整管始终工作在线性放大区，调整管上功率损耗很大，导致线性稳压电源效率较低，只有20%～40%；发热损耗严重，所需的散热器体积大，重量大，因而功率体积系数只有20～30 W/dm³；另外，线性电源对电网电压大范围变化的适应性较差，输出电压保持时间仅有5 ms。因此线性电源主要用在小功率、对稳压精度要求很高的场合，例如，一些为通信设备内部的集成电路供电的辅助电源等。

2. 相控稳压电源

相控电源是指采用可控硅做整流器件的电源系统。其原理是交流输入电压经工频变压器降压，然后采用可控硅整流。为了保持输出电压的稳定，需要一套比较复杂的可控硅触发电路。

3. 开关稳压电源

高频开关稳压电源是交流输入直接整流，然后经过由功率开关器件（功率晶体管、MOS管、IGBT等）构成的逆变电路，将高压直流（单相整流约300 V，三相整流约540 V）变换成高频方波（20 kHz以上）。高频方波经高频变压器降压得到低压的高频方波，再经整流滤波得到稳定电压的直流输出。

线性稳压电源的动态响应非常快，稳压性能好，只可惜功率转换效率太低。要提高效率，就必须使图1-11中的串联功率调整器件处于开关工作状态，电路相应地稍加变化即成为开关型稳压电源。转变后的原理框图如图1-12所示。调整管作为开关，导通时（压降小）几乎不消耗能量，关断时漏电流很小，也几乎不消耗能量，从而大大提高了转换效率，其功率转换效率可达80%以上。

在图1-12中，波动的直流电压U_i输入高频变换器（即为开关管Q和二极管D），经高频变换器转变为高频（≥20 kHz）脉冲方波电压，该脉冲方波电压通过滤波器（电感L和电容C）变成平滑的直流电压供给负载。高频变换器和输出滤波器一起构成主回路，完成能量处理任务。而稳定输出电压的任务是靠控制回路对主回路的控制作用来实现的。控制回路包括采样

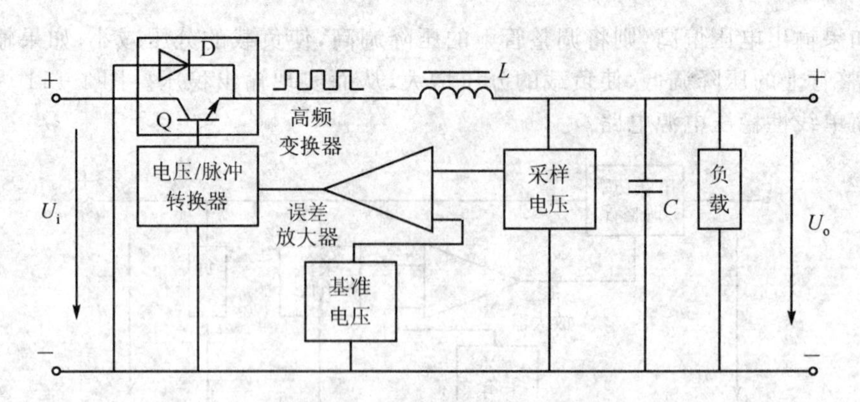

图 1-12 降压型开关电源原理图

部分、基准电压部分、比较放大器(误差放大器)和脉冲/电压转换器等。

开关电源稳定输出电压的原理可以直观理解为是通过控制滤波电容的充、放电时间来实现的。具体的稳压过程如下:

当开关稳压电源的负载电流增大或输入电压 U_i 降低时,输出电压 U_o 轻微下降,控制回路就使高频变换器输出的脉冲方波的宽度变宽,即给电容多充点电(充电时间加长),少放点电(放电时间缩短),从而使电容 C 上的电压(即输出电压)回升,起到稳定输出电压的作用。反之,当外界因素引起输出电压偏高时,控制电路使高频变换器输出脉冲方波的宽度变窄,即给电容少充点电,从而使电容 C 上的电压回落,稳定输出电压。

开关稳压电源和线性稳压电源相比,功率转换效率高,可达 65%～90%,发热少,体积小、重量轻,功率体积系数可达 60～100 W/dm³,对电网电压大范围变化具有很强的适应性,电压/负载稳定度高,输出电压保持时间长达 20 ms。但是线路复杂,电磁干扰和射频干扰大。

开关稳压电源和相控稳压电源相比,开关电源不需要工频变压器,工作频率高,所需的滤波电容小、电感小,因而体积小、重量轻、动态响应速度快。开关电源的开关频率都在 20kHz 以上,超出人耳的听觉范围,没有令人心烦的噪声。开关电源可以采用有效的功率因数校正技术,使功率因数达 0.9 以上,高的甚至达到 0.99(如安圣的 HD4850 整流模块)。这些使得开关电源的性能几乎全面超过相控电源,在通信电源领域已大量取代相控电源。

开关电源的线路复杂,这种电路问世之初,其控制线路都是由分立元件或运算放大器等集成电路组成。由于元件多,线路复杂以及随之而来的可靠性差等原因,严重影响了开关电源的广泛应用。

开关电源的发展依赖于元器件和磁性材料的发展。20 世纪 70 年代后期,随着半导体技术的高度发展,高反压快速功率开关管使无工频变压器的开关稳压电源迅速实用化。而集成电路的迅速发展为开关稳压电源控制电路的集成化奠定了基础。陆续涌现出开关稳压电源专用的脉冲调制电路,如 SG3526 和 TL494 等,为开关稳压电源提供了成本低,性能优良可靠、使用方便的集成控制电路芯片,从而使得开关电源的电路由复杂变为简单。目前,开关稳压电源的输出纹波已可达 100 mV 以下,射频干扰和电磁干扰也被抑制到很低的水平上。

总之,随着电源技术的发展,开关稳压电源的缺点正逐步被克服,其优点也得以充分发挥。尤其在当前能源比较紧张的情况下,开关稳压电源的高效率能够在节能上做出很大的贡献。正因为开关电源具有这些优点,它得到了蓬勃的发展。

1.5　通信电源技术的发展

1.5.1　通信电源技术的发展现状

随着电信技术的飞速发展，电信网络结构日益复杂，作为通信系统的动力组成部分，即通信系统的心脏——通信电源系统的重要性日益体现出来。今天，通信技术的飞速发展已使我国电信网的总体规模居于世界各国前列，更加需要有一个与此相适应的通信电源来支撑这个大网的安全可靠运行。这几年来，通信网与通信业务处理、传输以及移动、卫星、数据通信等设备的技术发展很快，大多数已达到或接近世界先进技术水平。但通信电源设备的技术却相对地落后了。从全国范围看，电源系统中技术水平较低的设备还占一定比例，尤其在经济较落后的地区，技术先进的设备相对较少，而传统通信电源无论从供电制式或是从电源设备的技术性能指标方面看，都远远满足不了日新月异的电信网的技术要求。通信电源设备与上述种类通信装备的技术档次不仅不协调，而且技术水平差距还在继续扩大，这对今后通信网的协调发展是十分不利的。从提高工作可靠性、扩容能力等方面考虑，应采用分散式供电制式逐步取代集中式供电；为满足通信网的技术要求，也为了适合在分散式供电中使用，应大力推广高频开关电源等一批新电源设备以取代传统的晶闸管相控电源。

最近几年，我国通信网技术装备发生了很大的变化，数字程控交换机、移动通信、光传输、高频开关通信电源等当代国际最新通信技术得到了广泛地应用，技术装备的自动化、数字化比重大大提高。中国的电信已经成为世界上最大的电信网之一。伴随着通信事业的迅猛发展，国内通信开关电源市场形成了许多的新的特点，无论从技术上，还是从质量上对厂家提出了更高的要求。通信电源市场的变化首先体现在其技术的进步，产品的更新换代打破了个别厂家一统天下的局面，涌现出了一批产品性能优良、技术领先的新型企业，提高了通信供电能力和通信保障能力。

目前，在电话网、移动网、互联网高速发展的带动下，通信电源（含动力设备及环境监控系统）的产品品种、规格、系列、质量及产品新技术的采用，都有长足的进步，与 20 世纪 90 年代相比发生了显著的变化。

① 大批应用新技术、新器件的低耗节能产品完全替代了过去的高能耗产品，体积也缩小了；

② 产品的适用性、完整性、配套性更符合国内通信局站的需要；

③ 产品的自动化程度高，监控能力强，加快实现无人或少人维护和值守。

根据《通信局站电源系统总技术要求》行业标准，局站电源系统将由市电交流（含自备交流电源）、高压配电、直流电源与蓄电池组、低压配电、UPS（不间断电源）、动力与环境集中监控等 6 大分系统组成，在通信技术的牵引下都获得了长足的进步。

1. 整流、交/直流配电与监控设备

整流、交/直流配电与监控设备是局站电源系统的核心部分，担负着将交流电转换成通信设备基础电压所需的直流不间断电源的任务。由新一代高频开关整流模块、监控模块、交流配

电柜、直流配电柜组成的大容量电源系统，单整流架满装 15 个整流模块可以实现 1 500 A 输出，除柜内并机扩容外还可柜外并机扩容，输入为三相工作模式，缺一相时输出仍可达到 50%，适应特大型、大型通信枢纽或交换局需要。其整流模块为维护方便，实现无损伤热插拔。系统的交流侧、直流侧、信号端设有完善的、全方位的智能化防雷系统与故障告警功能。新一代的整流模块内部的功率电路采用全桥 DC-DC 变换 ZVS 技术，效率能达到 93%，在系统处于缺相状态时，模块仍有 50%的额定电流输出，保证电能的可靠供应。由于采用无级限流技术，在监控模块的控制下，限流点可在 10%～110%额定电流之间连续可调。模块内有内置 CPU， 用以监测和控制模块运行。

这种大容量电源系统的整流架上可安装监控模块，其最重要的特点之一是按国内运营商要求设计，可实现三级监控，能收集、处理、上送配电、模块等监控板数据，还能根据电源系统当前数据对蓄电池进行智能化管理，有温度补偿、充电电流限制、电池容量计算、在线电池测试等功能，也能通过后台实现“三遥”功能。与整流架配套的交流配电柜、直流低阻配电柜也很有特色，都经过智能化设计，自带 CPU 和智能接口。前者可检测交流电压、电流、频率、防雷器状态等参数，后者可检测直流电压、负载及蓄电池电流、熔丝状态等参数，两种机柜分别有输入过欠压、频率异常、防雷器故障或输入过欠压、充电过流、熔丝断等声光告警。同时，在防雷、电气绝缘、EMC 等都严格按国际 IEC 标准设计。两种机柜都可独立工作，易于实现分散供电，扩容灵活方便，安装维护方便，可确保设备、人身安全可靠等特点。针对中型交换局、农话、接入网、移动基站、传输中继站、卫星通信站，国内已能生产与之相配的单相交流电设备，大、中、小容量规格齐全，对电网适应能力强，允许输入电压超宽范围变动(120～290 V 或 90～290 V)的电源系统。而系统所用的整流模块、监控模块、交流配电柜、直流配电柜各项性能、功能与拥有的技术特点都可完全达到现代通信系统的使用要求。

国内生产的野外作业柜式整体性电源系统，将整流模块、监控模块、交流配电、直流配电均置于一个集装箱机柜内，二路市电输入，电压适应范围宽至 90～290 V，静态可长期承受 AC 380 V，可承受最大 40 kA 的雷电冲击；整流总容量最大可达采用零电压软开关和无损伤热插拔技术，风冷与自然冷两种相结合的散热方式；智能化电池管理具有温度补偿、电池保护、充电电流限制、在线电池测试等功能。

目前国内已可生产微蜂窝基站等室外型设备用电源模块，AC 220 V 输入，输出有 DC 27 V 多路、DC 26 V、15 V、8 V、5 V 等规格，应用于微蜂窝基站、直放站、小容量基站和接入网，室外恶劣环境温度－45～＋65 ℃能正常工作，电磁兼容性达到国际通用的 B 级，具有完善的保护和电池管理功能。国内部分通信电源产品企业还能为客户定制独特需求的电源产品。

通过上面介绍，不难看到我国通信电源产品企业紧紧环绕我国通信网多元化、全方位发展的需求，针对国内城市与农村、东部与西部、南方与北方、室内与野外等等用电、环境条件差异巨大的情况，设计、开发和生产出能广泛满足这些需求的相应产品，这是通信电源产品新技术应用和产品设计与质量进步的最明显变化。

2. UPS 产品

我国各类通信网装备的程控化以及网络管理、运营维护、计费等大幅度应用计算机，加之数据通信与互联网的大面积普及，对 UPS 类产品提出了许多特殊要求，新一代国产 UPS 就是在这种背景下产生和得到发展，成为通信电源的一种重要产品。可喜的是短短几年，国内已可生产出质量高、品种与规格齐全的UPS产品，单机容量可涵盖通信设备的各种应用要求。

根据有关生产企业提供的产品品种和数据，对互联网中心、电信交换机房、网管中心、卫星控制中心，有相应的三进三出80～800kVA系列UPS产品可供选用；对一般的通信、银行、航空、交通、证券的中、大型数据中心、信息中心，有三进三出30～120kVA系列、20～60kVA系列UPS产品可供选用；对小型通信计费中心、网络控制中心、ATM自动取款机、通信基站、室外通信与数据基站，可配置三进单出10～20kVA系列或单进单出1～10kVA、1kVA、2kVA系列的UPS产品。

以上品种繁多，系列齐全，特别是针对大型机房计算机群使用出发的UPS产品，极大地满足了现代通信发展的需要。从技术上看，国内产品大多数都有以下特点：

① 采用DSP全数字控制技术，大幅度提高控制的灵活性和稳定性，使产品具有较好的一致性和可靠性；

② 在线功能强，对用户设备提供全面彻底的电力保护；

③ 具有智能化电池管理，可延长UPS电池使用寿命，有些产品能几近50%；

④ 备有完善的网络监控功能，使UPS运行维护实现最佳化；

⑤ 大多数大容量UPS产品均允许单机或1+1双机并机运行，或$N+1$并机柜多机并机运行。

从国内有的产品企业提供的资料，最新一代智能高频在线式三进三出UPS产品，采用2个16位的40MHz全数字DSP控制，可比老产品处理速度更快，输出性能更优异，可靠性更高；同时IGBT(绝缘栅双极性晶体管)高频智能整流和逆变技术以及多重保护技术，使输入功率因数可高至0.99，输入电流谐波<3%，输出性能更优于传统技术产品；当需多机并机使用时，可无需并机柜而直接并机；允许最宽的输入电压AC 120～276V(相压AC 120V时，可有72%额定负载)和频率范围40～60Hz，扩大了适用面。

目前国内UPS产品都具有优良的防雷装置和防浪涌冲击与EMC性能。有高强的网络管理功能，提供RS-232、RS-485、Modem、SNMP网卡等多种接口，监控软件具备电源事件记录和分析功能，支持TCP/IP协议，可灵活组网，可通过Internet或Intranet实现远程监控。操作简单“一键开机”，操作维护具有友好人机界面，全中文大屏幕显示，可查询各项电气参数、UPS功能设置、电源事件告警提示和故障定位。UPS系统具备自诊断、自保护功能，当市电出现故障或电池即将用尽时，可通过监控软件自动存储用户计算机数据、退出操作系统，安全关闭计算机和服务器。

国产UPS产品还有一类室外型智能在线式UPS系列产品，适用于城市的角落，边远的公路、山区等环境差的地区，如高温50℃、严寒-40℃、灰尘、高湿多雨、酸雾侵蚀，电网质量低劣(电压长期低至160V或高于260V，频率异常多变)等条件。

UPS远程网络监控管理系统是配合UPS群近端或远端管理设计、开发和生产的，最大监控数量可达6万多台UPS单机，这种专业化的UPS网络监控管理系统，有效地对网络上的所有UPS实时状态信息进行实时监控与集中统一管理。

系统能实时后台侦听电源故障告警，以E-mail、手机短信、图像、声音等方式向值班人员送达告警信号，能保存在事件记录数据库中以备管理人员查询；能远程控制电源自测与开关机，并安全地进行配置修改；可对网络上电脑进行断电保护。

SNMP卡介于UPS和网络之间，通过网络实现远程监控UPS。国内有些电源产品生产企业为国外代理提供该卡，SNMP 卡采用热插拔设计，UPS 无需关机插卡，支持 WEB 浏览和各种 NMS 管理系统，可在任何操作平台上对 UPS 实现远程监控，并形成浏览、控制、系统管理员三级安全体系，在方便管理的同时有效避免各种误操作和恶意破坏。

目前，各类电信网络，互联网、专业数据网在运行、操作、维护、管理上用的计算机实现了网络化，UPS 用量很大，已成为各通信局站总电源系统不可缺少的组成部分，国内电源产品企业能全方位、高质量、配套完整地提供 UPS 产品，为我国通信电源系统现代化创造了条件。

3. 阀控式密封铅酸蓄电池

众所周知，蓄电池在通信电源系统中具有举足轻重、不可替代的地位，全国范围内的使用量很大，蓄电池的质量、充放电效率和耐久性(寿命)直接影响网络畅通与高效运行，具有重要的经济意义。

回顾近十年蓄电池的技术变化，市场上可供通信部门选用的蓄电池经历了固定型防酸铅蓄电池、早期阀控式密封铅酸蓄电池(VRLA，以下简称阀控蓄电池)和新一代阀控蓄电池 3 个阶段。阀控蓄电池的出现从根本上解决酸雾扩散和电解液蒸发问题。但 20 世纪 90 年代中、后期，国产的阀控蓄电池产品质量问题很多。主要集中在：密封技术未完全掌握，许多蓄电池端头柱处因密封较差存在着酸雾泄漏和电解液散发问题；阀控功能由于设计或工艺不完善，时有造成蓄电池膨胀，甚至发生爆炸；质量参差不齐，一致性差，影响电池组整体工作效率。经过近年来国内厂家的不断努力，生产技术、设计和工艺的改进与提高，国产阀控蓄电池产品质量已有了长足进步，产品进入了成熟稳定的生产阶段。

目前市场上常见的阀控式蓄电池，由于采用特种铅钙合金或铅钙锡铝 4 元合金板栅，具有较强耐腐蚀、抗伸延性能，同时提高了负极析氢过电位，在充电后期有效抑制氢气析出，保持电解液水分不被分解。此外，通过超细玻璃纤维作隔板，利用气体再化合技术，实现内部氧的循环复合，再加上端头柱用多层特殊密封，确保了电池密封，使蓄电池在整个寿命期间无须定期补水或补酸等维护。

目前，蓄电池的安全性有明显改进与提高，安全阀能自动调节内压，内置的滤酸片具有阻液和防爆功能，加之安全阀、滤酸片、密封圈、密封套、隔板、密封胶等关键零部件与材料全部采用优质件，保证了电池的安全、可靠使用。目前国产阀控式蓄电池已可自由安装，不要求蓄电池单体端头柱非得冲上不可，面对维护人员侧置也可，一组蓄电池靠墙侧立，大幅度地减小了占用机房面积，为电池组进机房以最短馈电连接至通信设备的分散供电创造了条件。目前，阀控蓄电池已有完整而详细的规格与参数数据，反映主要性能指标的电池充、放电特性曲线和电池容量速查图、循环寿命特性图、浮充寿命特征图十分完整，用户都能拿到这些实实在在的数据与资料去设计、应用和维护，足以说明国产阀控蓄电池的技术进步和产品成熟。

4. 备用发电机组

通常，通信局站必须设置备用发电机组。现时柴油发电机组的品种规格比以往更加齐全，启动与油污都有较大改善，并配有远程智能监控系统，在屏显、并车性能上都有很大提高，可实现多台柴油发电机组联网监控。

与此同时，我国有些城市引进和应用了国产或进口燃气发电机组这一新品种，利用其功率大，体积小，重量轻，启动快，维护简单的特点，用于特大城市或特大型电信枢纽局，或构成轻型车载移动电站。

5. 动力设备及环境集中监控系统

1995年版《通信局站电源系统总技术要求》曾提出加快建立电源系统及设备监控和集中维护管理系统，逐步实现少人或无人值守。经过多年摸索，目前已实现高度统一和规范化，性能与功能强、监控完整的"通信电源集中监控系统"已在各级通信局站普遍使用，对分散的局站和局站内的各电源设备和机房空调进行遥测、遥信和遥控，实时监视和显示其运行参数，自动监测和处理系统内各种故障的设备。

监控系统在结构上可成为一个多级的分布式计算机监控网络，一般形成监控中心、监控站、监控单元三级系统。

监控系统在整个国内各运营商的各类网络的日常维护工作中发挥了重要作用，具有良好的技术、经济的综合效益。以青岛通信为例，青岛通信公司于1996年开始引入动力设备及环境集中监控系统，2002年又加以改进，进一步规范化，按维护体制和职能划分，将系统分离成动力监控和环境监控两个相对独立应用系统，相关的监控值班班组和部门负责运行、维护和管理。动力监控负责监控辖区内53个局站(内为18个端局、35个模块局)的动力设备，包括高/低压配电设备、油机、空调、整流电源模块、蓄电池组等。环境监控负责监控79个局站(内为21个端局、58个模块局接入网)的门禁系统和图像系统，以及温度、湿度、红外、烟感、水浸、地湿、手动灭火等环境量。环境监控中心设有26台图像监视器和两台录像机组成的屏幕墙，可轮流显示各局站情况并将发现的异常情况进行自动或手动录像。两套系统运行的结果将全公司20多个市话局的近300人的交换、电力值班人员替换下来，各机房、电力室实现了无人值守；门禁系统中，员工进入局房用刷卡方式，改变了以往用钥匙开门的不便，管理更加科学化；动力设备维护不再在现场观察，当有设备告警时监控系统会及时弹出告警通知值班员，平时通过报表打印、查询各种数据进行质量分析与参考。青岛通信公司的两套监控系统的稳定、可靠运转，为动力、空调设备的正常工作运行提供了有力保障；为动力设备维护管理及机房安全管理体制改革，优化人员配置，实现无人值守提供了有力保障，技术、经济综合效益非常可观。

6. 其他配套设备

目前，通信局站电源系统整体化、精细化过程中还表现在国内通信电源企业提供许多重要的系统配合设备，包括市电与市电、市电与交流备用电源之间的"自动切换开关"设备、抗瞬态浪涌抑制设备、机房专用精密空调机、大型UPS用的精密交流配电柜、户外一体化通信电源机柜等。有了这些装置，单相或三相、交流或直流的保护性，不间断的自动/手动切换得以完成，从总配电到末端负载的全过程将实现多重保护，达到高质量的供电。

总而言之，近年来通信电源产品企业依靠新材料、新技术、新设计对通信电源产品进行了更新换代，产品的门类、品种、规格都比过去有了极大改观，并以产品的完整、齐全及性能价格比合适，赢得了市场，减少了国外产品的直接进口，并为从特大型枢纽局到精干的无线通信基站、从室内型到户外型的各类通信局站提供了供电质量、自动化、精细化都较理想的综合电源系统，所有这些设备都确保了我国通信行业的现代化建设。

1.5.2 通信电源技术的发展趋势

通信产业的迅猛发展，给通信电源市场带来了巨大的市场机会和挑战，同时对通信电源提出了一些新的需求。例如：多种物理设备放在一起，有电磁兼容的需求和机房面积与承重的要求；网络设备种类增多使电源的负载增大，负载种类增多，对电源效率和种类有新的要求；机房和基站数目增多，对电源的可靠性和易维护性提出更高的要求，以满足无人值守需要。电源工作环境的差异对电源的应用环境也提出了新的需求，如更强的电网适应能力、环境适应能力等，户外电源就是这一需求的典型代表。通信电源是整个信息网络的动力心脏，新的网络需要更可靠的电源。另外，随着运营商的全球化趋势，电源设备也需要满足全球不同市场对产品的特殊要求。全球通信电源技术发展呈现以下几大趋势：

1. 高效率、高功率密度、范围更广的使用环境温度

新型高性能器件的不断研发、涌现与应用，促进了电源产品的升级换代，使得电源的开关频率高达300～400 kHz，小功率电源已实现1 MHz的开关频率，提高了电源功率密度，对电源技术进步与发展起着重要的支撑作用。

软开关技术、准谐振技术的研究趋于成熟稳定，具有代表性的是谐振变换、移相谐振、零开关PWM、零过渡PWM等电路拓扑新理论，重点就是减少过去硬开关模式下，电源设备开通时，开关器件在开关过程中电压上升/下降和电流上升/下降波形交叠产生的噪声，实现了零电压/零电流开关，降低损耗，提高电源系统的稳定性和效率。运营商设备的不断增多、用电量大幅增加，机房面积紧张等客观因素的存在，对电源产品提出了高效率、高功率密度、宽使用环境温度的要求。新型高性能器件的不断研发、涌现与应用，例如：绝缘栅双极型晶体管(IGBT)、功率场效应晶体管(MOSFET)、智能IGBT功率模块(IPM)、MOS栅控晶闸管(MCT)、静电感应晶体管(SIT)、超压恢复二极管、无感电容器、无感电阻器、新型磁材料和变压器、EMI滤波器等，可以提高通信电源的开关频率，减小电源外形尺寸，提高电源的功率密度。

在通信电源中，开关技术是提高电源效率的一个重要技术。随着软开关拓扑理论研究的深入以及应用的普及，降低了电源系统的损耗，提高了电源系统的效率。为了更好适应环境，提高产品可靠性，220 V/AC的通信电源一般能够工作在120～290 V/AC，环境温度的适应能力也由传统的45 ℃提高到60 ℃，甚至75 ℃。

2. 网络化和智能化的监控管理

随着互联网技术应用日益普及和信息处理技术的不断发展，通信系统从以前的单机或小局域系统发展至大局域网系统、广域网系统，支持保护通信互联网终端设备的电子开关方面的电源设备必须具备数据处理和通信能力，并通过RS-232接口实现网络化通信，实现网络化、智能化监控管理功能。

① 具有智能型人机界面，使网络技术人员可以随时监视电源设备运行状态和各项技术参数；

② 具有各种保护、告警和数据信息存储、处理、打印等功能；

③ 具有远程开关机功能，使网络技术人员可定时开关电源或备用电源。

3. 全数字化控制

通信设施所处环境越来越复杂，人烟稀少、交通不便都增加了维护的难度。数字化技术表现出了传统模拟技术无法实现的优势，如：采用全数字化控制技术，有效缩小电源体积并降低了成本，大大提高了设备的可靠性和对用户的适应性。整个电源的信号采样、处理、控制（包括电压电流环等）、通信等均采用DSP技术，可以获得优化的、一致的、稳定的控制参数，使电源的自我监控能力普遍增强。可以实时地监控设备本身的各种运行参数和状态，预警功能和故障诊断功能有效地实现了通信动力设备的无人职守与远程监控，维护人员可远程观察电源设备的运行参数和状态，当出现故障时，可将故障信息及时上报，并可利用电话、传真、寻呼等通信手段通知值班人员，提高故障排除的效率。采用全数字化控制技术，有效地缩小电源体积，降低成本，大大提高了设备的可靠性和对用户的适应性。

4. 安全、防护性能良好的EMC指标

考虑到设备复杂的运行环境，电源设备须满足相关的安全、防护、防雷标准，才能保证电源的可靠运行。安全性是电源设备最重要的指标；商用设备须通过相关的安全认证，如UL、CSA、VDE、CCC等。防雷设计是保证通信电源系统可靠运行的必不可少的环节，对于通信设备而言，雷电过电压来源主要包括感应过电压、雷电侵入波和反击过电压。在一般情况下，通信电源必须采取系统防护、概率防护和多级防护的防雷原则。通信电源系统一般需要采用三级防雷体系，防潮、防盐雾和防霉菌设计称为三防设计。工程上通常选用耐蚀材料，通过镀、涂或化学处理方法对电子设备的表面覆盖一层金属或非金属保护膜（比如在印制板上涂三防漆），使之与周围介质隔离，从而达到防护的目的；在结构上采用密封或半密封形式隔绝外部环境。良好的EMC指标使不同的电子设备能工作在一起，同时使使用者的电磁环境更加洁净，避免电磁环境对使用者的伤害。一般满足的标准有：EN55022、EN300386：2001、CFR47Part15、TelcordiaGR-1089[NA requirement]。

5. 低电流谐波处理

在通信电源开发、生产早期，人们主要集中研究电源的输出特性，比较少地考虑电源的输入特性。例如：传统的在线式电源输入AC-DC部分通常采用桥式整流滤波电路，其输入电流呈脉冲状，导通角约为$\pi/3$，波峰因数大于纯电阻负载的1.4倍；大量使用谐波电流大的电源将给电网带来严重的污染，使电网波形失真、降低实际负荷能力，尤其对于三相四线制的连接方式，将导致过大中性线电流带来不安全隐患。随着网络时代人们环保意识和安全意识的增强，以及电力电子技术、功率器件的发展，软体谐波处理技术也正在逐渐成熟并推广应用，通信电源中采用有源谐波处理技术也是势在必行，不但可以改善电源对电网的负载特性，减少对其他网络设备的谐波干扰，同时也大大提高了电源的源效应，因而网络时代通信电源也必将逐渐成为低谐波输入的新一代绿色电源。

6. 绿色环保

对于环保指标一方面是，通信电源的电流谐波符合要求。降低电源的输入谐波，不但可以改善电源对电网的负载特性，减小给电网带来的污染，也可以减少对其他网络设备的谐波干

扰。另一个重要方面是,材料可循环利用和对环境无污染。产品须满足 WEEE(防止电子电气废弃物)、ROHS(限制使用有害物质)指令。WEEE、ROHS 指令包括两部分的内容,即涉及循环再利用的 WEEE 和限制使用有害物质的 ROHS。实施 WEEE 指令的目的,最主要的就是防止产生电子电气废弃物,此外是实现这些废弃物的再利用、再循环使用和其他形式的回收,以减少废弃物垃圾的数量。同时也努力改进涉及电子电气设备生命周期的所有操作人员,如生产者、销售商、消费者,特别是直接涉及报废电子电器设备处理人员的环保行为。实施 ROHS 指令的目标是,使各成员国关于在电子电气设备中限制使用有害物质的法律趋于一致,有助于保护人类健康和报废电子电气设备合乎环境要求的回收和处理。从 2006 年 7 月 1 日起,投放于市场的新电子和电气设备不允许包含铅、汞、镉、六价铬、聚溴二苯醚(PBDE)或聚溴联苯(PBB)。

1.5.3 通信电源产品的发展

电源产品的发展趋势往往决定于以下两个因素:一是产品的使用者(用户)的需求不断发展;二是产品的技术不断发展。前者是外因,后者是内因。通信电源产品也基本遵循这样的规律,市场需求和产品技术不断推动和促进产品的发展,也决定了通信电源产品的发展速度和方向。

1. 通信电源产品的市场需求发展

通信电源作为通信网络中一种重要的基础设备,随着通信网络的飞速发展,也在不断地发展与演变。随着通信业的更新换代,第三代移动通信时代的来临,通信电源产品市场需求呈现以下一些特征:

(1) 市场需求数量稳步增长

随着通信网络的发展,现在用通信直流电源供电的通信设备种类越来越多.从传统的程控交换机到第三代移动通信的各种移动通信设备等,大都采用通信直流电源作为基础电源。另外,随着各国在通信网络设备的投资规模不断扩大的情况下,相应带动了通信直流电源的数量稳步增长。与此同时,仍然有很多数据通信设备采用 UPS 作为基础电源,虽然 UPS 供电系统从原理上供电安全性要低于直流电源,但是支持 UPS 应用的通信设备越来越多,UPS 类不间断交流电源的市场需求也在稳步增长。

(2) 市场价格不断下滑

虽然原材料的价格,特别是金属原材料的价格不断上涨,一定程度上使得通信电源产品的材料成本上升,但随着市场竞争的日趋激烈,通信电源设备的市场价格却不断在下降。市场价格的下滑一定程度上抵消了数量增长带来的规模增长,但销售金额规模来看,全球通信电源的市场仍然是稳步小幅增长并在未来几年内保持这种增长。

(3) 性能要求越来越高

随着通信由语音为主的通信时代转为数据通信为主的时代,人们对通信系统的稳定性提出了越来越高的要求。相应地,对通信电源设备而言,各方面的性能要求也越来越高,否则无法满足现代通信设备的高性能要求。同时,随着人们对于环境保护意识的不断增强,以及能源价格的不断上涨,对通信电源产品在环境保护和节能方面提出了更高的要求。

(4) 使用环境日趋复杂

早期的通信设备局站，都是室内型设备，在通信机房中使用。但随着移动通信的发展和对覆盖范围的要求，以及出于建设成本考虑，用户要求能提供满足各种应用环境和条件的需求，如要求通信电源系统能够室外使用、壁挂安装、嵌入到通信主设备机柜中、与电池共用机柜、靠墙安装等多种应用环境和安装方式。

(5) 运营维护成本要求更低

通信电源产品用户在设备建设初期需要支付采购费用，在运行期间需要支付机房使用费用、电力费用、维护人员费用、维护材料费用等。通信电源产品的用户现在越来越关心产品整个生命周期成本和费用，这就希望产品的运行维护各方面具有更低的成本。

2. 通信电源产品的发展特征

通信电源产品是通信电源技术的实现，涉及多个学科和领域的基础技术，例如电子器件技术、电力电子变换技术、计算机技术、工艺制造技术等。这些领域的技术发展推动了电源应用技术的发展，使得通信电源产品的发展在近阶段体现如下特征：

(1) 产品内部各部分技术的发展存在不均衡性

以直流通信电源产品为例，直流通信电源产品一般由交、直流配电单元、整流器单元、监控单元、蓄电池系统等几部分构成，但这几部分的技术发展是不均衡的。其中发展最快的是整流器技术，而配电技术则相对发展缓慢，这样导致了整个通信直流电源系统内部各部分的不均衡发展。

(2) 新型器件和材料得到不断应用

新型器件和材料的不断涌现并被应用到通信电源产品中。例如碳化硅(SiC)器件和新型磁性材料(如非晶材料)逐步开始应用到通信用整流器中，DSP 芯片也开始在整流器中得到规模应用。此外，更高性能的单片机系统在监控单元中不断得到应用，胶体电池也得到大量应用等。

(3) 功率变换技术不断发展

作为通信电源的核心部件——整流器在技术上发展最为迅速，各种新型线路技术、开关变换器技术、谐振开关技术、新型软开关技术、功率因数校正技术、环路控制技术、均流技术都在不断迅速发展并在产品中得到商用。

(4) 监控新技术不断应用

伴随着计算机技术的发展，一些新型技术也不断在通信电源产品中得到应用，如 CAN 总线技术、IP 通信技术、USB 技术、PMBus 总线技术以及基于因特网的组网技术等，这些技术的产生和应用推动了通信直流的智能化发展。

3. 通信电源产品的发展趋势

在需求与技术的共同推动下，通信电源产品体现了如下的发展态势：

(1) 体系架构相当长的一段时间内维持稳定

通信电源在相当长的时间内还是维持现有的交流配电、整流器模块(并联)、直流配电、监控单元、蓄电池等为主要组成部分的架构；功率变换模式也将维持现有的高频开关模式，暂时不会出现类似从线性电源到开关电源的阶跃性的变化。

(2) 功率密度不断提高

通信一次电源的核心部件整流器的功率密度不断提高,推动了通信电源整机的功率密度不断提高,但配电器件、蓄电池等密度基本维持稳定,一定程度制约了整机系统的功率密度的提高比率。

(3) 更高的可靠性

高可靠性是通信电源的最基本要求。随着器件技术、通信电源技术的成熟,以及各通信直流电源设备厂家在可靠性研究上大力投入,通信电源产品可靠性呈不断提高的趋势。

(4) 低成本

市场价格的不断下滑推动生产厂家不断降低产品的成本,但过低的成本也会带来一定的负面影响,一定程度上制约性能的不断提高。

(5) 更高的性能

通信电源产品更高的性能体现在以下方面:

➤ 转换效率越来越高,特别是实际工作情况下的转换效率;

➤ 要满足更多的新标准,如 EMC、安全、环保等标准;

➤ 完善的远程监控功能不断降低维护成本;

➤ 更高的稳定性满足数据通信的要求。

(6) 应用方式更为灵活多样

在传统的机架式和嵌入式得以保持并不断发展的同时,将支持更多的不同应用方式,如室外应用、室内壁挂应用等。

(7) 智能化的网络管理

多层次的远程监控系统将得到大力发展,通信电源设备的网络化管理将成为主要的管理手段。

第2章 油机电源系统

2.1 柴油发电机组

2.1.1 柴油发电机的分类

在不间断供电系统中，市电中断的时间较短，通信设备可以通过蓄电池供电，同时通过逆变器或UPS给交流负载供电。但是，蓄电池的容量有限，不能长时间供电。因此，为保证市电长时间停电后通信设备能够正常工作，在交流不停电供电系统中通常还需要配置柴油发电机组。

电信局站配置的发电机输出电压均为230/400 V，安装方式分为固定和移动两类。

1. 固定发电机组

固定发电机组分为室内安装和室外集装箱安装两种方式。

室内安装要求有单独的机房，柴油发电机组及其附属设备都安装在机房中，要求机房面积充裕，进、出风通畅，便于采取降噪处理，有利于维护。这种安装方式适用于所有的通信局站。

室外集装箱安装方式在没有固定机房安装设备的情况下可采用，机组的容量一般不大，价格较高。由于受机组使用环境的要求，在寒冷地区不宜使用。

2. 移动发电机组

移动发电机组主要适用于通信基站、微波站以及光缆中继站等通信局站，容量不大，使用机动灵活，取代固定油机可降低工程的投资。移动发电机组主要分为拖车式、便携式以及汽车台架式3种。其中，便携式容量较小，大多采用汽油发电机组。

2.1.2 柴油发电机的结构和原理

柴油发电机组是以柴油机为原动力拖动同步发电机组发电的一种电源设备。在电网不及或电力不足的农村、小城镇以及边远地区，柴油机发电机组可用作照明、广播电视、电影放映、医疗卫生、教学、农副产品加工机械、排灌机械以及乡镇企业生产等的电源设备；也可作为小型独立光伏电站的备用电源，为蓄电池补充充电，或在光伏电站发生故障的情况下直接供电。

柴油发电机组具有效率高、体积小、重量轻、启动及停机时间短、成套性好、建站速度快、操作使用方便、维护简单等优点；但也存在着电能成本高、油料消耗大、机组振动大、噪声大、操作人员工作条件差等缺点。

1. 柴油机的基本结构

柴油机主要由曲轴连杆机构、配气机构、供油系统、润滑系统和冷却系统等部分组成。

(1) 曲轴连杆机构

曲轴连杆机构是油机的主要组成部分，由汽缸、活塞、连杆、曲轴等部件组成。其作用是将燃料燃烧时产生的热能转化为机械能，并将活塞在汽缸内的上下往返直线运动变为曲轴的圆周运动，以带动其他机械做功。

① **汽缸**：汽缸是燃料燃烧的地方，在不停电供电系统中，都采用多缸柴油机，许多汽缸铸成一个整体。油机在工作过程中，活塞在汽缸中上下往返运动。为保证汽缸与活塞之间保持良好的密封，并减小摩擦损失，汽缸的内壁(汽缸壁)必须非常光滑。

燃料在汽缸中燃烧时的温度高达1500～2000℃，因此，油机中必须采用冷却水散热。因此汽缸壁都做成中空的夹层，称为水套。

② **活塞**：油机在工作时，活塞承受很高的温度和很大的压力，而且运动速度极快，惯性很大。因此活塞必须具有良好的机械强度和导热性能。为了使活塞与汽缸之间紧密接触，活塞的上部还装有活塞环。活塞环有气环和油环两种，气环的作用是防止汽缸漏气，油环的作用是防止机油窜入燃烧室。

③ **连杆和曲轴**：连杆将活塞与曲轴连接起来，从而将活塞承受的压力传给曲轴，并通过曲轴把活塞的往返直线运动转化为圆周运动。

(2) 配气机构

配气机构的作用是适时打开和关闭进气门和排气门，将可燃气体送入汽缸，并将燃烧后的废气排出。配气机构由进气门、排气门、凸轮、轴、推杆、挺杆、摇臂等部件组成。

(3) 供油系统

柴油机的供油系统由油箱、柴油滤清器、低压油泵、高压油泵、喷油嘴等组成。柴油机工作时，柴油从油箱中流出，经粗滤器过滤、低压油泵升压，又经过细滤器进一步过滤、高压油泵升压后，通过高压油管送到喷油嘴，并在适当的时机将柴油以雾状喷入汽缸压燃。

(4) 润滑系统

油机工作时，各部分机件在运动中将产生摩擦阻力。为减轻机件磨损，延长使用寿命，必须采用机械机油润滑。润滑系统通常由机油泵、机油滤清器等部分组成。

机油泵通常在底部的机油盘内，它的作用是提高机油压力，将机油源源不断地送到需要润滑的机件上，机油滤清器的作用是过滤掉机油中的杂质，以减轻机件磨损，延长机油的使用寿命。

(5) 冷却系统

油机在工作时，温度很高，将使机件膨胀变形，摩擦力增大。此外，机油也可能因温度过高而变稀，从而降低润滑效果。为了避免温度过高，油机中通常装有水冷却系统，以保证油机在适宜的温度运行。

冷却系统包括水套、散热器、水管和水泵等，冷却水通过水泵加压后在冷却系统中循环。循环的途径为：水箱-下水管-水泵-汽缸水套-汽缸盖水套-节温器-上水管-水箱。节温器可以自动调节进入散热器的水量，以便油机始终在适宜的温度下运行。

2. 柴油机的工作原理

柴油机是将燃料的热能转化为机械能，通过汽缸内连续进行进气、压缩、工作、排气四个过程来完成能量转换的。活塞的上下运动借连杆同曲轴相连接，把活塞的直线运动转变为曲轴的圆周运动。汽缸顶部有两个气门：进气门和排气门。

活塞在汽缸运动中有两个极端位置：上止点和下止点，上、下止点之间的距离称为活塞的冲程。活塞由上止点移到下止点所经过的容程称为汽缸工作容积，又称为活塞排量。工作容积与燃烧室容积之和叫汽缸总容积。汽缸总容积与燃烧室容积的比值称为压缩比，压缩比表明了气体在汽缸中被压缩的程度，压缩比愈大，气体被压缩的愈剧烈，压缩过程的温度和压力愈大，燃烧后的压力也越大，内燃机的效率越高。

四冲程柴油机的工作循环是在曲轴旋转两周(720°)，即活塞往复运动四个冲程中，完成了进气、压缩、工作、排气这 4 个过程。

(1) 进气冲程

活塞由上止点至下止点，这时进气门打开，排气门关闭，由于活塞向下移动，汽缸内的压力低于大气压，汽缸外的空气就经过进气门被吸入汽缸内，活塞到达下止点时，活塞上方充满了空气。

(2) 压缩过程

活塞由下止点移向上止点，进气门和排气门均关闭，汽缸里吸进的空气被压缩。压缩冲程完成后，缸内空气压强可达到 30～50 kg/cm^2，温度达到 600～700℃。

(3) 工作冲程

压缩冲程结束后，活塞即将到达上止点，进、排气门仍然关闭，汽缸顶部的喷油嘴开始向汽缸内喷射柴油，并被高温气体点燃，汽缸内的温度和压力迅速上升，高温高压的气体在汽缸内膨胀，推动活塞移向下止点，通过连杆转动曲轴，发出动力。

(4) 排气过程

工作冲程完毕，活塞由下止点至上止点，进气门关闭，排气门打开，把膨胀后的废气从汽缸中排出。

经过以上 4 个冲程，完成了一个循环。如此周而复始，使柴油机不断工作。

上述为单缸四冲程柴油机的一个循环过程，曲轴旋转两周，活塞上下运行两次，在第三冲程做功，而其他三个冲程由曲轴带动活塞移动。因此对于单缸内燃机需要在曲轴上安装一个沉重的飞轮，利用飞轮的惯性来带动活塞完成其他 3 个动作，因此曲轴转速不均匀。功率较大的内燃机都采用多个汽缸的结构。

3. 柴油发电机装置

柴油发电机按照供电电压等级分为高压、低压两种，由发电机组、配电装置和控制系统组成。目前我国电信局站的发电机组都选用低压交流发电机组。

交流电机分为异步电机与同步电机，发电机大多采用同步发电机。励磁系统是同步发电机的重要组成部分，为保证发电机安全可靠运行，对发电机的励磁系统提出了一系列的要求：

- 当发电机在允许的负载范围内运行时，励磁系统应能够提供相应的励磁电流，保证发电机输出额定电压值；

- 当发电机内部发生短路时，为防止短路电流过大损伤发电机绕组，励磁系统应能够快速灭磁；
- 励磁系统本身应安全可靠，运行方便，便于维护。

通信局站选用的发电机均为无刷励磁发电机。

2.1.3 柴油发电机的使用

1. 柴油的选用

柴油机的燃油可分为轻柴油和重柴油两类。轻柴油适用于高速柴油机；重柴油适用于中、低速柴油机。与柴油发电机组配套的柴油机转速较高，通常采用轻柴油。

轻柴油按其凝固点温度的不同，分为10号、0号、－10号、－20号、－35号5种牌号。牌号的数字表示其凝固点的温度数字，例如－10号轻柴油的凝固点为－10℃。

10号轻柴油适合于全国各地夏季使用；0号轻柴油适合于全国各地4～9月使用，长江以南地区冬季也可使用；－10号轻柴油适合于长城以南地区冬季和长江以南地区严冬使用；－35号轻柴油适合于东北和西北地区严冬使用。若机组安装在室内，应考虑冬季取暖这一特点来选择轻柴油牌号。

重柴油按其凝固点温度不同，分为10号、20号、30号3种牌号。10号重柴油适合于500～1000r/min的中速柴油机；20号重柴油适合于300～700r/min的中速柴油机；30号重柴油适合于300r/min以下的低速柴油机。

柴油应储存在干净、封闭的容器内，使用前必须经过较长时间的沉淀，然后抽用上层部分。加油时应再经过滤网过滤。使用清洁的柴油，可避免供油系统的故障，并延长喷油泵、喷油嘴的使用寿命。

2. 机油（润滑油）的选用

根据环境温度选用SY1152—77《柴油机润滑油》中规定的HC－8号、HC－11号和HC－14号柴油机润滑油。

不同油号的润滑油其粘度有差异，号数越大，粘度越大。在低温环境下使用高粘度的润滑油，会引起柴油机运转滞重、启动困难、功率减小。在高温季节用低粘度的润滑油，会降低润滑作用，影响柴油机的使用寿命。

- 环境温度高于25℃，用HC－14号柴油机润滑油；
- 环境温度为0～25℃，用HC－11号柴油机润滑油；
- 环境温度低于0℃，用HC－8号柴油机润滑油；
- 润滑油必须清洁，应经过过滤，盛放润滑油的桶或壶，应经常清洗。

3. 冷却水的选用

冷却水的水质对柴油机的运行和使用寿命很有影响。水质不良，将引起汽缸水套沉淀水垢，恶化汽缸壁的导热性能，降低冷却效果，使柴油机受热不均，汽缸壁温升过高，会导致破裂。

一般应尽可能使用软水，如清洁的雨水和雪水等。不要使用含有矿物质和盐类的硬水，如江水、河水、湖水，尤其是井水和泉水。如果无软水，可将硬水进行软化处理后使用，其方法有以下数种：

- 等沉淀后取上部清洁的水使用；
- 在1kg水中溶化40g苛性钠，然后加到60kg的硬水中，搅拌并过滤后使用；
- 在装硬水的桶中放入一定数量的磷酸三钠，仔细搅拌，直到完全溶解为止，待澄清2～3h后，再灌入柴油机水箱。

软化硬水时所需兑入的磷酸三钠的数量为：软水（雨水、雪水）为0.5g/l；半硬水（江水、河水、湖水）为1g/l；硬水（井水、泉水、海水）为1.5～2g/l。

4. 柴油发电机组的启动及运行

正确使用柴油发电机组是延长设备寿命、保证设备正常运转的重要措施。柴油发电机组的启动及运行中须注意以下事项：

(1) 启动前的准备

- 加入经沉淀过滤的柴油；
- 检查机油油位是否在规定范围，冬季应预热机油；
- 检查蓄电池或压缩空气瓶是否正常；
- 检查机油压力表、充电电流表是否正常，指针应在零位；
- 加足冷却水，冬季应加热水；
- 检查传动装置，如离合器是否正常、皮带松紧是否适当；
- 清扫现场，擦拭机器。

(2) 柴油发电机组的启动

- 打开燃料箱供油闸门；
- 盘车数圈，监听有无杂音，用压缩空气启动的机组应盘车到启动位置；
- 用手摇油泵压油，润滑各运转部件；
- 将油门放在中速位置，按下启动开关或打开压缩空气阀门，使机组迅速启动；
- 检查机油压力表、充电电流表，观察指示是否正常，监听运转声音是否正常，检查冷却水泵工作是否正常；
- 柴油机预热至60℃以上，各部分工作正常时，方可带负荷。

(3) 柴油发电机组运行中的监视

- 应注意机油压力、充电电流、水温等仪表指示是否正常；
- 监听机器运转声音是否正常；
- 冷却水的出口温度应保持在75～85℃，机油出口温度不允许超过90℃；
- 观察排气烟色，如有异常，应查明原因；
- 与电气值班员密切配合，保证供电频率为49.5～59 Hz，电压为$(1\pm5\%)U_n$，负荷不超过柴油机额定功率；
- 应严格防止低温低转速、高温超转速或长期超负荷运转。

(4) 柴油发电机组的停车

正常停车

- 逐步解除负荷，把调速操纵手柄移向怠速位置，降低转速，让柴油机在低速空载下运转

3～5 min,待柴油机温度降低后停车;

➤ 把调速操纵手柄移向停车位置,停止供油,柴油机即可停车;

➤ 检查蓄电池的电压或压缩空气瓶的气压是否充足,如电压不足或气压不够,应充足;

➤ 冬季停车要将冷却水放尽。

事故停车

➤ 开车后发现不正常响声,应立即停车检查;

➤ 当主轴承或连杆轴瓦烧损时,油温、水温突然升高,呼吸器冒白烟,应停车检查;

➤ 冷却水滴漏或冷却风中带有水雾,应停车检查冷却系统的故障;

➤ 排气冒黑烟或突然发出敲缸响声,应停车检查;

➤ 运转中转速猛增(飞车),应立即关闭油门,打开减压手柄,如仍不能降速,应立即用衣服或毛巾包裹空气滤清器,堵塞进气管,松开燃油管路,以求尽快停车;

➤ 飞车时不应卸掉负荷,以免转速过高发生危险。

封存停车

➤ 柴油机如准备长期停止使用,停车时应趁热放净机油、冷却水及燃油,用清洁柴油冲洗曲轴箱,清洗机油滤清器;

➤ 拆下进气管,从气道注入脱水的干净机油少许(将机油加热至110～120℃直到气泡完全消失),转动飞轮,使机油均匀地附着在气门、汽缸套、活塞等零件表面;

➤ 擦净油污、水迹及灰尘,未涂漆的零件涂以防锈油;

➤ 放松风扇皮带的张紧轮,或取下风扇皮带另行保管;

➤ 用塑料布包好空气滤清器口和消声器,以防止杂物落入;

➤ 将柴油机存放于通风良好、干燥、清洁的场所。

(5) 柴油发电机组在高原地区使用中应注意的问题

高原地区自然气象条件的特殊性,使得柴油发电机组在高原地区的使用与平原地区具有不同的特点,给柴油发电机组在性能上和使用上带来许多变化。

① 由于高原地区气压低、空气稀薄、含氧量少、环境温度低,从而导致自然进气的柴油发电机组因进气不足而燃烧条件变差,致使柴油发电机组不能发出原规定的标称功率。一般来说,柴油发电机组在高原地区使用,高度每上升1000 m,做功约降低10%。

考虑到高原条件下着火延迟的倾向,为了提高机组的运行经济性,通常使用的非增压柴油发电机组的供油提前角应适当提前。

海拔的升高将导致柴油发电机组动力性下降、排气温度上升,因此在选用机组时应考虑其高原工作能力,以避免投入使用后超负荷运行。

近年的试验证明,在高原地区使用的柴油发电机组,可采用废气涡轮增压的方法作为高原功率下降的补偿。采用废气涡轮增压,不但可以适当弥补机组在高原条件下工作的功率下降,并且还可改善烟色、恢复动力性和降低燃油的消耗率。

② 随着海拔的升高,高原地区的环境温度将比平原地区降低,一般每升高100 m环境温度下降0.6℃左右,再加上高原地区空气稀薄,因而柴油发电机组的启动性能要比平原地区差。所以,在使用机组时,应采取与低温启动相适应的辅助启动措施。

③ 海拔的升高将导致水的沸点降低,冷却空气的风压和质量降低,每千瓦功率单位时间内的散热量增加,因而使得机组冷却系统的散热条件将比平原地区差。所以,一般在海拔地区

不宜采用冷却液的沸点。

2.1.4　柴油发电机组的保养

1. 柴油发电机的延寿维护

新机或封存的发动机经磨合运转后(最初的 50h),须进行以下维护工作:

- 更换发动机润滑油;
- 更换或洗净润滑油滤器的滤芯;
- 重新上紧各部分螺栓和螺帽;
- 新机应尽量避免突然增加负载或高速运转;
- 冷却水应使用杂质少的软水,矿山或温泉附近的水硬度较高,对缸套有腐蚀作用,易结垢,影响冷却效果,应软化后使用;
- 尽可能使用厂家推荐使用的润滑油,不同牌号的润滑油不要混合使用,因润滑油中含有各种添加剂,不同牌号的润滑油混合后会使润滑性能下降,导致运动部件的异常磨损;
- 往燃油箱内注油时,注油口应有滤器,放上滤布更好;
- 燃油先要在油箱内静置 24h 以上,使水和杂质沉淀后使用;
- 平时应经常打开日用油箱的排泄塞头排出底部的水和沉积物;
- 定期检修和有计划的保养是延长发动机使用寿命的关键所在,检修周期和检修项目要根据用途、使用状况和燃油、润滑油的性状作适当调整,必要时要提前进行检修,尽可能由专业的技术人员来完成定期的检修和维护。

优质的柴油发电机组往往价格不菲,合理使用,重视日常维护,预防早期磨损,延长其使用寿命,让其时刻保持迅速启动和投入的良好备机状态,真正做到物尽其用。

2. 油浸式空气滤清器的维护

油浸式空气滤清器采用钢丝绒作滤芯,底部装有一定数量的机油,利用机油的粘性作用,将空气中的灰尘、杂质吸附下来从而达到清洁效果。

油浸式空气滤清器根据空气中灰粒程度的不同,滤芯应在工作了 50～100h 后进行清洗,若工作场所灰尘特别大,应格外注意。清洗时把滤清芯子放在汽油内清洗干净,并采用压缩空气吹干。油池亦当清洗,清洗后并加入新的机油至规定的油平面。

3. 涡轮增压器使用保养

随着生产的发展和技术水平的提高,要求柴油机输出功率要大,经济性要好,所以现在许多柴油机都使用了涡轮增压器,增加了进入汽缸空气的密度,从而提高功率 45%～60%,降低燃油耗率 5%～6%,所以对增压器的使用保养亦十分重要。

涡轮增压器是高速旋转机构,它对润滑要求很高,所以必须保证润滑机油清洁,润滑管路通畅,油封环密封良好,还应保证叶轮叶片表面清洁。使用一段较长时间后应拆下涡轮增压器进出风口清洁叶片表面,用手捏住转轴径向和轴向摇动,应无明显的晃动,检查叶轮背部及叶片顶尖部分有无碰擦现象;叶片有无弯曲和断裂;叶片进出口边缘有无裂纹及被异物碰伤现象；压气机壳和无叶涡壳中有无油迹，如有油迹，说明润滑油有渗漏现象，需拆修。

装有增压器的柴油机还应注意，柴油机启动后，必须待机油压力升高后才可加速，否则易引起增压器轴承烧坏；特别当柴油机更换润滑油，清洗增压器、滤清器或更换滤芯元件和停车一星期以上者，启动后在惰转状态下，将增压器及进油接头拧松一些，待有润滑油溢出后拧紧，在惰转几分钟后方可负荷。

增压柴油机还应避免长时间怠速运转，否则易引起增压器机油漏入压气机而导致排气管冒黑烟，喷机油停车前，需怠速运转 2～3 min，在非特殊情况下，不允许突然停车，以防因增压器过热而造成增压器轴承咬死，还必须保持增压进、排气管的密封性，否则将影响柴油机的性能。

2.1.5 柴油发电机组的选购

1. 柴油发电机组选购的依据

(1) 所选柴油发电机组的性能和质量必须符合有关标准要求

柴油发电机广泛用于电信、财政金融部门、医院、学校、商业等部门、工矿企业和住宅的应急备用电源，也用于军事与野外作业、车辆与船舶等特殊用途的独立电源。

作为通信用柴油发电机组，必须达到 GB2820—1997 中 G3 级或 G4 级规定的要求，同时达到《通信用柴油发电机组的进网质量认证检测实施细则》规定的 24 项性能指标要求，同时要通过我国行业主管部门所设立的通信电源设备质量监督检验中心的严格检验。

作为军事通信用柴油发电机组，必须达到有关 GB2820—1997、GJB 相关标准和部队有关部门制定的《通信电源设备的质量检测标准》的规定，并须通过有关组织部门对设备质量的严格检验。

(2) 柴油发电机组的选择应考虑的主要因素

机组的选择应考虑的因素主要有机械与电气性能、机组的用途、负荷的容量与变化范围、自动化功能等。如下所列：

- 机组的用途；
- 负荷容量；
- 机组的使用环境条件（主要指海拔高度和气候条件）；
- 柴油发电机的选择；
- 发电机与励磁方式的选择；
- 柴油发电机的自动化功能的选择。

2. 应急柴油发电机的选择

应急柴油发电机主要用于重要场所，在紧急情况或事故停电后瞬间停电，通过应急发电机组迅速恢复并延长一段供电时间。这类用电负荷称为一级负荷。对断电时间有严格要求的设备、仪表及计算机系统，除配备发电机外还应设电池或 UPS 供电。应急柴油发电机的工作有两个特点：一是作应急用，连续工作的时间不长，一般只需要持续运行几小时（如 12 h）；二是作备用，应急发电机组平时处于停机等待状态，只有当主用电源全部故障断电后，应急柴油发电机组才启动运行供给紧急用电负荷，当主用电源恢复正常后，随即切换停机。

(1) 应急柴油发电机容量的确定

应急柴油发电机组的标定容量为经大气修正后的12h标定容量，其容量应能满足紧急电总计算负荷，并按发电机容量能满足一级负荷中单台最大容量电动机启动的要求进行校验。应急发电机一般选用三相交流同步发电机，其标定输出电压为400V。

(2) 应急柴油发电机组台数的确定

有多台发电机组备用时，一般只设置1台应急柴油发电机组，从可靠性考虑也可以选用2台机组并联进行供电。供应急用的发电机组台数一般不宜超过3台。当选用多台机组时，机组应尽量选用型号、容量相同，调压、调速特性相近的成套设备，所用燃油性质应一致，以便进行维修保养及共用备件。当供应急用的发电机组有2台时，自启动装置应使2台机组能互为备用，即市电电源故障停电经过延时确认以后，发出自启动指令，如果第1台机组连续3次自启动失败，应发出报警信号并自动启动第2台柴油发电机。

(3) 应急柴油发电机的选择

应急机组宜选用高速、增压、油耗低、同容量的柴油发电机组。高速增压柴油机单机容量较大，占据空间小；柴油机选用配电子或液压调速装置，调速性能较好；发电机宜选用配无刷励磁或相复励装置的同步电机，运行较可靠，故障率低，维护检修较方便；当一级负荷中单台空调器容量或电动机容量较大时，宜选用三次谐波励磁的发电机组；机组装在附有减震器的共用底盘上；排烟管出口宜装设消声器，以减小噪声对周围环境的影响。

(4) 应急柴油发电机组的控制

应急发电机组的控制应具有快速自启动及自动投入装置。当主用电源故障断电后，应急机组应能快速自启动并恢复供电，一级负荷的允许断电时间从十几秒至几十秒，应根据具体情况确定。当重要工程的主用电源断电后，首先应等待3～5s的稳定时间，以避开瞬时电压降低及市电网合闸或备用电源自动投入的时间，然后再发出启动应急发电机组的指令。从指令发出、机组开始启动、升速到能带全负荷需要一段时间。一般大、中型柴油机还需要预润滑及暖机过程，使紧急加载时的机油压力、机油温度、冷却水温度符合产品技术条件的规定；预润滑及暖机过程可以根据不同情况预先进行。例如军事通信、大型宾馆的重要外事活动、公共建筑夜间进行大型群众活动、医院进行重要外科手术等的应急机组平时就应处于预润滑及暖机状态，以便随时快速启动，尽量缩短故障断电时间。

应急机组投入进行后，为了减小突加负荷时的机械及电流冲击，在满足供电要求的情况下，紧急负荷最好按时间间隔分级增加。根据国家标准和国家军用标准规定，自动化机组自启动成功后的首次允许加载量如下：对于标定功率不大于250kW者，首次允许加载量不小于50%标定负载；对于标定功率大于250kW者，按产品技术条件规定。如果瞬时电压降及过渡过程要求不严格，则一般机组突加或突卸的负荷量不宜超过机组标定容量的70%。

3. 常用柴油发电机组的选择

某些柴油发电机组在某段时间或经常需要长时间连续地进行，以作为用电负荷的常用供电电源，这类发电机组称为常用发电机组。常用发电机组可作为常用机组与备用机组。远离大电网的乡镇、海岛、林场、矿山、油田等地区或工矿企业，为了供给当地居民生产及生活用电，须安装柴油发电机，这类发电机组平时应不间断地发电。

国防工程、通信枢纽、广播电台、微波接力站等重要设施，应设有备用柴油发电机组。这类设施平时用电可由市电电力网供给。但是，由于地震、台风、战争等其他自然灾害或人为因素，使市电网遭受破坏而停电以后，已设置的备用机组应迅速启动，并坚持长期不间断地进行，以保证对这些重要工程用电负荷的连续供电，这种备用发电机组也属于常用发电机组类型。常用发电机组持续工作时间长，负荷曲线变化较大，机组容量、台数、型式的选择及机组的进行控制方式与应急机组不同。

(1) 常用柴油发电机组容量的确定

按机组长期持续运行输出功率能满足全工程最大计算负荷选择，并应根据负荷的重要性确定发电机组备用机组容量。柴油机持续进行的输出功率，一般为额定功率的0.9倍。

(2) 常用柴油发电机组台数的确定

常用柴油发电机组台数的设置通常为2台以上，以保证供电的连续性及适应用电负荷曲线的变化。机组台数多，才可以根据用电负荷的变化确定投入发电机组的进行台数，使柴油机经常在经济负荷下运行，以减少燃油消耗，降低发电成本。柴油机的最佳经济运行状态在额定功率的75%～90%之间。为保证供电的连续性，常用机组本身应考虑设置备用机组，当进行机组故障检修或停机检查时，使发电机组仍然能够满足对重要用电负荷不间断地持续供电。

(3) 常用柴油发电机组转速的确定

为了减少磨损，延长机组的使用寿命，常用发电机组宜选用标定转速不大于1000 r/min的中、低速机组，其备用机组可选择中、高速机组。同一电站的机组应选用同型号、同容量的机组，以便使用相同的备用零部件，方便维修与管理。负荷变化大的工程，也可以选用同系列不同容量的机组。发电机输出标定电压的确定与应急发电机组相同，一般为400 V，个别用电量大，输电距离远的工程可选用高压发电机组。

(4) 常用柴油发电机组的控制

常用机组一般应考虑能够并联进行，以简化配电主接线，使机组启动、停机轮换运行时，通过并车、转移负荷、切换机组而不致中断供电。机组应安装有机组的测量及控制装置，机组的调速及励磁调节装置应适用于并联进行的要求。对重要负荷供电的备用发电机组，宜选用自动化柴油发电机组，当外电源故障断电后，能够迅速自动启动，恢复对重要负荷的供电。柴油机运行时机房噪声很大，自动化机组便于改造为隔室操作、自动监控的发电机组。当发电机组正常进行时，操作人员不必进入柴油机房，在控制室便可对柴油发电机组进行监控。

2.2 燃气轮机发电机组

2.2.1 燃气轮机发电机的产生与发展

发电机组是通信电源的重要组成部分，因为当市电停电时，发电机组作为一种应急备用交流电源是必不可少的。同时，随着现代化城市的建设，一些公用设施、生产、办公、住宅等对供电的可靠性和供电品质要求愈来愈高，备用交流电源也愈显重要。

1. 燃气轮机发电机组产生的源由

以往的备用交流电源主要是采用柴油发电机组，由于国产柴油发电机存在以下问题：

① 漏水、漏气、漏油三漏现象未能很好解决；

② 启动和运行的可靠性较差；

③ 较大容量的机组还没有产品。

因此，对要求质量高、容量大的用户都要采用国外柴油发电机组。但柴油发电机组体积大，重量大，结构复杂，维护麻烦，可靠性不高，且噪声大，振动厉害，又须采取消噪防振措施。如果容量超过2000 kW，要采用低速柴油机（1000 r/min以下），其重量达35吨以上，体积庞大，价格昂贵，低频噪声难以消除，更不适宜在城市中应用。

燃机发电机组采用柴油作燃料，在工作原理上和柴油发电机组一样，都是一种热工机器，但二者的工作方式不同，柴油机是依靠活塞的往复运动带动曲轴转动，而燃气轮机则依靠装在主轴上的涡轮叶片将热能连续地转换成旋转运动，带动发电机工作。

燃气轮发电机组具有输出功率范围广（小到几十千瓦，大到几万千瓦），启动和运行可靠性高，发电品质好，重量轻，体积小，维护简单等优点，受到用户的青睐，在一些经济发达的国家被普遍采用。

2. 国外燃气轮机发电机组的发展

燃气轮机1939年问世，是航空史上的一次动力革命，因为它重量轻，体积小，功率大，可靠性高，作为飞机的动力源得到了迅速的发展。以燃气轮机作为原动机的发电装置，首先在美国得到应用，不少通信局站都采用了燃气轮发电机组作为交流备用电源。如美国索拉公司及Dreesser公司等生产的燃气轮机发电机组已成系列，日本在20世纪70年代开始应用，据介绍，因为日本是一个多地震国家，为保证安全可靠，大部分通信局站都是采用燃气轮机发电机组作备用电源。川崎重工业株式会社1970年完成第一台燃气轮机发电机组，现已生产固定备用式、车载式及拖车式多种容量和多种用途的系列产品。挪威、意大利、法国等不少欧洲国家也都有自己的产品并得到较普遍的应用。如法国电信公司在20世纪90年代初开始采用燃气轮机、发电机组作为通信交流备用电源，主要是考虑机组的高可靠性，大大减小了蓄电池的储备容量，而且维护工作量小，节省维护人员。

3. 国内通信用燃气轮机发电机组的发展

我国在20世纪50年代中期开始仿制苏制军用燃气轮机，并逐步形成了燃气轮机制造工业体系，以满足我国航空工业的需要。

为推动通信现代化建设，适应通信局站的需要，我国通信部门对国内外燃气轮机发电机组的生产技术和应用情况十分关注并进行技术跟踪。1995年10月，原邮电部科技司在北京组织召开了"电信企业应用航空燃气轮机发电机组可行性研讨会"，会上邮电、航空工业部门的专家对电信企业应用燃气轮机发电机组的前景和开发条件取得了共识，认为在有条件的大中城市应积极采用燃气轮机发电机组来解决柴油发电机组的不足，充分利用我国航空工业成就，由邮电和航空两大系统各自发挥自己的优势，联合研制开发我国自己的通信燃机电源是必须的和可行的。为此，原邮电部科技司多次发文，敦促这一研制项目的落实。

1996年6月又以邮电部(96)科字第107号文件下发了《关于"研制开发通信用大功率燃气轮机发电机组"的通知》，部署了燃气轮机发电机组的研制开发工作。为了尽快开展研制工作并使之直接应用于通信局站中，1997年1月原邮电部科技司和航空工业总公司燃机中心在广州召开了“燃气轮机发电机组技术方案和应用试点研讨会”，确定了采用“设计、制造、使用”三结合的方式。首先开展研制1600kW燃气轮机发电机组的工作，组织了由邮电部设计院、哈尔滨东安发动机制造公司和广州市电信局组成的“联合研制组”，各单位密切配合，通力合作，开始了具体的研制工作。第一台通信用1600kW燃气轮机发电机组自1999年1月开始在广州市电信局客村机楼正式投入运行以来，机组显示了良好的性能和特点。

在开发以上固定式机组的基础上，东安发动机制造公司和大诚电讯公司又开发了1250kVA移动式车载燃机发电机组，2000年供上海电信局在上海亚太经济合作组织(APEC)会议上作移动备用电源使用，其后北京电信公司也采用一台作北京市各电信局移动发电站使用。国产化通信用燃机发电机组的应用，弥补了柴油发电机组品种的不足，给我国通信领域内增加了一种新型、先进的备用交流电源设备。

2.2.2 燃气轮机的分类和组成

1. 燃气轮机的组成机构

燃气轮机主要由压气机、燃烧室、涡轮机和减速器等组成，各部件的功能如下：

(1) 压气机

压气机是将进入机内的空气压缩，连续输往燃烧室使用，也可冷却机内部件，具有冷却作用。压气机由压缩机、工作叶轮和静止整流环组成。空气每经过一级工作叶轮和整流环后压力上升。我国生产的WJ5系列燃气轮机压气机采用轴流式，分为10级，压力比可达10左右。

(2) 燃烧室

燃烧室位于压气机和涡轮机之间，其内部装有多个柴油喷嘴和电点火装置。燃烧室接受压气机输送来的高压压缩空气，在室内和柴油喷嘴喷出的柴油雾化混合，经点火装置发生燃烧，产生气体立即膨胀，使高压高温的气体喷入涡轮机内，在燃烧室内到达完全燃烧时，温度可达1500～2000℃。

(3) 涡轮机

涡轮机内装静止的导向器和涡轮转子叶片，是将高压高温气体中的热能，喷到叶片上使叶片带动主轴旋转做功，经减速器带动发电机旋转，有一部分能量反馈到压气机使压气机旋转工作。涡轮机在高压高温下工作，叶片端头部的速度高达340～530m/s，因此必须采用特殊耐高温、高强度合金，当拆开一台燃气轮机时，往往发现涡轮机叶片颜色呈灰黑色，是机器中烧得最严重的部件。

(4) 减速器

涡轮机主轴的转速高达10000r/min以上，故必须经过减速器依靠机械齿轮减速到1500r/min供50Hz交流发电机供电。

2. 燃气轮机的分类

燃气轮机由于压气机、燃烧室和涡轮机构造不同，可分为单轴式(一轴式)或分轴式(二轴式)。

单轴式结构是把压气机，涡轮机和发电机都装在一个主轴上，这种方式在发电机负载急剧变化时会影响转速，导致转速不稳定，故适用于小容量机组。

分轴式结构是把压气机单独装在一个轴上，涡轮机和发电机另装一轴，故涡轮机的转速不受负载变化的影响，启动力矩也小，适用于大容量机组。

我国生产的 2000 kVA WJ5 型和美国 Solar Turbines 公司生产的 1512 kVA S0(土星 20)型燃气轮机则属于单轴式结构，而法国 Turbomeca 公司生产的 1500 kVA MaRila－T 型燃气轮机则为分轴式结构。

燃机发电机组按不同组装，分为固定式和移动式两类，固定式又可分为敞开式和箱体式两种。

敞开式是将燃气轮机和发电机组装在一台敞开式公共底座上，与柴油发电机组相似，而箱体式则在敞开式机组外，加装箱体，其功能具有消声(箱体外 1 m 处为 80 dB 噪声)，集中通风排热以及保护等功能。

箱体式机组性能完善，但造价高，适宜在新建局使用，这样可以简化消声处理，节省土建投资。

如在具有消声处理的原油机房内扩建时，可用敞开式机组，可以节省箱体费用约 20 余万元，减轻机组重量约 4 吨，是值得研究采用的一个方案。

2.2.3　燃气轮机发电机组的应用优势

燃气轮机发电机组作为交流备用电源无疑是一种高品质、高可靠性的电源设备，具有广阔的应用前景。由于燃气轮机所采用的金属材料、加工的精密程度、制造的技术难度以及试验的复杂性等决定了其生产成本大大高于柴油机。以每 kW 的价格相比，国产燃气轮机发电机组约为国外机组的 1/2 左右。

目前，我国通信电源中所采用的大容量柴油发电机组，主要是引进美国的卡特皮拉、加拿大的辛普森、日本的三菱、美国的劳斯莱斯等品牌，容量为 1600 kW 的价格均在 320 万元左右。国外燃气轮机发电机组是其价格的 2～3 倍，而国产的燃气轮机发电机组约为 1.5 倍。然而，在实际应用中燃气轮机发电机组较之柴油发电机组具有以下应用优势。

1. 发电质量好

由于机组工作时只有旋转运动，电调反应速度快，工作特别平稳，使发电机输出电压和频率稳定，输出精度高，波动小。在突加减 50％和 75％负载时，机组运行仍非常稳定。机组在调试和试运行阶段，考核机组电气性能的九项指标其实测值均优于《通信用 1600 kW 燃气轮机发电机组技术条件》的规定，并超过柴油发电机组国家标准的优等品指标，与国外机组相比毫不逊色，其大部分指标的实测值优于国外机组的指标。

2. 启动性能好

机组在实验运行期间，启动次数(手动或自动)已达 100 多次，没有一次启动失败，成功率为 100％。从冷态启动成功后带满载的时间为 30 s(国家标准规定，柴油发电机组启动成功后 3 min 带载)。而且，燃气轮机发电机组可在任何环境温度和气候条件下保证启动的成功率。

3. 体积小、重量轻

燃气轮机比同容量的国外柴油机组(如日本川崎和俄罗斯机组)尺寸小,重量轻,也比不带消音箱体的辛普森油机尺寸小,重量轻;带消音箱体的辛普森油机其容量小,体积却大于本机组。本机组箱体和重量还有富余度,仍可进一步缩小。

4. 噪声低、振动小

经广州市海珠区环境监测站在现场机房的条件下测试证明,机组箱体外1m处测出噪声仅为82dB;机房外1m处噪声为63dB,完全满足国家噪声标准规定。局外广州大道的汽车噪声高于燃机噪声,在同一机房的辛普森油机开机时噪声高达110dB左右。燃机排气中有害气体少,易满足环保要求。

5. 可使用多种燃料

燃机可使用多种燃料,柴油、天然气、煤气等都可使用。本机组使用柴油。新建的柴油油库可同时供油机和燃机使用。油机和燃机使用同一燃料对用户方便有利。

6. 自动化程度高

机组的电调系统对机组的待启动状态、启动、带载运行及停机的全部过程实行自动调节和监控,对机组的所有运行参数(包括燃机系统、供油系统和电气系统)以及监控、保护等功能均由计算机控制,并在计算机中予以存储、显示并可打印。维护人员除规定定期(一月一次)对机组进行试机(按动一次启动和停车按钮)和保证燃油供油系统畅通外,无其他维护工作量。若出现故障,由厂家负责处理。

7. 环保治理费用低

随着现代化城市的发展,对环境要求愈来愈严格,并逐步实行强制性法律措施,以保证人们生活环境的提高,这是必然的和现实的发展趋势。发电机组对环境造成污染主要是噪声,其次是排放。对于燃气轮机发电机组,由于本身采用集装箱式装配结构,并要求在箱体外1m处测量噪声≤85dB,达到消噪声机组的技术指标,因而噪声基本得到了控制。而大容量的柴油发电机组不可能做成消噪声式机组,噪声往往高达105～115dB,必须投入大量资金在机房上采取消噪措施,效果还往往不尽人意。另外,由于安装条件要求简单,可在室内,也可在室外,甚至可安装在楼顶平台上,更可大大节省建筑费用和占地面积,并对抗击各种自然灾害,保证供电的可靠性更具有实际意义。

8. 基础费用低

燃气轮机发电机组运行中动力部分完全是高速旋转运动,因此运行平稳,振动小,其振动量小于柴油发电机组的1/5,而动态负荷小于静负荷的5%～10%,而柴油机要达到静负荷的50%,因此,对安装基础无特殊要求,基础费用可以节省。

9. 维护费用

燃气轮机本体的构造简单部件数量要比柴油机少得多，约为柴油机的1/3，而且一旦装配调试完成，便不再需要维护人员，调节和更换部件的工作及平常的年试机时数也仅为柴油发电机组的1/4。所以维护工作量大大减少，而且通过计算机监控，各种运行参数及故障，均可进行统计和显示。维修工作属厂家服务的工作范围，因而维护费用大大降低。

10. 无需冷却水系统

适用环境更加宽广，可靠性提高。从年运行情况来看，作为备用电源，往往试机运行累计时间要比实际运行时间还长，尤其是柴油发电机组。燃气轮机发电机组试机的周期较之柴油发电机组可大大延长，且试机又分为冷启动（即由启动机带转至20%的转速，不喷油，不点火）和热启动（即喷油、点火），带载或不带载运行。燃机与柴油机每年的试机燃油消耗比均为1∶2.5～1∶4。因此，总的燃油耗量，只有在实际运行时间较长时，燃机的耗油才会比油机大。而且，燃机维护工作无需消耗润滑油。

目前，我国的燃气轮机发电机组正在被推广应用于车载移动通信基站，通信行业标准也已制订并批准发布实施，今后将会在通信领域中得到更大的发展。

第3章 开关电源

3.1 概 述

3.1.1 开关电源技术的发展

随着通信电源技术的高速发展，电力电子设备与人们的工作、生活的关系日益密切，而通信电子设备都离不开可靠的电源。进入20世纪80年代，计算机电源全面实现了开关电源化，率先完成计算机的电源换代；进入20世纪90年代，开关电源相继进入各种电子、电器设备领域，程控交换机、通信、电力检测设备电源、控制设备电源等都已广泛使用了开关电源，更促进了开关电源技术的迅速发展。

开关电源是利用现代电力电子技术，控制开关晶体管开通和关断的时间比率，维持稳定输出电压的一种电源，开关电源一般由脉冲宽度调制(PWM)控制IC和MOSFET构成。开关电源和线性电源相比，二者的成本都随着输出功率的增加而增长，但二者增长速率各异。线性电源成本在某一输出功率点上，反而高于开关电源，这一点称为成本反转点。随着电力电子技术的发展和创新，使得开关电源技术也在不断地创新，这一成本反转点日益向低输出电力端移动，这为开关电源提供了广阔的发展空间。

开关电源的发展方向是高频、高可靠、低耗、低噪声、抗干扰和模块化。由于开关电源轻、小、薄的关键技术是高频化，因此国外各大开关电源制造商都致力于同步开发新型高智能化的元器件，特别是改善二次整流器件的损耗，并在功率铁氧体材料上加大科技创新，以提高在高频率和较大磁通密度下获得高的磁性能，而电容器的小型化也是一项关键技术。SMT技术的应用使得开关电源取得了长足的进展，在电路板两面布置元器件，以确保开关电源的轻、小、薄。开关电源的高频化就必然对传统的PWM开关技术进行创新，实现ZVS、ZCS的软开关技术已成为开关电源的主流技术，并大幅提高了开关电源的工作效率。对于高可靠性指标，美国的开关电源生产商通过降低运行电流，降低结温等措施减少器件的应力，使得产品的可靠性大大提高。

模块化是开关电源发展的总体趋势，可以采用模块化电源组成分布式电源系统，可以设计成$N+1$冗余电源系统，并实现并联方式的容量扩展。针对开关电源运行噪声大这一缺点，若单独追求高频化，其噪声也必将随着增大，而采用部分谐振转换电路技术，在理论上既可实现高频化又可降低噪声，但部分谐振转换技术的实际应用仍存在着技术问题，故仍需在这一领域开展大量的工作，以使得该项技术得以实用化。另外，开关电源的发展与应用在节约能源、节约资源及保护环境方面都具有重要的意义。

3.1.2 开关电源的应用优势

1. 技术指标上的优势

① 体积小，重量轻。高频变压器取代了传统电源中的大而笨重的工频变压器，使得电源越来越小型化、轻量化。

② 工作频率高。工作频率高，使输出滤波电路可以实现小型化。

③ 功率因数高。高频开关电源利用有源功率因数校正电路，功率因数可达0.98以上，而传统电源波形畸变，对电网上的弱电设备有严重的干扰。

④ 效率高，节省能源。高频开关电源的效率一般在88%～95%，传统电源一般在70%以下。

⑤ 动态响应好。高频开关电源的工作频率高，对负载和电网的动态响应远远优于传统电源。

⑥ 纹波小。高频开关电源的输出纹波一般都比传统电源小。

⑦ 噪声低。高频开关电源的工作频率在人的听觉范围之外，可闻噪声要比传统电源低很多。

⑧ 扩容方便。高频开关电源一般采用模块式结构，维护、扩容比较方便。

⑨ 便于采用合理而又灵活的配置。在直流系统采用高频开关电源模块时，一般采用$N+1$供电方式。即在满足设计负荷所需的整流模块基础上，增加一个模块。平时$N+1$个模块同时供电，电流均分。当其中一个模块出现障碍时，总负荷由其他模块均分，故这种供电方式具有很高的可靠性。

⑩ 一般具有三级防雷措施。

2. 智能化优势

由于高频开关电源诞生于计算机技术大发展的时期，其智能化程度远远高于传统电源。主要表现在能够实行三级监控，并能实现“三遥”。随着通信系统的迅速发展和维护体制的变化，实现通信站无人值守或少人值守是电力系统通信发展的必然趋势，使智能化更显重要。

(1) 局站监控系统的组成

局站监控系统通常由设备监控单元(ESU)、局站监控管理中心(LSMC)组成。前者由整流器监控单元，交、直流配电监控单元(ADCMU)、直流供电系统集中监控单元(CSU)等组成；后者由个人计算机(PC机)和高层管理软件组成。

(2) 监控单元

整流器监控单元的功能

本单元一般可以监测：整流器输出电压、输出电流；散热器温度、风扇状态；控制开关机、浮充与均充转换；调整输出电压、输出限流值；故障、告警等。

交、直流配电系统监控单元

本单元可以监测与控制交、直流配电系统的运行情况，如三相市电电压、电流、过/欠压、断电告警、市电油机监视、防雷器监视、缺相及不平衡监视、环境温/湿度监视、蓄电池充/放电流/

温度监视/直流输出电压与总电流监测，以及过/欠压告警、负载输出熔断器和蓄电池熔断器监视等。

(3) 监测落后电池

通过监测和判断，找出落后电池，以便及时修理、充电。

3. 经济效益优势

由于高频开关电源的性能优势，其运行成本要比传统电源低很多。单从节省电费方面来看，就有很大的优势。如：假设某电源的负载功率为 P_0，在采用传统相控电源时，其功率因数为 0.85(还需外加补偿柜才能达到这一水平)，效率为 70%，则所需要的输入功率为：

$$P_{i1} = P_0/(0.85 \times 0.7) = 1.68P_0 \tag{3-1}$$

但是，如果改用高频开关电源，则输入功率将大为减小。假设所采用的高频开关电源的功率因数为 0.92(一般开关电源均能达到这一水平)，效率为 93%，则它所需要的输入功率为：

$$P_{i2} = P_0/(0.92 \times 0.93) = 1.17P_0 \tag{3-2}$$

显然，$P_{i2} < P_{i1}$。

此外，还可计算出采用高频开关电源比传统电源电费节省百分比：

$$(P_{i1} - P_{i2})/P_{i1} = 30.5\% \tag{3-3}$$

即采用高频开关电源能节省 30%的电费。对于一个用户来说，这是一个不小的数字。例如，对于负载为 200 A 的电源系统，P_0=53.5 V×200 A=10.70 kW。而对传统电源而言，每年的耗电量为：

$$1.68 \times 10.7\,\text{kW} \times 8760\,\text{h} = 157469.76\,\text{kW}\cdot\text{h} \tag{3-4}$$

若按 0.60 元/(kW·h)的电价计算，每年可节省 0.6×30%×157 469.76=2 184 万元。

由此可见，通信系统中采用高频开关电源对减少内耗、节省能源、降低成本是大有益处的，高频开关电源的经济效益是显而易见的。

3.1.3 开关电源在通信领域的发展现状及趋势

通信业的迅速发展极大地推动了通信电源的发展，开关电源在通信系统中处于核心地位，并已成为现代通信供电系统的主流。在通信领域中，通常将高频整流器称为一次电源，而将直流-直流(DC-DC)变换器称为二次电源。随着大规模集成电路的发展，要求电源模块实现小型化，因而需要不断提高开关频率和采用新的电路拓扑结构，这就对高频开关电源技术提出了更高的要求。

1. 开关电源成为现代通信网的主导电源

在通信网上运行的电源主要包括 3 种：线性电源、相控电源、开关电源。

传统的相控电源，是将市电直接经过整流滤波提供直流，由改变晶闸管的导通相位角，来控制整流器的输出电压。相控电源所用的变压器是工频变压器，体积庞大。所以，相控电源体积大，效率低，功率因数低，严重污染电网，已逐渐被淘汰。

另外一种常用的稳压电源，是通过串联调整管可进行连续控制的线性稳压电源，线性电源的功率调整管总是工作在放大区，流过的电流是连续的。由于调整管上损耗较大的功率，所以需要较大功率调整管并装有体积很大的散热器，发热严重，效率很低，一般只用作小功率电源，如设备内部电路的辅助电源。

开关电源的功率调整管工作在开关状态，有体积小，效率高，重量轻的优点，可以模块化设计，通常按 $N+1$ 备份（而相控电源需要 1+1 备份），组成的系统可靠性高。正是这些优点，开关电源已在通信网中大量取代了相控电源，并得到越来越广泛的应用。

2. 通信用高频开关电源技术的发展

通信用高频开关电源技术的发展基本上可以体现在几个方面：变换器拓扑、建模与仿真、数字化控制及磁集成。

(1) 变换器拓扑

软开关技术、功率因数校正技术及多电平技术是近年来变换器拓扑方面的热点。采用软开关技术可以有效降低开关损耗和开关应力，有助于变换器效率的提高；采用 PFC 技术可以提高 AC-DC 变换器的输入功率因数，减少对电网的谐波污染；而多电平技术主要应用在通信电源三相输入变换器中，可以有效降低开关管的电压应力。同时由于输入电压高，采用适当的软开关技术以降低开关损耗，是多电平技术将来的重要研究方向。

为了降低变换器的体积，需要提高开关频率而实现高功率密度，必须使用较小尺寸的磁性材料及被动元件，但是提高频率将使 MOSFET 的开关损耗与驱动损耗大幅度增加，而软开关技术的应用可以降低开关损耗。目前的通信电源工程应用最为广泛的是有源箝位 ZVS 技术、20 世纪 90 年代初诞生的 ZVS 移相全桥技术及 90 年代后期提出的同步整流技术。

ZVS 有源箝位

有源箝位技术历经三代，且都申报了专利。第一代为美国 VICOR 公司的有源箝位 ZVS 技术，将 DC-DC 的工作频率提高到 1MHz，功率密度接近 200 W/in^3，然而其转换效率未超过 90%。为了降低第一代有源箝位技术的成本，IPD 公司申报了第二代有源箝位技术专利，其采用 P 沟道 MOSFET，并在变压器二次侧用于 forward 电路拓扑的有源箝位，这使产品成本降低很多。但这种方法形成的 MOSFET 的零电压开关（ZVS）边界条件较窄，而且 PMOS 工作频率也不理想。为了让磁能在磁芯复位时不白白消耗掉，一位美籍华人工程师于 2001 年申请了第三代有源箝位技术专利，其特点是在第二代有源箝位的基础上将磁芯复位时释放出的能量转送至负载，所以实现了更高的转换效率。共有三个电路方案：其中一个方案可以采用 N 沟道 MOSFET，因而工作频率可以更高，采用该技术可以将 ZVS 软开关、同步整流技术都结合在一起，因而其实现了高达 92% 的效率及 250 W/in^3 以上的功率密度。

ZVS 移相全桥

从 20 世纪 90 年代中期，ZVS 移相全桥软开关技术已广泛地应用于中、大功率电源领域。该项技术在 MOSFET 的开关速度不太理想时，对变换器效率的提升起了很大作用，但其缺点也不少。第一个缺点是增加一个谐振电感，导致一定的体积与损耗，并且谐振电感的电气参数须保持一致性，这在制造过程中是比较难控制的。第二个缺点是丢失了有效的占空比。此外，由于同步整流更便于提高变换器的效率，而移相全桥对二次侧同步整流的控制效果并不理想。最初的 PWM ZVS 移相全桥控制器，UC3875/9 及 UCC3895 仅控制初级，须另加逻辑电路以提供准确的次级同步整流控制信号。如今最新的移相全桥 PWM 控制器如 LTC1922/1、LTC3722-1/-2，虽然已增加二次侧同步整流控制信号，但仍不能有效地达到二次侧的 ZVS/

ZCS同步整流,但这是提高变换器效率最有效的措施之一。而LTC3722-1/-2的另一个重大改进是可以减小谐振电感的电感量,这不仅降低了谐振电感的体积及其损耗,占空比的丢失也有所改进。

同步整流

同步整流包括自驱动与外部驱动。自驱动同步整流方法简单易行,但是次级电压波形容易受到变压器漏感等诸多因素的影响,造成批量生产时可靠性较低而较少应用于实际产品中。对于12V以上至20V左右输出电压的变换,则多采用专门的外部驱动IC,这样可以达到较好的电气性能与更高的可靠性。

TI公司提出了预测驱动策略的芯片UCC27221/2,动态调节死区时间以降低体二极管的导通损耗。ST公司也设计出类似的芯片STSR2/3,不仅用于反激也适用于正激,同时改进了连续与断续导通模式的性能。美国电力电子系统中心(CPES)研究了各种谐振驱动拓扑以降低驱动损耗,并于1997年提出一种新型的同步整流电路,称为准方波同步整流,可以较大地降低同步整流管体二极管的导通损耗与反向恢复损耗,并且容易实现初级主开关管的软开关。凌特公司推出的同步整流控制芯片LTC3900和LTC3901可以更好地应用于正激、推挽及全桥拓扑中。

ZVS及ZCS同步整流技术也已开始应用,例如有源箝位正激电路的同步整流驱动(NCP1560),双晶体管正激电路的同步整流驱动芯片LTC1681及LTC1698,但其都未取得对称型电路拓扑ZVS/ZCS同步整流的优良效果。

(2) 建模与仿真

开关型变换器主要有小信号与大信号分析两种建模方法。

小信号分析法

主要是状态空间平均法,由美国加利福尼亚理工学院的R. D. Middlebrook于1976年提出,可以说这是电力电子学领域建模分析的第一个真正意义的重大突破。后来出现的如电流注入等效电路法、等效受控源法(该法由我国学者张兴柱于1986年提出)、三端开关器件法等,这些均属于电路平均法的范畴。平均法的缺点是明显的:对信号进行了平均处理而不能有效地进行纹波分析;不能准确地进行稳定性分析;对谐振类变换器可能不大适合;关键的一点是,平均法所得出的模型与开关频率无关,且适用条件是电路中的电感电容等产生的自然频率必须要远低于开关频率,准确性才会较高。

大信号分析法

有解析法、相平面法、大信号等效电路模型法、开关信号流法、n次谐波三端口模型法、KBM法及通用平均法。还有一个是我国华南理工大学教授丘水生先生于1994年提出的等效小参量信号分析法,不仅适用于PWM变换器,也适用于谐振类变换器,并且能够进行输出的纹波分析。

建模的目的是仿真,继而进行稳定性分析。1978年,R. Keller首次运用R. D. Middlebrook的状态空间平均理论进行开关电源 的SPICE仿真。近30年来,在开关电源的平均SPICE模型的建模方面,许多学者都建立了各种各样的模型理论,从而形成了各种SPICE模型。这些模型各有所长,比较有代表性的有:Dr. SamBenYaakov的开关电感模型;Dr. RayRidley的模型;基于Dr. VatcheVorperian的Orcad9.1的开关电源平均Pspice模型;基于Steven Sandler的ICAP4的开关电源平均Isspice模型;基于Dr. VincentG. Bello的Cadence的开关电源平均模型等等。在使用这些模型的基础上，结合变换器的主要参数进行宏模型的构建，并利用所建模型构成的DC－DC变换器在专业的电路仿真软件（如Matlab、Pspice等）平台上进行直流分析、小信号分析以及闭环大信号瞬态分析。

由于变换器的拓扑日新月异，发展速度极快，相应地，对变换器建模的要求也越来越严格。可以说，变换器的建模必须要赶上变换器拓扑的发展步伐，才能更准确地应用于工程实践。

（3）数字化控制

数字化的简单应用主要是保护与监控电路，以及与系统的通信，目前已大量地应用于通信电源系统中。其可以取代很多模拟电路，完成电源的启动、输入与输出的过/欠压保护、输出的过流与短路保护及过热保护等，通过特定的界面电路，也能完成与系统间的通信与显示。

数字化的更先进应用包含不但实现完善的保护与监控功能，也能输出PWM波，通过驱动电路控制功率开关器件，并实现闭环控制功能。目前，TI、ST及Motorola公司等均推出了专用的电机与运动控制DSP芯片。现阶段通信电源的数字化主要采取模拟与数字相结合的形式，PWM部分仍然采用专门的模拟芯片，而DSP芯片主要参与占空比控制、频率设置、输出电压的调节及保护与监控等功能。

为了达到更快的动态响应，许多先进的控制方法已逐渐提出。例如，安森美公司提出改进型V2控制，英特矽尔公司提出Active－droop控制，Semtech公司提出电荷控制，仙童公司提出Valley电流控制，IR公司提出多相控制，并且美国的多所大学也提出了多种其他的控制思想。数字控制可以提高系统的灵活性，提供更好的通信界面、故障诊断能力及抗干扰能力。但是，在精密的通信电源中，控制精度、参数漂移、电流检测与均流及控制延迟等因素将是需要亟待解决的实际问题。

（4）磁集成

随着开关频率的提高，开关变换器的体积随之减小，功率密度也得到大幅提升，但开关损耗将随之增加，并且将使用更多的磁性器件，因而占据更多的空间。

国外对于磁性元件集成技术的研究较为成熟，有些厂商已将此技术应用于实际的通信电源中。其实磁集成并不是一个新概念，早在20世纪70年代末，Cuk在提出Cuk变换器时就已提出磁集成的思想。自1995年至今，美国电力电子系统中心（CPES）对磁性器件集成作了很多的研究工作，使用耦合电感的概念对多相BUCK电感集成做了深入研究，且应用于各种不同类型的变换器中。2002年，香港大学Yim－Shu Lee等人也提出一系列对于磁集成技术的探讨与设计。

常规的磁性元件设计方法极其繁琐且需要从不同的角度来考虑，如磁心的大小选择、材质与绕组的确定、铁损和铜损的评估等。但是磁集成技术除此之外，还必须考虑磁通不平衡的问题，因为磁通分布在铁芯的每一部分其等效总磁通量是不同的，有些部分可能会提前饱和。因此，磁性器件集成的分析与研究将会更加复杂与困难。但是，其所带来的高功率密度的优势，必是将来通信电源的一大发展趋势。

（5）制造工艺

通信用高频开关电源的制造工艺相当复杂，并且直接影响到电源系统的电气功能、电磁兼容性及可靠性，而可靠性是通信电源的首要指标。生产制造过程中完备的检测手段，齐全的工艺监控点与防静电等措施的采用在很大程度上延续了产品最佳的设计性能，而SMD贴片器件的广泛使用将可以大大提高焊接的可靠性。欧美国家从2006年起对电子产品要求无铅工艺,这对通信电源中器件的选用及生产制造过程的控制提出更高、更严格的要求。

目前更为热点的技术是美国电力电子系统中心(CPEC)在近几年提出的电力电子集成模块(IPEM)的概念,俗称“积木”。采用先进的封装技术而降低寄生因素以改进电路中的电压振铃与效率,将驱动电路与功率器件集成在一起以提高驱动的速度因而降低开关损耗。电力电子集成技术不仅能够改进瞬态电压的调节,也能改进功率密度与系统的效率。但是,这样的集成模块目前存在许多挑战,主要是被动与主动器件的集成方式,并且较难达到最佳的热设计。CPEC 对电力电子集成技术进行了多年的研究,提出了许多有用的方法、结构与模型。

通信用高频开关电源向集成化、小型化方向发展将是未来的主要趋势,功率密度将越来越大,对工艺的要求也会越来越高。在半导体器件和磁性材料没有出现新的突破之前,重大的技术进展可能很难实现,技术创新的重点将集中在如何提高效率和减轻重量。因而工艺技术也将会在电源制造中占据越来越高的地位。另外数字化控制集成电路的应用也是将来开关电源发展的一个方向,这将有赖于 DSP 运行速度和抗干扰技术的进一步提高。

3.2 开关电源的分类

开关电源可以从控制方式、电压转换形式和拓扑结构 3 方面来分类:

1. 按控制方式分

按控制方式分,开关电源可以分为:脉冲调制变换器和谐振式变换器。其中,脉冲调制变换器的驱动波形为方波,其调制方式有 PWM、PFM、混合式 3 种;谐振式变换器的驱动波形为正弦波,可分为 ZCS(零电流谐振开关)、ZVS(零电压谐振开关)两种。

2. 按电压转换形式分

开关电源按电压转换形式可以分为 AC - DC 和 DC - DC 两大类,DC - DC 变换器现已实现模块化,且设计技术及生产工艺在国内外均已成熟和标准化,并已得到用户的认可。但 AC - DC 的模块化,因其自身的特性使得在模块化的进程中,遇到较为复杂的技术和工艺制造问题。

(1) AC - DC 变换

AC - DC 变换是一次电源,又叫整流电源。AC - DC 变换是将交流变换为直流,其功率流向可以是双向的,功率流由电源流向负载的称为“整流”,功率流由负载返回电源的称为“有源逆变”。AC - DC 变换器输入为 50/60 Hz 的交流电,必须经整流、滤波,因此体积相对较大的滤波电容器是必不可少的,同时因遇到安全标准(如 UL、CCEE 等)及 EMC 指令的限制(如 IEC、FCC、CSA),交流输入侧必须加 EMC 滤波及使用符合安全标准的元件,这样就限制了 AC - DC 电源体积的小型化。另外,由于内部的高频、高压、大电流开关动作,使得解决 EMC 电磁兼容问题难度加大,也就对内部高密度安装电路设计提出了很高的要求。由于同样的原因,高电压、大电流开关使得电源工作损耗增大,限制了 AC - DC 变换器模块化的进程,因此必须采用电源系统优化设计方法才能使其工作效率达到一定的满意程度。

- AC - DC 变换按电路的接线方式可分为:半波电路、全波电路;
- 按电源相数可分为:单相、三相、多相;

➢ 按电路工作象限又可分为：一象限、二象限、三象限、四象限。

(2) DC－DC 变换

DC－DC 变换是一种二次电源，是将固定的直流电压变换成可变的直流电压，也称为直流斩波。斩波器的工作方式有两种：一是脉宽调制方式 T_s 不变，改变 t_{on}（通用）；二是频率调制方式，t_{on} 不变，改变 T_s（易产生干扰）。其具体的电路有以下几类：

➢ Buck 电路：降压斩波器，其输出平均电压 U_0 小于输入电压 U_i，极性相同。

➢ Boost 电路：升压斩波器，其输出平均电压 U_0 大于输入电压 U_i，极性相同。

➢ Buck－Boost 电路：降压或升压斩波器，其输出平均电压 U_0 大于或小于输入电压 U_i，极性相反，电感传输。

➢ Cuk 电路：降压或升压斩波器，其输出平均电压 U_0 大于或小于输入电压 U_i，极性相反，电容传输。

当今软开关技术使得 DC－DC 发生了质的飞跃，美国 VICOR 公司设计制造的多种 ECI 软开关 DC－DC 变换器，其最大输出功率有 300 W、600 W、800 W 等，相应的功率密度为 6.2、10、17 W/cm^3，效率为 80%～90%。日本 Nemic Lambda 公司最新推出的一种采用软开关技术的高频开关电源模块 RM 系列，其开关频率为 200～300 kHz，功率密度已达到 27 W/cm^3，采用同步整流器（MOSFET 代替肖特基二极管），使整个电路效率提高到 90%。

3. 按拓扑结构分

开关电源按拓扑结构可以分为隔离型和非隔离型两大类，其中隔离型有变压器，而非隔离型没有变压器。

3.3　开关电源电路结构

3.3.1　开关电源基本电路

开关电源的基本电路一般由功率主回路、辅助电源和控制回路组成。功率主回路主要用来给用户负载供电，而开关电源的辅助电源主要用来给功率主回路的控制电路、驱动电路或电源系统的监控电路供电。

1. 功率主回路

开关电源的功率主回路主要包括交流输入滤波、整流滤波和输出整流滤波 3 个环节。

(1) 交流输入滤波

交流输入滤波的作用是将电网中的尖峰等杂波过滤，给本机提供良好的交流电，另一方面也防止本机产生的尖峰等杂音回馈到公共电网中。

(2) 整流滤波

整流滤波是将电网交流电源直接整流为较平滑的直流电，以供下一级变换。对于逆变过程，将整流后的直流电变为高频交流电，尽量提高频率，以利于用较小的电容、电感滤波（减小体积、提高稳压精度），同时也有利于提高动态响应速度。频率最终受到元器件、干扰、功耗以及成本的限制。

(3) 输出整流滤波

输出整流滤波是根据负载需要，提供稳定可靠的直流电源。其中逆变将直流变成高频交流，输出整流滤波再将交流变成所希望的直流，从而完成从一种直流电压到另一种直流电压的转换，因此也可以将这两个部分合称 DC－DC 变换(直流-直流变换)。

2. 辅助电源

辅助电源的设计不但影响到整个电源的体积、效率、稳定性、可靠性和成本，而且还将影响到整个开关电源的设计策略。一个重要的原因就是隔离问题。例如在离线式开关电源中，如果其内部的辅助电源和功率主回路输入共地，那么就需要用光耦或变压器来对输出电压采样信号进行隔离，如图 3－1 所示。而如果是内部辅助电源和功率主电路输出共地，则一般不需要对电压采样信号隔离，这时只需对驱动信号隔离。

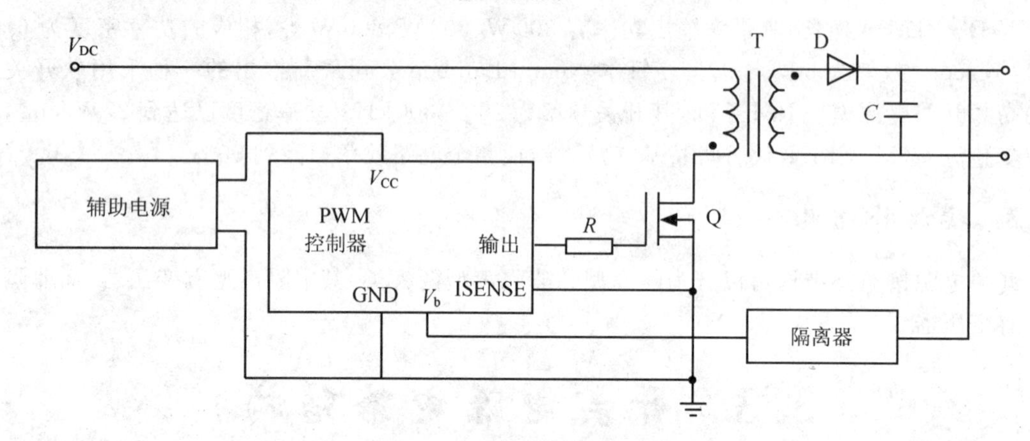

图 3－1 辅助电源和输入共地

由于所需辅助电源的功率一般较小，辅助电源应该力求简单、可靠和小巧。根据辅助电源与功率主回路的关系，开关电源中的辅助电源可以分为两大类：独立型和非独立型。

(1) 独立型

辅助电源独立于功率主回路。主要用于大功率或中功率电源系统，比如在通信电源、ATX 电源中，需要电源正常或失败信号或电源远程控制的功能时，在功率主回路即使不工作时，辅助电源也要正常供电。下面是几种常见的独立型辅助电源设计方法。

传统的线性电源作为辅助电源

它是用普通的矽钢片低频变压器降压后，又经过 4 只二极管全波整流，经 C_5、C_6 平滑滤波后加到三端稳压器 7815 输入端，电路如图 3－2 所示。

这种设计中，低频变压器的体积往往选得足够大，以满足各种安全规范中对绝缘和漏电特性的要求。但由于其简单、可靠和方便，以及完全的隔离特性，所以在大功率开关电源系统中，低频变压器不会影响到整个电源的尺寸和造价时，它将是一个不错的选择。

不用低频变压器降压的简易辅助电源

其实用电路如图 3－3 所示。用两只无极性的高频电容 C_6、C_7，直接从 2 路 220 V(经过输入滤波电路之后)电网电压中取得低频脉动电压，并串联 2 只电阻 R_2、R_3 限流。然后经过 4 只

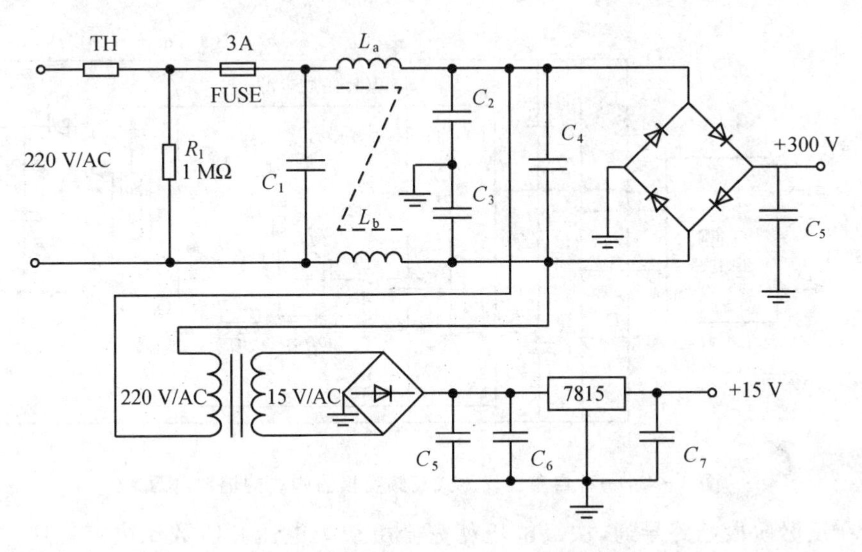

图 3-2 低频变压器构成的辅助电源

二极管全波整流，最后再输入集成稳压器 7815，以提供所需电压。IC 输入端并联一只稳压二极管箝位，防止浪涌电压损坏 7815。

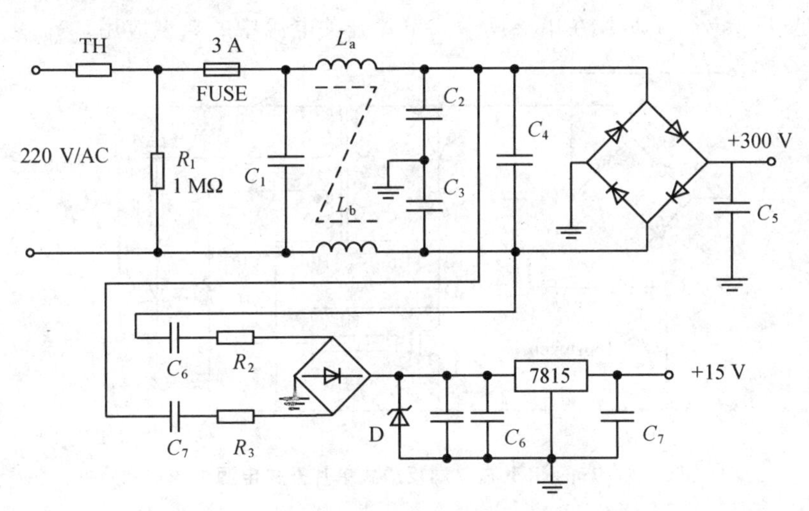

图 3-3 一种不用低频变压器降压的简易辅助电源

由自激式开关变换器构成非常轻巧的辅助电源

这种方法可以方便地产生多路辅助电源。图 3-4 所示是由一个自激式反激式变换器构成的辅助电源。

这个辅助电源适合于交流 110/220 V 输入。开始时由于通过 R_1、R_2 的基极驱动电流，Q_1 开始导通，绕组 P_2 上的反馈电压将加速 Q_1 的开通过程。随着 Q_1 的导通，初级线圈 P_1 上的电流将线性增加，而 R_3 上的电流也线性增加，Q_1 发射级电压增加，导致 R_2 上的电流减小，Q_1 开始关断。由于 P_2 上的反馈电压方向，所以将加速 Q_1 的关断过程。在反激阶段，绕组 P_3 和 D_{10} 把反激的大部分能量回馈到输入，只有一小部分能量通过 D_{11} 传送到输出。根据变压器铁芯选择适当的初级线圈，使得在 Q_1 开通阶段储存的能量至少是所需辅助输出能量的 3～4 倍，这样

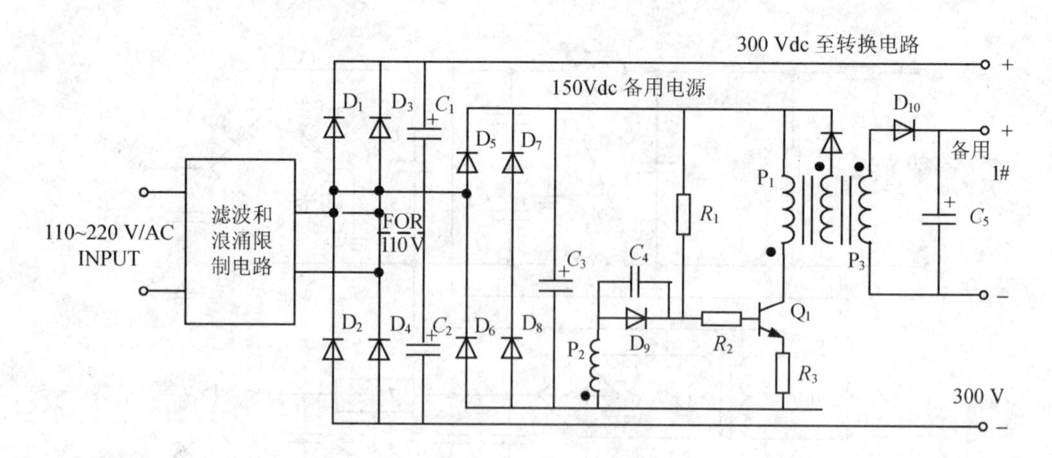

图 3-4 一种自激式反激式高频变换器构成的辅助电源

二极管 D_{10}在反激阶段始终导通，次级电压就完全由初级电压和匝数比决定。这样做的好处是易于设定辅助电源的输出电压。

用单片电源芯片

如 Topswitch 或 Tinyswtich 系列芯片，可以方便地做成高性能小功率的辅助电源。图 3-5所示是 Topswitch 芯片在单端反激式单片开关电源中的典型应用。

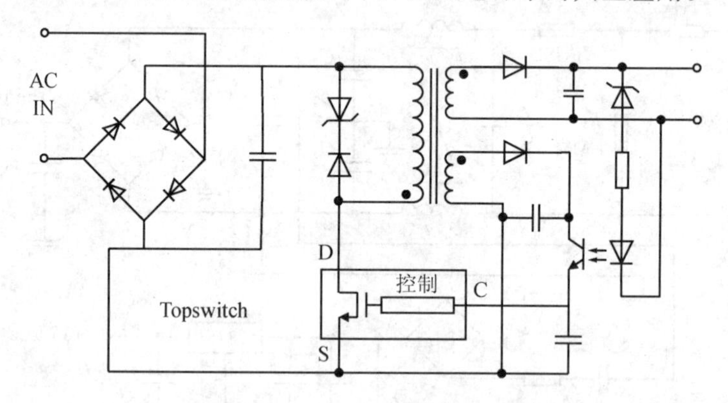

图 3-5 Topswitch 在单端反激式单片开关电源中的应用

Topswitch 器件集 PWM 信号控制电路及功率开关场效应管于一体，内部集成了自启动电路，所以只要配以少量的外围元器件，就可以构成一个电路结构简洁、成本低、性能稳定、制作及调试方便的单片开关电源，作为电源系统中的辅助电源。这种方法已得到广泛应用。

(2) 非独立型

由主变换器高频变压器输出的一部分构成辅助电源。主要用于中小功率电源系统，有利于减小整个电源的体积，实现小型化，节约成本。特点是辅助电源与主变换器二者的工作状态互相制约。如果辅助电源不给控制电路供电，主变换器将不工作。而当主电路不工作，辅助电路也随之关闭。所以在电源的启动阶段需要一些方法给控制电路提供能量，然后过渡到正常的工作状态。

启动时直接由直流输入端提供启动电压

如图 3-6 所示，这是一个由 UC3842 构成的反激式小型开关电源，它的辅助电源由主变换器变压器一个绕组提供。在启动阶段，由直流输入端经过电阻分压后加到 UC3842 的供电端(引脚 7)，给电容 C_2 充电，等到 UC3842 的引脚 7 电压超过 16 V 时，芯片起振，PWM 信号产生，变换器工作，辅助电源电压开始建立。但由于限流电阻 R_{IN} 的作用，有可能使得芯片引脚 7 电压降低至 10 V 而使得芯片停止工作。之后主电路又通过 R_{IN} 电阻给 UC3842 芯片供电，芯片工作。如此反复，直至芯片正常工作所需的辅助电源电压建立后，电源才正常工作。

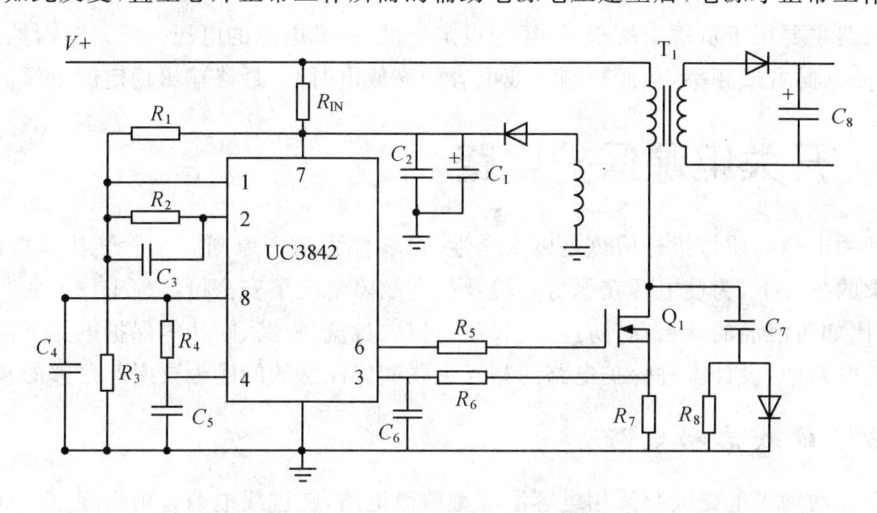

图 3－6　启动电压由直流输入线提供

脉冲发生电路构成启动电路

如图 3－7 所示。启动时由 D_1、C_4、R_4、R_5 和 Q 组成的脉冲发生电路来驱动 MOSFET 功率管，主变换器工作，C_6、C_7 上的电压开始增加，直至辅助电源建立后，电源的控制芯片开始工作。其产生的 PWM 信号通过脉冲变压器 T_1 驱动 MOSFET，此时由于脉冲变压器 T_1 副边上的电压幅度增大，双向触发二极管 D_{IAC} 关闭，脉冲发生电路停止工作，启动过程结束，整个电源开始正常工作。

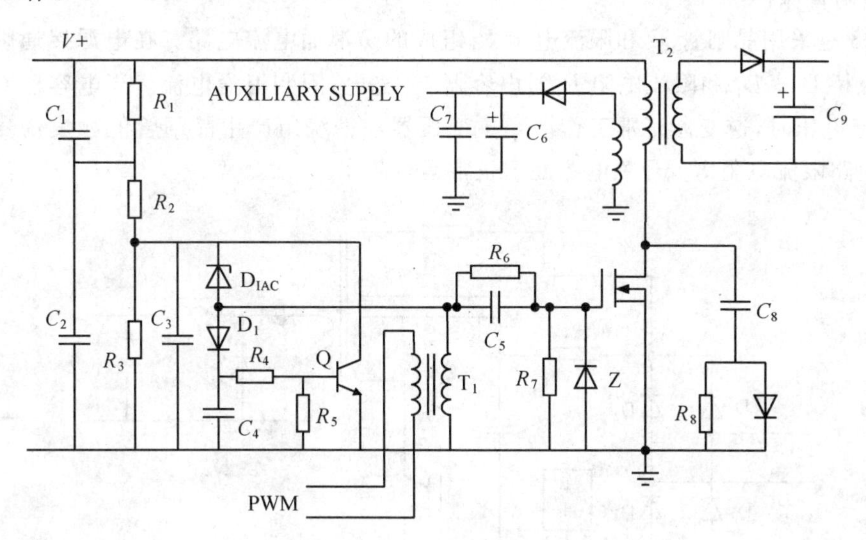

图 3－7　脉冲发生电路构成启动电路

虽然辅助电源所需要输出功率不大，但它是开关电源中的非常重要的组成部分，将影响到整个电源的性能。开关电源正向着轻、小、薄、高可靠、高稳定、高效率和智能化的方向发展，应根据整个开关电源系统的规格要求来选择合适的辅助电源系统，首先在满足可靠性的前提下，设计简单、轻巧和经济的辅助电源。

3. 控制回路

控制回路主要用于从输出端采样，经与设定标准（基准电源的电压）进行比较，然后去控制逆变器，改变其脉宽或频率，从而控制滤波电容的充放电时间，最终输出稳定的电源。

3.3.2 开关电源保护电路

评价开关电源的质量指标应该是以安全性、可靠性为第一原则。在电气技术指标满足正常使用要求的条件下，为使电源在恶劣环境及突发故障情况下安全可靠地工作，必须设计多种保护电路，比如防浪涌的软启动，防过压、欠压、过热、过流、短路、缺相等保护电路。同时，在同一开关电源电路中，设计多种保护电路的相互关联和应注意的问题也要引起足够的重视。

1. 防浪涌软启动电路

开关电源的输入电路大都采用电容滤波型整流电路，在进线电源合闸瞬间，由于电容器上的初始电压为零，电容器充电瞬间会形成很大的浪涌电流，特别是大功率开关电源，采用容量较大的滤波电容器，使浪涌电流达 100 A 以上。在电源接通瞬间如此大的浪涌电流，重者往往会导致输入熔断器烧断或合闸开关的触点烧坏，整流桥过流损坏；轻者也会使空气开关合不上闸。上述现象均会造成开关电源无法正常工作，为此几乎所有的开关电源都设置了防止浪涌电流的软启动电路，以保证电源正常而可靠运行。防浪涌软启动电路通常有晶闸管保护法和继电器保护法两大类。

(1) 晶闸管保护法

图 3－8 是采用晶闸管 V 和限流电阻 R_1 组成的防浪涌电流电路。在电源接通瞬间，输入电压经整流桥 $D_1 \sim D_4$ 和限流电阻 R_1 对电容器 C_1 充电，限制浪涌电流。当电容器 C_1 充电到约 80％额定电压时，逆变器正常工作。经主变压器辅助绕组产生晶闸管的触发信号，使晶闸管导通并短路限流电阻 R_1，开关电源处于正常运行状态。

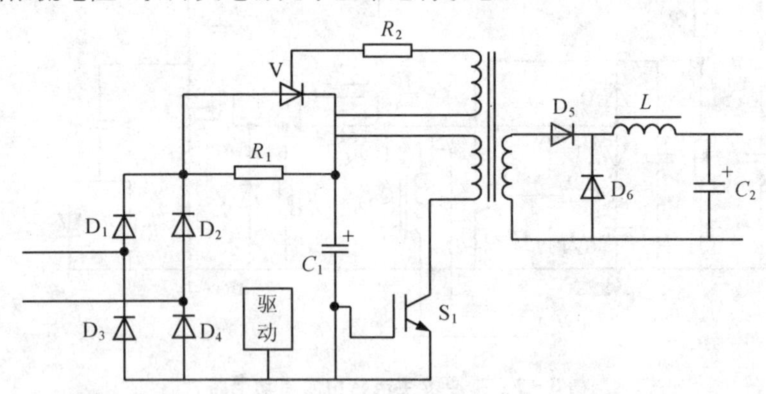

图 3－8　采用晶闸管和限流电阻组成的防浪涌电流电路

(2) 继电器保护法

图 3-9 是采用继电器 K 和限流电阻 R_1 构成的防浪涌电流电路。电源接通瞬间，输入电压经整流 D_1～D_4 和限流电阻 R_1 对滤波电容器 C_1 充电，防止接通瞬间的浪涌电流，同时辅助电源 V_{CC} 经电阻 R_2 对并接于继电器 K 线包的电容器 C_2 充电，当 C_2 上的电压达到继电器 K 的动作电压时，K 动作，其触点闭合而旁路限流电阻 R_1，电源进入正常运行状态。限流的延迟时间取决于时间常数(R_2C_2)，通常选取为 0.3～0.5 s。为了提高延迟时间的准确性及防止继电器动作抖动振荡，延迟电路可采用图 3-10 所示电路替代 R_2C_2 延迟电路。

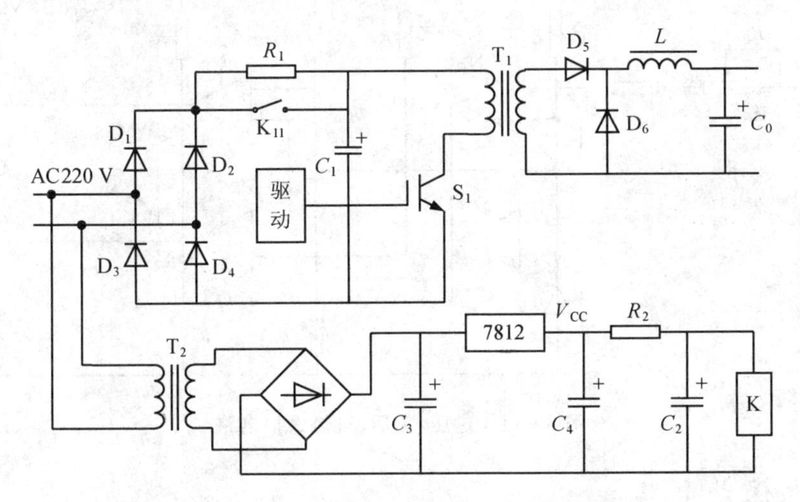

图 3-9　采用继电器 K 和限流电阻 R_1 构成的防浪涌电流电路

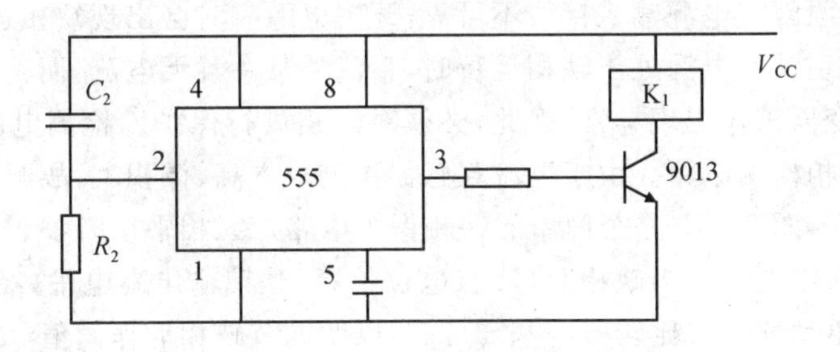

图 3-10　替代 R_2C_2 延迟电路

2. 过压、欠压及过热保护电路

进线电源过压及欠压对开关电源造成的危害，主要表现在器件因承受的电压及电流能力超出正常使用的范围而损坏，同时因电气性能指标被破坏而不能满足要求。因此对输入电源的上限和下限要有所限制，为此采用过压、欠压保护以提高电源的可靠性和安全性。

温度是影响电源设备可靠性的最重要因素。根据有关资料分析表明，电子元器件温度每升高 2℃，可靠性下降 10%，温升 50℃时的工作寿命只有温升 25℃时的 1/6，为了避免功率器件过热造成损坏，在开关电源中亦需要设置过热保护电路。

图 3-11 是仅用一个 4 比较器 LM339 及几个分立元器件构成的过压、欠压、过热保护电路。取样电压可以直接从辅助控制电源整流滤波后取得，它反映输入电源电压的变化，比较器共用一个基准电压，N_{11} 为欠压比较器，N_{12} 为过压比较器，调整 R_1 可以调节过、欠压的动作阈

值。N_{13}为过热比较器，R_T为负温度系数的热敏电阻，它与R_7构成分压器，紧贴于功率开关器件IGBT的表面，温度升高时，R_T阻值下降，适当选取R_7的阻值，使N_{13}在设定的温度阈值动作。N_{14}用于外部故障应急关机，当其正向端输入低电平时，比较器输出低电平封锁PWM驱动信号。由于4个比较器的输出端是并联的，无论是过压、欠压、过热任何一种故障发生，比较器输出低电平，封锁驱动信号使电源停止工作，实现保护。如将电路稍加变动，亦可使比较器输出高电平封锁驱动信号。

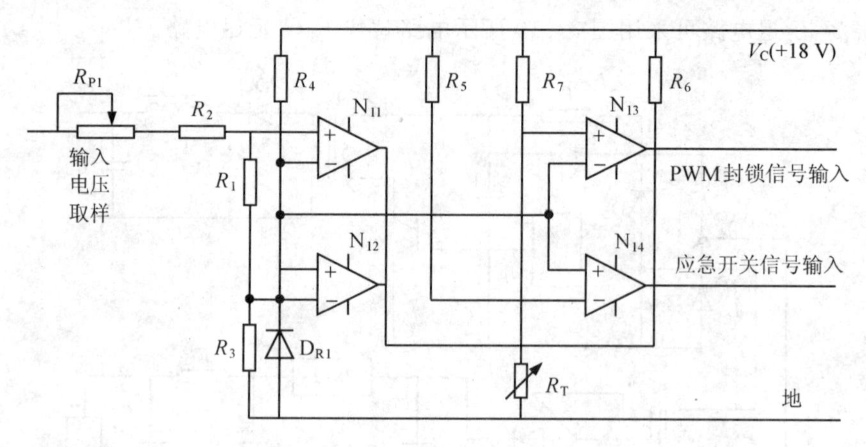

图3-11 过压、欠压、过热保护电路

3. 缺相保护电路

由于电网自身原因或电源输入接线不可靠，开关电源有时会出现缺相运行的情况，且掉相运行不易被及时发现。当电源处于缺相运行时，整流桥某一臂无电流，而其他臂会严重过流造成损坏，同时使逆变器工作出现异常，因此，必须对缺相进行保护。检测电网缺相通常采用电流互感器或电子缺相检测电路。由于电流互感器检测成本高、体积大，故开关电源中一般采用电子缺相检测电路。图3-12是个简单的缺相保护电路。三相平衡时，$R_1 \sim R_3$结点H电位很低，光耦输出近似为零电平。当缺相时，H点电位抬高，光耦输出高电平，经比较器进行比较，输出低电平，封锁驱动信号。比较器的基准可调，以便调节缺相动作阈值。该缺相保护适用于三相四线制，而不适用于三相三线制。电路稍加变动，亦可用高电平封锁PWM信号。

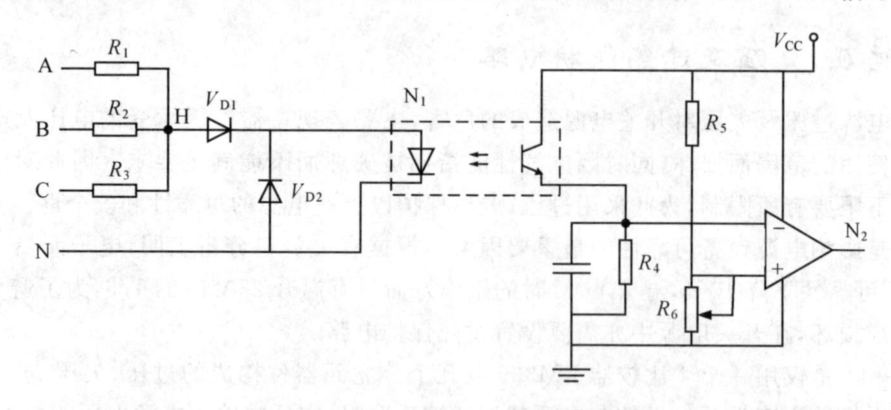

图3-12 三相四线制的缺相保护电路

图 3-13 是一种用于三相三线制电源缺相保护电路，A、B、C 缺任何一相，光耦输出电平低于比较器的反相输入端的基准电压，比较器输出低电平，封锁 PWM 驱动信号，关闭电源。比较器输入极性稍加变动，亦可用高电平封锁 PWM 信号。这种缺相保护电路采用光耦隔离强电，安全可靠，R_{P1}、R_{P2} 用于调节缺相保护动作阈值。

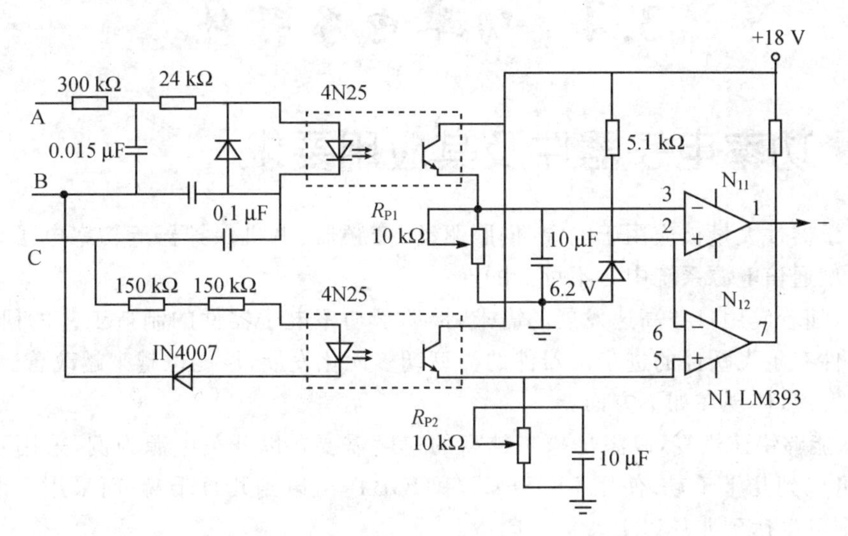

图 3-13　三相三线制的缺相保护电路

4. 短路保护

开关电源同其他电子装置一样，短路是最严重的故障，短路保护是否可靠，是影响开关电源可靠性的重要因素。IGBT（绝缘栅双极型晶体管）兼有场效应晶体管输入阻抗高、驱动功率小和双极型晶体管电压、电流容量大及管压降低的特点，是目前中、大功率开关电源最普遍使用的电力电子开关器件。IGBT 能够承受的短路时间取决于它的饱和压降和短路电流的大小，一般仅为几 μs 至几十 μs。短路电流过大不仅使短路承受时间缩短，而且使关断时电流下降率 di/dt 过大，由于漏感及引线电感的存在，导致 IGBT 集电极过电压，该过电压可使 IGBT 锁定失效，同时高的过电压会使 IGBT 击穿。因此，当出现短路过流时，必须采取有效的保护措施。

为了实现 IGBT 的短路保护，必须进行过流检测。适用 IGBT 过流检测的方法，通常是采用霍尔电流传感器直接检测 IGBT 的电流 I_c，然后与设定的阈值比较，用比较器的输出去控制驱动信号的关断；或者采用间接电压法，检测过流时 IGBT 的电压降 V_{ce}，因为管压降含有短路电流信息，过流时 V_{ce} 增大，且基本上为线性关系，检测过流时的 V_{ce} 并与设定的阈值进行比较，比较器的输出控制驱动电路的关断。

在短路电流出现时，为了避免关断电流的 di/dt 过大形成过电压，导致 IGBT 锁定无效和损坏，以及为了降低电磁干扰，通常采用软降栅压和软关断综合保护技术。

在设计降栅压保护电路时，要正确选择降栅压幅度和速度，如果降栅压幅度大（比如 7.5 V），降栅压速度不要太快，一般可采用 2 μs 下降时间的软降栅压，由于降栅压幅度大，集电极电流已经较小，在故障状态封锁栅极可快些，不必采用软关断；如果降栅压幅度较小（比如 5 V 以下），降栅速度可快些，而封锁栅压的速度必须慢，即采用软关断，以避免过电压发生。

为了使电源在短路故障状态不中断工作，又能避免在原工作频率下连续进行短路保护产生热积累而造成IGBT损坏，采用降栅压保护即可不必在一次短路保护立即封锁电路，而使工作频率降低(比如1Hz左右)，形成间歇“打嗝”的保护方法，故障消除后即恢复正常工作。

3.4 功率电子器件

3.4.1 功率电子器件及其应用要求

功率电子器件大量被应用于电源、伺服驱动、变频器、电机保护器等功率电子设备。这些设备都是大型通信电源系统中必不可少的。

近年来，随着应用日益高速发展的需求，推动了功率电子器件的制造工艺的研究和发展，功率电子器件有了飞跃性的进步。器件的类型朝多元化发展，性能也越来越改善。大致来讲，功率器件的发展，体现在如下方面：

① 器件能够快速恢复，以满足越来越高的速度需要。以开关电源为例，采用双极型晶体管时，速度可以到几十千赫；使用MOSFET和IGBT，可以到几百千赫；而采用了谐振技术的开关电源，则可以达到兆赫以上。

② 通态压降(正向压降)降低。这可以减少器件损耗，有利于提高速度，减小器件体积。

③ 电流控制能力增大。电流能力的增大和速度的提高是一对矛盾，目前最大电流控制能力，特别是在电力设备方面，还没有器件能完全替代可控硅。

④ 额定电压耐压高。耐压和电流都是体现驱动能力的重要参数，特别对电力系统，这显得非常重要。

⑤ 温度与功耗。这是一个综合性的参数，制约了电流能力、开关速度等能力的提高。目前有两个方向解决这个问题，一是继续提高功率器件的品质，二是改进控制技术来降低器件功耗，比如谐振式开关电源。

总体来讲，从耐压、电流能力看，可控硅目前仍然是最高的，在某些特定场合，仍然要使用大电流、高耐压的可控硅。但一般的工业自动化场合，功率电子器件已越来越多地使用MOSFET和IGBT，特别是IGBT获得了更多的使用，开始全面取代可控硅来做为新型的功率控制器件。

3.4.2 主要功率电子器件

1. 整流二极管

二极管是功率电子系统中不可或缺的器件，用于整流、续流等。目前比较多地使用如下3种选择：

① 高效快速恢复二极管：压降0.8～1.2V，适合小功率，12V左右电源。

② 高效超快速二极管：压降0.8～1.2V，适合小功率，12V左右电源。

③ 肖特基势垒整流二极管(SBD)：压降0.4V，适合5V等低压电源。缺点是其电阻和耐压的平方成正比，所以耐压低(200V以下)，反向漏电流较大，易热击穿。但速度比较快，通态

压降低。目前SBD的研究前沿,已经超过10kV。

2. 大功率晶体管(GTR)

大功率晶体管分为:单管形式和双管形式(即达林顿管)。其中,单管形式的电流系数为10～30;双管形式的电流系数为100～1000,饱和压降大,速度慢。

在大型的通信电源工程中,常用的是达林顿模块,其将GTR、续流二极管、辅助电路做到一个模块内。在较早期的功率电子设备中,比较多地使用了这种器件。图3-14是这种器件的内部典型结构。

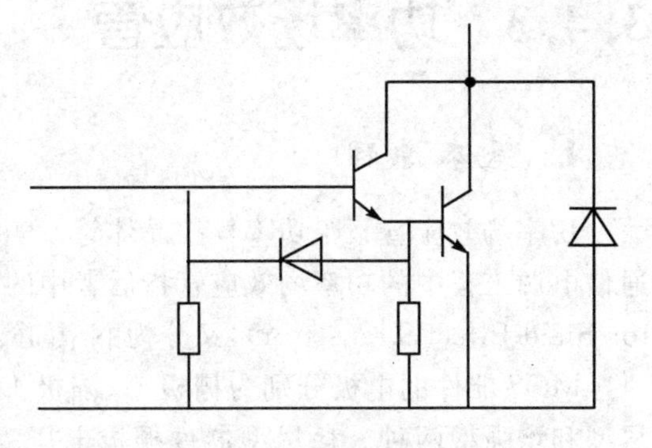

图3-14 达林顿模块电路典型结构

两个二极管中,左侧是加速二极管,右侧为续流二极管。加速二极管的原理是引进了电流串联正反馈,达到加速的目的。这种器件的制造水平是1800V/800A/2kHz、600V/3A/100kHz左右(参考)。

3. 可控硅(SCR)

可控硅在大电流、高耐压场合是必需的,但在常规工业控制的低压、中小电流控制中,已逐步被新型器件取代。目前的研制水平在12kV/8kA左右。

由于可控硅换流电路复杂,逐步开发了门极关断晶闸管(GTO)。制造水平达到8kV/8kA,频率为1kHz左右。

无论是SCR还是GTO,控制电路都过于复杂,特别是需要庞大的吸收电路。而且,速度低,因此限制了其应用范围的拓宽。集成门极换流晶闸管(IGCT)和关断晶闸管(MOS)之类的器件在控制门极前使用了MOS栅,从而达到硬关断能力。

4. 功率场效应管

功率场效应管又叫功率场控晶体管,其特点是驱动功率小,速度高,安全工作区宽。但高压时,导通电阻与电压的平方成正比,因而提高耐压和降低高压阻抗困难。适合低压100V以下,是比较理想的器件。目前的研制水平在1kV/65A左右(参考)。商业化的产品达到60V/200A/2MHz、500V/50A/100kHz。是目前速度最快的功率器件。

5. 绝缘栅双极型晶体管(IGBT)

这种器件的特点是集MOSFET与GTR的优点于一身,输入阻抗高、速度快、热稳定性好,通态电压低、耐压高、电流大。

目前这种器件有两个发展方向:一是大功率,二是高速度。大功率IGBT模块达到1200～1800A/1800～3300V的水平(参考)。速度在中等电压区域(370～600V),可达到150～180kHz。其电流密度比MOSFET大,芯片面积只有MOSFET的40%。但速度比MOSFET低。

尽管电力电子器件发展过程非常复杂,但是功率场效应管和绝缘栅双极型晶体管已经成为现代功率电子器件的主流。

3.4.3 功率场效应管

1. 基本原理

功率场效应管又叫功率场控晶体管。实际上,功率场效应管也分结型、绝缘栅型。但通常通信电源工程中的功率场效应管指后者中的MOS管,即MOSFET(Metal Oxide Semiconductor Field Effect Transistor),又分为N沟道、P沟道两种。器件符号如图3-15所示。

MOS器件的电极分别为栅极G、漏极D、源极S,分为耗尽型和增强型两种。耗尽型器件栅极电压为零时,即存在导电沟道,无论V_{GS}正负都起控制作用。增强型器件需要正偏置栅极电压,才生成导电沟道,达到饱和前,V_{GS}正偏越大,I_{DS}越大。

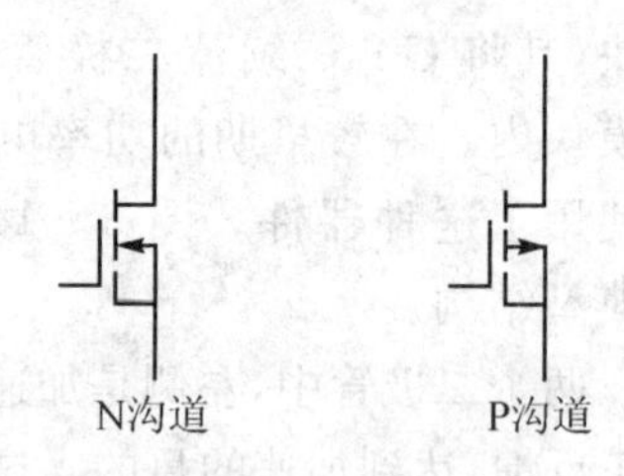

图3-15 MOSFET的图形符号

一般使用的功率MOSFET多数是N沟道增强型,而且不同于一般小功率MOS管的横向导电结构,使用了垂直导电结构,从而提高了耐压、电流能力,因此又叫VMOSFET。

这种器件的特点是输入绝缘电阻大(1万兆欧以上),栅极电流基本为零,驱动功率小,速度高,安全工作区宽。但高压时,导通电阻与电压的平方成正比,因而提高耐压和降低高压阻抗困难,适合低压100 V以下,是比较理想的器件。目前的研制水平在1 kV/65 A左右。其速度可以达到几百kHz,使用谐振技术可以达到兆级。

2. 器件参数与特性

无载流子注入,速度取决于器件的电容充放电时间,与工作温度关系不大,故热稳定性好。

(1) 转移特性

I_D随U_{GS}变化的曲线,称为转移特性。如图3-16所示,随着U_{GS}的上升,跨导将越来越高。

(2) 输出特性

输出特性(漏极特性)反映了漏极电流随V_{DS}变化的规律。这个特性和V_{GS}又有关联。图3-17所示反映了这种规律。

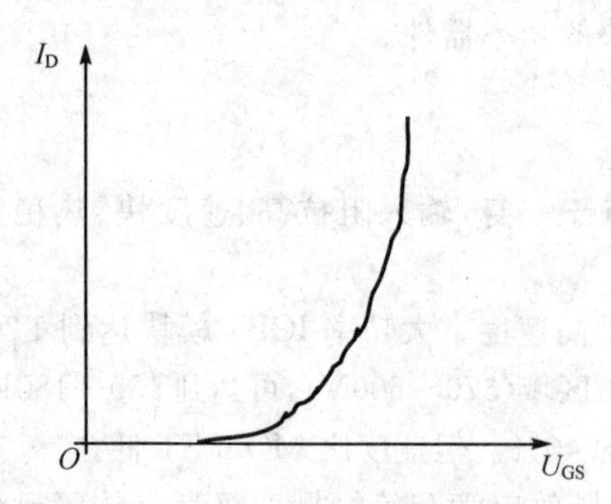

图3-16 MOSFET的转移特性

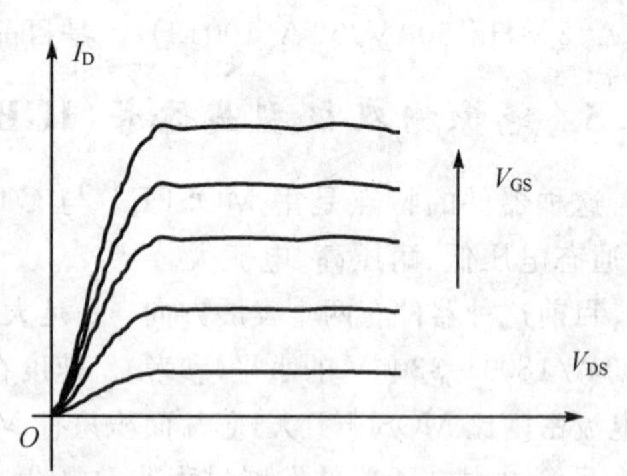

图3-17 MOSFET的输出特性

图 3 - 17 中，爬坡段是非饱和区，水平段为饱和区，靠近横轴附近为截止区，这点和 GTR 有区别。其中，$V_{GS}=0$ 时的饱和电流称为饱和漏电流 I_{DSS}。

(3) 通态电阻

通态电阻 R_{on} 是器件的一个重要参数，决定了电路输出电压幅度和损耗。该参数随温度上升线性增加。而且 V_{GS} 增加，通态电阻减小。

(4) 跨　导

MOSFET 的增益特性称为跨导。定义为：

$$G_{fs} = \Delta I_D / \Delta V_{GS} \tag{3-5}$$

显然，这个数值越大越好，反映了场效应管的栅极控制能力。

(5) 栅极阈值电压

栅极阈值电压 V_{GS} 是指开始有规定的漏极电流(1 mA)时的最低栅极电压。其具有负温度系数，结温每增加 45 ℃，阈值电压下降 10%。

(6) 电　容

MOSFET 的一个明显特点是 3 个极间存在比较明显的寄生电容，这些电容对开关速度有一定影响。偏置电压高时，电容效应也加大，因此对高压电子系统会有一定影响。以栅源极为例，如图 3 - 18 所示，器件开通延迟时间内，电荷积聚较慢。随着电压增加，电荷快速上升，对应着场效应管开通时间。最后，当电压增加到一定程度后，电荷增加再次变慢，此时场效应管已经导通。

(7) 正向偏置安全工作区及主要参数

MOSFET 和双极型晶体管一样，也有其安全工作区。不同的是，其安全工作区是由 4 根线围成的，如图 3 - 19 所示。

- 最大漏极电流 I_{DM}：这个参数反映了器件的电流驱动能力。
- 最大漏源极电压 V_{DSM}：由器件的反向击穿电压决定。
- 最大漏极功耗 P_{DM}：由 MOSFET 管允许的温升决定。
- 漏源通态电阻 R_{on}：这是 MOSFET 必须考虑的一个参数，通态电阻过高，会影响输出效率，增加损耗。所以，要根据使用要求加以限制。

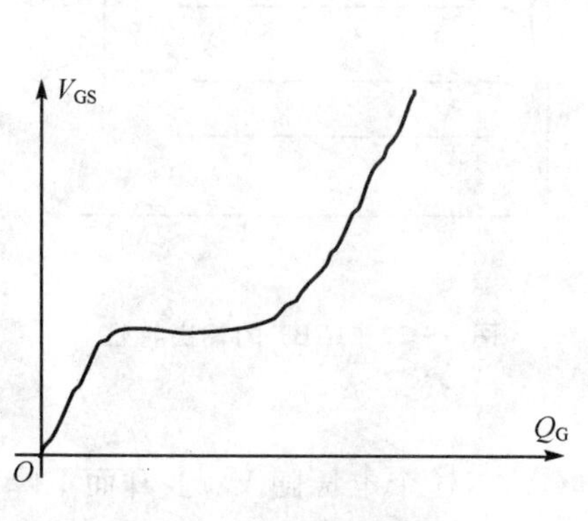

图 3 - 18　栅极电荷特性

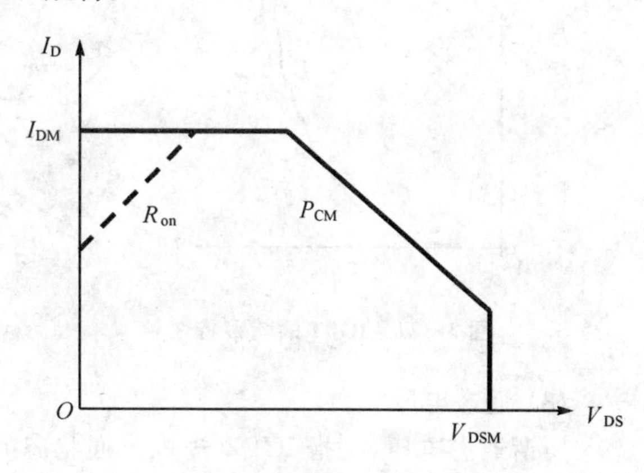

图 3 - 19　正向偏置安全工作区

3.4.4 绝缘栅双极型晶体管

绝缘栅双极型晶体管(IGBT)的器件符号如图3-20所示。

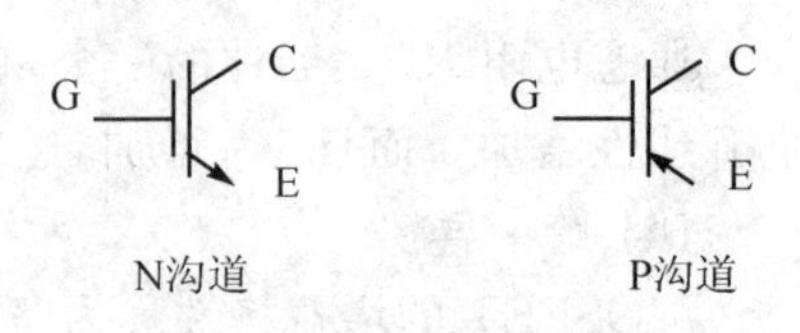

图3-20 IGBT的图形符号

其中,3个电极分别为门极G、集电极C、发射极E,相当于把MOS管和达林顿晶体管设计在一起。因而同时具备了MOS管、GTR的优点。

1. 器件特点

这种器件的特点是集MOSFET与GTR的优点于一身。输入阻抗高,速度快,热稳定性好,通态电压低,耐压高,电流大。

其电流密度比MOSFET大,芯片面积只有MOSFET的40%,但速度比MOSFET略低。大功率IGBT模块达到1200~1800 A/1800~3300 V的水平(参考)。速度在中等电压区域(370~600 V),可达到150~180 kHz。

2. 参数与特性

(1) 转移特性

如图3-21所示,这个特性和MOSFET极其类似,它反映了管子的控制能力。

(2) 输出特性

如图3-22所示的输出特性表示为:

- 靠近横轴:正向阻断区,管子处于截止状态。
- 爬坡区:饱和区,随着负载电流 I_C 变化,U_{CE}基本不变,即所谓饱和状态。
- 水平段:有源区。

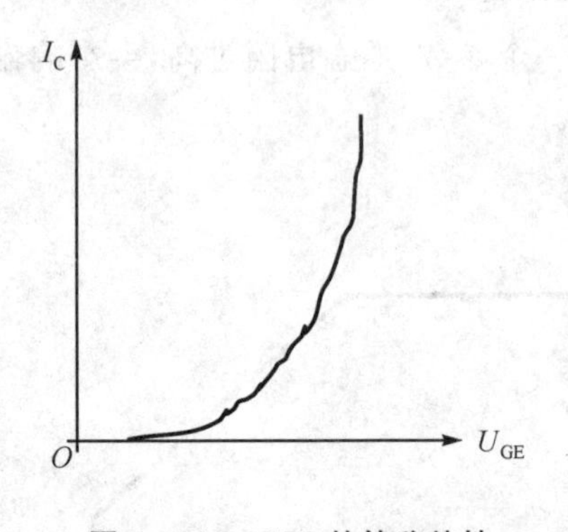

图3-21 IGBT的转移特性

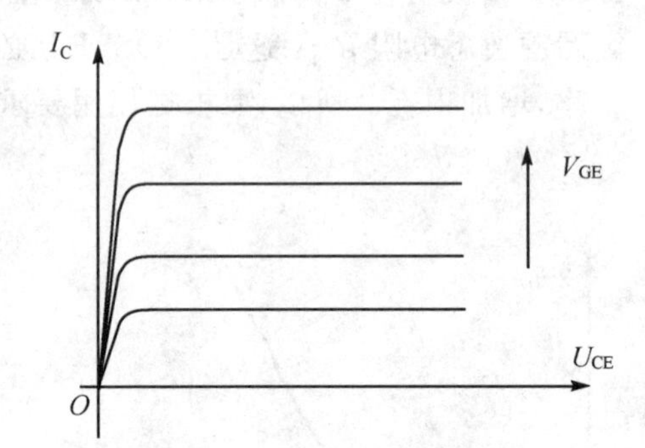

图3-22 IGBT的输出特性

(3) 通态电压 V_{on}

所谓通态电压,是指IGBT进入导通状态的管压降 V_{DS},这个电压随 V_{GS}上升而下降。如图3-23所示,IGBT通态电压在电流比较大时,V_{on}要小于MOSFET。

MOSFET的 V_{on}为正温度系数,IGBT小电流为负温度系数,大电流范围内为正温度系数。

(4) 开关损耗

常温下,IGBT和MOSFET的关断损耗差不多。MOSFET开关损耗与温度关系不大,但IGBT每增加100℃,损耗增加2倍。

开通损耗IGBT平均比MOSFET略小,而且二者都对温度比较敏感,且呈正温度系数。两种器件的开关损耗和电流相关,电流越大,损耗越高。

(5) 安全工作区与主要参数 I_{CM}、U_{CEM}、P_{CM}

如图3-24所示,IGBT的安全工作区是由电流I_{CM}、电压U_{CEM}、功耗P_{CM}包围的区域。

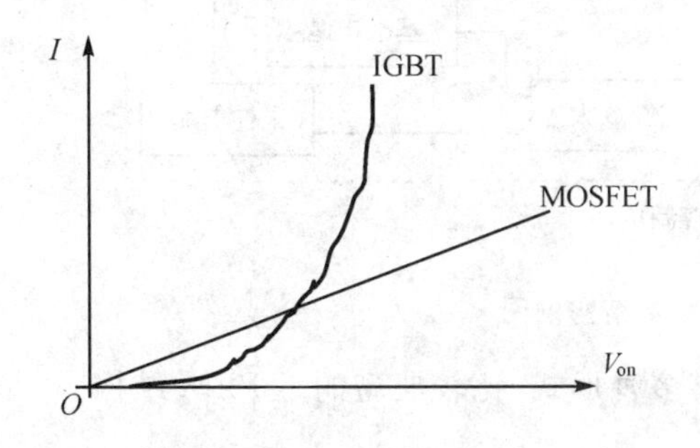

图3-23　IGBT通态电压和MOSFET比较

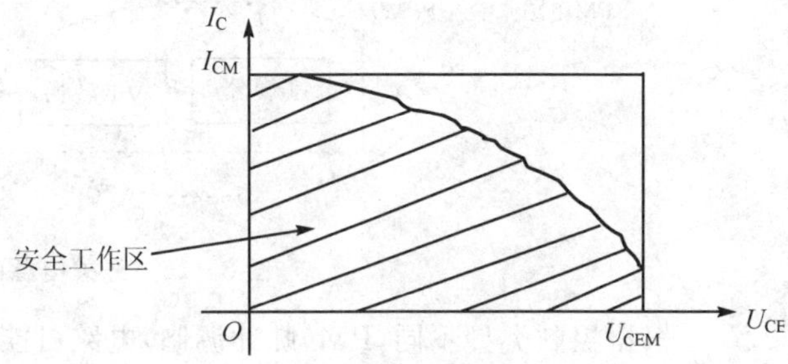

图3-24　IGBT的功耗特性

- 最大集射极间电压U_{CEM}:取决于反向击穿电压的大小。
- 最大集电极功耗P_{CM}:取决于允许结温。
- 最大集电极电流I_{CM}:受元件擎住效应限制。
- 擎住效应问题:由于IGBT存在一个寄生的晶体管,当I_C达到一定程度时,寄生晶体管导通,栅极失去控制作用。此时,漏电流增大,造成功耗急剧增加,器件损坏。

安全工作区随着开关速度增加将减小。

(6) 栅极偏置电压与电阻

IGBT特性主要受栅极偏置控制,而且受浪涌电压影响。其di/dt明显和栅极偏置电压、电阻R_g相关,电压越高,di/dt越大,电阻越大,di/dt越小。

而且,栅极电压和短路损坏时间关系也很大,栅极偏置电压越高,短路损坏时间越短。

3.5　开关电源的工作原理

3.5.1　开关电源的基本控制原理

1. 开关电源的控制结构

通常情况下,开关电源由输入电路、变换器、控制电路、输出电路4个主体组成。

如果细致划分,开关电源包括:输入滤波、输入整流、开关电路、采样、基准电源、比较放大、振荡器、V/F转换、基极驱动、输出整流、输出滤波电路等。

实际的开关电源还要有保护电路、功率因数校正电路、同步整流驱动电路及其他一些辅助电路等。图 3-25 所示是一个典型的开关电源原理框图。

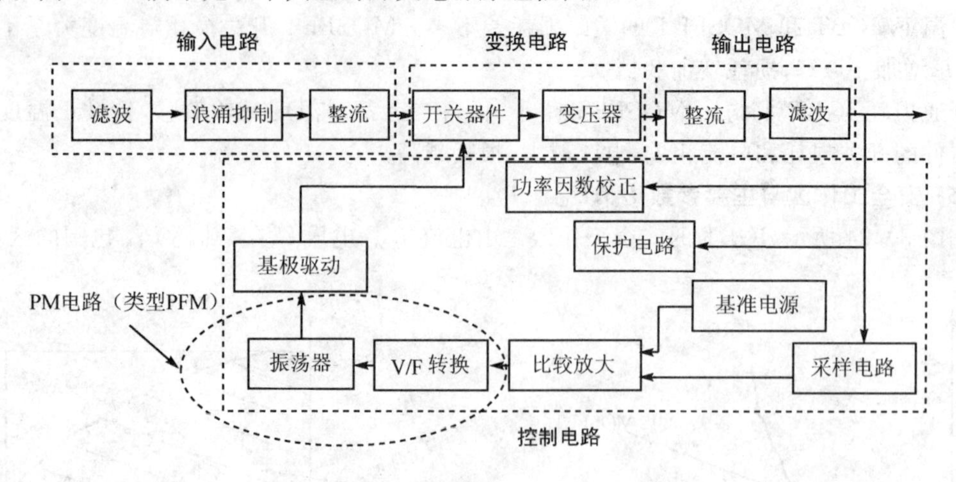

图 3-25 开关电源的基本结构框图

根据控制类型不同，PM（脉冲调制）电路可能有多种形式，比较典型的是 PFM 结构。

2. 开关电源的构成原理

(1) 输入电路

输入电路包括线性滤波电路、浪涌电流抑制电路、整流电路。输入电路的作用是把输入电网交流电源转化为符合要求的开关电源直流输入电源。

➢ 线性滤波电路：抑制谐波和噪声。

➢ 浪涌滤波电路：抑制来自电网的浪涌电流。

➢ 整流电路：把交流变为直流。

电源的输入电路有电容输入型、扼流圈输入型两种，开关电源多数为前者。

(2) 变换电路

变换电路包括开关电路、输出隔离（变压器）电路等，是开关电源变换的主通道，完成对带有功率的电源波形进行斩波调制和输出。开关功率管是其核心器件。

开关电路

➢ 驱动方式：自激式、他激式。

➢ 变换电路：隔离型、非隔离型、谐振型。

➢ 功率器件：最常用的有 GTR、MOSFET、IGBT。

➢ 调制方式：PWM、PFM、混合型 3 种。PWM 最常用。

变压器电路

变压器电路分无抽头、带抽头。半波整流、倍流整流时，无需抽头，全波时必须带抽头。

(3) 控制电路

控制电路向驱动电路提供调制后的矩形脉冲，达到调节输出电压的目的。包括基准电路、采样电路、比较放大、V/F 变换、振荡器和基极驱动电路等。

➢ 基准电路：提供电压基准。如并联型基准 LM358、AD589，串联型基准 AD581、REF192 等。

➢ 采样电路：采集输出电压的全部或部分。

➢ 比较放大：把采样信号和基准信号比较，产生误差信号，用于控制电源 PM 电路。

➢ V/F 变换：把误差电压信号转换为频率信号。

➢ 振荡器：产生高频振荡波。

➢ 基极驱动电路：把调制后的振荡信号转换成合适的控制信号，驱动开关管的基极。

(4) 输出电路

输出电路把输出电压整流成脉动直流，并平滑成低纹波直流电压。输出整流技术现在又有半波、全波、恒功率、倍流、同步等整流方式。

3.5.2 开关电源的电源基准

1. 开关电源基准的获得方式

基准电源器件在开关电源中是一个重要的器件，它主要用于作为反馈的比较基准。开关电源的比较基准一般有如下3种获得方式：

➢ 使用芯片内部基准电源；

➢ 使用稳压管；

➢ 使用基准电源器件。

第一种方式比较方便，但灵活性往往受到限制；第二种则控制精度比较差。要达到比较精密的控制调节效果，最好采用基准电源器件作为误差比较基准。

2. 基准电源器件的类型

基准电源器件分为串联型和并联型两种，如图3-26所示。

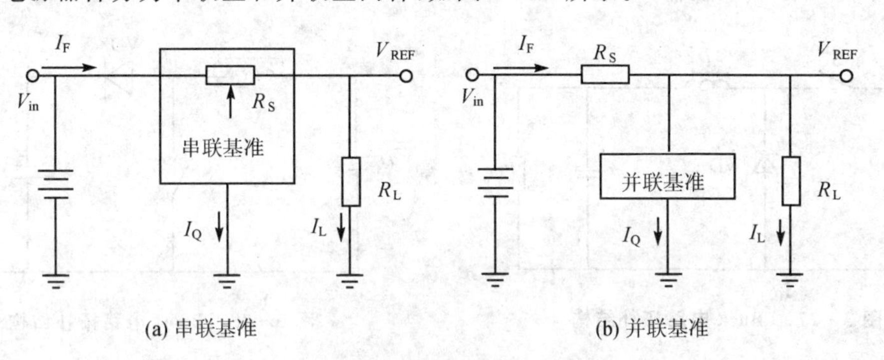

图3-26　串联基准与并联基准

(1) 串联基准

如图3-26(a)所示，串联基准与负载是串联的。

$$U_{REF} = U_{in} - I_F R_S = U_{in} - (I_Q + I_L) R_S \quad (3-6)$$

当负载电流发生变化时，通过调节 R_S 来保持 U_{REF} 稳定。这类器件有 AD581、REF192、TL431 等。

(2) 并联基准

如图 3-26(b)所示，并联基准与负载是并联的。

$$U_{REF} = U_{in} - I_F R_S = U_{in} - (I_Q + I_L) R_S \quad (3-7)$$

当负载电流发生变化时，通过调节 I_Q 来保持 U_{REF} 稳定。这类器件有 LM358、AD589 等。

3.5.3 各类拓扑结构电源分析

1. 非隔离型开关变换器

(1) 降压变换器

降压变换器的核心部分为 Buck 电路，典型的 Buck 电路拓扑结构如图 3-27 所示。在 Buck 电路中，降压斩波器的输入/输出极性相同。由于稳态时，电感充放电伏秒积相等，则：

$$(U_i - U_o) \times t_{on} = U_o \times t_{off},$$
$$U_i \times t_{on} - U_o \times t_{on} = U_o \times t_{off},$$
$$U_i \times t_{on} = U_o \times (t_{on} + t_{off}),$$
$$U_o / U_i = t_{on} / (t_{on} + t_{off}) = \Delta$$

即输入/输出电压关系为：$U_o/U_i = \Delta$(占空比)

因此，在开关管 S 导通时，输入电源通过 L 平波和 C 滤波后向负载端提供电流；当 S 关断后，L 通过二极管续流，保持负载电流连续。输出电压因为占空比作用，不会超过输入电源电压。

(2) 升压变换器

升压变换器的核心部分为 Boost 电路，典型的 Boost 电路拓扑结构如图 3-28 所示。在 Boost 电路中，升压斩波器输入/输出极性相同。

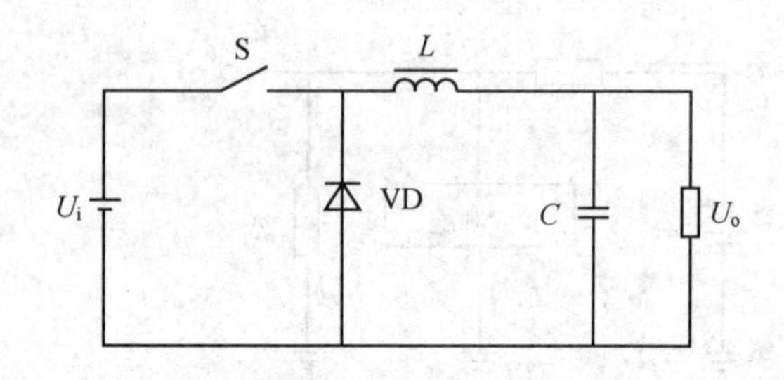

图 3-27 Buck 电路拓扑结构

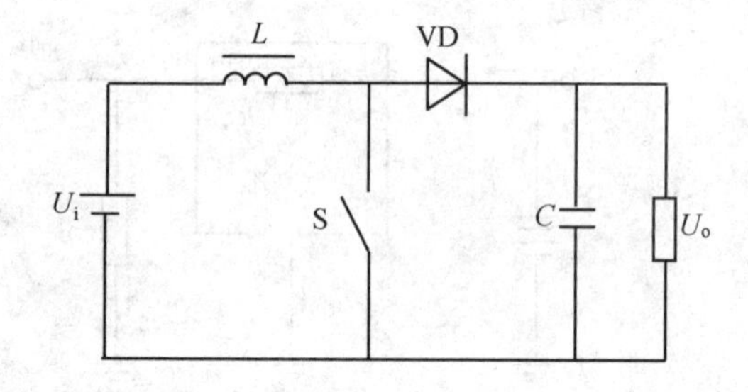

图 3-28 Boost 电路拓扑结构

利用同样的方法，根据稳态时电感 L 的充放电伏秒积相等的原理，可以推导出电压关系：

$$U_o / U_i = 1/(1 - \Delta)$$

Boost 电路的开关管和负载构成并联。在 S 导通时，电流通过 L 平波，电源对 L 充电。当 S 关断时，L 向负载及电源放电，输出电压为 $U_i + U_L$，因而有升压作用。

(3) 逆向变换器

逆向升压变换器的核心部分为 Buck-Boost 电路，典型的 Buck-Boost 电路拓扑结构如图 3-29 所示。在 Buck-Boost 电路中，升/降压斩波器输入/输出极性相反，电感传输。

电压关系为：$U_o/U_i = -\Delta/(1-\Delta)$

在 Buck - Boost 电路中，当 S 导通时，输入电源仅对电感充电，当 S 关断时，再通过电感对负载放电来实现电源传输。所以，这里的 L 是用于传输能量的器件。

(4) 丘克变换器

丘克逆向升压变换器的核心部分为 Cuk 电路，典型的 Cuk 电路拓扑结构如图 3 - 30 所示。在 Cuk 电路中，升/降压斩波器输入/输出极性相反，电容传输。电压关系为：

$$U_o/U_i = -\Delta/(1-\Delta)$$

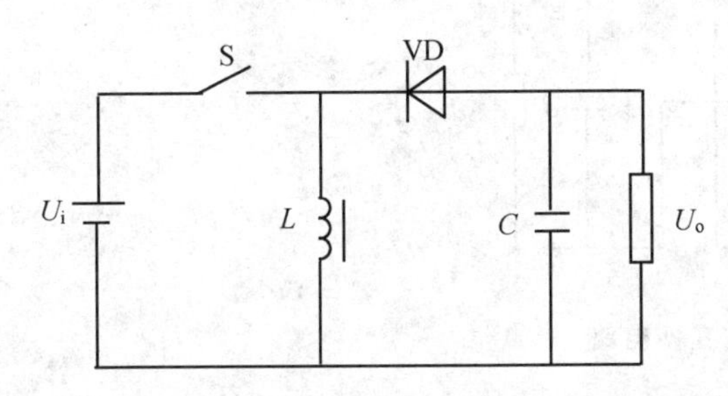

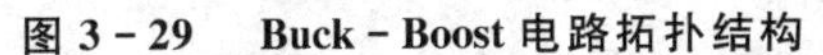
图 3 - 29　Buck - Boost 电路拓扑结构

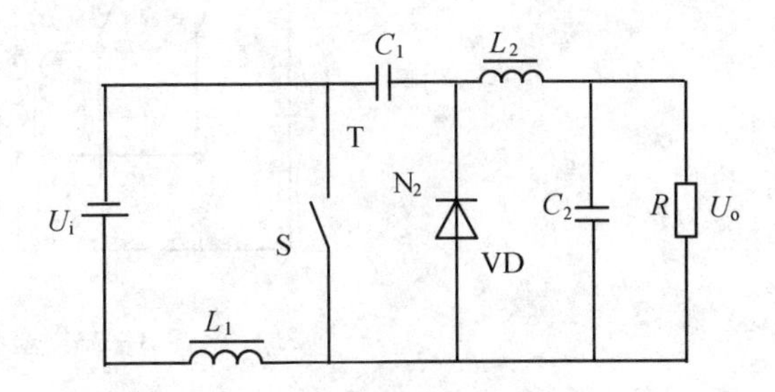

图 3 - 30　Cuk 变换器电路拓扑结构

在 Cuk 电路中，当开关 S 闭合时，U_i 对 L_1 充电。当 S 断开时，$U_i + U_{L_1}$ 通过 VD 对 C_1 进行充电。再当 S 闭合时，VD 关断，C_1 通过 L_2、C_2 滤波对负载放电，L_1 继续充电。这里的 C_1 用于传递能量，而且输出极性和输入极性相反。

2. 隔离型开关变换器

(1) 推挽型变换器

推挽型变换器的电路如图 3 - 31 所示。在推挽型变换电路中，S_1 和 S_2 轮流导通，将在二次侧产生交变的脉动电流，经过全波整流转换为直流信号，再经 L、C 滤波，送给负载。由于电感 L 在开关之后，所以当变比为 1 时，实际上类似于降压变换器。

(2) 半桥型变换器

半桥型变换器的电路如图 3 - 32 所示。在半桥型变换电路中，当 S_1 和 S_2 轮流导通时，一次侧将通过电源 - S_1 - T - C_2 - 电源及电源 - C_1 - T - S_2 - 电源产生交变电流，从而在二次侧产生交变的脉动电流，经过全波整流转换为直流信号，再经 L、C 滤波，送给负载。这个电路也相当于降压式拓扑结构。

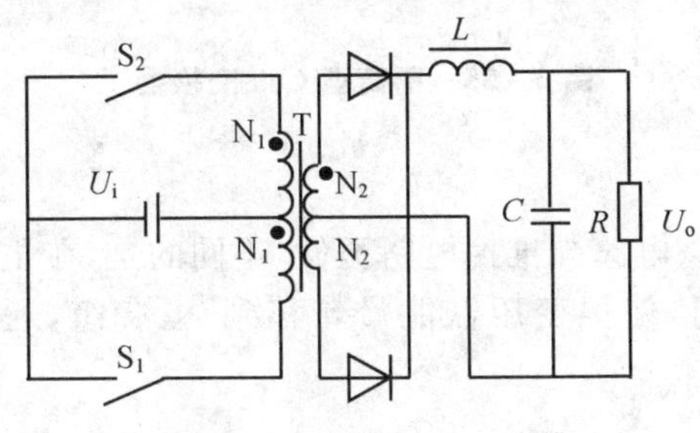

图 3 - 31　推挽型变换电路

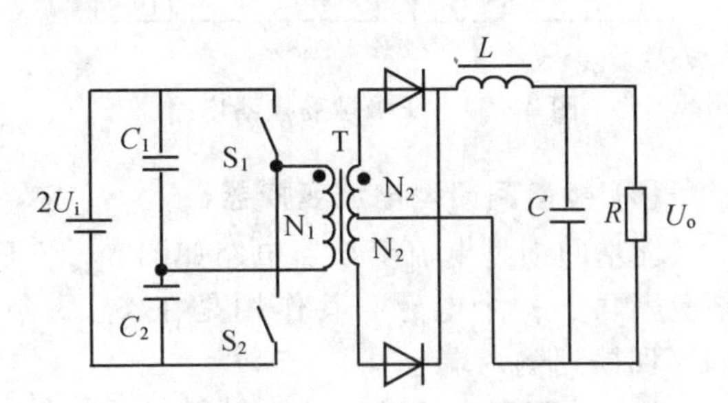

图 3 - 32　半桥型变换电路

(3) 全桥型变换器

全桥变换器电路如图 3－33 所示。在全桥型变换电路中,当 S_1、S_3 和 S_2、S_4 两两轮流导通时,一次侧将通过电源－S_2－T－S_4－电源及电源－S_1－T－S_3－电源产生交变电流,从而在二次侧产生交变的脉动电流,经过全波整流转换为直流信号,再经 L、C 滤波,送给负载。这个电路也相当于降压式拓扑结构。

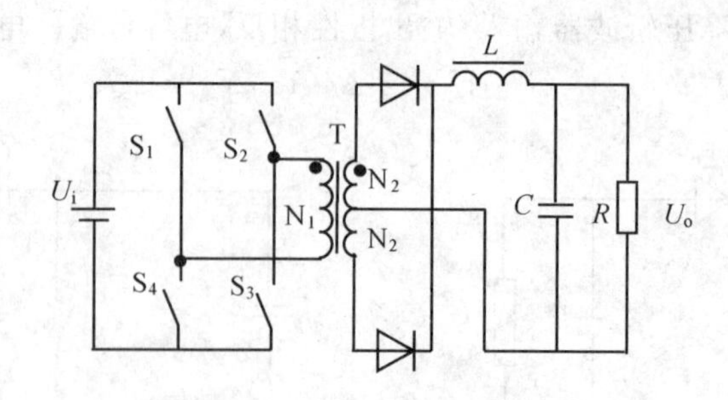

图 3－33 全桥型变换电路

(4) 正激型变换器

正激型变换器电路如图 3－34 所示。在正激型变换器电路中,当 S 导通时,原边经过输入电源－N_1－S－输入电源,产生电流。当 S 断开时,N_1 能量转移到 N_3,经 N_3－电源－VD_3 向输入端释放能量,避免变压器过饱和。VD_1 用于整流,VD_2 用于 S 断开期间续流。

(5) 隔离型 Cuk 变换器

隔离型 Cuk 变换器电路如图 3－35 所示。在隔离型 Cuk 变换器电路中,当 S 导通时,U_i 对 L_1 充电。当 S 断开时,$U_i+U_{L_1}$ 对 C_{11} 及变压器原边放电,同时给 C_{11} 充电,电流方向从上向下。附边感应出脉动直流信号,通过 VD 对 C_{12} 反向充电。在 S 导通期间,C_{12} 的反压将使 VD 关断,并通过 L_2、C_2 滤波后,对负载放电。这里的 C_{12} 明显是用于传递能量的,所以 Cuk 电路是电容传输变换电路。

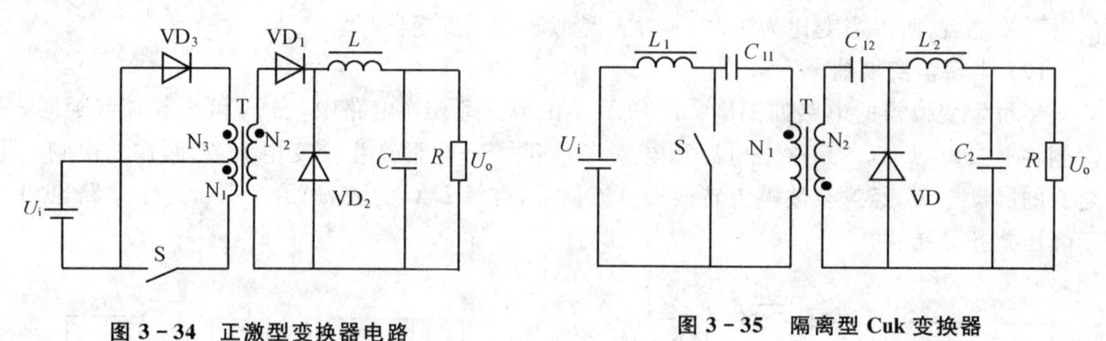

图 3－34 正激型变换器电路

图 3－35 隔离型 Cuk 变换器

(6) 能量回馈型电流变换器

能量回馈型电流变换器电路如图 3－36 所示。该电路与推挽电路类似,不同的是,在主通路上串联了一个电感。其作用是在 S_1、S_2 断开期间,使得变压器能量转移到 N_3 绕组,通过 VD_3 回馈到输入端。

(7) 升压型变换器

升压型变换器的电路如图 3－37 所示。该电路也与推挽电路类似,并在主通路上串联了一个电感。在开关导通期间,L 积蓄能量。当一侧开关断开时,电感电动势和 U_i 叠加在一起,对另一侧放电。因此，L 有升压作用。

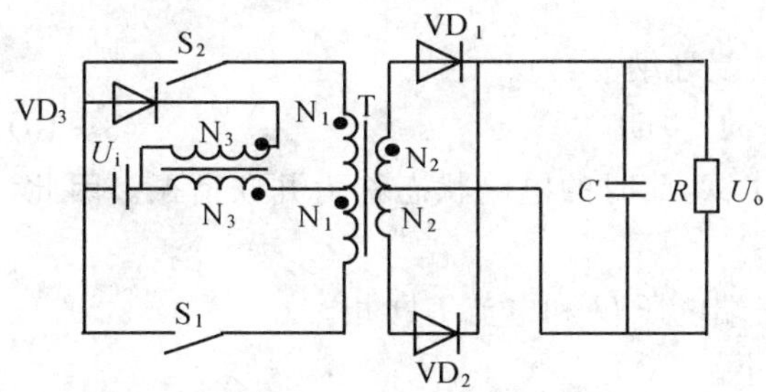

图 3－36　能量回馈型电流变换器电路

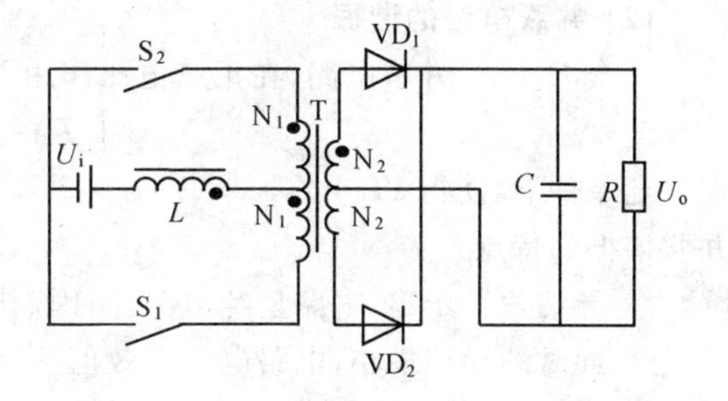

图 3－37　升压型电流变换器电路

3. 谐振型变换器

在脉冲调制电路中，加入 R、L 谐振电路，使得流过开关的电流及开关管两端的压降为准正弦波，这种开关电源称为谐振式开关电源。利用一定的控制技术，可以实现开关管在电流或电压波形过零时切换，这样对缩小电源体积，增大电源控制能力，提高开关速度，改善纹波都有极大的好处。所以谐振式开关电源是当前开关电源发展的主流技术。谐振式开关电源分为零电流开关(ZCS)和零电压开关(ZVS)。其中，ZCS 的开关管在零电流时关断，ZVS 的开关管在零电压时关断。

3.5.4　谐振式开关电源

1. 电路的谐振现象

(1) 串联电路的谐振

一个 R、L、C 串联电路，在正弦电压作用下，其复阻抗为：

$$Z = R + \mathrm{j}(\omega L - 1/\omega C) \tag{3-8}$$

在一定条件下，使得 $\omega L = 1/\omega C$，$Z = R$，此时的电路状态称为串联谐振。由此可以发现串联谐振的特点是：

① 阻抗角等于零，电路呈纯电阻性，因而电路端电压 U 和电流 I 同相。

② 此时的阻抗最小，电路电流有效值达到最大。

③ 谐振频率：$\omega_0 = 1/\sqrt{LC}$。

④ 谐振系数或品质因数：

$$Q = \omega_0 L/R = 1/\omega_0 CR = (\sqrt{LC})/R \tag{3-9}$$

由于串联谐振时，L、C 电压彼此抵消，因此也称为电压谐振。从外部看，L、C 部分类似于短路。

而此时 U_C、U_L 是输入电压 U 的 Q 倍。Q 值越大，振荡越强。

$Z_0 = \sqrt{LC}$，称为特性阻抗，决定谐振的强度。

⑤ 谐振发生时，C、L 中的能量不断互相转换，二者之间反复进行充放电过程，形成正弦波

振荡。

(2) 并联电路的谐振

一个 R、L、C 并联电路，在正弦电压作用下，其复导纳为：

$$Y = 1/R - \mathrm{j}(1/\omega L - \omega C) \tag{3-10}$$

在一定条件下，使得 $YL = YC$，即 $1/\omega L = \omega C$，$Y = 1/R$，此时的电路状态称为并联谐振。因此，并联谐振的特点是：

① 导纳角等于零，电路呈纯电阻性，因而电路端电压 U 和电流 I 同相。

② 此时的导纳最小，电路电流有效值达到最小。

③ 谐振频率：$\omega_0 = 1/\sqrt{LC}$。

④ 由于并联谐振时，L、C 电流彼此抵消，因此也称为电流谐振。从外部看，L、C 部分类似于开路，L、C 各自有效电流却达到最大。

⑤ 谐振发生时，C、L 中的能量不断互相转换，二者之间反复进行充放电过程，形成正弦波振荡。

2. 谐振式电源的基本原理

谐振式电源是新型开关电源的发展方向。其利用谐振电路产生正弦波，在正弦波过零时切换开关管，从而大大提高开关管的控制能力，并减小电源体积。同时，也使得电源谐波成分大为降低。另外，电源频率得到大幅度提高。PWM 一般只能达到几百 kHz，但谐振开关电源可以达到 1MHz 以上。

普通传统的开关电源功率因数为 0.4～0.7，谐振式电源结合功率因数校正技术，功率因数可以达到 0.95 以上，甚至接近于 1。从而大大抑制了对电网的污染。这种开关电源又分为：零电流开关(ZCS)和零电压开关(ZVS)。

在脉冲调制电路中，加入 L、C 谐振电路，使得流过开关的电流及开关管两端的压降为准正弦波。这两种开关的原理如图 3-38 所示。

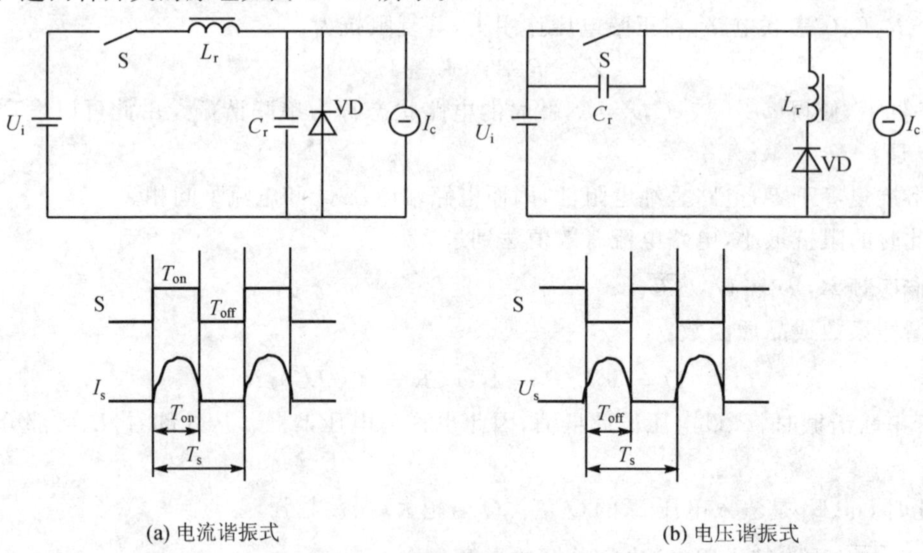

图 3-38 开关电路

在 ZCS 电流谐振开关中，L_r、C_r构成的谐振电路通过 L_r的谐振电流通过 S，可以通过控制开关在电流过零时进行切换。这个谐振电路的电流是正弦波，而 U_s为矩形波电压。

在 ZVS 电压谐振开关中，L_r、C_r构成的谐振电路的 C_r端谐振电压并联到 S，可以通过控制开关在电压过零时进行切换。这个谐振电路的电压是正弦波，而 I_s接近矩形波。

以上两种电路，由于开关切换时，电流、电压重叠区很小，所以切换功率也很小。图 3－38 中的开关电源是半波的，当然也可以设计成全波的，所以又有半波谐振开关和全波谐振开关的区分。

3. 谐振开关的动态过程分析

实际上，谐振开关中的所谓“谐振”并不是真正理论上的谐振，而是 L、C 电路在送电瞬间产生的一个阻尼振荡过程。

(1) 零电流开关

实际的零电流开关(ZCS)谐振部分拓扑又分 L 型和 M 型，分别如图 3－39 和图 3－40 所示。

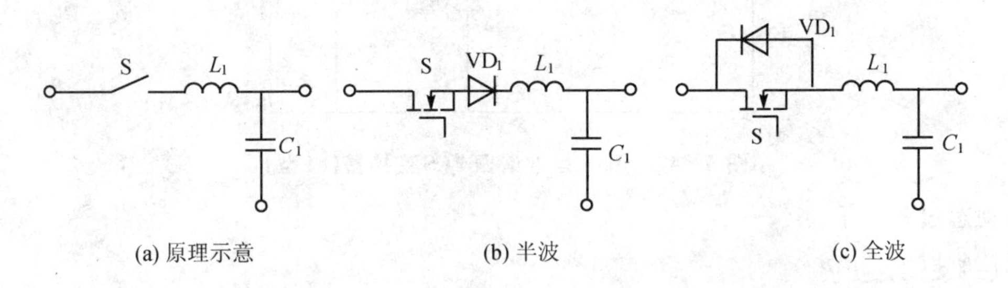

图 3－39　L 型零电流谐振开关

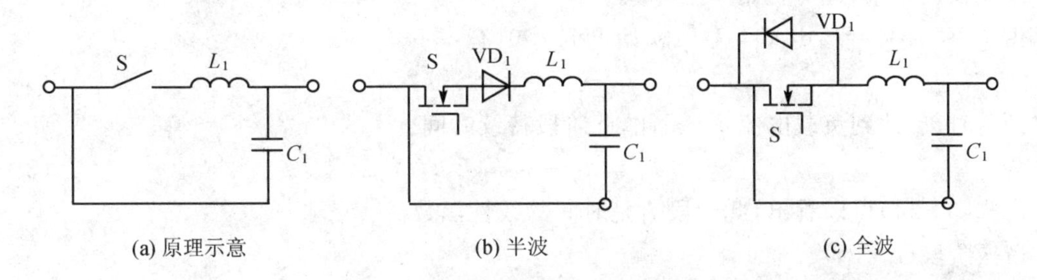

图 3－40　M 型零电流谐振开关

这里的 L_1用于限制 $\mathrm{d}i/\mathrm{d}t$，C_1用于传输能量，在开关导通时，构成串联谐振。用零电流开关替代 PWM 电路的半导体开关，可以组成谐振式变换器电路。按照 Buck 电路的拓扑结果，可以得到如图 3－41 和图 3－42 所示的电路图。

以 L 型电路的工作过程为例进行分析(M 型电路工作过程与之类似)。假定这是一个理想器件组成的电源，L_2远大于 L_1，从 L_2左侧看，可以认为流过 L_2、C_2、R_L的输出电流是一个恒流源，电流为 I_0。谐振角频率为：

$$\omega_0 = 1/\sqrt{L_1 C_1}$$

特性阻抗：

$$Z_0 = \sqrt{L_1 C_1}$$

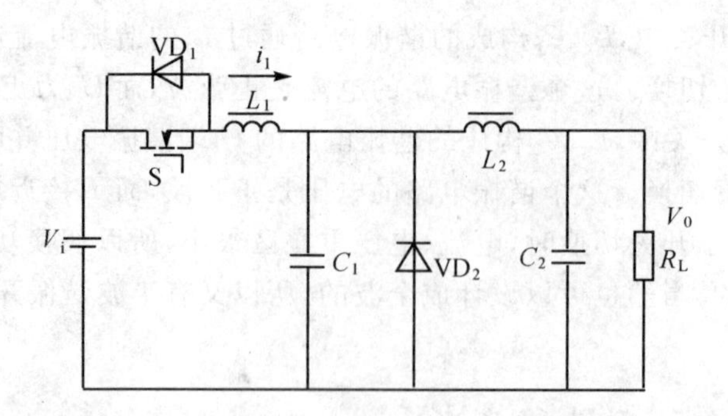

图 3-41 Buck 型准谐振 ZCS 变换器(L 型)

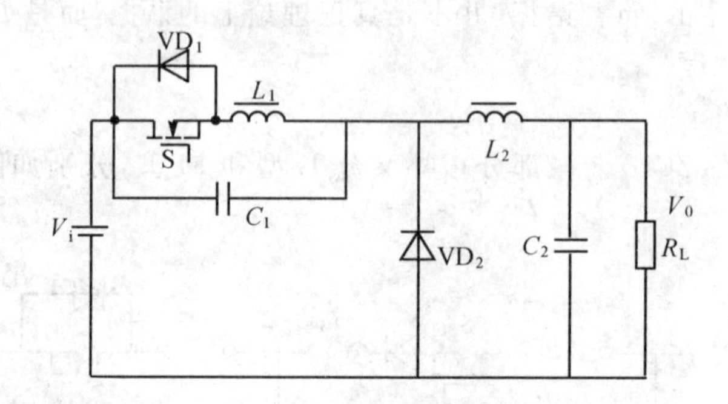

图 3-42 Buck 型准谐振 ZCS 变换器(M 型)

其动态过程如下:

线性阶段($t_0 \sim t_1$)

在 S 导通前,VD_2 处于续流阶段。此时 $V_{VD2}=V_{C1}=0$。S 导通时,L_1 电流由 0 开始上升,由于续流没有结束,此时初始 $V_{L1}=V_i$。

由于 $V_{L1}=V_i=L_1 di/dt$,且 L_1 初始电流为 0,有:

$$i_1 = V_i(t-t_0)/L_1 \tag{3-11}$$

到 t_1 时刻,达到负载电流 I_0,因此,此阶段持续时间:

$$T_1 = t_1 - t_0 = L_1 I_0/V_i \tag{3-12}$$

由式(3-11)可以看出,此阶段 i_1 是时间的线性函数。

谐振阶段($t_1 \sim t_2$)

在电流 i_1 上升期间,当 i_1 小于 I_0 时,由于 i_1 无法供应恒流 I_0,续流过程将维持。当 $i_1=I_0$ 时,将以 i_1-I_0 对 C_1 充电,VD_2 开始承受正压,VD_2 电流下降并截止。L_1、C_1 开始串联谐振,i_1 因谐振继续上升。

$$i_{C1} = C_1 dV_{C1}/dt = i_1 - I_0$$
$$V_{L1} = L_1 di_1/dt = V_i - V_{C1}$$

因而:

$$i_1 = I_0 + i_{C1} = I_0 + V_i/Z_0 \times \sin\omega_0(t-t_1) \tag{3-13}$$

其中,i_{C1} 为谐振电流。

$$V_{C1} = V_i - V_{L1} = V_i - V_i\cos\omega_0(t-t_1) = V_i[1 - i\cos\omega_0(t-t_1)] \tag{3-14}$$

谐振到 t_a 时刻,谐振电流归零。如为半波开关,则开关自行关断;如果是全波开关,开关关断后，将通过 VD_1 进行阻尼振荡，将电容能量馈送回电源，到时刻 t_b 电流第二次为0。本阶段结束，这时的时刻为 t_2。

V_{C1} 在 i_1 谐振半个周期，$i_1=I_0$ 时，达最大值。i_1 第一次过零(t_a)时，S断开。如为半波开关，则谐振阶段结束。如为全波开关，C_1 经半个周期的阻尼振荡到电流为0(t_b)时，将放电到一个较小值。

从式(3-13)、(3-14)可以看出谐振阶段 t_a 前，i_1、V_{C1} 是时间的正弦函数；如为全波开关，还有一段时间的阻尼振荡波。

恢复阶段($t_2\sim t_3$)

由于 V_{C1} 滞后1/4个谐振周期，因而在 t_2 后，因 L_2 的作用还将继续向负载放电，直至 $V_{C1}=0$。这阶段，如考虑电流方向性：

$$I_0=-C_1\mathrm{d}V_{C1}/\mathrm{d}t$$

所以：

$$V_{C1}=V_{C1(t2)}-I_0(t-t_2)/C_1 \tag{3-15}$$

因此，这个阶段的 V_{C1} 是时间的线性函数，电压从 $V_{C1(t2)}$ 逐步下降到零。如为半波开关，则开关分压也将线性上升到输入电源值。

续流阶段($t_3\sim t_4$)

当电容放电到零后，VD_2 因反压消失而导通，对 L_2 及负载进行续流，以保持电流 I_0 连续。

此时，可以根据电路的要求，选择在适当时间再次开通S，重新开始线性阶段。根据以上导出的各式，可以得到如图3-43所示的波形图。

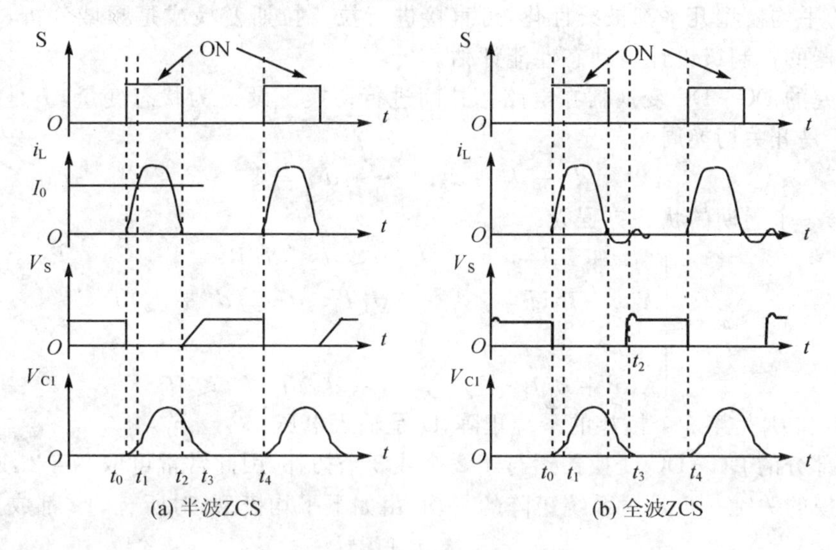

图3-43　开关波形

从以上分析可以看出，ZCS谐振开关变换器的开关管总是在电流为0时进行切换。实际情况与理想分析有所不同，V_{C1} 将有所超前。

(2) 零电压开关

零电压开关(ZCS)在S导通时谐振，而ZVS则在S截止时谐振，二者形成对偶关系。分析过程与ZVS类似。

综合以上分析过程不难发现，该拓扑谐振结构只能实现PFM调节，而无法实现PWM，原因是脉冲宽度仅受谐振参数控制，如果要实现PWM，还需要增加辅助开关管。

3.6 DC－DC 变换器的建模应用

目前，直流分布式电源系统正以其冗余度高、控制灵活等优点在通信领域获得越来越广泛的应用。采用直流分布式电源系统供电时，关键的问题有3方面：DC－DC模块的可靠性、控制精度，直流分布式电源系统中电源、负载等各个部分之间的耦合关系以及由此可能引起的不稳定性。与之相对应，直流分布式电源系统的建模方法、系统稳定性分析、系统综合与仿真3种应用分析方法成为其科学应用的关键所在。

3.6.1 DC－DC 变换器的建模方法

稳态工作点的小信号模型开关模式的DC－DC变换器在一个周期内是由不同的拓扑结构构成的一个非线性系统。在每一种模式下，系统都可以利用线性的状态方程描述。但是在一个完整的周期内，系统却变为分段式的线性系统。

因此，DC－DC变换器电路通常被描述为分段线性的开关电路，在不同的时间段里有着不同的拓扑。一般而言，电路的拓扑个数是固定的，而且各拓扑都以周期的方式循环切换。DC－DC变换器建模技术的研究大多集中于如何获得一个适合于频域分析的线性模型上。

状态空间平均法就是一个满足上述要求被开关变换器广泛采用的建模方法。在实际的应用中，这样的平均模型几乎都被线性化，可直接进行拉普拉斯变换或是频域分析，并可以方便地进行变换器的控制级设计与动态性能评估。

假设研究的DC－DC变换器在电路拓扑间进行切换。设 x 为状态变量，d_j 是第 j 个拓扑的占空比，T 是开关切换周期。显然：

$$d_1 + d_2 + d_3 + \cdots + d_N = 1$$

因此，第一个周期的状态方程为：

$$\dot{x} = \begin{cases} \mathbf{A}_1 x + \boldsymbol{B}_1 U & 0 \leqslant t \leqslant d_1 T \\ \mathbf{A}_2 x + \boldsymbol{B}_2 U & d_1 T \leqslant t \leqslant (d_1 + d_2) T \\ \quad \cdots & \\ \mathbf{A}_N x + \boldsymbol{B}_N U & (1 - d_N) T \leqslant t \leqslant T \end{cases} \tag{3-16}$$

其中，A_j 和 B_j 是第 j 个拓扑的系统矩阵，U 是输入电压。

实际大部分的DC－DC变换器运行于2个或3个拓扑，因此常常可取 $N=2$ 或3。状态空间平均法建模的关键一步是对系统矩阵的平均，由如下平均模型（对所有的 t 都成立）：

$$\dot{x} = \mathbf{A}_m x + \boldsymbol{B}_m U \tag{3-17}$$

其中，

$$\mathbf{A}_m = \sum_{j=1}^{N} d_j \mathbf{A}_j, \boldsymbol{B}_m = \sum_{j=1}^{N} d_j \boldsymbol{B}_j \tag{3-18}$$

然后进一步表示控制环节。控制策略通常是由一系列显示或是隐式的 d_j 来定义的方程。一般形式如下：

$$\left. \begin{aligned} F_1(d_1, d_2, \cdots, U, x) &= 0 \\ F_2(d_1, d_2, \cdots, U, x) &= 0 \\ \cdots \end{aligned} \right\} \tag{3-19}$$

注意：上述方程通常定义占空比 d_j 为系统状态和参数的非线性函数。因此，即使 d_j 不出现，所表示的模型仍然是非线性的。

通常的 PWM 反馈控制方法是根据控制信号与锯齿波的比较结果来进行的，一旦这两个信号相交，系统就切换到另一个状态。在只有两个拓扑状态的 DC－DC 变换器中，控制环节只与占空比 d_j 有关，于是控制方法可简单表示为：

$$V_{\mathrm{ramp}}(d_1 T) = v_{\mathrm{c}}(x(d_1 T)) \tag{3-20}$$

式中：$V_{\mathrm{ramp}}(t)$——是锯齿波电压信号；$v_{\mathrm{c}}(x(t))$——来自状态变量的控制信号。

但是，由于功率变换器件的非线性特性和非线性器件（如功率二极管）与反馈控制方法（PWM 控制）等非线性因素，使整个系统中含有丰富的非线性现象。

所以，状态空间平均法虽然能够较好地解决 DC－DC 变换器的稳态和动态低频小信号模型的分析问题，但是由于系统的强非线性，这种小信号模型的适用范围受到了很大的限制，在大信号条件下系统则可能是不稳定的。

3.6.2　DC－DC 变换器的离散模型

建立 DC－DC 变换器电路精确模型的有效方法是建立恰当的离散时间映射，是通过对系统状态进行平均或是不平均采样得到的，其目的是得到关于每个采样瞬时的状态变量的迭代函数。

为说明此法，考虑在周期 T 的整数倍时刻对系统变量进行均匀采样得到映射。参考式(3－16)，根据第 j 个拓扑的子区间的初始时刻的状态变量 x 的值，可得到子区间最后时刻的 x 值的表达式。为了简化，设 t_j 为第 j 个子区间的开始时刻，即电路由第 n 个结构切换到第 j 个结构的切换时刻。并设 d_j 为相应于 t_j 开始时的占空比。即：

$$d_j = (t_{j+1} - t_j)/T$$

则有：

$$x(t_{j+1}) = \boldsymbol{\Phi}_j(d_j T)x(t_j) + \int_0^{d_j T} \boldsymbol{\Phi}_j(\xi)\boldsymbol{B}_j E d_{\xi} \tag{3-21}$$

其中，$\boldsymbol{\Phi}_j$ 是相应于 $\mathbf{A}_j$ 的过渡矩阵。于是将一个开关周期内的所有子区间的方程结合起来便得到需要的映射：

$$x_{n+1} = \boldsymbol{\Phi}_T(d_1, d_2, \cdots)x_n + \boldsymbol{\Psi}_T(d_1, d_2, \cdots)E = F(\boldsymbol{x}_n, \boldsymbol{d}_n) \tag{3-22}$$

其中，x_n——$t=nT$ 的状态向量；d_n——$t=nT$ 为周期起始时刻的占空比，且

$$\begin{aligned}
&\boldsymbol{\Phi}_T(\cdot)\ \boldsymbol{\Phi}_N(d_N T)\boldsymbol{\Phi}_{N-1}(d_{N-1} T)\cdots\boldsymbol{\Phi}_1(d_1 T)\boldsymbol{\Psi}_T(\cdot) = \\
&\boldsymbol{\Phi}_N(d_N T)\boldsymbol{\Phi}_{N-1}(d_{N-1} T)\cdots\boldsymbol{\Phi}_2(d_2 T) g\int_0^{d_1 T}\boldsymbol{\Phi}_1(\xi)\boldsymbol{B}_1 E d_{\xi} + \\
&\boldsymbol{\Phi}_N(d_N T)\boldsymbol{\Phi}_{N-1}(d_{N-1} T)\cdots\boldsymbol{\Phi}_3(d_3 T) g\int_0^{d_2 T}\boldsymbol{\Phi}_2(\xi)\boldsymbol{B}_2 E d_{\xi} + \cdots + \\
&\boldsymbol{\Phi}_N(d_N T)\int_0^{d_{N-1} T}\boldsymbol{\Phi}_{N-1}(\xi)\boldsymbol{B}_{N-1} E d_{\xi} + \int_0^{d_N T}\boldsymbol{\Phi}_N(\xi)\boldsymbol{B}_N E d_{\xi}
\end{aligned} \tag{3-23}$$

如平均法一样，最后需要加入控制法则。这里采用式(3－19)的形式，或是采用每个切换周期初始时刻($t=nT$)的控制法则的离散形式 $d_j = f_j(x_j)$。

但是这两种方法都存在一定的局限性。尽管状态空间平均法提供了一种使用极为便利的连续时不变模型，但是当变换器的谐振频率接近于其开关频率的一半时，该模型就变得不准

确了。

而离散模型在高频时尽管比较准确,但是为了获得其中的微分方程不得不放弃常用的连续时域模型,一方面电路设计人员对此都不熟悉,一方面该模型也没有反映出变换器波形中的连续特性。

为了兼顾状态控件平均法提供的连续模型和离散模型的高频准确特性,可以采用采样数据法。

采样数据法是分析开关式 DC-DC 变换器的另一种方法。在假定开关频率足够高的前提下,该法采用近似的离散事件模型来分析变换器的动态特性。

但由于文献表明该模型在定量分析与定性分析上的不准确性,因此,采用数据法在 DC-DC 的分析与设计中一直未能得到充分应用。

因此,以往 DC-DC 变换器的数学模型建立方法,主要是集中在稳态与低频情况下的小信号模型。也可以说 DC-DC 变换器领域的非线性研究已经经历了第一个发展阶段。

3.6.3 直流分布式开关电源的建模应用

1. 直流分布式电源系统稳态工作点的小信号模型

即使直流分布式电源系统中各子系统单独设计时都是稳定的,在被集成为一个整体系统后,也会因为各部分之间的耦合关系,而产生非线性因素,进而导致整个系统不稳定。

阻抗比判据(Load Ratio Criterion)是如今经常被采用的一种方法。该方法可以在已知上一级子系统的输出阻抗的情况下,在确保一定的稳定裕度时,设计下一级子系统的输入阻抗,进而设计出能够保证整个系统稳定的子系统。这样,就可以在保证一定的稳定冗余度条件下,针对每一个子系统进行设计,而由各子系统所集成的系统肯定是稳定的。即将每一个子系统都用一个二端口来表示,设前一级子系统的输出阻抗为 Z_O,与其相连的后一级子系统的输入阻抗为 Z_I,按照两个子系统的级联方式,由这两个子系统组成的系统的传递函数分母为:

$$1+\frac{Z_O}{Z_I}$$

如果所有频率范围内,$Z_I > Z_O$,那么整体系统将会稳定。如果在某个频率范围 $|Z_I| < |Z_O|$ 内,那么只要输出、输入阻抗的相角、幅值满足一定的关系,也同样可以满足一定的稳定裕度要求,例如所要求的幅值裕度为 GM,相角裕度为 PM,那么只要所有频率范围 $|Z_O|-|Z_I| > GM$,就可以满足要求。但是,如果在某个频率范围内 $|Z_O|-|Z_I| < GM$,那么只要 $180°-PM < \angle Z_O - \angle Z_I < 180°+PM$ 成立,同样可以满足所要求的稳定裕度。而且该方法不仅简单明了,实际试验时,也易于操作。

只需对在直流输电线上加入一个扰动信号,然后分别测量电源、负载两边的电流变化量的幅值,如果在整个频率范围内 $|\hat{i}_L(j\omega)| < |\hat{i}_s(j\omega)|$(表示电源和负载两端的电流变化量),就证明系统是稳定的;同样可以通过测量电压变化量的幅值,如果在整个频率范围内 $|\hat{i}_s(j\omega)| < |\hat{i}_L(j\omega)|$(表示电源和负载两端的电压变化量),就证明系统是稳定的。

但该方法是针对某个稳态工作点上的小信号模型,不能反映出整个系统的过程特性。

2. 直流分布式电源系统的大信号模型

在发生短路、突加突卸负载时，针对某一稳态工作点的小信号分析模型就不再适用。

而针对该方面的分析，目前还都仅仅局限在针对恒功率负载方面。恒功率负载 CPL(Const Power Loads)的典型特性就是负阻抗特性，使系统在右半平面存在极点，导致系统发散。

在一个直流分布式电源系统中，负载大体上分为两个类型。第一种就是具有正阻抗特性的传统负载，通常被认为是需要恒定电压的恒压阻抗；而另外一类是需要恒定功率的负载，具有负阻抗特性。

下面的方法是通过电路中的恒电压负载与恒功率负载的两者之间的功率关系来判定系统的稳定性。

可将含有两种负载的系统等效为图 3-44。

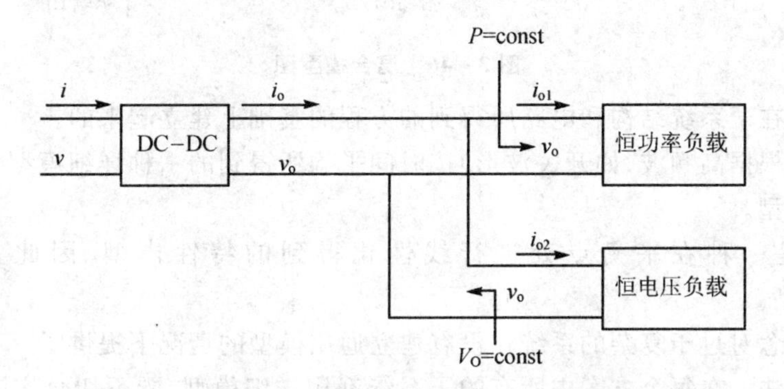

图 3-44 含恒功率负载与非恒功率负载的系统示意图

只要，$P_{ConstPowerLoads} < P_{ConstVoltageLoads}$，就能够保证系统的稳定性，如图 3-45 所示。

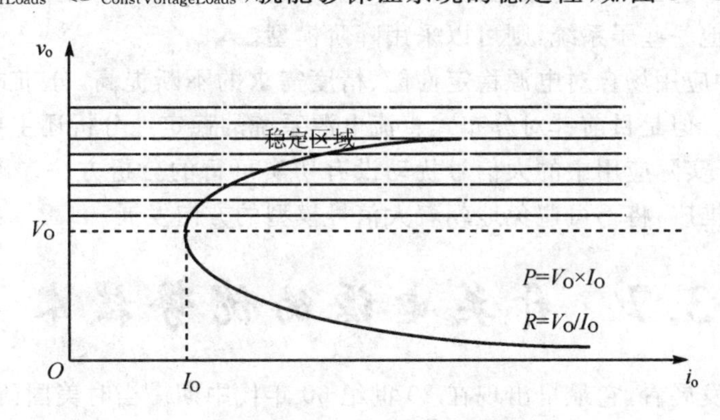

图 3-45 稳定性判据

3. 直流分布式开关电源系统的综合应用分析

为了分析各子系统之间的相互影响，针对每一种分析需求，可以对各子系统建立混合模型。在这种方法中，利用一个简化的程序可获得各子系统不同复杂等级的模型，如图 3-46 所示。有 3 种模型可供选择：详细(Detailed)模型、特性(Behavioral)模型和降阶(Reduced Order)模型。为进行准确的(Particular)分析,每个子系统可选择合适等级的模型。

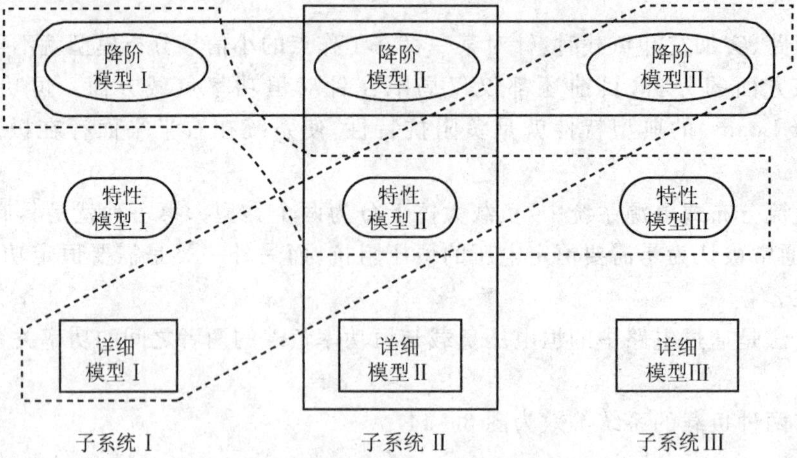

图 3-46　混合模型图

详细模型是在子系统结构和电路所得到的方程的基础上建立起来的。

特性模型是根据高频波(如开关波形)按时间平均所得到的一种详细模型,通常被称为“平均”(Average)模型。

降阶模型是一种在平衡点处进行线性化得到的特性模型,因此常称为“线性”(Linearrzed)模型。

混合模型概念对过于复杂的系统在没有建立通用模型的情况下提供了一种研究子系统相互作用的简便方法。在每个方案中所有的子系统都用详细模型,既不切合实际也不需要。不是试图对整个系统的复杂性完全仿真,而是把重点集中在需要研究的系统工作的特殊问题上。这可以通过选择一个适当等级的相互作用子系统的模型来完成,前提是应能捕获所研究现象的基本特征。对其他一些子系统,则可以采用降阶模型。

目前,随着各种应用场合对电源稳定性能、精度需求的不断提高,分布式电源系统正在逐步进入各应用领域。但是目前针对分布式直流电源系统的稳定性分析还主要集中在稳态的小信号模型分析,对于实际应用中的大信号扰动没有切实可行的分析方法。因此随着分布式电源系统应用的逐步推广,将不可避免地朝着大信号模型的方向发展。

3.7　开关电源的优势技术

从开关电源的发展看,它最早出现在 20 世纪 60 年代中期。当时美国研制出了 20 kHz 的 DC-DC 变换器,这为开关电源的发明创造了条件。20 世纪 70 年代,出现了用高频变换技术的整流器,它不需要 50 Hz 的工频变压器,直接将交流电整流,再逆变为高频交流,再整流滤波变为所需直流电压。

20 世纪 80 年代初,英国科学家根据以上条件和原理,制造出了第一套实用的 48 V 开关电源(Switch Mode Rectifier),被命名为 SMR 电源。随着器件技术的发展,出现了大功率高压场效应管,它的关断速度大大加快,电荷存储时间大大缩短,从而大大提高了开关管的开关频率。随着电力电子技术和自动控制技术的发展,开关电源的各方面技术得到了飞速发展。在

电源功率因数校正和智能化等关键技术中,对于开关电源在通信电源中形成主导地位有决定性意义的技术突破有:

- 均流技术使开关电源可以通过多模块并联组成前所未有的大电流系统和提高系统的可靠性;
- 功率因数校正技术有效地提高了开关电源的功率因数,在环保意识不断加强的时代,这是它形成主导地位的关键;
- 智能化给维护工作带来了极大的方便,提高了维护质量,使它备受青睐;
- 软开关技术的应用使开关电源的频率不断提高的同时效率亦得到提高,并且使每个模块的变换功率也不断增大。

3.7.1 均流技术

采用多个电源模块并联运行来提供大功率输出是大功率通信电源技术发展的一个方向,模块间的均流技术是提高电源并联系统稳定性的重要保障。

1. 均流方法

(1) 外特性下垂法

在并联的电源系统中,各模块如果按外特性曲线均分负载电流,外特性的差异是难以实现均流的根源。外特性下垂法实际上是调节 $U_0=f(I_0)$ 特性的斜率(即输出阻抗)。当各模块容量相同时,调整各模块输出电压 U_0,使之尽可能相接近。

图 3-47 中,R_S 为模块的电流检测电阻。电流信号 I_0 经过电流放大器输出 U_I(0～5 V),与模块反馈电压 U_f 综合,加到电压放大器的输入端。综合信号电压与参考电压 U_r(5 V)比较、放大后得到误差电压 U_e,以调节模块的输出电压。当某模块的电流 I_0 增大时,U_I 上升,U_e 下降,使该模块输出电压 U_0 下降,即模块的 $U_0=f(I_0)$ 特性向下调节,接近其他模块的外特性,令其他模块电流增大,实现近似均流。

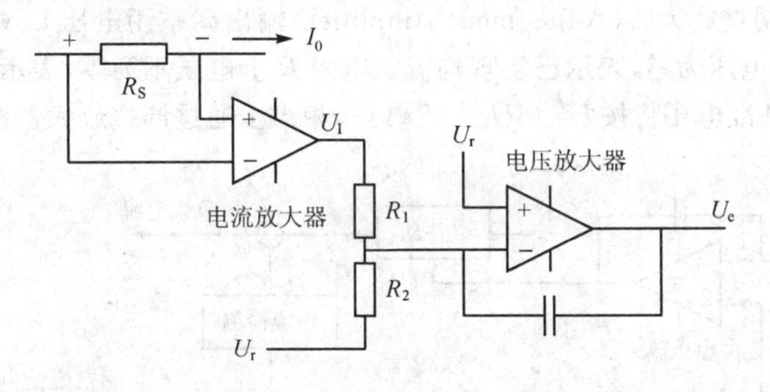

图 3-47　外特性下垂法

这种方法较简单,属于开环控制,其缺点是调整精度差,每个模块必须个别调整,而且模块间可能有电流不平衡现象。

(2) 主从电源法

主从电源法在并联的若干电源模块中选取一个作为主电源模块(Master Module),其余模块跟随主模块工作，称为从模块(Salves Modules)。

其工作原理如图3-48所示，主模块基准电压U_r与输出电压反馈信号U_f经过电压放大器，得到误差电压U_e。各从模块的电压误差放大器接成跟随器的形式，主模块的电压反馈信号U_e输入各跟随器，使各跟随器的输出均为U_e。各从模块按同一U_e通过各自的电流反馈控制，与主模块分担相同的负载电流，实现均流。

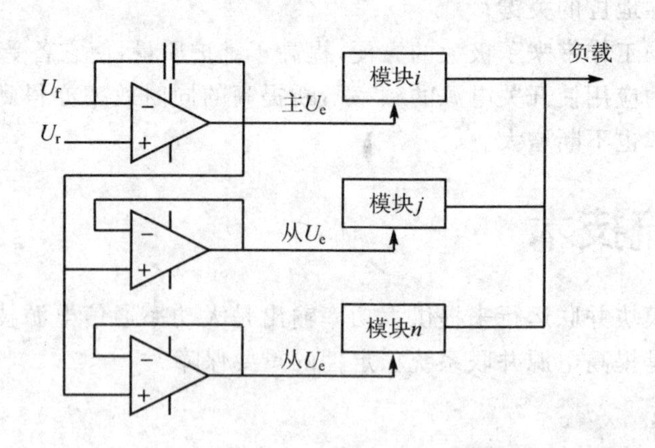

图3-48 主从电源法

主从电源法的缺点是：主从间通信联系使连线复杂；如果主模块失效，则整个电源系统不能工作，因而这种方法不适用于冗余系统；电压环的带宽大，易受噪声干扰。

(3) 按平均电流值自动均流法

按平均电流值自动均流法无需外加均流控制器，只需在各模块间接一个公共的均流母线(Share Bus)。

图3-49中，电压放大器输入为U_r和反馈电压U_f，U_r是基准电压U_r和均流控制电压U_c的综合。U_r与U_f进行比较放大后，产生U_e(电压误差)。U_a为电流检测器的输出电压，代表模块的负载电流。均流母线的电压U_b为各并联模块U_a的平均值(即平均电流)。每个模块的U_a与U_b比较后经过调整放大器(Adjustment Amplifier)输出调整用电压U_c(可正可负)。当$U_a=U_b$时，电阻R上电压为零，表示已实现均流。电阻R上电压不为零，表示模块间电流分配不均，$U_a \neq U_b$，这时基准电压将按$U'_r=U_r \pm U_c$修正，相当于通过调整放大器改变U_r。

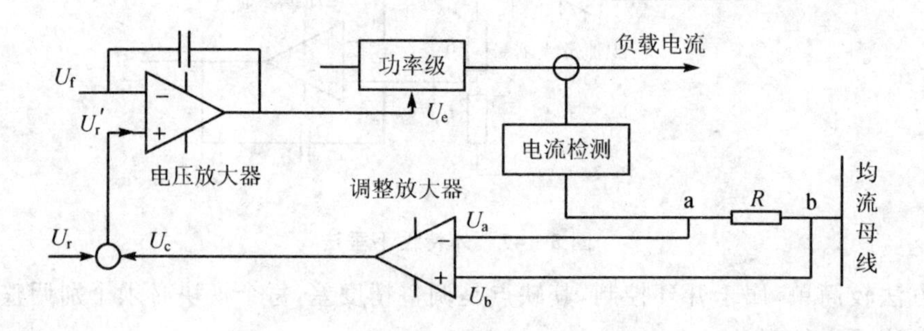

图3-49 按平均电流值自动均流法

平均电流法可以精确地实现均流，但具体应用时可能会出现特殊问题。如，当母线发生短路，或接在母线上的任何电源模块不工作时，母线电压下降，并促使各模块电压下调，甚至达到下限而发生故障。而当某一模块的电流上升至其极限值时，由于U_a增大，也会使自身的输出电压自动调节到下限。

(4) 最大电流自动均流法

最大电流自动均流法即在图 3-49 中用一个二极管代替 a、b 两点间电阻(a 点为阳点，b 点为阴点)。由于二极管的单向性，只有电流最大的模块才能通过二极管与母线相连，母线上电压U_b反映的是各模块中U_a的最大值。正常情况下各模块电流均衡，当某个模块电流增大成为并联模块中电流最大者时，U_a上升，该模块自动成为主模块，其余为从模块。$U_b=U_{amax}$，各从模块的U_a与U_b比较，通过调整放大器调整基准电压，自动实现均流。由于二极管的正向压降，主模块均流有一定误差。

2. 数字化均流

传统的模拟均流控制可精确地实现均流，容易构成冗余系统，且并联模块的数量在理论上可以不限，但也存在许多固有缺陷。数字化均流由监控模块采用通信方式获得所有并联模块的电流值，再通过软件计算出平均电流，比较各模块电流与平均电流，根据比较结果调整各模块电压，使其电流与平均电流相等。数字化均流具有如下优点：

① 数字控制可以简化硬件电路，解决模拟控制的元器件老化和温漂所带来的问题，可增强抗干扰能力，提高控制系统的可靠性；

② 易于实现各种先进的控制方法和智能控制策略，使得电源的智能化程度更高，性能更好；

③ 控制灵活、通用性强，可以在几乎不改变硬件的情况下，通过修改软件来实现控制系统的升级；

④ 出现故障可以提供故障查询和诊断，还可以通过通信端口，实现对电源系统的远程监控。

在数字化均流技术的应用中，各并联模块将输出电压、电流发送给监控模块，并接收监控模块发送的控制信息。监控模块对各电源模块进行管理，包括：检测并联模块个数，设定各模块的工作方式和工作电流值或电压值；接收到模块故障信号时，立即调用故障处理程序，如故障严重则切除故障电源，启动备份电源；接收到模块电压和电流信息后，立即进入均流处理程序，根据设定的均流精度要求，计算出该由哪个电源模块进行怎样的调节以达到均流要求。

由于 CAN 总线支持分布式和实时控制，具有很好的可靠性、实时性和灵活性，能够满足均流控制的实时通信需求，且硬件接口简单，故选择其作为监控模块与各并联模块之间的数据通信方式。模块控制处理器选用带 CAN 控制器和 A/D 转换器的微控制器。单个电源模块的主流程如图 3-50 所示。

总之，数字均流技术可以达到很好的均流精度，提高电源并联系统的可靠性和容错能力。在不断提高均流精度和动态响应速度的同时，均流控制技术将朝着增加并联模块数目及不同容量模块并联的方向发展。随着微处理器的发展，应用数字化控制完成电源系统的检测和控制，可以更好地采用复杂的控制策略，实现均流冗余、故障检测、热插拔维修和模块的智能管理。

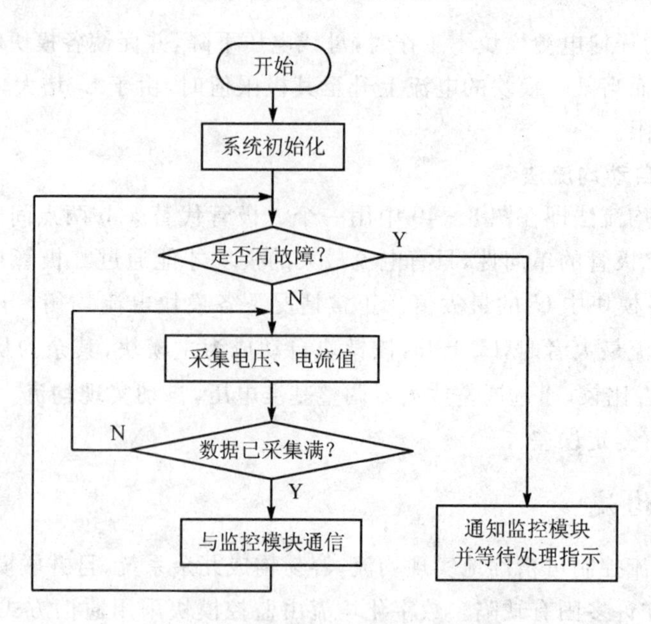

图 3-50　单个电源模块主流程图

3.7.2　功率因数控制技术

1. 功率因数控制技术简介

对开关电源来讲,功率因数控制技术是一门新兴的技术,它对提高开关电源效率发挥了重要的作用。

(1) 功率因数控制技术的提出和标准

传统的开关电源,功率因数为 0.45～0.75,效率极低,而且高次谐波含量高。采用了功率因数控制技术的电源,功率因数可以提高到 0.95～0.99。

开关电源校正的概念起源于 1980 年,在 20 世纪 80 年代末和 20 世纪 90 年代获得重视和推广。欧洲和日本相继对开关电源的谐波提出了控制标准,目前有两个沿用的标准: IEC 555-2 和 IEC 1000-3-2。

由于对电源效率品质和电磁兼容性要求日益提高,开关电源功率因数控制技术成为开关电源的研究热点之一。

(2) 功率因数控制的基本原理

如果输入整流电路之后直接接电阻性负载,则整流后的波形为正弦波,功率因数基本为 1,高次谐波成分很低。

但由于实际电路中 L、C 滤波等的作用,电流、电压造成相差,而且电容的充放电电流、电感的电压等都会造成尖脉冲,从而造成高次谐波的产生和功率因数的明显下降。

如果在整流电路和变换器之间插入一级隔离电路,使得输入电路的综合负载接近于电阻性,则功率因数可望得到提高。

(3) 功率因数控制电路(PFC)类型

实际的功率因数控制电路有两类: 无源校正电路和有源校正电路。

无源校正电路

无源校正电路是依靠无源元件电路改善功率因数，减小电流谐波，其电路简单，但体积庞大，现在很少采用。

有源校正电路

有源校正电路是在输入电路和 DC－DC 变换器之间插入一个变换器，通过特定控制电路使得电流跟随电压，并反馈输出电压使之稳定，从而使 DC－DC 变换器实现预稳。这个方案电路复杂，但体积明显减小，因而成为 PFC 技术的主要研究方向。

对有源 PFC 技术，原来采用两级变换器，第一级专门作为 PFC 前置级，第二级用于 DC－DC 变换。现在开始研究单级变换器，即把相关可以合并的部分做到同一级中，形式上雷同于一级变换器电路。

(4) 典型的 PFC 控制器

针对 PFC 技术的研究日益成熟后，陆续开发了一系列 PFC 集成控制电路，UC3854、UC3858、TDA16888、FA5331P、FA5332P 等，都是这类控制芯片。可以说，从控制技术上讲，软开关技术、PFC 技术是提高电源品质的双刃剑，有关研究方兴未艾。

2. 功率因数控制策略

功率因数控制(PFC)电路在提高电力电子装置网侧功率因数、降低电网谐波污染方面起着很重要的作用。随着 PFC 技术应用的普及，PFC 电路拓扑日渐成熟。

(1) PFC 整流器的经典控制策略

电力电子电路的 6 种基本拓扑结构(Buck、Boost、Buck－boost、Flyback、Sepic、Cuk)原则上都可以构成 PFC，但因 Boost 电路的独特优点，在实际中应用最多。PFC 的控制策略按照输入电感电流是否连续，PFC 分为不连续导通模式(DCM)和连续导通模式(CCM)。DCM 的控制可以采用恒频、变频、等面积等多种方式。CCM 模式根据是否直接选取瞬态电感电流作为反馈和被控制量，有直接电流控制和间接电流控制之分。直接电流控制有峰值电流控制(PCMC)、滞环电流控制(HCC)、平均电流控制(ACMC)、预测瞬态电流控制(PICC)、线性峰值电流控制(LPCM)、非线性载波控制(NLC)等方式。电流的控制也可以通过控制整流桥输入端电压的方式间接实现，称为间接电流控制或电压控制。

DCM 控制模式

DCM 控制又称电压跟踪方法，它是 PFC 中简单而实用的一种控制方式，应用较为广泛。DCM 控制模式的特点如下：

- 输入电流自动跟踪电压并保持较小的电流畸变率；
- 功率管实现零电流开通(ZCS)且不承受二极管的反向恢复电流；
- 输入/输出电流纹波较大，对滤波电路要求较高；
- 峰值电流远高于平均电流，器件承受较大的应力；
- 单相 PFC 功率一般小于 200 W，三相 PFC 功率一般小于 10 kW。

CCM 控制模式

CCM 相对 DCM 的优点为：

- 输入和输出电流纹波小、THD 和 EMI 小、滤波容易；
- RMS 电流小、器件导通损耗小；

➤ 适用于大功率应用场合。

CCM 模式下有直接电流控制与间接电流控制两种方式。直接电流控制的优点是电流瞬态特性好,自身具有过流保护能力,但需要检测瞬态电流,控制电路复杂。间接电流控制的优点是结构简单、开关机理清晰。

(2) PFC 整流器的新型控制策略

单周控制技术

单周期控制技术(One - Cycle Control)是由美国加州大学的 Keyue M Smedley 提出的,它是一种不需要乘法器的新颖控制方法,将这种控制方法应用于功率因数校正是近年来一种新的尝试。单周控制是一种非线性控制技术,它同时具有调制和控制的双重性,通过复位开关、积分器、触发电路、比较器达到跟踪指令信号的目的。其基本思想是在每一个开关周期内使受控量的平均值恰好等于或者正比于控制参考量,单周期控制技术在控制回路中不需要误差综合,能在一个周期内自动消除稳态、瞬态误差,前一周期的误差不会带到下一周期,同时单周期控制技术还具有优化系统响应、开关频率恒定、减小畸变、抑制电源干扰和易于实现等优点。这种控制技术可广泛应用于非线性系统的场合,现已在 DC - DC 变换器、开关功率放大器、有源电力滤波器、静止无功发生器以及单相、三相功率因数校正等方面得到大量应用。

将单周控制的基本原理应用于各种电流控制上,就可以得到电荷控制(Charge Control)、准电荷控制(Quasi - Charge Control)、非线性载波控制(Nonlinear carrier Control) 和输入电流整形技术(Input Current Control)等功率因数校正的新型控制技术。

从形式上看,电荷控制是电流型的单周期控制,其控制思想是控制开关的电流量,使之在一个周期内达到期望值。

准电荷控制也是一种电流型的单周控制。准电荷控制是在电荷控制的基础上,用 *RC* 网络代替电荷控制电路中的 *C* 网络。

非线性载波控制的控制电流可为开关电流、二极管电流或电感电流,从电路的拓扑结构上讲非线性载波控制技术是在电荷控制的基础上增加了一个外加的非线性补偿,提高了系统的稳定性。在非线性载波控制中,当电路工作在电流连续状态下,系统就是稳定的,而电路工作在断续状态下,系统是小信号稳定的。另外非线性载波控制工作在断续条件下会产生输入电流的畸变。

输入电流整形技术检测二极管上的电流,从形式上说是一种类似于非线性载波控制的控制方案,从控制的实质上讲是平均电流控制的一种反用。

空间矢量调制

空间矢量调制(Space Vector Modulation)是 20 世纪 80 年代中后期发展起来的,最初的应用是使电机获得圆形的旋转磁场,称为"磁链跟踪"。目前,空间矢量调制的概念远远超出了电机调速的范畴,成为与 SPWM 相并行的一种 PWM 调制技术。空间矢量调制也是矩阵式变换器的最佳调制方式,三相功率因数校正电路的数字化实现也可用此方式。在模拟控制中,用 *abc* 三相对称坐标系,控制量是分段正弦的;在数字化实现时,用同步旋转的 $d-q$ 正交坐标系,此时,控制量在稳态时为常量,容易保证好的稳态特性。模拟控制时,控制变量是时变的,在电压、电流过零时,可能出现不连续,并且由于模拟控制器的工频增益有限,电流畸变通常比数字控制大。数字控制的带宽主要受运算速度和采样延迟的限制。随着微控制器的性能价格比不断提高,基于 SVM 的数字化实现会越来越具吸引力。空间矢量在理论分析上也有优点,用其描述三相电路的状态轨迹，非常直观。

无差拍控制

无差拍控制(Deadbeat Control)是一种在电流滞环比较控制技术基础上发展起来的全数字化的控制技术。其基本思想是将输出参数等间隔地划分为若干个取样周期，根据电路在每一取样周期的起始值，预测在关于取样周期对称的方波脉冲作用下某电路变量在取样周期末尾时的值。适当控制方波脉冲的极性与宽度，就能使输出波形与要求的参数波形重合。不断调整每一取样周期内方波脉冲的极性与宽度，就能获得波形失真小的输出。

无差拍控制的最显著优点就是数学推导严密、跟踪无过冲、系统动态响应快、易于计算机执行等；缺点是它要求建立精确的数学模型，当理想模型与实际对象有差异时，剧烈的控制动作会引起输出电压的振荡，不利于系统稳定运行。随着数字信号处理单片机(DSP)应用的不断普及，这是一种很有前途的控制方法。

基于空间电压矢量 PWM 的电流无差拍控制方法，开关频率恒定，调节性能良好，代表了目前国际上 PFC 技术的先进水平。

滑模变结构控制

滑模变结构控制适应了电力电子变换器的开关非线性特性，能够根据变换器运行状态，有效地控制变换器工作状态的切换，实现变换器的控制目标，动态性能好且鲁棒性强。这样，滑模变结构控制就能很容易地应用于整流器、逆变器等相关领域的应用研究，从而最有望成为电力电子变换器实用的控制技术。

变流器的时变参数问题是人们一直努力解决的问题。考虑到开关变换器的开关切换动作与变结构系统的运动点沿切换面高频切换有动作上的对应关系，因而可以考虑用滑模变结构这种方法来控制变流器。

在整流器的功率因数校正系统中，输入电流的稳态特性和输出电压暂态特性之间存在着矛盾的关系，应用滑模变结构控制方法，可以在输入电流的稳态特性和输出电压暂态特性之间进行协调，使输入电流满足有关标准的前题下，尽可能地提高输出电压动态响应。

基于 Lyapunov 非线性大信号方法控制

传统控制方法的数学建模一般是基于系统的小信号线性化处理，这种方法的缺点是对系统的大信号扰动不能保证其稳定性。基于这种考虑，研究人员提出了用大信号方法直接分析这种非线性系统。仿真和实验结果表明，系统对大信号扰动具有很强的鲁棒性。

dqo 变换控制

dqo 变换控制是根据瞬时无功功率理论，将电源电流分解到 dqo 坐标系下，得到两个直流量 I_d、I_q。指令电流 I'_d、I'_q由电压控制环给出，由于参考值和反馈值在稳态时都是直流信号，所以可以做到无稳态误差跟踪。这种方法的控制精度高，但控制中涉及的计算复杂，随着高性能的单片机及专用的矢量转换芯片的出现，其实现也是可行的。

DCM 控制尽管简单，但由于器件承受较大的开关应力，限制了其功率应用范围。CCM 控制中，直接电流控制应是发展的主流，它适用于对系统性能指标和快速性要求较高的大功率场合。CCM 模式下的电流控制需要乘法器和对输入电压、输入电流进行检测，控制电路复杂且成本高，乘法器的非线性失真也增加了输入电流的谐波含量。因此，不带乘法器的简化控制成为 PFC 研究的一个热点。

寻求更加简化的控制策略、降低 PFC 成本、减小 THD 和 EMI、降低器件开关应力、提高整机效率,仍然是今后 PFC 控制策略的发展趋势。中大功率的电力电子设备在电网中占有很大比重,因此三相 PFC 应是 PFC 研究的重心。随着三相 PFC 整机成本的提高和开关频率的降低,依托高速的数字处理器,数字控制成为发展的主流。由于各种控制策略都有优缺点,将各种控制策略合理搭配,取长补短,可以收到理想的控制效果,这也是控制技术发展的一个方向。

与现代控制理论相关的控制方法如状态反馈控制(极点配置)、二次型最优控制、非线性状态反馈、模糊控制、神经网络控制等,都可以用在 PFC 电路中。但这些方法还不成熟,还处于积极的探索之中。基于大功率电子设备的要求,目前多电平变换器和各种简单拓扑的串联、并联等拓扑相继提出,对于这些电路的控制,除采用现有的控制策略外,还应尝试发展更有针对性的控制技术。

3. 提高功率因数的措施

由于开关电源电路的整流部分使电网的电流波形畸变,谐波含量增大,而使得功率因数降低(不采取任何措施,功率因数只有 0.6～0.7),污染了电网环境。开关电源要大量进入电网,就必须提高功率因数,减轻对电网的污染,以免破坏电网的供电质量。这里介绍提高功率因数的措施。

(1) 采用三相三线制整流

因为三相三线制是没有中线的整流方式,不存在中线电流(如果有中线,那么三次谐波在中线上线性叠加,谐波分量很大),这时虽然相电流中间还有一定的谐波电流,但谐波含量大大降低,功率因数可提高到 0.86 以上。这种供电方式的电路如图 3-51 所示。

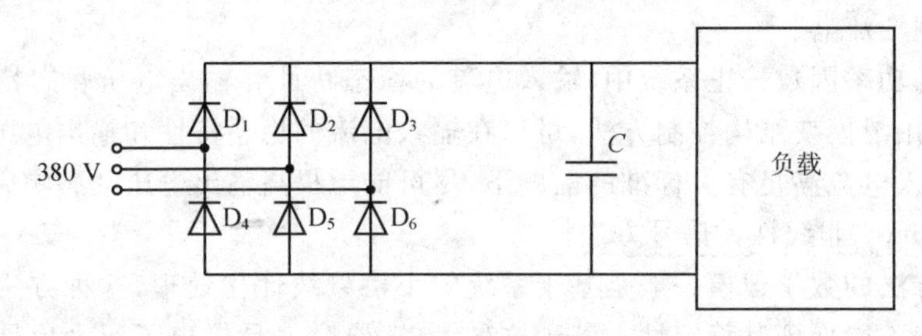

图 3-51 三相无中线整流电路

(2) 利用无源功率因数校正技术

这一技术是在三相无中线整流方式下,加入一定的电感来把功率因数提高到 0.93 以上,谐波含量降到 10%以下,电路如图 3-52 所示,适当选择校正的参数,功率因数可达 0.94 以上。安圣公司生产的 100 A 和 200 A 整流模块采用了这种技术。

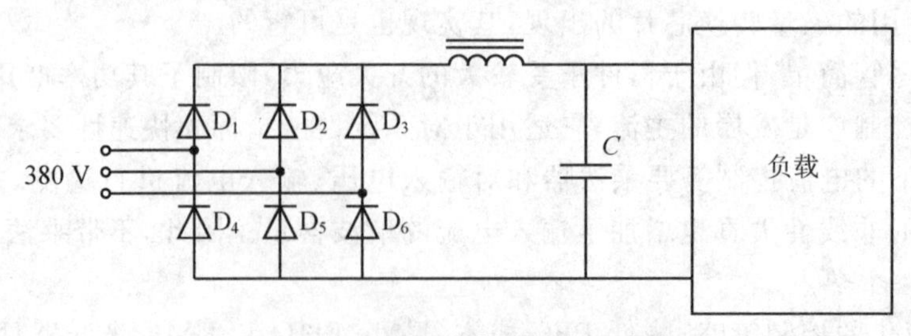

图 3-52 无源功率因数校正电路

(3) 采用有源功率因数校正技术

在输入整流部分加一级功率处理电路，强制流经电感的电流变化与输入电压几乎完全同步，无功功率几乎为0，功率因数可达0.99以上，谐波含量可降低到5%以下。图3－53所示为这种方法的电路图。可见采用有源校正后电流谐波含量大大减少，已接近正弦波。安圣公司生产的50A整流模块采用了这种技术，功率因数高达0.99。

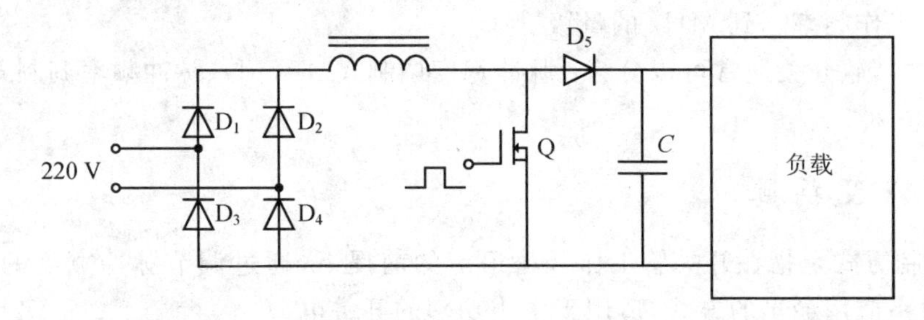

图3－53　有源功率因数校正原理图

3.7.3　开关电源的智能化技术

开关电源系统大量应用了控制技术、计算机技术进行各种异常保护、信号检测、电池自动管理等等。

有专门的监控电路板分别对交流配电、直流配电的各参数进行实时监控，能实现交流过、欠压保护，两路市电自动切换，电池过欠压告警、保护等功能。许多开关电源的每个整流模块内都配有CPU，对整流器的工作状态进行监测和控制，如模块输出电压、电流测量、程序控制、均浮充转换等。整流模块本身能实现过、欠压保护，输出过压保护等保护功能，并能进行一些故障诊断。

电源系统配有监控单元对整个系统进行监控，电池自动管理，作为人机交互界面处理各监控板采集的数据、过滤告警信息、故障诊断，并提供通信接口以供后台监控和远程监控。

远程监控使维护人员在监控中心同时监视几十台机器，电源有故障会立即回叫中心，监控系统自动呼叫维护人员。这些都大大提高了维护的及时性，减小了维护工作量。

这些智能化的措施，使得维护人员面对的不再只是复杂的器件和电路，而是一条条用熟悉的人类语言表达的信息，仿佛面对着的是一个能与自己交流的新生命。

总之，这些技术上的进步和使用维护上的方便，使得开关电源在通信电源中逐渐占据主导地位，成为现代通信电源的主流。

3.7.4　软开关技术

在开关电源发展的初期阶段，功率开关管的开通或关断是在器件上的电压或电流不为零的状态下进行的。也就是说，是在器件上的电压未达到零电压时强迫器件开通，在器件中流经的电流未达到零电流时强迫器件关断。由于开关管不是理想器件，在开通和关断这段时间内，电流和电压有一个交叠区，产生损耗，这种工作状态称之为“硬开关”。工作在硬开关状态下的电源开关损耗很大，并随开关频率的提高，开关损耗也随之增大。所以，硬开关技术限制了开关稳压电源的工作频率和效率的提高。

软开关技术的出现有效地解决了这个问题。所谓“软开关”，是指零电压开关(Zero Voltage Switching，ZVS)或零电流开关(Zero Current Switching，ZCS)，它是应用谐振原理，使开关器件中的电压(或电流)按正弦规律变化，使电压(或电流)为零时，器件开通(或关断)，减小电压与电流的交叠区。这样一来，理论上开关损耗可以做到为零。应用软开关技术，可以使开关稳压电源的工作频率达到 MHz 的量级。

按控制方式，软开关通常可以分为：脉冲宽度调制式(PWM)、脉冲频率调制式(PFM)、脉冲移相式(PS)3 种。

1. PWM 变换器

PWM 控制方式是指在开关管工作频率恒定的前提下，通过调节脉冲宽度的方法来实现稳定输出。这是应用最多的方式，适用于中小功率的开关电源。

(1) 零电流开关 PWM 变换器

图 3－54 所示是增加辅助开关控制的 Buck 型零电流开关变换器。其工作过程与前面的 Buck 型零电流开关变换器的工作过程略有差异：

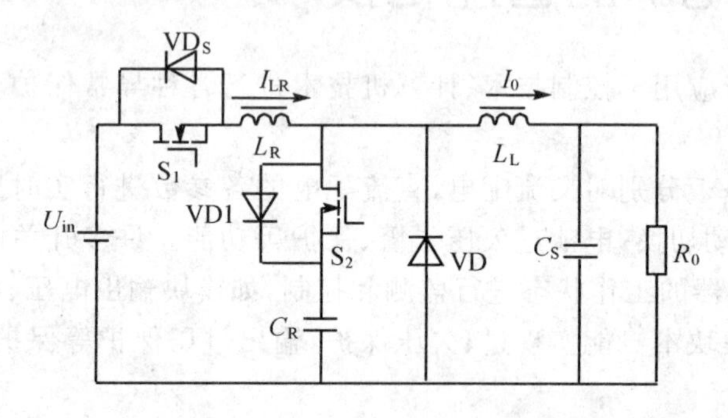

图 3－54　Buck 型 ZCS－PWM 变换器

线性阶段(S_1、S_2导通)：开始时，在 L_R 作用下，S_1零电流导通。随后，因 U_{in}作用，I_{LR}线性上升，上升到 $I_{LR}=I_0$。

正向谐振阶段(S_1、S_2导通-关断)：当 $I_{LR}=I_0$时，因 C_R开始产生电压，VD 在零电流下自然关断。之后，L_R与 C_R开始谐振，经过半个谐振周期，I_{LR}再次谐振到 I_0，U_{CR}上升到最大值，而 I_{CR}为零，S_2关断，U_{CR}和 I_{LR}将被保持，无法继续谐振。

保持阶段(S_1导通、S_2关断)：此状态保持时间由 PWM 电路要求而定，保持期间，U_{in}正常向负载以 I_0供电。

反向谐振阶段(S_1导通-关断、S_2导通)：当需要关断 S_1时，可以控制重新打开 S_2，此时在 L_R作用下，S_2电流为 0。谐振再次开始，当 I_{LR}反向谐振到 0 时，S_1可在零电流零电压下完成关断。

恢复阶段(S_1关断、S_2导通)：此后，U_{CR}在 I_0作用下，衰减到 0。

续流阶段(S_1关断、S_2导通-关断)：U_{CR}衰减到 0 后，VD 自然导通开始续流。由于 VD 的短路作用，S_2可在此后至下一周期到来前以零电压、零电流方式完成关断。

可见，S_1在前四个阶段(线性、谐振、保持反向谐振)均导通，恢复及续流时关断。S_2的作用主要是隔断谐振产生保持阶段。S_1、S_2的有效控制产生了 PWM 的效果，并利用谐振实现了自身的软开关。

该电路的开关管及二极管均在零电压或零电流条件下通断，主开关电压应力低，但电流应力大(谐振作用)。续流二极管电压应力大，而且谐振电感在主通路上，因而负载、输入等将影响 ZCS 工作状态。

(2) 零电压开关 PWM 变换器

图 3-55 是 Boost 型零电压谐振变换器。在每次 S_1 导通前，首先辅助开关管 S_2 导通，使谐振电路起振。S_1 两端电压谐振为 0 后，开通 S_1。S_1 导通后，迅速关断 S_2，使谐振停止。此时，电路以常规 PWM 方式运行。同样，可以利用谐振再次关断 S_1，C_R 使得主开关管可以实现零关断。S_1、S_2 的配合控制，实现软开关下的 PWM 调节。

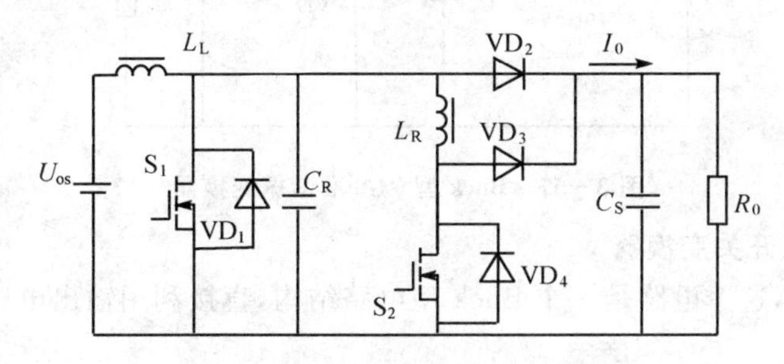

图 3-55 Boost 型 ZVS-PWM 变换器

该电路实现了主开关管的零压导通，且保持恒频率运行。在较宽的输入电压和负载电流范围内，可以满足 ZVS 条件二极管零电流关断。其缺点是辅助开关管不在软件开关条件下运行，但和主开关管相比，只处理少量的谐振能量。

(3) 有源箝位的零电压开关 PWM 变换器

图 3-56 为有源箝位的 ZVS 开关 PWM 变换器，这是个隔离型降压变换器。其中，L_R 为变压器的漏电感，L_M 是变压器的激磁电感。C_R 为 S_1、S_2 的结电容。这个电路巧妙地利用电路的寄生 L_R、C_R 产生谐振而达到 ZVS 条件。同时，C_R 有电压箝位作用，防止 S_1 在关断时过压。这里的辅助开关 S_2 同样是通过控制谐振时刻，配合 S_1 进行软开关。

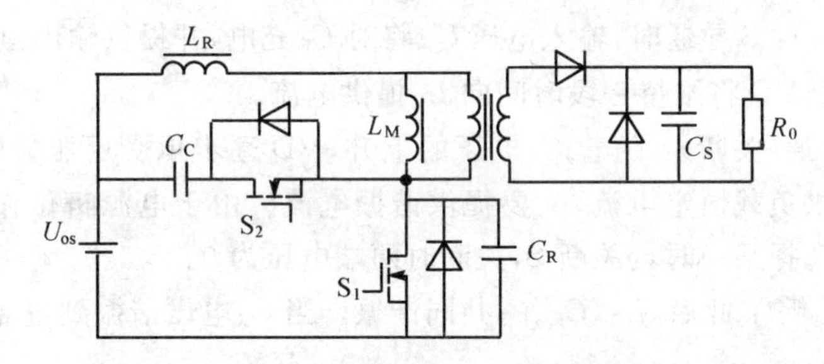

图 3-56 有源箝位 ZVS-PWM 正激变换器

2. PFM 变换器

PFM 控制方式变换器是指通过调节脉冲频率(开关管的工作频率)来实现稳压输出。其控制电路相对简单，但由于工作频率不稳定，因此一般用于负载及输入电压相对稳定的场合。

(1) Buck 零电流开关变换器

如图 3-57 所示,该电路就是动态过程分析中所述的典型 ZCS 降压型拓扑结构。可以利用谐振电流过零来实现 S_1通断,脉宽事实上受谐振电路参数控制,但可以通过控制 S_1开通时刻(即频率)来实现 PFM。

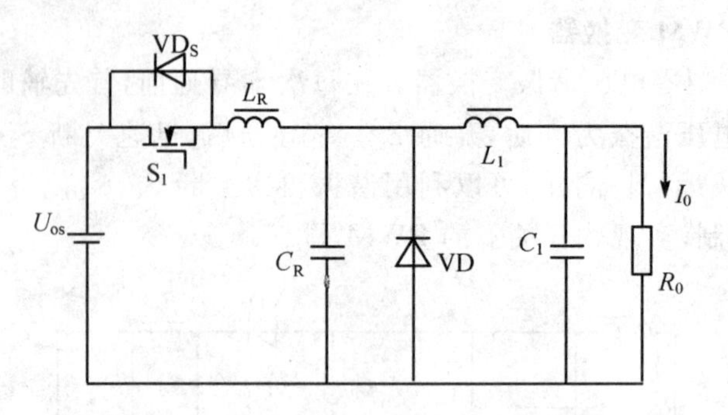

图 3-57　Buck 型 ZCS 准谐振变换器

(2) Buck 零电压开关变换器

如图 3-58 所示,这个电路是一个 Buck 型电路结构,直接利用输出电感作为谐振电感,和 C_R产生谐振。过程是:

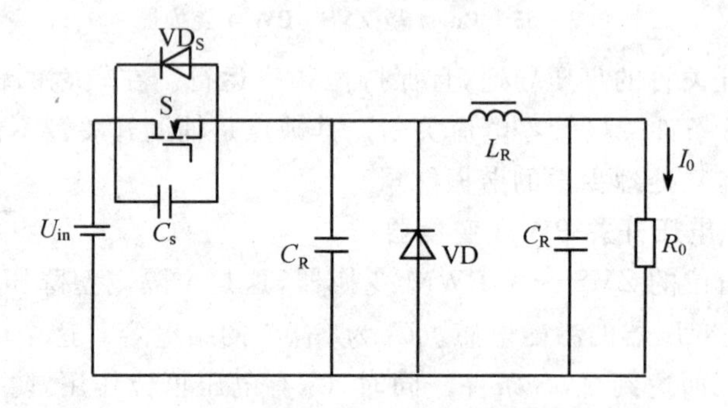

图 3-58　Buck 型 ZVS 准谐振变换器

线性阶段(S 导通):S 导通时,输入电压 U_{in}将对 C_R充电,并提供输出恒流 I_0。开始时,由于续流过程没有结束,VD 将维持一段时间向 L_R提供电流。

谐振阶段 1(S 导通-关断):随着 C_R电压的上升,VD 逐步承受反压关断。L_R、C_R开始谐振,输入电源既要提供负载恒定电流,又要提供谐振电流。由于电源箝位作用,VD 无法恢复续流。谐振中,可以选择某一时刻关断 S,关断时两端电压为 0。

谐振阶段 2(S 关断):此后,L_R、C_R、C_S共同谐振。当 C_R电压谐振到过零时,VD 重新导通续流。

谐振阶段 3(S 关断-导通):续流期间,L_R、C_S继续谐振。当 C_S电压过零时,可以重新开通 S。

这个电路是利用 S 的关断时刻来达到 PFM 调节的。

3. PS 软开关变换器

脉冲移相软开关变换器用于桥式变换器。桥式变换器必须是在对角开关管同时导通时,才输出功率。可以通过调整对角开关管的重合角度,达到调节电压的目的。在中、大功率电源中,经常使用这种变换器。

(1) 移相全桥零电压零电流变换器

图3-59所示是移相式PS-FB-ZVZCS-PWM(移相-全桥-零电压零电流-脉宽调制)变换器电路拓扑结构图。

C_{1C}、C_{2C}是开关管结电容或并联电容,L_R为变压器的漏电感,L_S为串联的饱和电感,C_b为阻断电容。VD_1～VD_4用做续流二极管。

图3-59是一个全波桥软开关变换器,可以让S_3、S_4在移相时滞后。其中,S_1、S_2称为超前桥臂,S_3、S_4称为滞后桥臂。S_1、S_2可以在L_R、L_S、C_{1C}、C_{2C}、副边耦合电感等的谐振作用下,实现零电压开关。在电流过零时,由于阻断电容、饱和电感作用,使得零电流有一定保持时间,在此期间,S_3、S_4实现零开关。

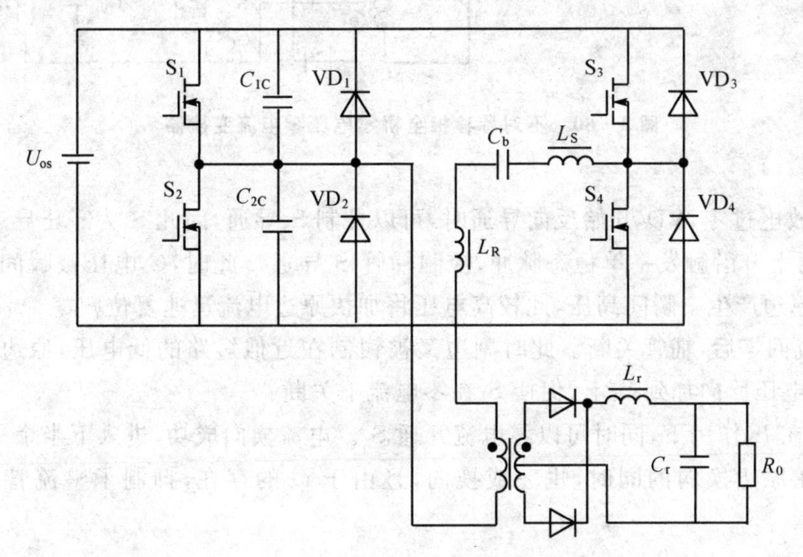

图3-59 移相全桥零电压零电流变换器

如果把L_S、C_b去掉,在S_3、S_4两端并联两个谐振电容,就构成了移相全桥零电压变换器。

(2) 不对称移相全桥零电压零电流变换器

如图3-60所示,超前臂外接了旁路电容和反并二极管,而滞后臂则没有,所以称为不对称移相全桥变换器。这个电路同样是通过谐振在零压时开关S_1、S_3,而在零电流时开关S_2、S_4。这个电路和对称全桥的区别是,对称全桥由于滞后桥臂有续流二极管和电容,因此在电流过零后,将形成反向流通渠道,因此要有比较大的电感来维持电流过零的时间,以完成对滞后桥臂的开关。而不对称全桥则因为滞后桥臂没有了通路,因此过零后能保持在零电流,以便完成滞后臂的开关。

同时,由于对称全桥电路原边串联了比较大的电感,因而电源效率会有一定损失。而不对称电路可以不串联较大电感,所以损耗降低,电源效率得以提高。该电路的工作过程要点如下:

① 先看对角导通,如S_1、S_4开通,则原边能量正常向副边传输,C_2、C_c充电。

② 当S_1关断时,C_1充电,C_2放电,原边电流方向不变。由于C_1上升是渐进的,所以S_1属于

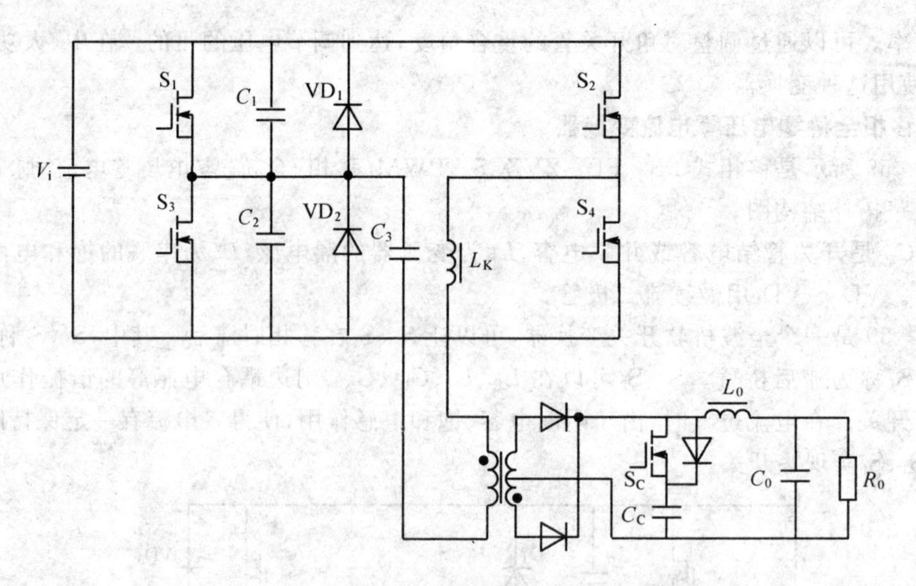

图 3-60 不对称移相全桥零电压零电流变换器

零压关断。

③ 当 C_2 放电过零，VD_2 开始反向导通时，可以控制 S_3 导通，因此 S_3 为零压导通。

④ S_3 导通上升沿触发一单稳态脉冲，控制辅管 S_c 导通。此时，C_c 电压被瞬间接到变压器副边，从而在原边产生一瞬间高压，此较高电压将加快原边电流迅速复位归零。

⑤ 当电流回零后，辅管关断。此时副边又被钳制在近似短路的低电压，原边电压也迅速降低，使得 C_3 电压反向加到 S_4 上，促使 S_4 在零电流下关断。

⑥ 此时，在 L_k 作用下，同时可以零电流开通 S_2。电流换向成功，进入下半个周期。

⑦ 副边在原边换向的同时，也完成换向，且由于 C_c 的存在，抑制了整流管的反向尖峰电压。

3.8 开关整流器工作原理

3.8.1 开关电源待机效率的提高方法

随着能源效率和环保的日益重要，通信领域对开关电源待机效率期望越来越高，客户要求电源制造商提供的电源产品能满足 BLUE ANGEL、ENERGY STAR、ENERGY 2000 等绿色能源标准。

1. 开关电源功耗分析

要减小开关电源待机损耗，提高待机效率，首先要分析开关电源损耗的构成。以反激式电源为例，其工作损耗主要表现为：MOSFET 导通损耗 $I^2 R_{DS} t_{on} f_s$、MOSFET 寄生电容损耗 $CV^2 f_s/2$、开关交叠损耗、PWM 控制器及其启动电阻损耗、输出整流管损耗、箝位保护电路损耗、反馈电路损耗等。其中前 3 个损耗与频率成正比关系，即与单位时间内器件开关次数成正比。

在待机状态，主电路电流较小，MOSFET 导通时间 t_{on} 很小，电路工作在 DCM 模式，故相关的导通损耗、次级整流管损耗等较小，此时损耗主要由寄生电容损耗和开关交叠损耗和启动电阻损耗构成。

2. 提高待机效率的方法

根据损耗分析可知，切断启动电阻，降低开关频率，减少开关次数，可减小待机损耗，提高待机效率。具体方法有：降低时钟频率；由高频工作模式切换至低频工作模式，如准谐振模式(Quasi Resonant，QR)切换至脉宽调制(Pulse Width Modulation，PWM)，脉宽调制切换至脉冲频率调制(Pulse Frequency Modulation，PFM)；应用可控脉冲模式(Burst Mode)。

(1) 切断启动电阻

对于反激式电源，启动后控制芯片由辅助绕组供电，启动电阻上压降为 300 V 左右。设启动电阻取值为 47 kΩ，消耗功率将近 2 W。要改善待机效率，必须在启动后将该电阻通道切断。TOPSWITCH，ICE2DS02G 内部设有专门的启动电路，可在启动后关闭该电阻。若控制器没有专门启动电路，也可在启动电阻串接电容，其启动后的损耗可逐渐下降至零。缺点是电源不能自重启，只有断开输入电压，使电容放电后才能再次启动电路。而图 3-61 所示的启动电路，则可避免以上问题，而且该电路功耗仅为 0.03 W；不过电路增加了复杂度和成本。

(2) 降低时钟频率

时钟频率可平滑下降或突降。平滑下降就是当反馈量超过某一阈值时，通过特定模块，实现时钟频率的线性下降。POWER 公司的 TOPSwitch-GX 和 SG 公司的 SG6848 芯片内置了这样的模块，能根据负载大小调节频率，图 3-62 所示为 SG6848 时钟频率与其反馈电流的关系。

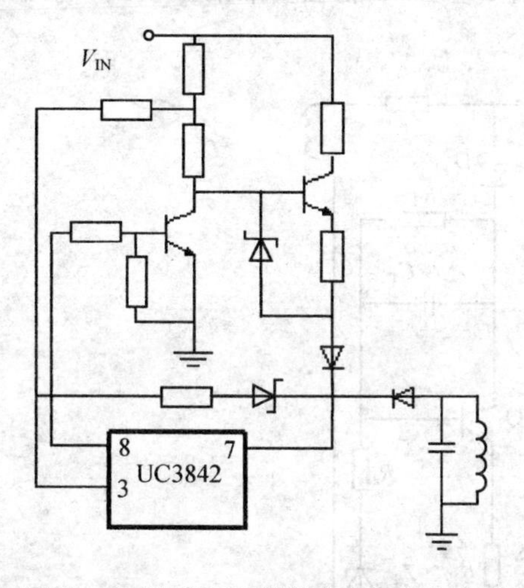

图 3-61　UC3842 反激式电源启动电路

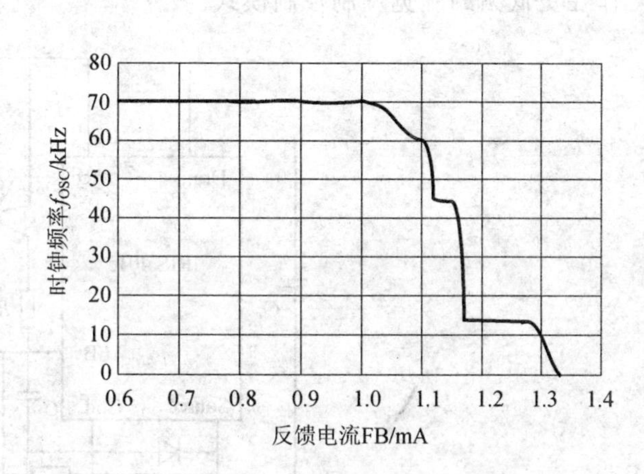

图 3-62　SG6848 反馈电流与时钟频率的关系

突降实现方法如图 3-63 所示，以 UCC3895 为例，当电源处于正常负载状态时，Q_1 导通，其时钟周期为：

$$t_{osc1} = 0.10416 g C_T g R_{T1} // R_{T2} + 120\,\text{ns} \tag{3-24}$$

当电源进入待机状态时，Q_1 关闭，时钟周期增大为：

$$t_{osc2} = 0.10416 g C_T g R_{T1} + 120\,\text{ns} \tag{3-25}$$

即开关频率减小。开关损耗降为降频前的 t_{osc1}/t_{osc2}（小于1）倍。L5991 和 Infineon 公司的 CoolSet F2 系列已经集成了该功能。

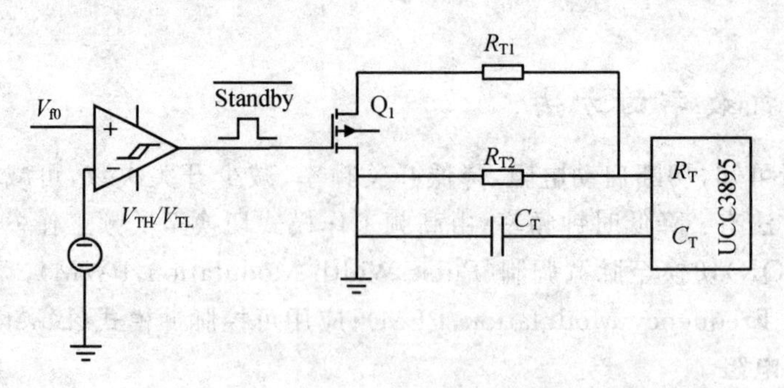

图 3-63　时钟频率突降实现电路

(3) 切换工作模式

QR→PWM

对于工作在高频工作模式的开关电源，在待机时切换至低频工作模式可减小待机损耗。例如，对于准谐振式开关电源（工作频率为几百 kHz 到几 MHz），可在待机时切换至低频的脉宽调制控制模式 PWM（几十 kHz）。

IRIS40xx 芯片就是通过 QR 与 PWM 切换来提高待机效率的。图 3-64 是 IRIS4015 构成的反激式开关电源，重载时，辅助绕组电压大，R_1 分压大于 0.6 V，Q_1 导通，辅助准谐振信号经过 D_1、D_2、R_3、C_2 构成的延时电路到达 IRIS4015 的 FB 引脚，内部比较器对该信号进行比较，电路工作在准谐振模式。当电源处于轻载和待机时，辅助绕组电压较小，Q_1 关断，谐振信号不能传输至 FB 端，FB 电压小于芯片内部的一个门限电压，不能触发准谐振模式，电路则工作在更低频的脉宽调制控制模式。

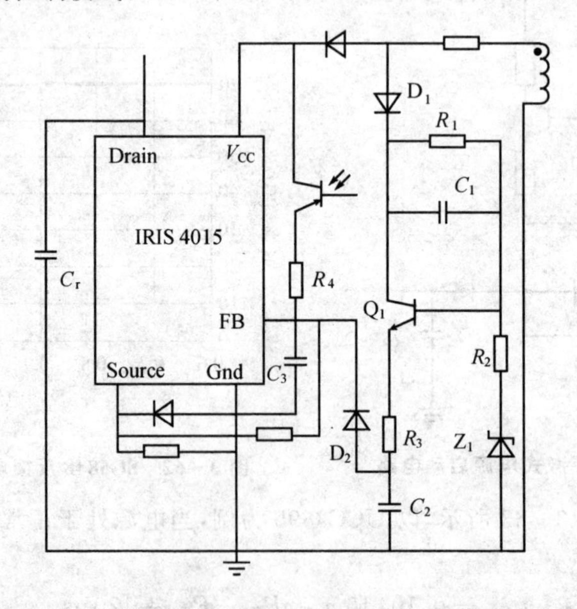

图 3-64　由 IRIS4015 构成的 QR/PWM 反激式电源电路

PWM→PFM

对于额定功率时工作在 PWM 模式的开关电源，也可以通过切换至 PFM 模式提高待机效率，即固定开通时间，调节关断时间，负载越低，关断时间越长，工作频率也越低。图 3-65 所示是采用 NS 公司的 LM2618 控制的 Buck 转换器电路和分别采用 PWM 和 PFM 控制方法的效率比较曲线。由图可见，在轻载时采用 PFM 模式的电源效率明显大于采用 PWM 模式时的效率，且负载越低，PFM 效率优势越明显。将待机信号加在其 PW/$\overline{\text{PFM}}$引脚上，在额定负载条件下，该引脚为高电平，电路工作在 PWM 模式，当负载低于某个阈值时，该引脚被拉为低电平，电路工作在 PFM 模式。实现 PWM 和 PFM 的切换，也就提高了轻载和待机状态时的电源效率。

通过降低时钟频率和切换工作模式实现降低待机工作频率，提高待机效率，可保持控制器一直在运作，在整个负载范围中，输出都能被妥善地调节。即负载从零激增至满负载的情况下，能够快速反应，反之亦然。输出电压降和过冲值都保持在允许范围内。

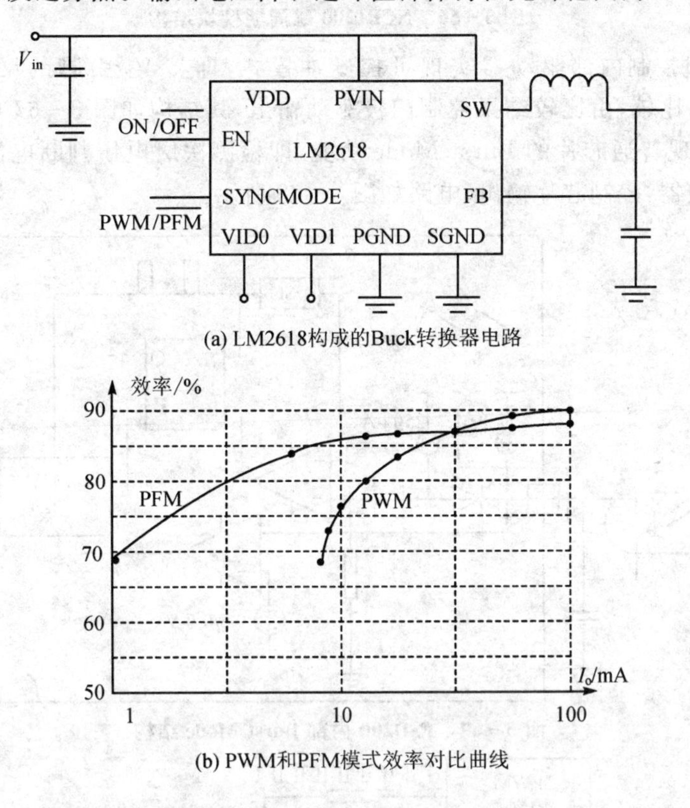

图 3-65 PWM 和 PFM 转换实例

(4) 可控脉冲模式

可控脉冲模式(Burst Mode)也可称为跳周期控制模式(Skip Cycle Mode)，是指当处于轻载或待机条件时，由周期比 PWM 控制器时钟周期大的信号控制电路某一环节，使得 PWM 的输出脉冲周期性地有效或失效。可实现恒定频率下通过减小开关次数，增大占空比来提高轻载和待机的效率。该信号可以加在反馈通道，PWM 信号输出通道，PWM 芯片的使能引脚(如 LM2618、L6565)或者是芯片内部模块(如 NCP1200、FSD200、L6565 和 TinySwitch 系列芯片)。

NCP1200 的内部跳周期模块结构如图 3-66 所示，当反馈检测引脚 FB 的电压低于 1.2 V（该值可编程）时，跳周期比较器控制 Q 触发器，使输出关闭若干时钟周期，即跳过若干个周期，负载越轻，跳过的周期也越多。为免音频噪声，只有在峰值电流降至某个设定值时，跳周期模式才有效。

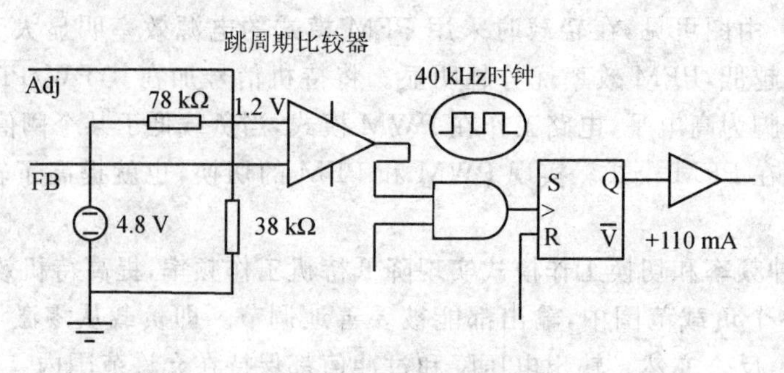

图 3-66 NCP1200 跳周期模块结构

FSD200 通过控制内部驱动器实现可控脉冲模式，即将 V_{f0} 引脚的反馈电压与 0.6 V/0.5 V迟滞比较器比较，由比较结果控制门极驱动输出，其结构如图 3-67 所示。可根据此原理用分立元件实现普通芯片的 Burst Mode 功能，即检测次级电压判断电源是否处于待机状态，通过迟滞比较器，控制芯片输出，电路如图 3-68 所示。

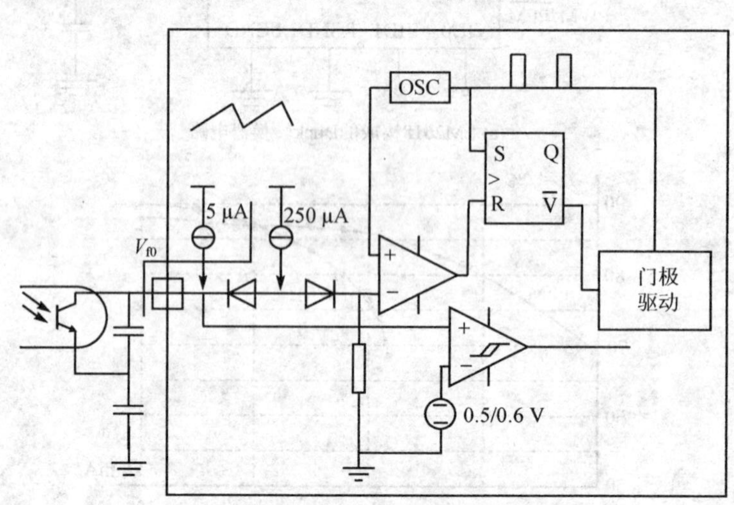

图 3-67 FSD200 内部 Burst Mode 结构

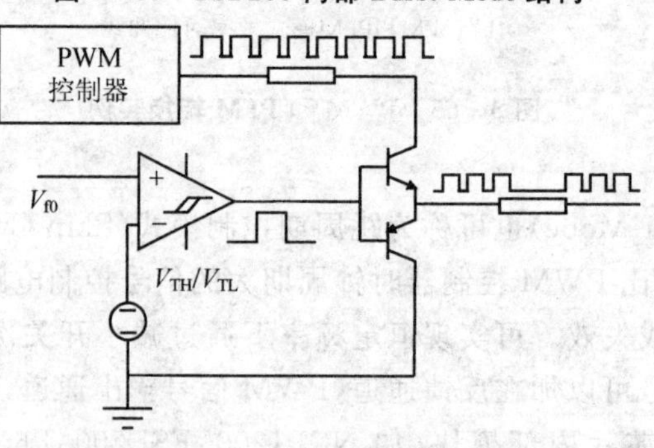

图 3-68 控制输出通道的 Burst Mode

控制反馈通道是实现一般 PWM 控制器的可控脉冲模式的方法之一。其电路如图 3－69 所示，I_c是 V_{out}反馈信号，当 Burst Signal 为低电平时，Q_1关断，$V_{fb}=V_{ref}-R_1 \cdot I_c$，电路正常工作；当 Burst Signal 为低电平时，Q_1导通，R_1被短路，I_c流过 Q_1，V_{fb}被拉高至 $V_{ref}-0.6\,V$，反馈信号 I_c不能反映在 V_{fb}上，控制器因此输出低电平。

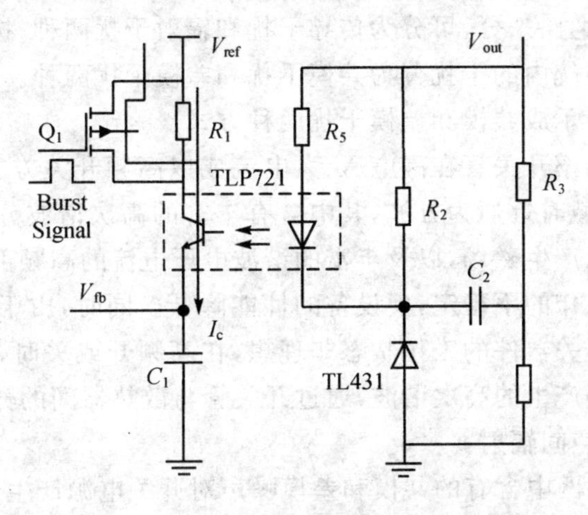

图 3－69　控制反馈通道的 Burst Mode

另外对于有使能引脚的 PWM 控制器，如 L6565 等，用可控脉冲信号控制使能脚使控制芯片有效或失效，也可以实现 Burst Mode，上述 Burst Signal 可由图 3－61 中所示的迟滞比较器产生。

以上介绍的降频和 Burst Mode 方法在提高待机效率的同时，也带来一些问题，首先是频率降低导致输出电压纹波的增加，其次如果频率降至 20 kHz 以内，可能有音频噪声。而在 Burst Mode 的 OFF 时期内，如果负载激增，输出电压会大大降低，如果输出电容不够大，电压甚至可能降低至零。如果增大输出电容，以减小输出电压纹波，则会导致成本增加，并会影响系统动态性能。因此，在实际的通信电源工程中必须综合考虑。

3.8.2　开关电源的抗干扰设计应用

开关电源具有线性电源无可比拟的优点：体积小，重量轻，效率高等。但是，功率密度的增大和频率的提高所产生的电磁干扰对电源本身及周围电子设备的正常工作都造成威胁。开关变换器本身具有一定的开关噪声，从而会从电源的输入端产生差模与共模干扰信号。电磁干扰的产生是由开关电源本身的特点所决定的，是难以避免的，关键是如何采取有效的措施来减小其干扰程度。

通信开关电源一般都采用脉冲宽度调制(PWM)技术，其特点是频率高，效率高，功率密度高，可靠性高，另外还有体积小，重量轻，具有远程监控等优点，因此被广泛地应用于程控交换、光数据传输、无线基站、有线电视系统及 IP 网络中，是信息技术设备正常工作的核心动力。然而，由于其开关器件工作在高频通断状态，高频的快速瞬变过程本身就是电磁干扰(EMD)源，产生的电磁干扰 EMI 信号有很宽的频率范围，又有一定的幅度，经传导和辐射会污染电磁环境，对通信设备和电子产品造成干扰。同时，通信开关电源要有很强的抗电磁干扰的能力，特别是对雷击、浪涌、电网电压、电场、磁场、电磁波、静电放电、脉冲串、电压跌落、射频电磁场传导抗扰性、辐射抗扰性、传导发射、辐射发射等项目需要满足有关 EMC 标准的规定。

1. 开关电源引起电磁兼容性的原因

通信开关电源因工作在高电压、大电流的开关工作状态下，其引起电磁兼容性问题的原因是相当复杂的。按耦合通路来分，可分为传导干扰和辐射干扰两种；按照干扰信号对电路作用的形态不同，可将电源系统内的干扰分为共模干扰和差模干扰两种。通常，线路电源线上的任何传导干扰信号，都可表示成共模和差模干扰两种方式。

在开关电源中，主功率开关管在高电压、大电流或以高频开关方式工作下，开关电压及开关电流的波形在阻性负载时近似为方波，其中含有丰富的高次谐波分量。由于电压差可以产生电场，电流的流动可以产生磁场，以及丰富的谐波电压电流的高频部分在设备内部产生电磁场，从而造成设备内部工作的不稳定，使设备的性能降低。同时，由于电源变压器的漏电感及分布电容，以及主功率开关器件的工作状态非理想，在高频开或关时，常常产生高频高压的尖峰谐波振荡，该谐波振荡产生的高次谐波，通过开关管与散热器间的分布电容传入内部电路或通过散热器及变压器向空间辐射。

如图 3－70 所示，电网中含有的共模和差模噪声对开关电源产生干扰，开关电源在受到电磁干扰的同时也对电网其他设备以及负载产生电磁干扰，例如返回噪声、输出噪声和辐射干扰等。进行开关电源 EMI/EMC 设计时，一方面要防止开关电源对电网和附近的电子设备产生干扰，另一方面要加强开关电源本身对电磁干扰环境的适应能力。下面用等效电路分别介绍共模和差模干扰产生的原因及路径。

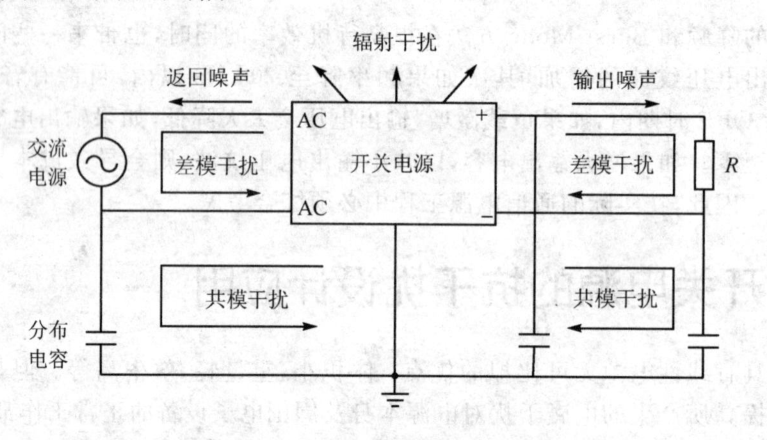

图 3－70　开关电源噪声类型图

如图 3－71 所示，当开关管转为“关”时，集电极与发射极间的电压快速上升达 500 V，产生的电流经集电极与地之间的分布电容返回整流桥，这个按开关频率工作的脉冲串电流是共模噪声。这个电压会引起共模电流 I_{cm2} 向 C_{P2} 充电和共模电流 I_{cm1} 向 C_{P1} 充电，其中 C_{P1} 为变压器初、次级之间的分布电容，C_{P2} 为开关电源与散热器之间的分布电容（即开关管集电极与地之间的分布电容），则线路中共模电流总大小为 $I_{cm1}+I_{cm2}$。

如图 3－72 所示，当开关管转为“开”时，储能电容 C_s 的能量由 AC 电网和整流桥提供，此能量由开关管变换器的快速开关频率所变换，并通过变压器形成脉冲电流 I_L，具有非常丰富的开关频率谐波。储能电容不是一个纯电容，有串联电阻和电感。当整流桥处开关管“开”时，在 AC 电网端，I_L 会产生一个由电容的 L、R、C 所呈现的阻抗电压，这就是开关电源产生差模发射源的原理。差模电流 I_{dm} 和信号电流 I_L 沿着导线、变压器初级、开关管组成的回路流通。

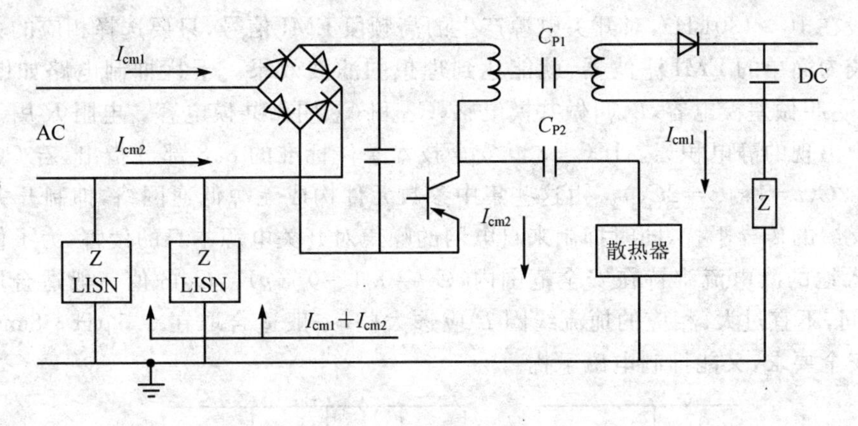

图 3－71　开关电源共模干扰等效电路

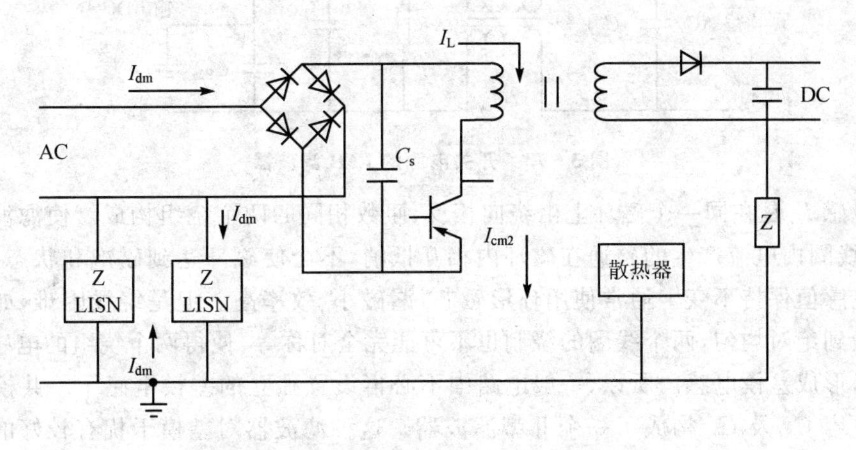

图 3－72　开关电源差模干扰等效电路

2. 开关电源的电磁兼容性设计

电磁兼容性(Electromagnetic Compatibility，EMC)是指在有限的空间、时间和频率范围内各种电器设备共存而不引起性能下降。包括电磁干扰(EMI)和电磁敏感(EMS)两方面的内容。EMI 是指电器产品向外发出干扰，EMS 是指电器产品抵抗电磁干扰的能力。一台具备良好电磁兼容性能的设备应既不受周围电磁噪声的影响，也不对周围环境造成电磁干扰。

形成电磁干扰的 3 要素是干扰源、传播途径和受扰设备，因而，抑制电磁干扰也应该从这 3 个方面着手。首先应该抑制干扰源，直接消除干扰原因；其次应消除干扰源和受扰设备之间的耦合和辐射，切断电磁干扰的传播途径；第三应提高受扰设备的抗扰能力，降低其对噪声的敏感度。目前抑制开关电源 EMI 的几种措施基本上都是切断电磁干扰源和受扰设备之间的耦合通道，常用的行之有效的方法是屏蔽和滤波。

3. EMC 的设计措施

(1) 无源补偿滤波技术

滤波是抑制传导干扰的一种很好的办法。在电源输入端接上滤波器，既可以抑制开关电源产生并向电网反馈的干扰，也可以抑制来自电网的噪声对电源本身的侵害。开关电源的工作频率一般在10～130kHz，对开关电源产生的高频段EMI信号，只要选择相应的去耦电路或网络结构较为简单的EMI滤波器，就能达到理想的滤波效果。干扰抑制电路如图3－73所示，C_{X1}和C_{X2}叫做差模电容，L_1叫做共模电感，C_{Y1}和C_{Y2}叫做共模电容。电阻R用于消除可能在滤波器中出现的静电积累。IEC－380安全技术条件标准的8.8部分指出，若$C_X>0.1\mu F$，则$R=t/2.2C(t=1s, C=2C_X)$。由这些集中参数元件构成无源低通网络，抑制开关电源产生的向电网反馈的传导干扰，同时抑制来自电网的噪声对开关电源本身的侵害，为了使通过滤波电容C流入地的漏电流维持在安全范围内，$C_X=0.1\sim0.2\mu F$，C_Y的值一般适合取在$0.1\sim0.33\mu F$之间，不宜过大，相应的扼流线圈L应选大些，一般适合取在$0.5\mu H\sim8mH$之间，这样既符合安全要求，又能抑制电磁干扰。

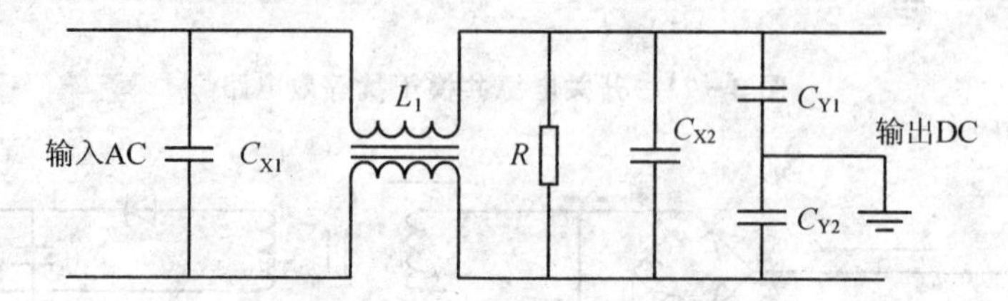

图3－73　开关电源的EMI滤波器

共模电感L_1是在同一个磁环上由绕向相反、匝数相同的两个绕组构成。使滤波器接入电路后，两只线圈内电流产生的磁通在磁环内相互抵消，不会使磁环达到磁饱和状态，从而使两只线圈的电感值保持不变。通常使用环形磁芯，漏磁小，效率高。但是绕线困难，如磁环的材料不可能做到绝对均匀，两个线圈的绕制也不可能完全对称等，使得两个绕组的电感量是不相等的，于是，形成差模电感。所以，一般电路中不必再设置独立的差模电感了。共模电感的差值电感与电容C_{X1}及C_{X2}构成了一个Ⅱ型滤波器。这种滤波器对差模干扰有较好的衰减。除了共模电感以外，图3－73中的电容C_{Y1}及C_{Y2}也是用来滤除共模干扰的。共模滤波的衰减在低频时主要由电感器起作用，而在高频时大部分由电容C_{Y1}及C_{Y2}起作用。电容C_Y的选择要根据实际情况来定，由于电容C_Y接于电源线和地线之间，承受的电压比较高，所以，需要有高耐压、低漏电流特性。

使用LC滤波电路，可根据公式计算电路的谐振频率，调整电感、电容，使谐振频率与干扰频率相近或接近干扰频率的中心频率。对频率很高的电磁干扰，可以使用三端电容或穿心电容进行滤波。

(2) 屏蔽技术

屏蔽是抑制开关电源辐射干扰的有效方法，目的是切断电磁波的传播途径。大部分电磁兼容问题都可以通过电磁屏蔽来解决，用电磁屏蔽的方法解决电磁干扰问题不会影响电路的正常工作。

对于开关电源来说，主要是做好机壳屏蔽、高频变压器屏蔽、开关管和整流二极管的屏蔽。一般分为两类：一类是静电屏蔽，主要用于防止静电场和恒定磁场的影响；另一类是电磁屏蔽，主要用于防止交变电场、交变磁场以及交变电磁场的影响。可以用导电性能良好的材料对电场进行屏蔽，用磁导率高的材料对磁场进行屏蔽。实际应用中，主要是应用于隔离变压器。变压器绕组间的交叉耦合电容为共模噪声流过整个系统提供了通路。这一交叉耦合电容可以在变压器结构中采用法拉第屏蔽(Faraday shield)来减小。法拉第屏蔽简单来说就是用铜箔或铝箔包绕在原边和副边绕组之间形成一个静电屏蔽层隔离区并接地,以减小交叉耦合电容。

图3-74为变压器原边绕组和副边绕组。其中N1A、N1B是原边绕组,分两次绕;N2A、N2B是副边绕组;N3、N4分别是辅助绕组;SCREEN为铜箔屏蔽。安规上一般要求散热器接地,那么开关管漏极与散热器之间的寄生电容就为共模噪声提供了通路,可以在漏极和散热器之间加一铜箔或铝箔并接地以减小此寄生电容。采用磁屏蔽效果比较好的铁氧体磁芯如PQ型或者P型来制作变压器,可以很大程度上减小变压器漏磁,从而减小原副边绕组漏感,有效抑制了EMI的传播。

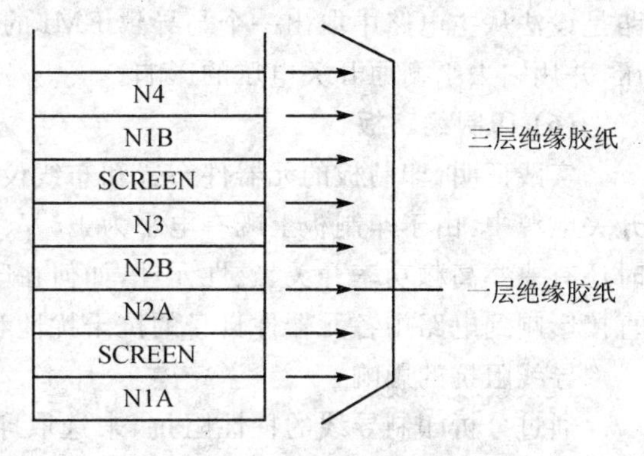

图3-74　变压器绕组示意图

通过采取以上措施,可大大减小电源的纹波,使开关通信电源的适用范围更加广泛。

(3) 滤波器

滤波是一种抑制传导干扰的方法。例如在电源输入端接上滤波器,可以抑制来自电网的噪声对电源本身的侵害,也可以抑制由开关电源产生并向电网反馈的干扰。电源滤波器作为抑制电源线传导干扰的重要单元,在设备或系统的电磁兼容设计中具有极其重要的作用。不仅可抑制传输线上的传导干扰,同时对传输线上的辐射发射也具有显著的抑制效果。在滤波电路中,选用穿心电容、三端电容、铁氧体磁环,能够改善电路的滤波特性。适当地设计或选择合适的滤波器,并正确地安装滤波器是抗干扰技术的重要组成部分,具体措施如下:

在交流电输入端加装电源滤波器

所有电源滤波器都必须接地(厂家特别说明允许不接地的除外),因为滤波器的共模旁路电容必须在接地时才起作用。一般的接地方法是除了将滤波器与金属外壳相接之外,还要用较粗的导线将滤波器外壳与设备的接地点相连。接地阻抗越低滤波效果越好。

滤波器尽量安装在靠近电源入口处。滤波器的输入及输出端要尽量远离,避免干扰信号从输入端直接耦合到输出端。

在电源输出端加输出滤波器

加装高频电容,加大输出滤波电感的电感量及滤波电容的容量,可以抑制差模噪声。如果把多个电容并联,则效果会更好。

高频变压器

在高频变压器的原边、副边、开关管的C、E极间以及在输出整流二极管上加装RC吸收网络。

(4) 软开关技术

软开关技术的应用有助于电磁干扰的降低,这是因为功率MOSFET、IGBT在零电压情况下导通和零电流情况下关断,且快速恢复二极管也是软关断,可以减小功率电路中功率器件的$\mathrm{d}i/\mathrm{d}t$和$\mathrm{d}v/\mathrm{d}t$,从而可以减小EMI电平。通过实验证明软开关技术只在抑制纹波的高次谐波上有一定效果。

(5) 共模干扰的有源抑制技术

共模干扰有源抑制技术是一种从噪声源采取措施来抑制共模干扰的方法。这种方法的思路是设法从主电路中取出一个与导致 EMI 的主要开关电压波形完全反相的补偿 EMI 噪声电压,并用它去平衡原开关电压的影响。

(6) 印制线路板

实践证明,印制板的元器件布置和布线设计对开关电源 EMC 性能有极大的影响,在高频开关电源中,由于印制板上既有电平为±5 V、±15 V 的小信号控制线,又有高压电源母线,同时还有一些高频功率开关、磁性元件,如何在印制板有限的空间内合理地安排元器件位置,将直接影响到电路中各元器件自身的抗干扰性和电路工作的可靠性。

导线阻抗的影响

通过分析印制导线的特性阻抗,来选取印制导线的放置方式、长度、宽度以及布局方式。在设计印制电路板时,应尽量降低电源线和地线的阻抗,因为电源线、地线和其他印制线都有电感,当电源电流变化较大时,将会产生较大的压降,而地线压降是形成公共阻抗干扰的重要因素,所以应尽量缩短地线,也可尽量加粗电源线和地线线条。

在双面印制板设计中,除尽可能地加粗电源线和地线线条之外,还应在地线和电源线之间安装高频特性好的去耦电容。另外,切忌两条印制信号线平行走线。如果平行走线无法避免,可通过以下方法来补救:

① 在两条信号线之间加一条地线,以起屏蔽作用;

② 尽量拉开两条平行信号线之间的距离,以减小两线之间电磁场的影响;

③ 使两条平行的信号线流过的电流方向相反(目的在于减小感应磁通)。

元器件的布局

在设计印制电路板时,通常干扰源和受扰体由于受到工作条件的限制而难以避免。这时,应尽量将相互关联的元器件摆放在一起以避免因器件离的太远而造成印制线过长所带来的干扰;再者将输入信号和输出信号尽量放置在引线端口附近,以避免因耦合路径而产生的干扰。

随着开关电源不断向高频化发展,其抗干扰问题显得越发重要。在开发和设计开关电源中,如何有效抑制开关电源的电磁干扰,同时提高开关电源本身对电磁干扰的抗干扰能力是一个重要课题。几种抗干扰措施既相互独立又相互联系,必须同时采用多种措施才能达到良好的抗干扰效果。

3.8.3 开关电源的选用

开关电源在输入抗干扰性能上,由于其自身电路结构的特点(多级串联),一般的输入干扰如浪涌电压很难通过,在输出电压稳定度这一技术指标上与线性电源相比具有较大的优势,其输出电压稳定度可达 0.5%～1%。开关电源模块作为一种电力电子集成器件,在选用中应注意以下几点:

1. 输出电流的选择

因开关电源工作效率高,一般可达到 80%以上,故在其输出电流的选择上,应准确测量或计算用电设备的最大吸收电流,以使被选用的开关电源具有高的性能价格比。通常输出计算公式为：

$$I_s = KI_f \tag{3-26}$$

式中：I_s——开关电源的额定输出电流；

I_f——用电设备的最大吸收电流；

K——裕量系数，一般取 1.5～1.8。

2. 接　地

开关电源比线性电源会产生更多的干扰，对共模干扰敏感的用电设备，应采取接地和屏蔽措施，按 ICE1000、EN61000、FCC 等 EMC 限制，开关电源均采取 EMC 电磁兼容措施，因此开关电源一般应带有 EMC 电磁兼容滤波器。如利德华福技术的 HA 系列开关电源，将其 FG 端子接大地或接用户机壳，方能满足上述电磁兼容的要求。

3. 保护电路

开关电源在设计中必须具有过流、过热、短路等保护功能，故在设计时应首选保护功能齐备的开关电源模块，并且其保护电路的技术参数应与用电设备的工作特性相匹配，以避免损坏用电设备或开关电源。

3.8.4　开关电源并联特性及均流方法

现代通信系统要求提供一个大容量、安全可靠、不间断供电的电源系统。如果采用单台电源供电，该变换器势必处理巨大的功率，电应力也大，给功率器件的选择，开关频率和功率密度的提高带来困难。并且一旦单台电源发生故障，则导致整个系统崩溃。采用多个电源模块并联运行来提供大功率输出，是电源技术发展的一个方向。并联系统中每个模块处理较小功率，解决了上述单台电源遇到的问题。

从 20 世纪 80 年代起，分布式电源供电方式成为电力电子学新的研究热点。相对于传统的集中式供电，分布式电源利用多个中、小功率的电源模块并联来组建积木式的大功率电源系统。在空间上各模块接近负载，供电质量高，通过改变并联模块的数量来满足不同功率的负载，设计灵活，每个模块承受较小的电应力，开关频率可以达到兆赫级，从而提高了系统的功率密度。

大功率输出和分布式电源，使电源模块并联技术得以迅速发展。然而一般情况下不允许模块输出间直接进行并联，必须采用均流技术以确保每个模块分担相等的负载电流，否则，并联的模块有的轻载运行，有的重载甚至过载运行，输出电压低的模块不但不为负载供电，反而成了输出电压高的模块的负载，热应力分配不均，极易损坏。

对于多个模块并联运行电源系统的基本要求而言，一是输入电压或者负载发生变化时，保持输出电压稳定；二是控制各模块的输出电流，实现负载电流平均分配，均流动态响应良好。

为提高系统可靠性，并联系统应该具备以下特性：

① 实现冗余，当任意模块发生故障时，其余模块继续提供足够电能，整个电源系统不会崩溃；

② 可热插拔，实现电源系统真正意义上的不间断供电；

③ 均流方案无需外加均流控制单元；

④ 使用一条公共的低带宽均流总线来连接各模块单元。

1. 并联特性及均流原理

图 3－75 所示为两个模块并联工作时的等效电路及其外特性曲线。如果两个模块的参数完全相同，即 $V_{1max}=V_{2max}$，$R_1=R_2$，则两条外特性曲线重合，负载电流均匀分配。如果其中一个模块的电压参考值较高，输出电阻较小(外特性斜率小)，如图 3－75 中的模块 1，则该模块将承受大部分负载电流，负载增大，模块 1 将运行于满载或超载限流状态，影响了系统可靠性。

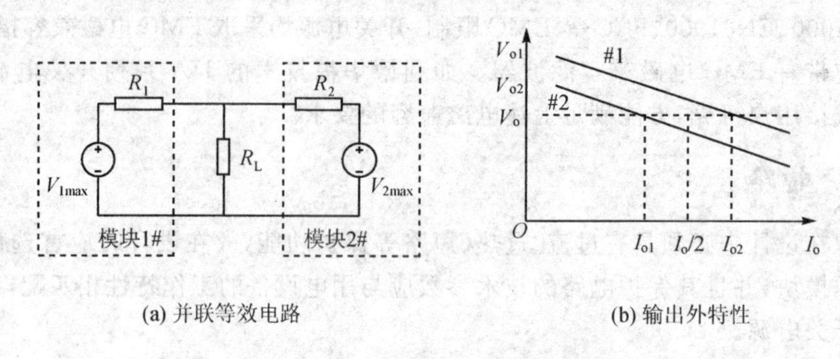

(a) 并联等效电路　　(b) 输出外特性

图 3－75　两个模块并联均流原理图

可见，并联电源系统中各模块按照外特性曲线分配负载电流，外特性的差异是电流难以均分的根源。均流性能的优劣用均流精度来衡量。均流精度定义为：

$$S_{error}=\Delta I_{0max}\ /\ (I_0/N) \tag{3-27}$$

式中 N 为并联模块数，I_0 为负载电流，ΔI_{0max} 为最大电流与最小电流之差。

正常情况下，各并联模块输出电阻是个恒值，输出电流不均衡主要是由各模块输出电压不相等引起的。均流的实质即是通过均流控制电路，调整各模块的输出电压，从而调整输出电流，以达到电流均分的目的。一般开关电源是一个电压型控制的闭环系统，均流的基本思想是采样各自输出电流信号，并把该信号引入控制环路中，来参与调整输出电压。选择不同的电流信号注入点，可以直接调节系统基准电压、反馈电压误差或者反馈电流误差，形成多种均流方案，以满足不同的稳态性能和动态响应。

2. 均流方法

根据并联电源系统中模块之间有无传递均流信号的互连线，所有均流方法可归成两大类：下垂法和有源均流法。下垂法为模块之间只有输出端导线相连；有源均流法除了连接输出导线外，还用均流母线把各模块连在一起。

(1) 下垂法

下垂法(又叫斜率法，输出阻抗法)是最简单的一种均流方法。其实质是利用本模块电流反馈信号或者直接输出串联电阻，改变模块单元的输出电阻，使外特性的斜率趋于一致，达到均流。由图 3－75(b)可见，下垂法的均流精度取决于各模块的电压参考值、外特性曲线平均斜率及各模块外特性的差异程度。

选择不同的电流反馈信号注入点，可以修正控制环路的反馈电压值或基准电压。图 3－76(a)为采用调节基准电压来改变电压参考值的方式下所对应的外特性曲线图。可见电压参考值的差异越小，均流效果越好。图 3-76(b)为采用调节反馈电压值来改变斜率的方式下所对应的外特性曲线图。外特性斜率越陡，均流效果越好。

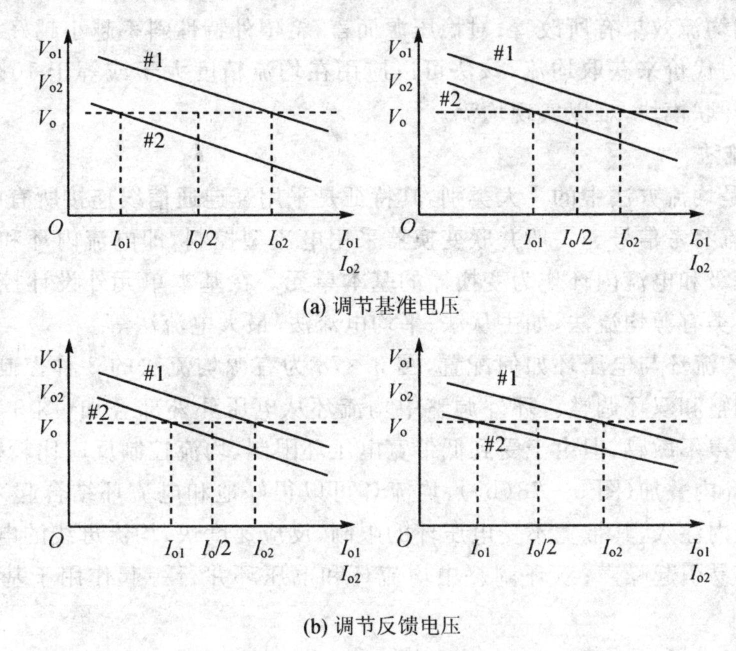

图 3-76　选择不同电流反馈信号

常用的下垂法均流控制框图如图 3-77 所示。V_i为电流放大器输出信号，与模块输出电流成比例 K_i，V_f为电压反馈信号，显然 $V_{ref}=K_v\times V_0+K_i\times I_0$，当某模块电流增加时，$V_i$上升，$V_f$下降，通过反馈使该模块输出电压随之下降，即外特性向下倾斜，接近其他模块的外特性，从而其他模块电流增大，实现近似均流。电压误差放大器 E/A 具有很大的直流增益 K_0，假设 $K_0\to\infty$时，$V_0=V_{ref}/K_v-I_0K_i/K_v=V_{0max}-I_0K_i/K_v$，改变电压环电流环的参数可以获取期望的外特性。

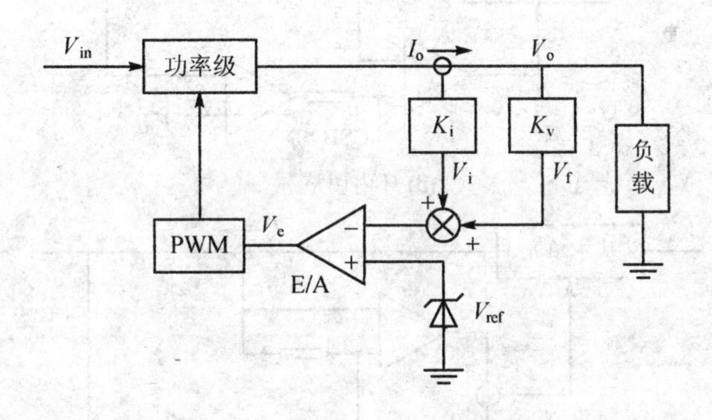

图 3-77　下垂法均流控制框图

此外，在模块输出端与负载之间串联一定的电阻值也是一种调节输出电阻的下垂法。缺点为串联电阻会消耗额外电能。较为经济的办法是串联热敏电阻，其阻值随在电阻上消耗的热能变化而改变，同样达到近似均流。

而且，电流不连续模式下的 Buck、Boost、Buck-Boost 变换器和串联谐振变换器本身就有一定的外特性下垂率，这类变换器可以直接并联运行，实现自然均流。

下垂法的特点可归纳如下：模块之间无互连通信线；实为开环控制，小电流时均流效果差，随着负载增加均流效果有所改善；对稳压源而言，希望外特性斜率越小越好，而下垂法则以降低电压调整率为代价来获取均流，该法可以应用在均流精度大于或等于10%的场合；对于不同额定功率的并联模块，难以实现均流。

(2) 有源均流法

有源均流法是均流方法中的一大类别，其特征是采用互连通信线连接所有的并联模块，用于提供共同的电流参考信号。一般并联变换器采用电流型控制，即电流内环和电压外环双环控制，以下把功率级和电流内环作为变换器的基本单元。在基本单元外设计控制结构和母线连接方式，形成各类有源均流法，如主从法、平均电流法、最大电流法等。

控制结构指均流环与电压环如何配置，图 3-78 为有源均流法的 3 种控制结构：电压环环外调整、环内调整和双环调整。环外调整中均流环从电压环外部叠加(图 3-78(a))，均流母线带宽低，对噪声不敏感，但由于受到低带宽电压环限制，均流控制反应比较缓慢；环内调整中均流环从电压环内叠加(图 3-78(b))，均流环可以很好地和电流环结合起来，整个结构简单，均流信号从环内注入，其带宽不受电压环的限制，反应速度快，均流母线的电压从电压调整放大器获得，但容易引起噪声；双环调整中均流环和电压环并行一起作用于基本单元(图 3-78(c))。

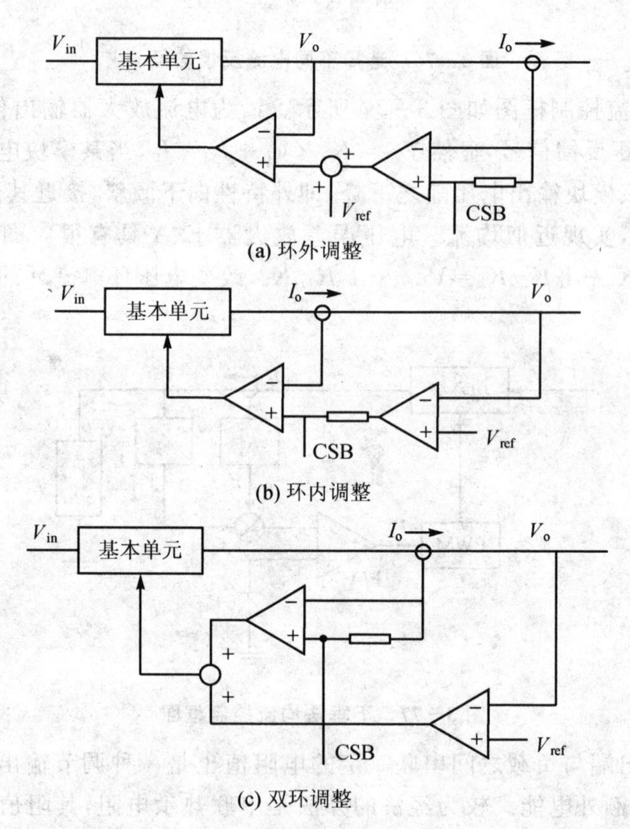

图 3-78 有源均流法的 3 种控制结构

均流母线连接方式指如何从所有的模块中获取公共电流参考信号，表明了模块间的主从关系。图 3－79 所示为 3 种均流母线的连接：自主配置、平均配置和指定配置。自主配置（图 3－79(a)）中，各模块和母线之间通过二极管连接，只有具备最大电流的模块对应的二极管才能导通，均流母线上代表的是最大电流信号；平均配置（图 3－79(b)）中，各模块和母线之间通过参数完全一致的电阻连接，均流母线上代表的是平均电流；指定配置（图 3－79(c)）中，只有人为指定的模块直接连接均流母线，称为主模块。

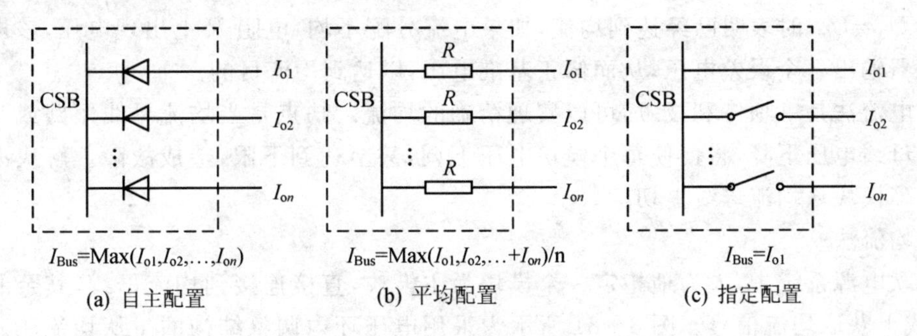

图 3－79　3 种均流母线连接方式

最大电流法（民主均流法、自动均流法）

图 3－80 所示为最大电流法控制框图，对比图 3－78 和图 3－79 可见，最大电流均流技术由环外调整和母线自主配置相结合而成，不改变模块基本单元的内部结构，只需在电压环外面叠加一个均流环，各模块间接一条均流母线 CSB。

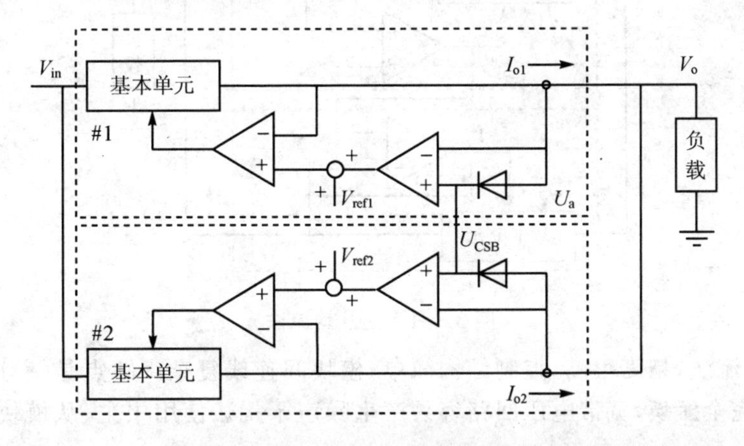

图 3－80　最大电流法

因为二极管的单向导电性，只有电流最大的模块才能与均流母线相连，该模块即为主模块。其余为从模块，比较各自电流反馈与均流母线之间电压的差异，通过误差放大器输出来补偿基准电压达到均流。特点是：

① 这种均流方法一次只有一个单元参与调节工作，主模块永远存在且是随机的，是实现冗余最常用的方法；

② 二极管总存在正向压降，因此主模块的均流会有误差；

③ 均流是一个从模块电流上升并超过主模块电流的过程，系统中主、从模块的身份不断交替，各模块输出电流存在低频振荡。

Unitrode IC 公司开发的均流控制芯片 UC3902、UC3907 正是基于最大电流自动均流的思想，简化了并联电源系统的设计与调试，得到广泛应用。UC3902 在满载时均流误差达到2%，在 20%负载时误差约为 15%。

平均电流法

环外调整结构和母线平均配置相结合形成平均电流均流法。即将图 3-79 中的二极管用一个电阻 R 代替。如果所有电阻 R 参数完全一致，均流母线的电压反映了所有模块电流的平均值。当 $U_a=U_{csb}$ 时表明已经达到均流，如果电流分配不均，电阻 R 上出现电压，该电压通过误差放大器输出一个误差电压，从而修正基准电压，以达到均流目的。

平均电流法是一项专利技术，可以实现精确的均流。缺点是当均流母线短路或某个模块不工作时母线电压下降，将促使每个模块电压下调，甚至达到下限，造成故障。解决办法是自动地把故障模块从均流母线上切除。

主从均流法

在并联电源系统中，人为地指定一个模块为主模块，直接连接到均流母线，其余的为从模块，从母线上获取均流信号。图 3-81 所示为采用电压环内调整结构的主从均流法。主模块工作于电压源方式，从模块的误差电压放大器接成跟随器的形式，工作于电流源方式。因为系统在统一的误差电压下调整，模块的输出电流与误差电压成正比，所以不管负载电流如何变化，各模块的电流总是相等。

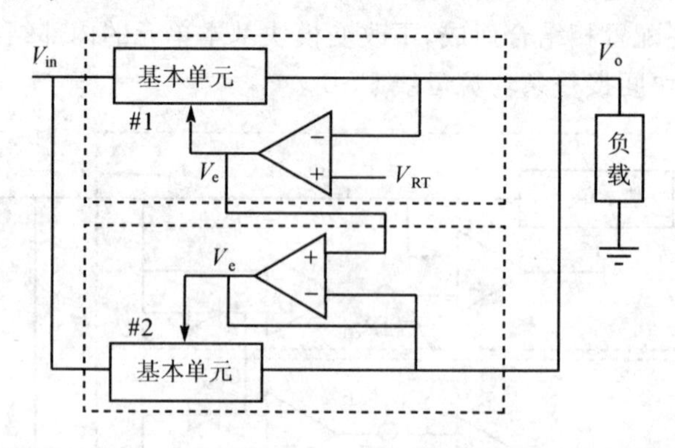

图 3-81 主从均流法

采用这种均流法，精度很高，控制结构简单，模块间连线复杂。缺点是一旦主模块出现故障，整个系统将完全瘫痪，宽带电压回路容易产生噪声干扰。使用中主、从模块间的连线应尽量短。

其他均流方法

基于 3 种控制结构和 3 种母线连接方式，可以设计出其他均流方法。图 3-82 所示为双环调整和平均配置相结合的均流方法。这种控制方式减小了电压环和均流环相互之间的影响，设计灵活，是权衡环外调整和环内调整优缺点的折中方案。此外，热应力自动均流法是按照每个模块的温度来实现均流，使温度高的模块减小输出电流，温度低的模块增大电流。外部控制器法是外加一个均流控制器，比较各模块的电流信号，并据此补偿相应的反馈信号以均衡电流。该法须附加控制器且连线较多。

由于大功率负载的需要和模块化电源系统的发展，为了实现完全、稳定、可靠的冗余电源系统，模块化电源的并联技术则显得尤为重要。每个模块的外特性不一致，分担的负载电流也不均衡，承受电流多的模块可靠性大为降低。因此，并联运行系统必须引入有效的负载分配控

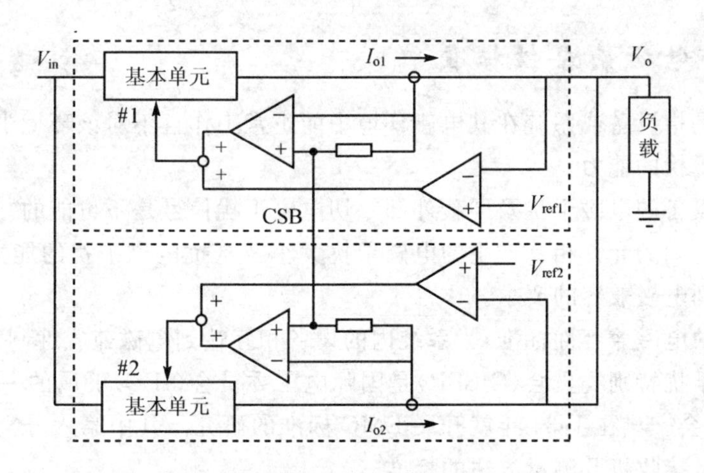

图 3-82　双环并行调整的均流方法

制策略,保证各模块间电应力和热应力的均匀分配。这是实现高性能模块化大功率电源系统的关键。在不断提高均流精度和动态响应速度的同时,均流控制技术将朝着增加并机数目及不同容量模块并联的方向发展。随着控制系统的逐步数字化和微处理器的发展,应用如单片机或 DSP 完成电源系统的检测、运算和控制,可以更好地采用复杂的控制策略,实现均流冗余、故障检测、热插拔维修和模块的智能管理。

3.8.5　开关电源的电磁兼容

1. 开关电源的电磁干扰

开关电源因具有体积小,重量轻,效率高,工作可靠,可远程监控等优点,而广泛应用于工业、通信、军事、民用、航空等领域。

在很多场合,开关电源,特别是通信开关电源要有很强的抗电磁干扰能力,如对浪涌、电网电压波动的适应能力,对静电干扰、电场、磁场及电磁波等的抗干扰能力,保证自身能够正常工作以及对设备供电的稳定性。

一方面,因开关电源内部的功率开关管、整流或续流二极管及主功率变压器,是在高频开关的方式下工作,其电压电流波形多为方波。在高压大电流的方波切换过程中,将产生严重的谐波电压及电流。这些谐波电压及电流一方面通过电源输入线或开关电源的输出线传出,对与电源在同一电网上供电的其他设备及电网产生干扰,使设备不能正常工作;另一方面严重的谐波电压和电流在开关电源内部产生电磁干扰,从而造成开关电源内部工作的不稳定,使电源的性能降低。还有部分电磁场通过开关电源机壳的缝隙,向周围空间辐射,与通过电源线、直流输出线产生的辐射电磁场一起通过空间传播的方式,对其他高频设备及对电磁场比较敏感的设备造成干扰,引起其他设备工作异常。

因此,对开关电源,要限制由负载线、电源线产生的传导干扰及有辐射传播的电磁场干扰,使处于同一电磁环境中的设备均能够正常工作,互不干扰。

2. 国内外电磁兼容性标准

电磁兼容性是指设备或系统在其电磁环境中能正常工作且不对该环境中的任何设备构成不能承受的电磁干扰的能力。

要彻底消除设备的电磁干扰及屏蔽外部一切电磁干扰信号是不可能的。只能通过系统地制定设备与设备之间的允许相互产生的电磁干扰大小及抵抗电磁干扰的能力的标准，使电气设备及系统间达到电磁兼容的要求。

国内外大量的电磁兼容性标准，为系统内的设备相互达到电磁兼容性制定了约束条件。

国际无线电干扰特别委员会(CISPR)是国际电工委员会(IEC)下属的一个电磁兼容标准化组织，设6个分会。早在1934年就开展EMC标准的研究。其中第六分会(SCC)主要负责制定关于干扰测量接收机及测量方法的标准。

CISPR16《无线电干扰和抗干扰度测量设备规范》对电磁兼容性测量接收机、辅助设备的性能以及校准方法给出了详细的要求。

CISPR17《无线电干扰滤波器及抑制元件的抑制特性测量》制定了滤波器的测量方法。

CISPR22《信息技术设备无线电干扰限值和测量方法》规定了信息技术设备在0.15～1 000 MHz频率范围内产生的电磁干扰限值。

CISPR24《信息技术设备抗扰度限值和测量方法》规定了信息技术设备对外部干扰信号的时域及频域的抗干扰性能要求。

其中CISPR16、CISPR22及CISPR24构成了信息技术设备包括通信开关电源设备的电磁兼容性测试内容及测试方法要求，是目前通信开关电源电磁兼容性设计的最基本要求。

IEC最近也出版了大量的基础性电磁兼容性标准，其中最有代表性的是IEC61000系列标准。它规定电子电气设备的雷击、浪涌(SURGE)、静电放电(ESD)、电快速瞬变脉冲群(EFT)、电流谐波、电压跌落、电压瞬变及短时中断、电压起伏和闪烁、辐射电磁场、由射频电磁场引起的传导干扰抗扰度、传导干扰及辐射干扰等的电磁兼容性要求。另外，美国联邦委员会制定的FCC15、德国电气工程师协会制定的VDE0871、2A1、VDE0871、2A2、VDE0878，都对通信设备的电磁兼容性提出了要求。

我国对电磁兼容性标准的研究比较晚，采取的最主要的办法是引进、消化、吸收，洋为中用是国内电磁兼容性标准制定的最主要方法。1998年，信息产业部根据CISPR22、IEC61000系列标准及ITU-T0.41标准，制定了YD/T983-1998《通信电源设备电磁兼容性限值及测量方法》，详尽规定了通信电源设备包括通信开关电源的电磁兼容性的具体测试项目、要求及测试方法，为通信电源电磁兼容性的检验、达标并通过入网检测明确了设计目标。

国家标准也等同采用了相应的国际标准。如GB/T17626.1～12系列标准等同采用了IEC61000系列标准；GB9254—1998《信息技术设备的无线电干扰限值及测量方法》等同采用CISPR22；GB/T17618—1998《信息技术设备抗扰度限值和测量方法》等同采用CISPR24。

3. 开关电源的电磁兼容性问题

电磁兼容产生的3个要素为：干扰源、传播途径及受干扰体。

开关电源因工作在开关状态下，其引起的电磁兼容性问题是相当复杂的。从整机的电磁兼容性讲，主要有共阻抗耦合、线间耦合、电场耦合、磁场耦合和电磁波耦合几种。

- 共阻抗耦合：共阻抗耦合主要是干扰源与受干扰体在电气上存在共同阻抗，通过该阻抗使干扰信号进入受干扰对象。
- 线间耦合：线间耦合主要是产生干扰电压及干扰电流的导线或PCB线，因并行布线而产生的相互耦合。
- 电场耦合：电场耦合主要是由于电位差的存在，产生的感应电场对受干扰体产生的耦合。
- 磁场耦合：磁场耦合主要是大电流的脉冲电源线附近产生的低频磁场对干扰对象产生的耦合。
- 电磁波耦合：电磁波耦合主要是由于脉动的电压或电流产生的高频电磁波，通过空间向外辐射，对相应的受干扰体产生的耦合。

实际上，每一种耦合方式是不能严格区分的，只是侧重点不同而已。

在开关电源中，主功率开关管在很高的电压下，以高频开关方式工作，开关电压及开关电流均为方波，该方波所含的高次谐波的频谱可达方波频率的1000次以上。同时，由于电源变压器的漏电感及分布电容，以及主功率开关器件的工作状态并非理想，在高频开或关时，常常产生高频高压的尖峰谐波振荡。该谐波振荡产生的高次谐波，通过开关管与散热器间的分布电容传入内部电路或通过散热器及变压器向空间辐射。用于整流及续流的开关二极管，也是产生高频干扰的一个重要原因。因整流及续流二极管工作在高频开关状态，二极管的引线寄生电感、结电容的存在以及反向恢复电流的影响，使之工作在很高的电压及电流变化率下，而产生高频振荡。因整流及续流二极管一般离电源输出线较近，其产生的高频干扰最容易通过直流输出线传出。

开关电源为了提高功率因数，均采用了有源功率因数校正电路。同时，为了提高电路的效率及可靠性，减小功率器件的电应力，大量采用了软开关技术。其中零电压、零电流或零电压零电流开关技术应用最为广泛。该技术极大地降低了开关器件所产生的电磁干扰。但是，软开关无损吸收电路多利用L、C进行能量转移，利用二极管的单向导电性能实现能量的单向转换，因而，该谐振电路中的二极管成为电磁干扰的一大干扰源。

开关电源中，一般利用储能电感及电容器组成L、C滤波电路，实现对差模及共模干扰信号的滤波，以及交流方波信号转换为平滑的直流信号。由于电感线圈分布电容，导致了电感线圈的自谐振频率降低，从而使大量的高频干扰信号穿过电感线圈，沿交流电源线或直流输出线向外传播。随着干扰信号频率的上升，滤波电容器由于引线电感的作用，导致电容量及滤波效果不断下降，直至达到谐振频率以上时，完全失去电容器的作用而变为感性。不正确地使用滤波电容及引线过长，也是产生电磁干扰的一个原因。

开关电源PCB布线不合理、结构设计不合理、电源线输入滤波不合理、输入/输出电源线布线不合理、检测电路的设计不合理，均会导致系统工作的不稳定或降低对静电放电、电快速瞬变脉冲群、雷击、浪涌及传导干扰、辐射干扰及辐射电磁场等的抗扰性能力。

4. 电磁兼容对策

电磁兼容一般运用CISPR16及IEC61000中规定的电磁场检测仪器及各种干扰信号模拟

器、辅助设备，在标准测试场地或实验室内部，通过详尽的测试分析、结合对电路性能的理解进行分析研究。

从电磁兼容性的三要素讲，要解决开关电源的电磁兼容性，可从3方面入手。

- 减小干扰源产生的干扰信号；
- 切断干扰信号的传播途径；
- 增强受干扰体的抗干扰能力。

在解决开关电源内部的电磁兼容性时，可以综合运用上述3个方法，以成本效益比及实施的难易性为前提。

对开关电源产生的对外干扰，如电源线谐波电流、电源线传导干扰、电磁场辐射干扰等，只能用减小干扰源的方法来解决。一方面，可以增强输入/输出滤波电路的设计，改善有源功率因数校正(APFC)电路的性能，降低开关管及整流续流二极管的电压电流变化率，采用各种软开关电路拓扑及控制方式等。另一方面，加强机壳的屏蔽效果，改善机壳的缝隙泄漏，并进行良好的接地处理。

而对外部的抗干扰能力，如浪涌、雷击，应优化交流输入及直流输出端口的防雷能力。通常，对1.2/50μs开路电压及8/20μs短路电流的组合雷击波形，因能量较小，可采用氧化锌压敏电阻与气体放电管等的组合方法来解决。

对于静电放电，通常在通信端口及控制端口的小信号电路中，采用TVS管及相应的接地保护、加大小信号电路与机壳等的电距离，或选用具有抗静电干扰的器件来解决。

快速瞬变信号含有很宽的频谱，很容易以共模的方式传入控制电路内，采用与防静电相同的方法并减小共模电感的分布电容、加强输入电路的共模信号滤波(如加共模电容或插入损耗型的铁氧体磁环等)来提高系统的抗扰性能。

减小开关电源的内部干扰，实现自身的电磁兼容性，提高开关电源的稳定性及可靠性，应从以下几个方面入手：

- 注意数字电路与模拟电路PCB布线的正确区分、数字电路与模拟电路电源的正确去耦；
- 注意数字电路与模拟电路单点接地、大电流电路与小电流特别是电流电压取样电路的单点接地以减小共阻干扰，减小地环的影响；
- 布线时注意相邻线间的间距及信号性质，避免产生串扰；
- 减小地线阻抗，减小高压大电流线路特别是变压器原边与开关管、电源滤波电容电路所包围的面积；
- 减小输出整流电路及续流二极管电路与直流滤波电路所包围的面积；
- 减小变压器的漏电感、滤波电感的分布电容；
- 采用谐振频率高的滤波电容器等。

关于传播途径，有如下问题值得注意：

- MCU与液晶显示器的数据线、地址线工作频率较高，是产生辐射的主要干扰源；
- 小信号电路是抗外界干扰的最薄弱环节，适当地增加高抗干扰能力的TVS及高频电容、铁氧体磁珠等元器件，以提高小信号电路的抗干扰能力；

- 与机壳距离较近的小信号电路，应加适当的绝缘耐压处理等；
- 功率器件的散热器、主变压器的电磁屏蔽层要适当接地，综合考虑各种接地措施，有助于提高整机的电磁兼容性；
- 各控制单元间的大面积接地用接地板屏蔽，可以改善开关电源内部工作的稳定性；
- 在整流器的机架上，要考虑各整流器间电磁耦合、整机地线布置、交流输入中线、地线及直流地线、防雷地线间的正确关系，及电磁兼容量级的正确分配等。

3.9　单片开关电源

单片开关电源集成电路具有高集成度、高性价比、最简外围电路、最佳性能指标、能构成高效率无工频变压器的隔离式开关电源等优点，于 20 世纪 90 年代中、后期问世后，便显示出强大的生命力，目前已成为国际上开发中、小功率开关电源、精密开关电源及电源模块的优选集成电路。其构成的开关电源，在成本上与同等功率的线性稳压电源相当，而电源效率显著提高，体积和重量则大为减小。这就为新型开关电源的推广与普及，创造了良好条件。

3.9.1　集成开关电源的发展简况

开关电源被誉为高效节能电源，代表着稳压电源的发展方向，现已成为稳压电源的主流产品。近 20 多年来，集成开关电源沿着下述两个方向不断发展。第一个方向是对开关电源的核心单元——控制电路实现集成化。1997 年国外首先研制成脉宽调制(PWM)控制器集成电路，美国摩托罗拉公司、硅通用公司(Silicon General)、尤尼特德公司(Unitrode)等相继推出一批 PWM 芯片，典型产品有 MC3520、SG3524、UC3842。20 世纪 90 年代以来，国外又研制出开关频率达 1 MHz 的高速 PWM、PFM(脉冲频率调制)芯片，典型产品如 UC1825、UC1864。第二个方向则是对中、小功率开关电源实现单片集成化。这大致分两个阶段：20 世纪 80 年代初意-法半导体有限公司(SGS - Thomson)率先推出 L4960 系列单片开关式稳压器。该公司于 20 世纪 90 年代又推出了 L4970A 系列。其特点是将脉宽调制器、功率输出级、保护电路等集成在一个芯片中，使用时须配工频变压器与电网隔离，适于制作低压输出(5.1～40 V)、大中功率(400W 以下)、大电流(1.5～10 A)、高效率(可超过 90%)的开关电源。但从本质上讲，仍属 DC - DC 电源变换器。

1994 年，美国动力(Power)公司在世界上首先研制成功三端隔离式脉宽调制型单片开关电源，被人们誉为“顶级开关电源”。其第一代产品为 TOPSwitch 系列，第二代产品则是 1997 年问世的 TOPSwitch - II 系列。该公司于 1998 年又推出了高效、小功率、低价格的四端单片开关电源 TinySwitch 系列。在这之后，Motorola 公司于 1999 年又推出 MC33370 系列五端单片开关电源，亦称高压功率开关调节器(High Voltage Power Switching Regulator)。目前，单片开关电源已形成四大系列、近 70 种型号的产品。

3.9.2 TOPSwitch-II系列三端单片开关电源

根据封装形式,TOPSwitch-II可划分成3种类型:TOP221Y～227Y(TO-220封装),TOP221P～224P(DIP-8封装),TOP221G～224G(SMD-8封装)。其中以TOP227Y的输出功率为最大。

1. TOPSwitch-II的性能特点

① TOPSwitch-II内部包括振荡器、误差放大器、脉宽调制器、门电路、高压功率开关管(MOSFET)、偏置电路、过流保护电路、过热保护及上电复位电路、关断/自动重启动电路。通过高频变压器使输出端与电网完全隔离,使用安全可靠。它属于漏极开路输出的电流控制型开关电源。由于采用CMOS电路,使器件功耗显著降低。

② TOPSwitch-II只有3个引出端:控制端C、源极S、漏极D,可与三端线性稳压器相媲美,能以最简方式构成无工频变压器的反激式开关电源。为完成多种控制、偏置及保护功能,C、D均属多功能引出端,实现了一脚多用。以控制端为例,它具有3项功能:

- 该端电压 V_C 为片内并联调整器和门驱动极提供偏压;
- 该端电流 I_C 能调节占空比;
- 该端还作为电源支路与自动重启动/补偿电容的连接点,通过外接旁路电容来决定自动重启动的频率,并对控制回路进行补偿。

③ 输入交流电压的范围极宽。作固定电压输入时可选220(1±15%)V交流电,若配85～265V宽范围变化的交流电,最大输出功率要降低40%。开关电源的输入频率范围是47～440Hz。

④ 开关频率典型值为100kHz,占空比调节范围是1.7%～67%。电源效率为80%左右,最高可达90%,比线性集成稳压电源提高近一倍。其工作温度范围是0～70℃,芯片最高结温 T_{jm}=135℃。

⑤ TOPSwitch-II的基本工作原理是利用反馈电流 I_C 来调节占空比 D,达到稳压目的。

⑥ 外围电路简单,成本低廉。外部仅需接整流滤波器、高频变压器、初级保护电路、反馈电路和输出电路。采用此类芯片还能降低开关电源产生的电磁干扰。

2. 电路设计要求

① TOPSwitch-II的反馈电路中须配光电耦合器与输出电路隔离。设计精密开关电源时,还应增加一片TL431型可调式精密关联稳压器,构成外部误差放大器,来代替取样电路中的稳压管。精密开关电源的电压调整率 S_v、电流调整率 S_I 均可达±0.2%左右,接近于线性集成稳压电源的指标。

② 应选用电流传输比(CTR)能线性变化的光电耦合器,如PC817A、NEC2501、6N137等型号,不推荐采用4N25、4N35等4N××型普通光耦。后者的线性度差,传输模拟信号时会造成失真,影响开关电源的稳压性能。

③ 高频变压器的初级必须设置保护电路,用以吸收漏感引起的尖峰电压,确保MOSFET

不被损坏。这种保护电路应并联在初级上，具体有4种设计方案：

- 由瞬变电压抑制二极管（TVS）和超快恢复二极管（SRD）组成箝位电路；
- 由TVS与硅整流管（VD）构成箝位电路；
- 由阻容元件与SRD构成吸收电路；
- 由阻容元件与VD构成吸收电路。

上述方案中以第一种的效果最佳，能充分发挥TVS响应速度极快、可承受高能量瞬态脉冲之优点。第二种方案次之。

④ 使用芯片时须加合适的散热器。对于TO-220封装，可直接装在小散板上。对于DIP-8和SMD-8的封装可将4个源极焊在印制板敷铜箔上代替散热片。

⑤ 为抑制从电网引入的干扰，也防止开关电源产生的干扰向外部传输，需在电源进线端增加一级电磁干扰滤波器（EMI Filter），亦称电源噪声滤波器（PNF）。

⑥ 使用此类芯片时，源极引线要尽量短。为使空载或轻载时输出电压稳定，应在稳压电源输出端接一只几百欧的电阻作为最小负载，亦可并联一只稳压管。

3. 应用范围

TOPSwitch-II可广泛用于仪器仪表、笔记本电脑、移动电话、电视机、VCD和DVD、摄录像机、电池充电器、功率放大器等领域，并能构成各种小型化、高密度、低成本的开关电源模块。此外，还适合构成后备式开关电源、非隔离式开关电源、恒流恒压输出开关电源、供无线通信用的DC-DC电源变换器、恒功率调节器、功率因数补偿器等。

3.9.3 TinySwitch系列四端开关电源

TinySwitch是Power公司新推出的一种高效、小功率四端单片开关电源。因所构成开关电源的体积很小，故称TinySwitch微型开关系列。它比三端单片开关电源增加一个使能端，使用更加方便灵活。TinySwitch系列性优价廉，外围电路非常简单，特别适合制作10W以下的微型开关电源或待机电源，是取代效率低、体积较大的小功率线性稳压电源的理想产品。

1. TinySwitch的性能特点

① TinySwitch有DIP-8、SMD-8两种封装形式、6种型号。尽管采用8引脚封装，实际上只有4个引脚：S、D、BP（相当于控制端）、EN（使能端），因此等效于四端器件。利用使能端可从外部关断MOSFET，并且在快速上电时输出电压无过冲现象、掉电时MOSFET也无频率倍增现象。

② 高效、小功率输出。选220V交流电源时，其空载功耗低于60mW。适宜制作0～10W的小功率、低成本开关电源，比线性稳压电源大约可节电38%。

③ 采用开/关控制器来代替PWM对输出电压进行调节。开/关控制器可等效为脉冲频率调制器（PFM），其调节速度比普通的PWM更快，对纹波抑制能力更强。

④ 与TOPSwitch-II相比，它在电路设计上颇具特色。第一，交流输入端可省掉EMI滤波器；第二，初级保护电路不需使用TVS，仅用*RC*电路即可吸收尖峰电压；第三，不用反馈线

圈及相关电路，也不加回路补偿元件；第四，芯片内部增加了使能检测与逻辑电路。

2. TinySwitch 的应用

TinySwitch 系列产品适合制作手机电池恒压恒流充电器、IC 卡付费电度表中的小型开关电源模块，以及微机、彩电、摄/录像机等高档家用电器中的待机电源。例如，目前生产的大屏幕彩电均具有待机功能，使用遥控器关闭电源之后，即进入待机状态。此时彩电中开关电源的功率开关管呈关断状态，改由待机电路继续给 CPU 供电，使整机功耗降至最低。由 TNY253P 可构成 5 V/1.3 W 的彩电待机电源。利用彩电主电源产生的直流高压作输入电压，允许范围是 120～375 V（视彩电型号而定），而 $V_o=+5$ V。使用一片 TNY255P 则可构成 PC 机的 5 V/2 A 待机电源。由 TNY254P 构成的＋6.7 V/3.6 W 手机电池恒压、恒流充电器，能在 85～265 V 交流输入电压范围内，对 6 V 镍氢（NIMH）电池充电。此外，TinySwitch 还适合制作小型家电（如随身听）的适配器（adapter），将 220 V 交流电源变成所需直流稳压电源。这种适配器不仅没有笨重的变压器，而且效率高，体积小，稳压性能好，能完全取代目前市售的各种插头式 AC－DC 变换器。

3.9.4 MC33370 系列五端单片开关电源

MC33370 系列包括 MC33369～MC33374 5 种规格、17 种型号。

1. MC33370 的性能特点

① 比 TOPSwitch－II 增加了电源端（V_{cc}）和状态控制器的输入端（State Control input）；芯片内部增加了欠压锁定比较器、外部关断电路和可编程状态控制器。其性价比要优于 TOPSwitch－II，而外围电路更趋简单。

② 利用可编程状态控制器及外部模式选择电路，能实现多种控制方式（包括手动控制、由微控制器 MCU 操作、数字电路控制、禁止操作等），实现工作状态与备用状态的互相切换。

③ 内部集成了一只被称为“敏感场效应管”（Sense FET）的电流传感式功率开关管，可无功率损耗地实时检测漏极电流 I_D 的大小，进行过流保护。

④ 当交流电源为固定值或变化率不超过±20％时，允许去掉高频变压器的反馈线圈以及相关的高频滤波电路。这有助于进一步简化外围电路，降低开关电源的成本。为满足特殊应用的需要，还可给开关电源增加软启动功能。

⑤ 电源效率高。由它构成的开关电源或电源模块的效率可达 80％以上。在备用状态下静态功耗低至几十至几百毫瓦。

⑥ 占空比调节范围更宽，可达 0.1％～74％。脉宽调制增益的典型值为－14 ％/mA。芯片的工作结温是－40～150 ℃，过热保护温度定为 157 ℃（TOPSwitch－II 仅为 135 ℃）。

2. MC33370 的应用

MC33370 系列可广泛用于办公自动化设备、仪器仪表、无线通信设备及消费类电子产品中，构成高压隔离式 AC－DC 电源变换器。在作特殊应用时，还可去掉高频变压器的反馈绕组及快恢复二极管、滤波电容，改用稳压管或双极型晶体管、MOS管来进行串联调整。此外，利用这种芯片还能制作高压步进电源。

3.10　数字信号处理器在直流通信电源设计中的应用

利用高性能的数字信号处理器(DSP)设计通信电源，不但能够减少电路的元器件，而且可以大大增强系统的可靠性和稳定性，避免电子设备长期受供电不稳和噪声大的干扰，比传统的电源设计方式有着明显的优势。其主要优点：一是更容易实现数字芯片的处理和控制，避免模拟信号传递的畸变、失真、减少杂散信号的干扰；二是便于系统调试；三是方便实现远程遥感、遥测、遥调。本节以ADMC331设计DC-DC直流驱动电源为例，简要介绍一下数字信号处理器(DSP)在电源产品设计上的应用。

1. ADMC331的结构特点

ADMC331是美国模拟器件公司(ADI)推出的基于DSP技术的电机控制器，其将高性能DSP内核ADSP2171与丰富的外围控制线路集成于单片芯片中，大大简化了硬件设计，为用户快速、高效地开发控制器创造了十分有利的条件。其主要特性如下：

① 集成了一个26MIPS(每秒百万条指令)定点数字信号处理器内核，与ADSP-2100数字信号处理系列的代码完全兼容；

② 单周期指令执行时间为38.5ns(外接13MHz晶振)；

③ 内置了2K 24位程序存储器ROM，2K 24位程序存储器RAM和1K 16位数据存储器RAM；

④ 具有一个三相16位基于中点的脉宽调制(PWM)发生器，能够灵活编程产生具有处理器开销最小的高精度PWM信号；

⑤ 有2路8位辅助脉宽调制(AUXPWM)通道，频率可编程；

⑥ 有七路Σ-Δ型A/D变换通道，最高分辨率为12位，最高采样频率可达32.5kHz；

⑦ 具有24个可编程数字输入/输出(PIO)口，可单独设置成输入或输出，支持状态变化中断；

⑧ 提供了2个双缓冲同步串行口(SPORT0、SPORT1)，用以完成串行通信和多处理器间的通信；

⑨ 带有实时中断的16位看门狗定时器；

⑩ 内部程序存储器ROM固化了一些实用程序，方便系统的程序设计，减少了数字控制系统的程序计算时间。

2. 基于ADMC331的DC-DC直流驱动电源设计

DC-DC直流驱动电源系统由主电路和控制电路等部分组成，其框图如图3-83所示。

(1) 主电路

DC-DC直流驱动电源系统的主电路如图3-84所示。主电路采用功率MOSFET管构

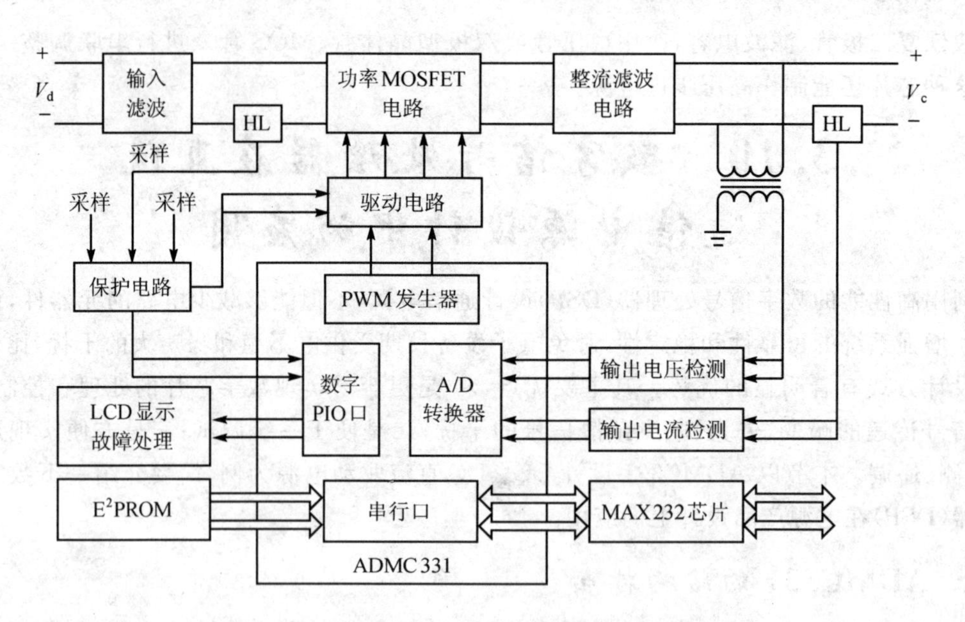

图 3-83 DC-DC 直流驱动电源系统结构框图

成的交错并联双管正激拓扑结构，M_1、M_2、D_1、D_2 与副边拓扑构成 1# 双管正激变换器，M_3、M_4、D_3、D_4 与副边拓扑构成 2# 双管正激变换器。工作时，2# 变换器的控制脉冲相对于 1# 变换器移相了 180°，双路变换器交替工作，向副边传输能量，通过二极管 D_1、D_2 或 D_3、D_4 向原边输入电源回馈能量，实现铁芯磁复位。交错并联双管正激变换器与单管正激变换器相比，电压应力小，功率管只承受电源电压，不需要另加磁复位电路；与全桥或半桥变换器相比，不存在桥臂直通的危险；此外，交错并联结构使变换器热分布均匀，提高了可靠性。

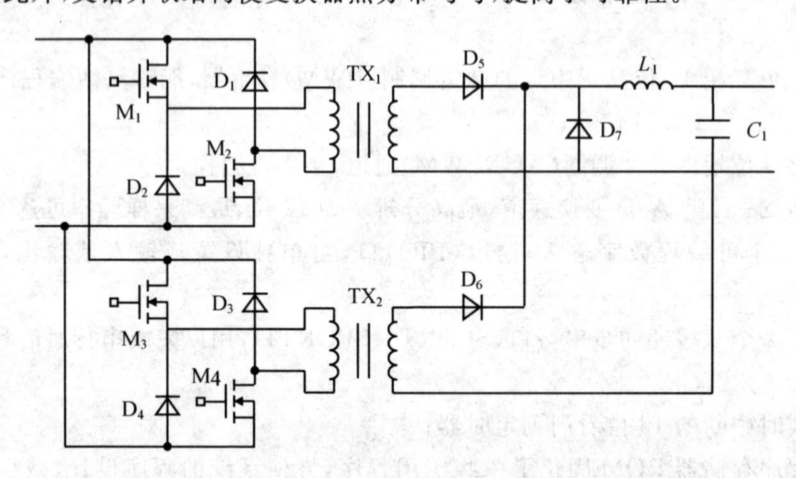

图 3-84 DC-DC 直流驱动电源系统的主电路图

(2) DSP 控制系统

DSP 是控制电路的核心，控制系统由 ADMC331、E²PROM 及外围电路等构成最小 DSP 系统，完成控制、计算、保护等功能，可实现火炮驱动直流电源真正意义上的全数字化控制。ADMC331 提供 PWM 控制信号，经隔离驱动后驱动功率 MOSFET 管工作。为了保证功率模块正常安全运行，采用一片 GAL 芯片对运行中系统电流、电压、异常故障等进行检测并作出反应，通过硬件方式直接封锁驱动信号的输出，提高了系统对故障响应的快速性和可靠性，同时保护信号也通过数字 PIO 口送入 ADMC331，进行软件查询、处理和报警显示。另外，ADMC331外接一个存有程序执行指令的机器码的 E^2PROM，上电后通过串行口程序自行导入，并且采用 MAX232 芯片作为 TTL 与 RS－232 的电平转换，以实现 ADMC331 与外界的通信。

(3) 驱动电路

驱动电路的好坏直接影响系统工作的可靠性和电气性能，对于功率 MOSFET 管采用如图 3－85 所示的驱动电路，变压器隔离，电路设计大为简化，抗干扰能力强，具有快速、高性能的特点。

(4) 仿真与试验

可以采用 PSPICE 软件对主电路进行仿真，DC－DC 直流驱动电源系统运行稳定，试验效果比较良好。数字信号处理器(DSP)在电源产品设计上的广泛应用，可以实现电源产品的高效、可靠及真正意义上的全数字化控制，提高控制电路的集成度和控制电路乃至整个系统的可靠性和可塑性。

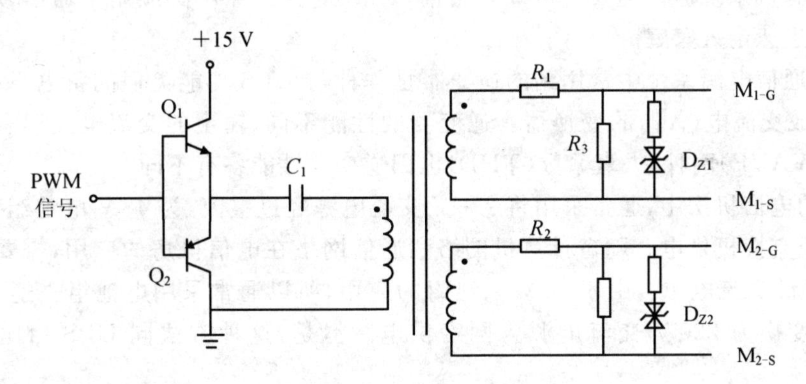

图 3－85　功率 MOSFET 驱动电路

第4章 UPS电源

4.1 UPS电源概述

4.1.1 UPS的概念

UPS就是不间断电源，其英文名为 Uninterruptible Power System，UPS是伴随着计算机的诞生而出现的。作为通信电源系统的关键设备，UPS是一种有储能装置，以逆变器为主要元件、稳压稳频输出的电源保护设备，它可以解决现有电力的断电、低电压、高电压、谐波、杂讯等现象，使计算机系统运行更安全可靠。目前，UPS电源已经广泛应用于通信领域的各个行业，并且正在迅速走入家庭。

此外，在通信电源系统中常用到的逆变器是一种与UPS功能类似的备电设备，是将直流电(DC)转换成交流电(AC)的变换器。逆变器的性能不同，输出的交流电波形有阶梯波与正弦波(SINE WAVE)两种，失真系数(THD)也因逆变器性能各有不同。

在早期的电信机房中，通常采用将220 V交流电源经过整流，为48 V电池组充电，由电池组直接给程控交换机供电。随着计算机网络和通信网络在电信机房的应用，需要为其提供高质量的220 V的交流电源。由于48 V电池组的应用，所以通常采用电池组＋逆变器的方法，将48 V直流变换为220 V交流电源为网络供电。但是，这种方法同UPS相比存在着许多弊病。

① UPS(不间断供电系统)最重要的作用就是不间断供电，当市电网符合输入范围时，经过AC-DC、DC-AC双重变换后向负载供电；当市电网超限时，由电池向负载供电；当UPS故障或过载时由旁路电源向负载供电；维护时还可以通过手动维修旁路开关对UPS进行在线维护。而电池组＋逆变器的供电方式，当电池组出现故障需要更换时，必须使系统间断，这会对系统造成巨大的损失。UPS的不间断作用是电池组＋逆变器无法替代的。

② UPS的作用是实现双路电源的不间断相互切换，提供一定时间的后备时间、稳压、稳频、隔离干扰等。它能够将瞬间间断、谐波干扰、电压波动、频率波动、浪涌等电网干扰阻挡在负载之前。由于UPS自身逆变器的输入直流总线和外接电池组均与用户原有的48 V通信电源无任何直接的电气连接，所以不会对程控机产生任何传导干扰。另外，UPS为防止对外的辐射干扰，通常采用钢板式框架结构，像英国CHLORIDE UPS在内衬2 mm厚不锈钢板的外部设计的流线型塑料外壳，不仅保持了优美外形，而且消除了对其他设备的辐射干扰。在它的输入输出端采用了RFI滤波器，使得向负载提供的是经过净化的交流电源。

对于48 V电池组＋逆变器而言，由于逆变器电源与程控机房所用的直流电源是同一组电池组，而逆变器采用的是高频脉宽调制工作方式，其反馈噪声干扰必然会串入到程控电话的输入端，会大大影响通话品质。

③ 因为逆变器是固定的48V供电,电池电压较低,当输出功率要求较大时,对功率模块的生产工艺要求也愈高,因此大功率逆变器难以实现。目前,最大的逆变器约为15kVA。而UPS本身的自带电池组直流电压可高至几百伏,因此单机功率可以很大,如英国CHLORIDE UPS单机可以做到600kVA,且还可以通过并机方式进一步扩大容量。如:EDP90系列,可以6台直接并联或通过公共旁路柜并联。

④ 由于48V逆变器电源用量小,生产厂家通常规模比较小,其性能难以同UPS生产厂家相提并论。UPS作为一个完整独立的电源系统,在世界上生产已几十年,生产规模庞大、技术成熟、可靠性高,其可靠性指标理论上可达几十万小时,而48V逆变器电源在技术上难以与之匹敌。

⑤ 为适应现代通信网络飞速发展的需求,要求UPS或逆变器必须拥有极强的网络管理功能。英国CHLORIDE UPS向用户提供了2个RS-232接口、1个计算机干接点接口和1组远程报警继电器触点。其完善的网络管理软件可适应不同的操作系统,可对16台UPS同时进行监控,可监测多达170多种参数。其特有的Life 2000远程监控软件可以使UPS天天都处于智能监控之中,确保用户高枕无忧。而对于48V逆变器而言,由于其生产规模和使用范围的限制,很少有厂家能提供如此之强的软件功能。

⑥ 有人曾提出UPS的缺点是当输入电压偏高或偏低时,即转为电池放电,而我国电网状况通常较差,会引起电池频繁放电,缩短电池寿命。使用48V逆变器则不用考虑此问题。事实上,当今世界上具有实力的UPS生产大厂,如Exide、MGE、CHLORIDE等在设计上均充分考虑了此问题。如:英国CHLORIDE UPS,采用先进的DSP控制技术,具有超宽的输入电压范围,在+25%的范围内仍可满载输出,极大地减少了电池放电次数。其先进的智能电池管理功能,使其充电器具有极小的交流纹波,充电电压自动温度补偿,放电终止电压随放电时间自动补偿,自动电池检测,电池寿命计算等功能,极大地保护了电池,可使电池寿命延长30%。

通过上述分析,可以发现48V逆变器在控制技术、抗干扰能力、网络管理、功率等级、可靠性等方面均无法达到在线式UPS的水平,因此通信电源选用在线式UPS为最佳。

4.1.2 UPS的发展趋势

随着信息化社会建设进程的加快,UPS的应用范围越来越广泛,UPS的技术发展也越来越快,其主要发展方向为:全数字化、智能化和网络化。

1. 全数字化

功率MOSFET以及IGBT的问世为UPS开拓出一条光辉灿烂之路,使UPS技术步入崭新的时代——全数字化时代。

首先,UPS的输入部分取消了用于与市电隔离的工频变压器或为降压用的自耦变压器,而采用SPWM技术实现整流高频化(AC-DC)。一方面可以减小直流侧滤波器尺寸,改善直流侧调节性能,提高市电电压允许变化范围;另一方面在控制技术中采用数字信号处理器DSP控制,使输入电流正弦化,并与市电电压相同,从而实现UPS高输入功率因数(PF约为1),消除对市电的谐波"污染",大幅度减少无功损耗,明显降低了运行成本,达到环保的目的。

其次,取消了UPS逆变器中的工频变压器,用高频变压器来实现UPS与市电的隔离,而

UPS的输出级采用SPWM变换方式(不用变压器直接逆变)输出工频电压。逆变器中的功率MOSFET或IGBT工作频率在20kHz以上。因此输出滤波器小而简单,而且输出的正弦波非常光滑。

对于UPS内部的蓄电池组采取高频变化降压方式(DC-DC)充电,当市电停电时,UPS转换为蓄电池,给逆变器供电时亦采取高频变换降压方式(DC-DC)实现。

在逆变器控制电路中采用正弦波直接反馈技术,使其调节高速化,远远优于传统模式模拟反馈技术,再加上小的输出滤波器和20kHz以上的SPWM调制,使UPS动态响应特性非常好。在逆变器保护电路中采用性能优良的过流保护技术,使逆变器不仅具有较强的过载能力,允许100%负载不平衡(指三相逆变器),而且具有强有力的自身保护。也正是在上述条件保证下,抛弃了传统式逆变器输出变压器,不仅噪声低而且效率高。全数字化UPS是新一代UPS,它具有高质量、高可靠、高指标、多功能等特点。

未来,UPS技术将向着多功能的方向发展,功率范围从12kVA拓展到300kVA,全面满足客户的需求,提供包括特殊环境下的关键应用系统所需的中央电源保护功能,内置式DCexpert电池监察系统,能够高准确地提供运行时间和电池状况,避免因突如其来的故障导致数据丢失,使电池运行时间误差减小到±3%以内。

数字化UPS的内置式Token-Ring网络采用数字信号处理专利算法,有效地解决并行系统之间的相互沟通问题,并采用有效的设计将产品的元件数量减至最低程度,以减少故障机会,可以提供99.99%可用性的并行冗余系统。比如,新推出的Remote Notify选件在大部分情况下能够自行诊断故障,并且随即解决问题。如果遇到重大故障,可以就用户预测的190多种故障情况,自动向传呼机或个人电脑发出最多长达40个字的求助信息。Remote Notify可以向两个不同的电话号码发出呼叫,并且最多可以重拨256次,以确保信息可以顺利传达,而网络管理人员则可通过拨号进入系统内部检查UPS的全面运行情况。

2. 智能化

UPS的智能化包括系统运行状态自动识别和控制、系统故障自诊断、蓄电池自动监测管理、智能化内部信息监测与显示等。

UPS的异地远程监控包括系统专用远程监控控制盘、RS-232/485通信口与监控PC间的交互控制、将UPS系统作为网络的一个节点的网络交互控制等。UPS的智能化主要通过系统的控制软件实现。在系统运行状态识别与控制方面,通过内部传感器和状态逻辑及识别系统所处的运行状态,判定系统运行程序和运行是否正常,主要包括以下几个方面:

① 根据负载被切换到旁路的时间和次数以及切换时的输入/输出参数等,判定系统的运行模式即旁路运行还是主机运行、充电运行还是放电运行;

② 根据系统运行的状态参数识别外部指令,决定执行外部指令的方式,包括系统功能和运行参数的调整;

③ 快速、准确地判定系统的故障状态并采取相应的故障处理措施,如封闭功率变换器、输出故障参数报警等;

④ 历史事件的记录及根据历史记录和当前运行参数预测蓄电池的后备时间等;

⑤ 智能化的人机对话控制操作面板,包括图形显示等;

⑥ 并机系统的热待机到带载运行的自动判定与转换。

所有这些都简化了外部操作程序，有效地防止了系统的误操作对系统自身和负载所带来的危害，提高了 UPS 的可靠性。UPS 智能化的另一个方面是通过运行于 PC 机内的监控软件实现的。通过 RS-232 等接口将 UPS 与 PC 机串口连接，并在 PC 机上运行相关平台的 UPS 监控软件，由 PC 机定时发送查询指令，UPS 则在规定的时间内返回运行参数信息。由 PC 机进一步对 UPS 的运行状态、故障的具体部位等进行判断，并在必要时对 UPS 发出指令进行运行干预和提醒现场维护人员。

目前，UPS 厂商新推出的多种新产品，包括多种不间断电源供应技术，电源管理软件以及连接装置，都不会由于电源冲击、浪涌、陡降、电力不足和电力中断等问题而使受保护的重要信息资源遭受损失。

3. 网络化

在计算机网络以及通信事业迅猛发展的推动下，当今 UPS 已在大量引进微处理监控技术的基础上，发展成为一种能在 UPS 网络和计算机网络之间建立起双向通信调控管理功能的系统。UPS 网络化有两方面的含义。

一是 UPS 及其监控系统与其所保护的负载——计算机或局域网络间的交互作用。当电源出现异常时，UPS 内部的微控制器会及时把异常信息发送给它所保护的计算机或局域网，并发出告警信息，提醒操作员或网络管理员及时处理，并在 UPS 供电时间结束前自动中止计算机或局域网的运行，并将现场信息自动存盘。通过 MODEM 向有关人员发出 E-mail、BP-CALL 等，在这个意义上 UPS 是其保护网络的几个节点。

另一方面的含义是把 UPS 当作广义网络的一个独立节点并装上通信适配器，给 UPS 分配独立的 IP 地址。这样，网管员或被授权人可在网络的任何地方通过网络像管理计算机一样对 UPS 的情况进行实时远程监控，利用这种控制功能用户可在计算机网络终端上实时监控 UPS 的运行参数。此外，用户还可以在计算机网络终端上对 UPS 的输出执行定时的自动开机、自动关机操作。在自动完成将程序和数据转入磁盘操作之后，再自动关闭操作系统。这样有序的关机操作，将确保用户的软件和数据的安全可靠。

UPS 生产厂家也可以直接通过网络了解分布在世界各地的 UPS 的运行情况，便于向用户提供系统诊断和维修等守候服务，提高了服务的快速性和准确性。为实现控制功能，在目前市售的先进 UPS 上可向用户提供 RS-232、DB-9、RS-485 等通信接口。对于要求能执行计算机网络管理功能的 UPS 来说，还应配置简单网络管理协议 SNMP 卡，才能配套运行。

总之，UPS 使用 MOSFET 及 IGBT 功率元件，使其走向高频化、小型化、高效率，也延长了蓄电池的寿命；采用冗余技术，进一步增强了 UPS 的容量和可靠性，而网络智能化 UPS 技术不仅提供完全可靠的网络电源管理，也为节能提供了一种最佳的解决方案，可以说 UPS 技术总的发展趋势是逐步向小型网络智能化和具有长时延方向发展。随着科学技术的进步，UPS 技术在不久的将来也将开辟一个更新的领域。

4.2 UPS 分类

从机械的角度来看，UPS 可分为旋转型和静止型两大类。旋转型现已较少使用，目前广泛应用的 UPS 属于静止型 UPS(本章主要介绍静止型 UPS)。

静止型UPS采用精密的电子元器件，同时利用电池的储能给设备供电。市电正常时将市电转化为化学能储存起来；当市电不正常时，由化学能转化为电能给设备供电。

由于静止型UPS可按多种性能特点进行分类，而这些分类方式对于UPS选型应用有着较大的意义。

1. 按配电方式分类

根据用户的不同配送系统，有3种UPS机型可供用户选择，这种划分与UPS的输出功率有关。

(1) 单进/单出机型

选用此机型时，用户无需考虑UPS输出端的负载均衡分配问题，但必须考虑市电配电的三相均衡带载问题。

(2) 三进/单出机型

此种机型的交流旁路市电输入的相线和中线配置可单相承担UPS额定输出电流的导线截面积，防止三相电压不平衡时中线电流过大。

(3) 三进/三出机型

输入要求与三进/单出机型相同，另外还要将UPS输出端的负载不平衡度控制在标准规定的范围之内。

注意：鉴于计算机和通信设备等非线性负载均是属于"整流滤波型"负载，从而造成流过供电系统中的中线电流急剧增大，为防止因中线过热或中线电位过高而造成不必要的麻烦，应将中线的截面积加粗为相线的1.5～2倍。

2. 按工作方式分类

从技术上讲，静态式UPS分为3类：离线式(OFF LINE)、在线式(ON LINE)和在线互动式(LINE INTERACTIVE)。

(1) 离线式UPS

离线式UPS原理框图如图4-1所示，离线式UPS性能如表4-1所列。

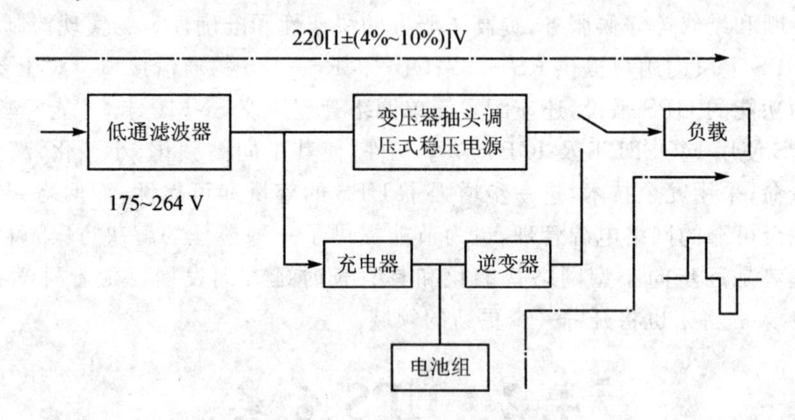

图4-1　离线式原理框图

表 4－1　离线式性能表

项　目	离线式 UPS
容量范围	0 至几 kVA，多为 1 kVA 以下，且多为 500 VA
技术特性	多为准方波输出，对市电没有净化功能；逆变器为后备工作方式，掉电转逆变工作有时间间隔
结构	采用工频变压器来进行能量传递，电源笨重而且体积大
优点	价格便宜，结构简单，可靠性高
缺点	没有净化功能，稳压特性差，掉电切换电池有间断时间
适用场合	只能处理断电问题，仅适合比较简单、不很重要的环境使用，如办公或家用 PC，不重要的网上终端等

(2) 在线式 UPS

在线式 UPS 原理框图如图 4－2 所示，性能如表 4－2 所列。

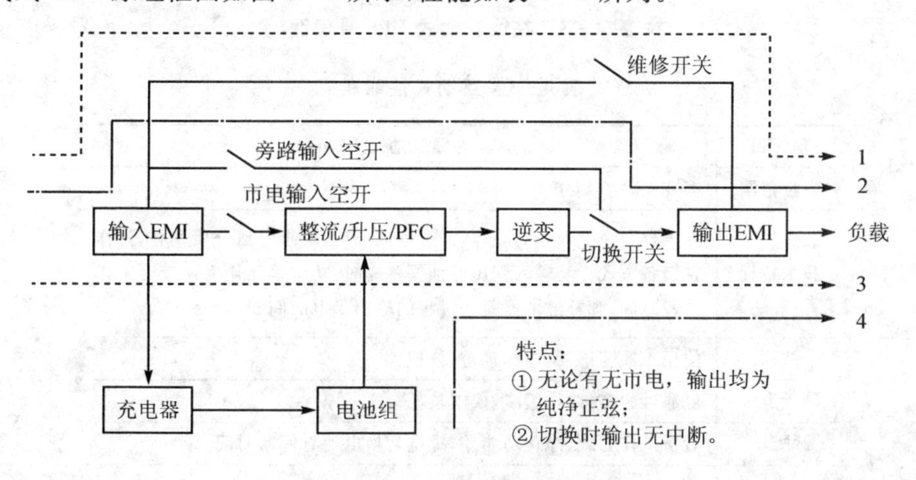

图 4－2　在线式原理框图

表 4－2　在线式性能表

项　目	在线式 UPS
容量范围	几百 VA 到几百 kVA(单机)
技术特性	输出正弦波，逆变器主供电，掉电转电池没有中断时间，对市电进行完全净化
结构	绝大部分采用的是高频变换技术，能量的变换也都使用的是高频变压器来完成的，体积小，重量轻，噪声低
优点	对市电完全净化
缺点	价格比较贵，效率相对较低
适用场合	提供全面而彻底的保护，10 kVA 以上 UPS 大都采用这种技术，适合大型数据网络中心和其他关键用电领域，如服务器及其他重要仪器、设备、控制系统等

(3) 在线互动式 UPS

在线互动式 UPS 原理框图如图 4-3 所示，性能如表 4-3 所列。

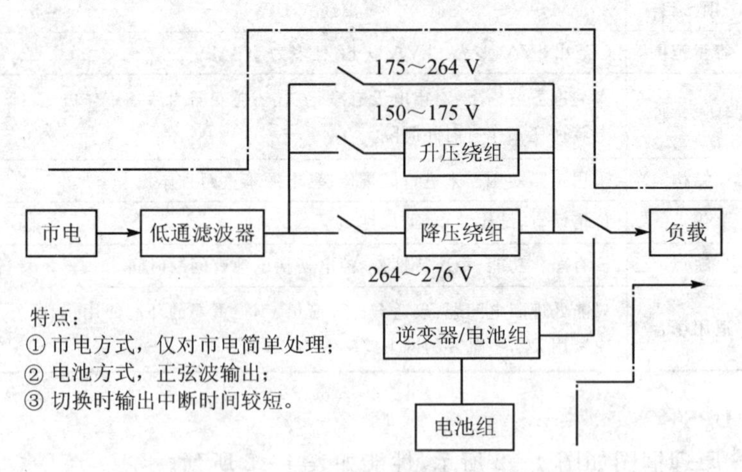

图 4-3 在线互动式 UPS 原理图

表 4-3 互动式性能表

项 目	在线互动式 UPS
容量范围	多在 5 kVA 以下
技术特性	充电器与逆变器合为一体，没有整流环节，输出电压分段调整，工作在后备方式。当输入变压器抽头跳变时，功率单元作为逆变器工作一段时间，弥补继电器跳变过程的输出供电的间断
结构	使用工频变压器，电源笨重、体积大
优点	可靠性较高，结构紧凑，成本较低
缺点	后备工作方式，净化功能差，掉电切换电池有间断时间
适用场合	能满足大多数应用场合的要求，如网上路由器、集线器、终端、办公及家用 PC。但不适合大型数据网络中心等用电领域

通信电源系统的工程技术人员可以根据负载对输出稳定度、切换时间、输出波形的要求，确定是选择离线式、在线式或在线互动式。在线式 UPS 的输出稳定度、瞬间响应能力比另外两种强，对非线性负载及感性负载的适应能力也较强。对于使用发电机带短延时 UPS 的系统，由于发电机的输出电压和频率波动较大，最好使用在线式。

3. 按逆变工作延时时间分类

按逆变工作时满负荷条件下允许供电时间的长短，UPS 可以分为标准机型和长延时机型。

标准机型电池在 UPS 的腔体内，长延时机型电池需要外加电池箱(柜)；标准机型能在电力异常时提供 7～15 min 的后备时间，使得用电设备有足够的时间实施应急措施。在需要较长的后备时间的场合，可以选用具有长延时功能的 UPS。延长不间断电源的供电时间有两种方法：

- 增加电池容量：可以根据所需供电的时间长短增加电池的数量，采用这种方法会造成电池充电时间的相对增加，同时也会增加相应的维护设备的数量、增大产品体积，造成UPS整体成本提高。
- 选购容量较大的UPS：采用这种方法不仅可以降低维修成本，如果需要扩充负载设备，较大容量的不间断电源仍可正常工作。一般长延时机型延时时间有0.5h、1h、2h、4h、8h等，可以根据设备需求进行选择。

4. 按输出容量分类

按输出功率大小可分为中小容量UPS(10kVA及以下)和大容量UPS(10kVA以上)。

中小容量UPS包括离线式、在线互动式和在线式；大容量UPS一般为在线式。

当设备需求容量大时，可以选用单机容量较大的UPS，也可以选择多台中小容量UPS进行并联冗余实现。但推荐使用单台大容量UPS，因为采用单台容量较大的UPS集中供电方式，不仅有利于集中管理UPS，有效利用电池能量，而且降低了UPS的故障率。

5. UPS性能分类代码

我国国家标准GB7260已等效采用IEC62040－3国际标准，因此国产UPS产品应标识UPS性能分类代码，在进行UPS选型时应注意选用已标识UPS性能分类代码的UPS。

UPS性能分类代码由3部分组成(例如VFI－SS－123，这是分类代码的一个例子)。最前面的3个字符规定在正常工作方式下的电源质量，表示UPS输出电压和频率与交流输入电源(市电)电压和频率的关系；中间的2个字符规定在正常工作方式(包括暂时的静态旁路工作)和储能方式下的输出电压波形，表示的是正弦波或非正弦波；最后3个字符规定在不同条件下UPS瞬态输出电压性能，表示是否符合标准规定的瞬态电压性能。

(1) 电源质量的分类选项(3个字符或2个字符)

在正常工作方式下，电源质量可以为：VFI、VFD、VI。

VFI：表示这种UPS的输出与市电电源的电压和频率无关；

VFD：表示这种UPS的输出取决于市电电源的电压和频率变化；

VI：表示这种UPS的输出(频率)取决于市电电源的频率变化，输出电压与市电电压无关。

(2) 输出电压波形的分类选项(2个字符)

第一个字符表示在正常和旁路方式下的输出电压波形，可以为S、X、Y；

第二个字符表示在储能方式下的输出电压波形，可以为S、X、Y。

S：表示在所有线性和基准非线性负载条件下，输出波形均为正弦波，其总谐波失真因数D小于0.08；

X：表示在线性负载条件下，输出波形均为正弦波(与S相同)，在非线性负载条件下(如果超过规定的极限)，其总谐波失真因数D大于0.08；

Y：输出波形是非正弦波。

(3) 瞬态电压性能的分类选项(3个字符)

第一个字符表示改变工作方式时的输出电压瞬态性能，可以分为1、2、3；

第二个字符表示在正常/储能方式下，带线性阶跃负载时的输出电压瞬态性能(最不利的情况)，可以为1、2、3；

第三个字符表示正常/储能方式下，带基准非线性阶跃负载时的输出电压瞬态性能(最不利的情况)，可以为1、2、3。

1：表示瞬态电压≤1类输出动态性能数据(无中断或无零电压出现)；

2：表示瞬态电压≤2类输出动态性能数据(输出电压为零持续1ms)；

3：表示瞬态电压≤3类输出动态性能数据(输出电压为零持续10ms)。

(4) 完整的UPS分类代码

下面是典型的UPS完整的分类代码：

电源质量	输出波形	输出动态性能
VFI	SS	111
VI	SX	222
VFD	SY	333

实际的UPS产品的性能分类代码举例：

Powerware 9370：VFI-SS-111

Powerware PB4000(BORRI 4000)：VFI-SS-111

Socomec DELPHYS MP：VFI-SS-111

AEG/SAFT SVS Power System：VFI-SS-111

4.3 UPS的基本功能

对于UPS在现代通信系统中的应用而言，UPS具有3大基本功能：稳压、滤波和不间断。

1. UPS的稳压作用

UPS作为现代通信设备的关键电源设备，最重要的要求是输出电压的质量好。首先必须稳压，如果电压总是不停地上下波动可能影响系统的正常工作，那还不如不用。传统的电子设备都有一个对输入电压适应"+10%～-15%"的变化范围，但由于科学的发展和电子技术的进步使用电量大幅度增加，而发电系统的供电量远远满足不了飞速发展的用户的需要，这就造成了电网电压的不稳定，而且在很多时候这种变化范围已超出了"+10%～-15%"的常规界限，这是UPS必须解决的第一个问题。

交流稳压器是UPS发挥稳压功能的关键器件，现代UPS系统通常采用电子交流稳压器，如图4-4(a)所示，原因是UPS本来就是电子电路；但也有的将市电供电时UPS的功能比做自耦调压器式交流稳压器，如图4-4(b)所示，这就不能适应现代通信系统的应用要求了。这种稳压器的调压装置是机械式的，而UPS和这种设备的稳压原理都不一样，没有可比性；UPS的稳压功能比自耦调压器式交流稳压器强得多。

2. UPS的滤波作用

UPS的滤波作用要比一般交流稳压器强得多，因为它不但要滤除外来干扰影响其本身的正常工作，而且还要抑制其内部的干扰传到机外去影响其他设备的正常工作。这些作用称之为电磁兼容。滤除外来干扰的功能由图4-5所示的输入滤波器来完成，由于它所处的位置很

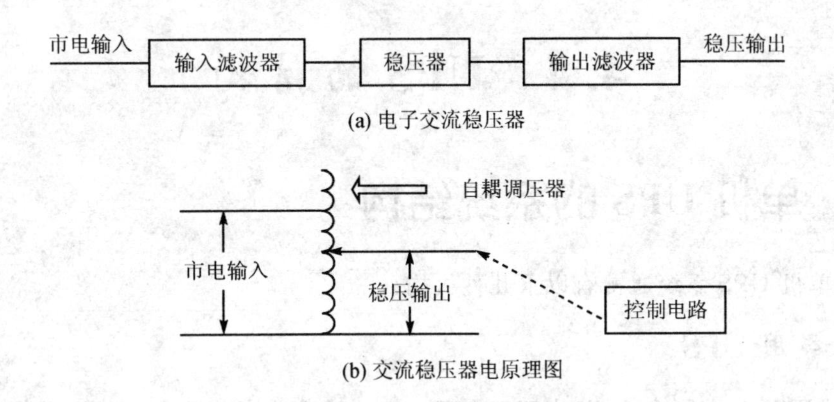

图 4－4　交流稳压器电原理图

重要，是外来干扰进入的大门，所以一般都将这个滤波器做得很好、很复杂，如图 4－5 所示中的扼流圈 L、滤波电容 C、浪涌吸收器 R 等。由于这些器件所处的位置不同，所起的作用也就不同，就像处在不同岗位的工作人员各司其职一样，处在火线和零线之间的电容器和浪涌吸收器是抑制常模干扰（和输入电流一起沿火线进入，又沿零线返回的干扰电流）的；处在火线和地线及零线和地线之间的电容器和浪涌吸收器是抑制共模干扰（是外线路感应的空间干扰，同时沿火线和零线同向输入的干扰电流）的。这个输入滤波起的作用和有些交流稳压器相同；至于对外辐射的干扰抑制电路一般都在内部和产生干扰的电路相靠在一起，还有一部分功能就集成在输出滤波器里。因此 UPS 的滤波作用比一般交流稳压器强大得多，更是自耦调压式交流稳压器所望尘莫及的。

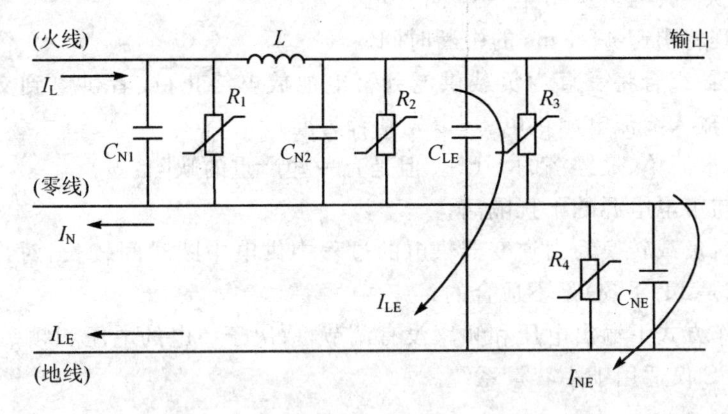

图 4－5　一般 UPS 输入滤波器电原理图

3. UPS 的不间断切换功能

一般用户对“不间断”这个词有一种误解，总认为在市电断电时 UPS 切换到电池供电的过程是不间断的，所以对在这种情况下的这个指标要求很严格。其实不然，市电断电时 UPS 切换到电池供电过程的不间断只是其中之一。另外还有 UPS 输出端过载与短路时的切换，由逆变器向旁路的切换和由旁路向逆变器的切换。

4.4 UPS的结构

4.4.1 单机UPS的系统结构

标准化单机UPS系统通常有以下几种机构：

1. 冷备用UPS

冷备用UPS(Passive Standby UPS)如图4-6所示，这种UPS有正常和储能两种工作方式。

在正常方式下，负载由市电电源经UPS开关直接供电。也可以采用一些附加设备(例如铁磁谐振变压器或自动改变抽头的变压器)对输入电源进行简单的调节后为负载供电，整流器给蓄电池充电。

当交流输入电源指标超出UPS的预定允差时，UPS转入储能工作方式，启动逆变器，负载由蓄电池经逆变器直接或通过UPS开关(电子开关或机械开关)供电。从市电供电向蓄电池供电的转换过程将引起4～8ms的中断时间。

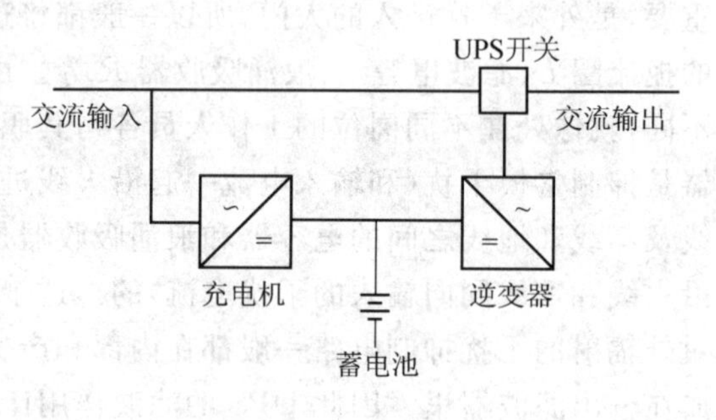

图4-6 冷备用UPS

蓄电池/逆变器组合将一直为负载供电到蓄电池放电终止；或者供电到交流输入电源恢复，负载转换回由输入交流电源供电。(以先到者为准)

这种UPS是最简单、最经济的UPS。但是有一些严重的缺陷：

- 负载没有与市电电源的干扰隔离；
- 市电停电时负载转换为由逆变器供电的过程中供电中断时间较长，对许多重要的应用场合(特别是IT系统)是不适合的；
- 在正常工作方式下输出电压和频率没有调节，取决于市电的电压和频率。

因此这种UPS仅适用于小容量系统。

2. 市电交互UPS

(1) 典型的市电交互UPS

市电交互UPS(Line Interactive UPS)如图4-7所示，系统由电源接口电路、逆变器、蓄电池、UPS开关等组成。接口电路包括静态开关和电感(扼流圈)。逆变器是双向变换器，即有市电时将市电交流电整流为直流电给蓄电池充电，市电停电时将蓄电池的直流电逆变为交流电为负载供电。

市电交互UPS有3种工作方式：正常方式、储能方式和旁路方式。

在正常方式下，交流输入电源(市电)与逆变器并联、相互作用向负载供电，逆变器进行输出电压的调节，交流输入电源(市电)供给负载电流，并给蓄电池充电，系统输出频率等于交流输入电源的频率。因为逆变器的输出频率必须与市电频率相同，才能通过控制逆变器与市电之间的相位角，使两者相互作用，向负载提供稳定的电源，并实现对蓄电池的充电。因此，称为市电交互 UPS。

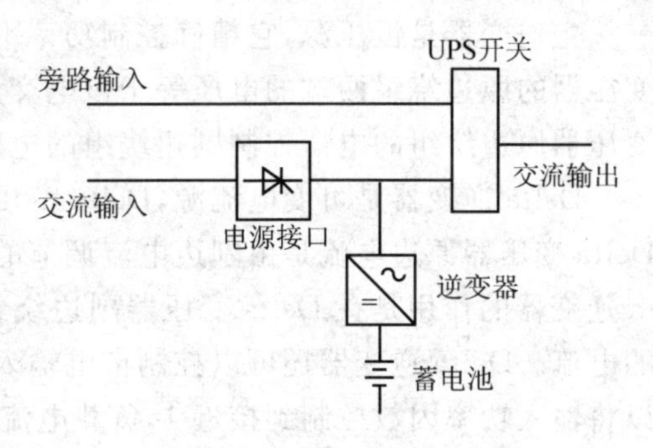

图 4－7　市电交互 UPS

当交流输入电源电压超出 UPS 预定的允差时，UPS 工作在储能方式。

在储能方式下，负载由蓄电池通过逆变器继续为负载供电。此时电源接口电路中的静态开关断开，以防止逆变器电源反馈到市电电源。蓄电池/逆变器组合一直为负载供电到蓄电池放电终止，或者供电到交流输入电源恢复，负载转换回由输入交流电源供电。

旁路方式是指在 UPS 故障或过载时，负载切换到由旁路电源供电。

市电交互 UPS 的优点是成本较低，提供了输出电压的调节。市电交互 UPS 的缺点有：

- 负载没有与市电电源的干扰真正的隔离；
- 不能进行输出频率的控制，输出频率取决于市电频率；
- 输出电压调节性能一般，因为输出电压的调节是通过市电与逆变器并联完成的。

(2) Delta 变换 UPS

Delta 变换 UPS(Delta Conversion UPS)是 20 世纪 90 年代研制开发的一种性能优良的、在系统结构和电能变换上引入了新的概念、在某些技术性能指标上获得了突破性进展的 UPS。该项技术至今在国际上仍有争议，IEC62040 也没有明确规定 Delta 变换 UPS。

根据国际标准 IEC62040－3 关于 UPS 性能分类的规定，国际上 UPS 行业多数意见认为 Delta 变换 UPS 属于市电交互 UPS，或者是市电交互 UPS 的一种变形，因为其输出频率取决于市电电源的频率，性能分类代码为 VI。

Delta 变换 UPS 的系统组成如图 4－8 所示，包括两个逆变器、交流输入开关、Delta 变压器和旁路开关等。其中一个逆变器称为 Delta 逆变器，另一个称为主逆变器。Delta 逆变器的额定容量为负载容量的 30%，主逆变器的额定容量为负载容量的 100%。Delta 变压器的原边绕组串联接在市电和 UPS 输出之间。Delta 逆变器和主逆变器都是双向变换器，它们可以将交流电变为直流电，同时也可以将直流电变为交流电。

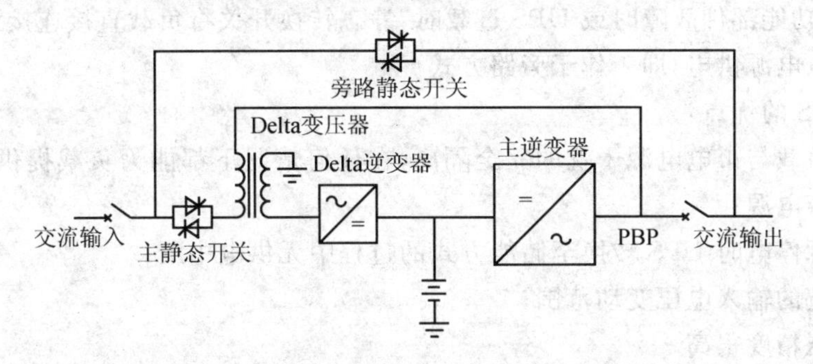

图 4－8　Delta 变换 UPS

主逆变器是恒压源,它精确控制功率平衡点(PBP)的电压大小和电压波形。因此在Delta变压器的原边绕组两端的电压等于市电交流输入电压和功率平衡点上的固定电压之差,Delta变压器原边绕组的电压控制副边绕组的电压。

Delta逆变器是可变电流源,Delta变压器副边绕组的电流取决于Delta逆变器输出电流,Delta变压器原边电流是由副边电流调节的,原边电流的波形还取决于副边电流的波形。Delta逆变器的作用是在Delta变压器副边绕组中产生适当的电流,以控制市电输入到原边绕组的电流。Delta逆变器还可以控制市电输入电流波形,使之为正弦波且与电压同相位,因此可以将输入功率因数控制到接近1,负载电流中的谐波电流由主逆变器供给。

3. 双变换UPS

双变换UPS(Double Conversion UPS)如图4-9所示,由整流器、逆变器、蓄电池和静态开关等组成,双变换UPS有正常、储能和旁路3种工作方式。

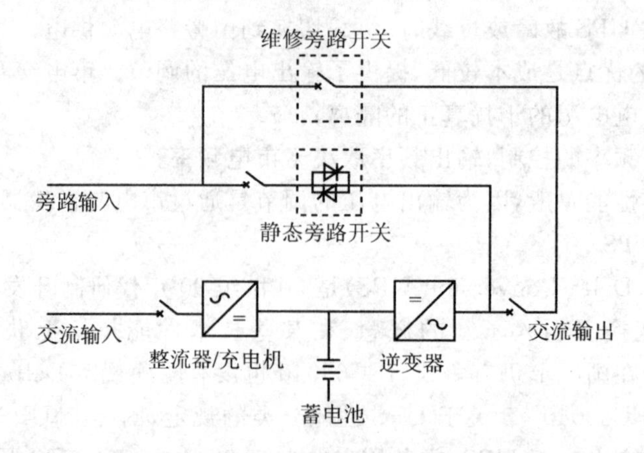

图4-9　双变换UPS

在正常工作方式下,整流器将市电交流电整流为直流电,供给逆变器,同时给蓄电池充电,逆变器将直流电逆变为交流电供给负载。因为将负载功率进行了整流和逆变两次变换,故这种UPS称为双变换UPS。

当市电电源停电时或电压和频率指标超出允差时,双变换UPS将转入储能方式,由蓄电池经逆变器不间断地为负载继续供电。

当UPS的功能部件故障时或UPS过载时,静态转换开关将负载直接连接到市电电源(旁路电源),由市电电源供电,即工作于旁路方式。

双变换UPS的优点:

- 实现了负载与市电电源干扰的完全隔离,在任何情况下都能为负载提供电压和频率稳定的交流电源;
- 市电电源停电时UPS转换至储能方式的过程中无供电中断;
- 允许很宽的输入电压变动范围;
- 输出电压精度很高。

双变换UPS的缺点是在正常方式下将100%负载的负载功率进行了整流、逆变两次变换,损耗较大,影响了系统效率的提高。

4.4.2 冗余UPS的系统结构

IEC62040规定的各种单机UPS系统，从可靠性和功能性上来看，可以分别满足不同应用场合的需要。在小功率的应用场合，各种单机UPS系统都可以采用。在中、大功率的应用场合，可以采用双变换UPS系统。应该指出，仅仅满足可靠性和功能性的要求还是不够的，对于要求高可用度的应用场合，还应满足可维护性和故障容限的要求，以提高系统的可用度。

为了提高UPS的可维护性和故障容限，可以采用冗余UPS系统。冗余UPS系统有并联冗余、备用冗余、隔离冗余和分布冗余等。目前，应用比较广泛的是并联冗余UPS和正在不断发展的分布冗余UPS。

1. 并联冗余UPS

并联冗余UPS系统由两个或多个单机UPS系统组成，各单机UPS系统的输出并联连接到一个公共的配电系统。系统一般按$N+1$个单机UPS系统配置，其中N个单机UPS系统就足以供给系统全部负载，再增加一个作为备用。因此，如果只有一个单机系统故障，$N+1$并联冗余系统仍能正常工作。并联冗余UPS系统的可用度比单机UPS系统高得多。假设单机系统的可用度为3个9(0.999)，则1+1并联冗余系统的可用度可达到6个9(0.999999)。厂家一般承诺可以6台UPS并联。但是，当并联的单机UPS系统的数目增大时，并联冗余系统的可用度的提高的幅度会减小。N很大时，并联冗余系统可用度的提高并不明显。而且，在实际应用中，N较大的$N+1$并联冗余系统的故障率较高。所以，在投资允许的情况下应尽量采用1+1并联冗余UPS系统。如果系统容量很大，必须采用$N+1$并联冗余UPS系统时，应注意并联的单机台数不宜太多，建议$N\leqslant 3$。

并联冗余UPS系统有4种工作方式：

正常方式

在正常工作时，所有$N+1$个单机UPS系统都同步运行并均分负载。如果一个单机UPS系统故障自动与并联冗余系统上断开或人为使其脱离系统进行维护，则其余单机UPS系统可以不间断地给负载供电。

储能方式

市电停电时，各个UPS都由蓄电池放电供给逆变器，各个逆变器继续并联运行，不间断地为负载供电。

旁路方式

当UPS过载时，负载通过集中的静态开关或分散的静态开关被转换到由旁路电源供电。

维修旁路

如果UPS需要停机进行维护，则可通过维修旁路开关将负载转换到由旁路电源供电。

并联冗余UPS系统主要有两种不同的系统结构形式，即直接并联(分散的旁路)和通过并机柜并联(集中的旁路)，如图4-10和图4-11所示。

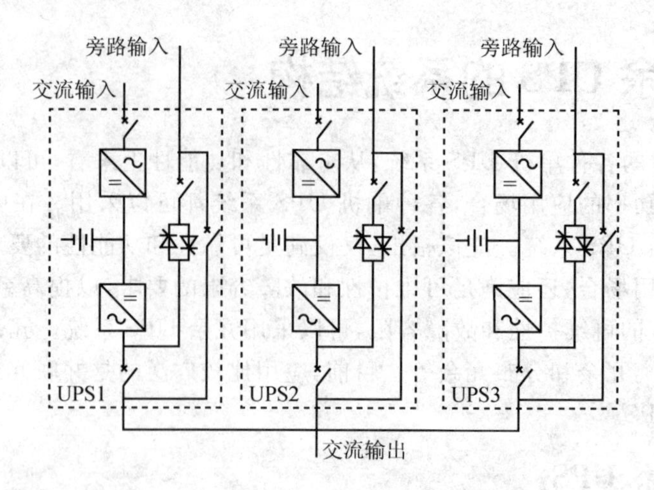

图 4-10　并联冗余 UPS 系统(分散的旁路)

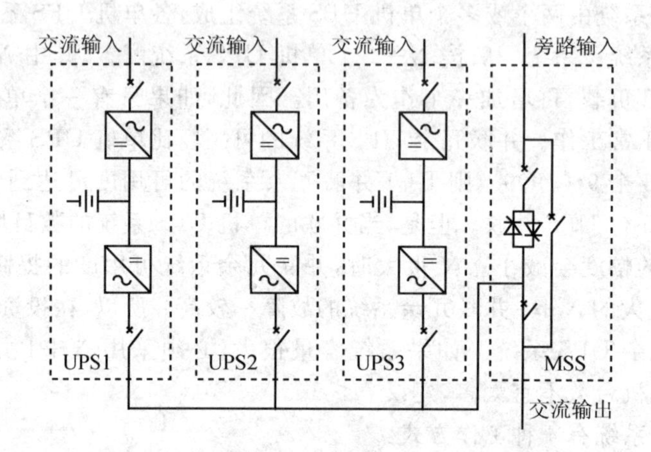

图 4-11　并联冗余 UPS 系统(集中的旁路)

2. 分布冗余 UPS

(1) 基本组成

并联冗余 UPS 系统与单机 UPS 系统相比已经相当可靠了,但是电源系统的冗余只是集中在 UPS 设备,对于每个负载设备,其输入电源仍然没有冗余。在实际运行中,UPS 输出端至负载之间的配电电路(包括开关和线路)的故障往往多于 UPS 本身的故障。因此,最重要的不是保证 UPS 输出端的电源可靠,而是保证负载输入端的电源可靠。基于这种考虑,提出了分布冗余 UPS。

分布冗余 UPS 的目的是将电源系统的冗余扩展到每一个负载设备,而且应使电源系统的冗余尽可能接近负载设备的输入端。

如图 4-12 所示,分布冗余 UPS 系统中有两个独立的 UPS 系统,每个独立的 UPS 系统都能为全部重要负载供电,构成双母线供电系统。通过适当的配电电路,可以为单电源输入和双电源输入的各种负载设备供电。

分布冗余 UPS 系统的两个独立的 UPS 系统可以采用并联冗余 UPS 系统,也可以采用单机 UPS 系统。采用 1+1 并联冗余 UPS 组成的分布冗余 UPS 的可靠性和可用度非常高,但

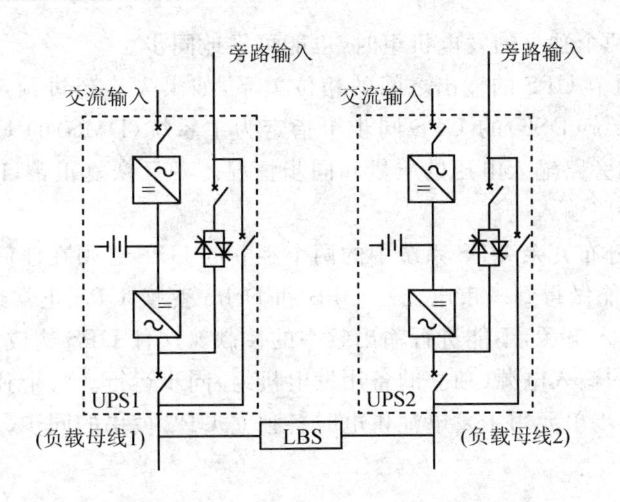

图 4-12　分布冗余 UPS(双母线供电系统)

成本是普通的 1+1 并联冗余 UPS 的两倍。采用单机 UPS 的分布冗余 UPS 系统与 1+1 并联冗余 UPS 系统的成本基本相同,但其可用度和可靠性比 1+1 并联冗余 UPS 系统要高。因此,这种所谓单机分布冗余 UPS(或称为单机双母线 UPS)更为经济适用,更容易为用户接受。

分布冗余 UPS 也可以扩容,对于较大应用系统,每个独立的 UPS 系统可以采用较大容量 $N+1$ 并联冗余 UPS 系统,也可以采用并联无冗余 UPS 系统(仅为扩大容量而并联)。

(2) 同　步

对于双电源负载设备,只要任何一个输入电源正常,负载设备就可以正常工作。当两个 UPS 给双电源负载设备供电时,只需将两个 UPS 电源直接接到双电源负载设备的输入端,当其中一个 UPS 出现故障时也不必进行电源转换。因此两个 UPS 是完全独立的,其输出不必同步,这种配电电路最简单。

对于单电源负载设备,其输入电源是不允许停电的。当两个 UPS 给单电源输入的负载设备供电时,应采用静态转换开关,正常时由其中一个 UPS 为负载供电,当供电的 UPS 故障时或需要维护时,静态转换开关将负载不间断地转换到由另一 UPS 供电。

目前,双电源输入的负载设备正在不断增加,还有三电源负载设备。但是大部分负载设备还是单电源输入的。因此,分布冗余 UPS 的配电系统必须考虑两个 UPS 的同步和相互之间转换的问题。

在分布冗余 UPS 中,两个 UPS 的同步是非常重要的问题,两个 UPS 必须在全部时间内保持同步。同步不仅可以缩短两个 UPS 之间的转换时间,减少单电源输入的负载设备供电中断时间,而且可以有效地保护电源设备和负载设备,避免事故发生。因为如果两个 UPS 不同步,进行了不同相位的转换,两个电源之间就会出现环流,损坏电源设备,而且还会损坏负载设备。例如,对于交流磁性负载(比如变压器、继电器线圈和电动机等),交流电源相位的突变会产生非常大的再磁化电流,致使电源设备过载或使过流保护装置动作、开关跳闸。当两个不同步的电源进行相互转换时,一定要进行中断的转换。

两个 UPS 在正常情况下一般是同步的,因为两者都同步于同一个旁路电源(市电)。但是在市电故障时(同步源消失),如果两个 UPS 都同步于各自的内部时钟,两者就不会同步。为此,应配置负载母线同步电路(LBS),以保证在市电停电时,两个 UPS 都工作于储能方式,或者两个UPS工作于两个独立的发电机组时，也能可靠地同步。

LBS连续检测两个UPS的输出之间的相位关系，如果失步超过预定的时间(0.5～5 s)，LBS就使指定为从系统(DSS)的UPS同步于指定为主系统(DMS)的UPS。在此期间，LBS连续监视两个系统的旁路输入电压的质量和同步情况。一旦恢复正常，LBS就将两个系统恢复为同步到各自的旁路输入电源。

值得一提的是，分布冗余UPS系统中的两个独立的UPS必须在任何时间保持同步，双变换UPS通过LBS就能做得到。市电交互UPS和Delta变换UPS正常运行时只能同步于为其供电的市电交流输入电源，不能进行输出频率的控制。这种UPS构成分布冗余UPS时，要求所有独立的UPS的输入电源(独立的备用发电机组)同步运行。每个独立的UPS模块还需要有一个内部系统同步单元用于蓄电池供电时各独立UPS模块的同步。

(3) 配电电路

常用配电电路

图4-13为双母线分布冗余UPS供电系统的常用配电电路。UPS1和UPS2经各自的输出配电屏为双电源负载和单电源负载供电。

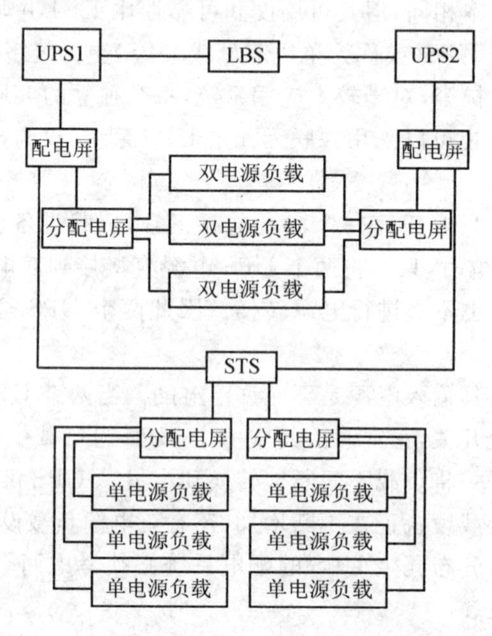

图4-13 双母线分布冗余UPS的常用配电电路

双电源负载设备，只要任何一个输入电源正常，负载设备就可以正常工作。因此，只需将两个UPS输出经UPS输出配电屏、分配电屏直接接到双电源负载设备的输入端，就可以在负载输入端得到冗余的电源。当其中一个UPS出现故障时负载设备仍能正常工作，不需要静态转换开关进行电源转换。考虑到分布冗余UPS系统还有单电源负载设备，仍配置了LBS，以保证两个UPS的同步。这种配电电路完全实现了将电源系统的冗余扩展到负载设备的电源输入端。

单电源负载需经UPS输出配电屏、静态转换开关(STS)转换后再经分配电屏(列头柜)供电。静态开关采用快速先断后合(Break Before Make)的转换技术，可确保两个UPS电源的独立性，既保证电源切换时不影响负载正常工作，又防止了一个UPS的故障影响另一个UPS。

如果不配置LBS,只能构成非同步的双母线分布冗余UPS供电系统,此时双电源负载的配电电路与前述相同。而单电源负载就只能接在一个母线上,不再是双母线供电了。当全部负载都是双电源负载,或者双电源负载多,单电源负载很少时,这种不同步的双母线供电系统方案也是可行的。

超高可用度配电电路

图4-14所示是一种可用度非常高的双母线分布冗余UPS配电电路。在此电路中,UPS1和UPS2构成双母线分布冗余UPS系统。静态转换开关STS1和STS2的两个输入电源均引自UPS1的输出配电屏1和UPS2的输出配电屏2。STS1整定为UPS1为主用,其输出接到分配电屏1(列头柜1),STS2整定为UPS2为主用,其输出接到分配电屏2(列头柜2)。各双电源负载的两路输入电源均引自分配电屏1和分配电屏2。单电源负载再经"使用点转换开关"供电,"使用点转换开关"的两个输入电源也引自分配电屏1和分配电屏2。

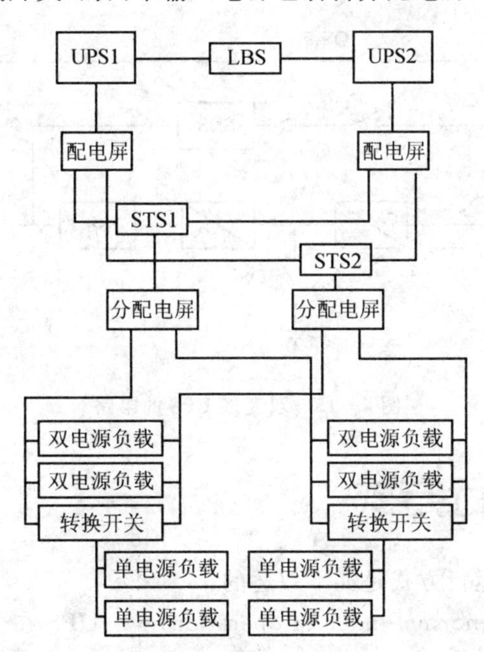

图4-14　超高可用度的双母线分布冗余UPS配电电路

在正常情况下,UPS1和UPS2各带一部分负载,因此避免了其中一个UPS故障时需要进行100%的负荷转换。这种配电电路的成本很高,因为双电源负载也增加了STS,单电源负载增加了"使用点转换开关"(采用机械开关)。但是,整个供电系统,从UPS设备直到双电源负载的电源输入端和单电源负载的使用点转换开关之前的电路,都可以脱离系统进行维护。

分布冗余UPS系统与单机、并联冗余或其他的冗余方式相比,可维护性和故障容限得到了很大的提高。采用双母线配电,可以将负载全部转换到一个母线上(不必像并联冗余UPS那样转换到旁路),由一个UPS供电。而另一个UPS及其断路器、配电设备都可以脱离系统进行维护,因此可以得到连续的可用度。

分布冗余UPS系统比并联冗余或隔离冗余系统简单、便宜。最普通的方法是用两台单机UPS和LBS构成双母线分布冗余UPS系统,不需要增加系统级控制设备。由于采用了双母线和静态转换开关，使单电源负载也具有类似于双电源负载的功能性。因此，分布冗余 UPS 系统在进行预防性定期维护时的风险较小。

4.5 UPS 的运行方式

UPS 根据其外部和内部的工作状态，可以在几种不同的工作方式下运行。由于 UPS 有几种类型，因而虽然在同一种运行方式下，其特点也有所不同。本节主要以双变换 UPS 为基础来进行分析，同时也要对其他几种类型的 UPS，如离线式、交互式（包括 Delta 技术）的 UPS 做一些说明，应特别注意他们的不同点。

图 4－15 是一个双变换 UPS 的电路图，其中市电和旁路电源可以是同一个电源，也可以是分开的两个电源。QS_1、QS_2、QS_3、QS_4 及 QS_9 分别是主输入开关、旁路输入开关、维护（手动）旁路开关、UPS 输出开关和电池开关。SS 是逆变器输出静态开关，SBS 是旁路静态开关。

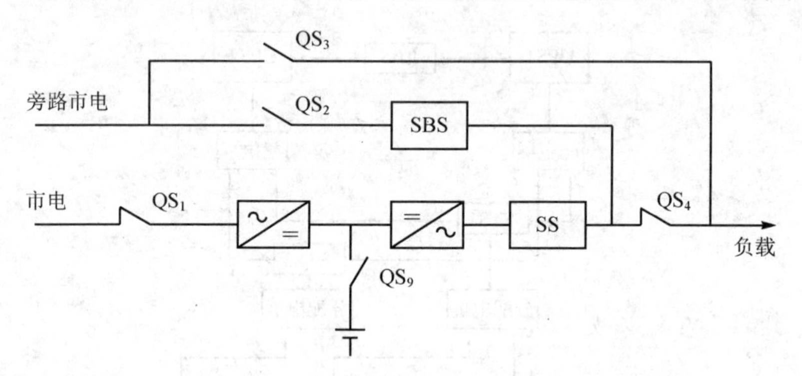

图 4－15 双变换 UPS 的电路

4.5.1 正常运行方式

在国家标准中对正常运行方式是如下叙述的：

UPS 的正常运行方式（normal mode of operation）——UPS 在下列情况下供电时，最终达到的稳定运行状态：

➤ 主电源存在，并处于给定允差之内；

➤ 蓄电池已充好电，或者在给定的能量恢复时间内已再充电；

➤ 连续运行或可能连续运行；

➤ 锁相有效（如有锁相）；

➤ 负载在给定范围之内；

➤ 输出电压在给定允差内；

➤ 在使用 UPS 开关的地方，旁路有效并在规定的允差之内。

总之就是电源正常、旁路电源正常、负载正常、电池正常和 UPS 本身正常。

图 4－16 是 UPS 正常运行方式电路，QS_1、QS_2、QS_4、QS_9 是闭合的，维护（手动）旁路开关 QS_3 是断开的。SS 是闭合的，SBS 是断开的。这个时候，市电输入经输入开关 QS_1 接到整流器上，将交流变成直流，向逆变器供电，并给电池充电。逆变器再将直流变成交流，经过逆变器静

态开关SS和输出开关QS_4，向负载供电，UPS进入正常运行方式。下面就这5个正常状态来进行逐个分析。

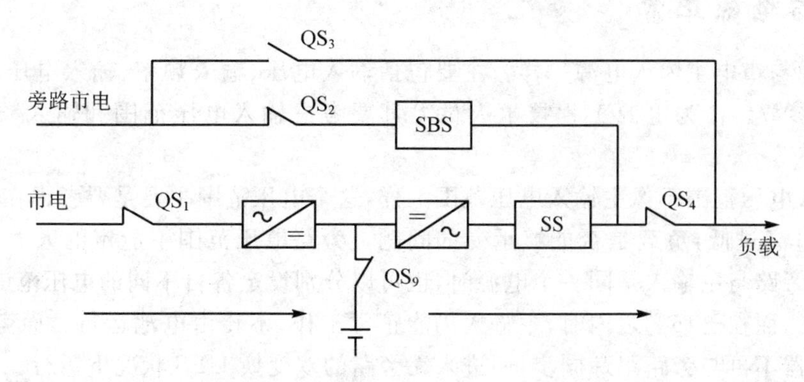

图4-16　UPS正常运行方式电路

1. 主输入电源正常

这就关系到UPS的输入参数和其他必须的条件。UPS的主输入电源的主要包括：输入电压、输入频率、输入电压范围、输入频率范围4个参数。当然UPS的额定输入电压一般为单相220/230/240 V或三相380/400/415 V。额定输入频率一般为50 Hz或60 Hz。电压和频率参数不需解释，只需要选择UPS与电源电压和频率参数相适应就可以了。

但是，输入电压范围和输入频率范围这两个参数就必须认真考虑。一般小容量的UPS输入电压范围大一些，大容量的UPS稍小一些，通常为±15%，也有更大一些的，约为±20%。当输入电压在这样大的范围波动时，UPS能够正常运行。对于电源来说一般波动范围不会超过这个范围。例如：380/220 V电源，在±15%的波动下，电压为437/253V～323/187 V，这个范围也不小了。但是也应注意本身电源的电压变动情况，有时当地电源电压白日和夜晚差别很大时，只要不经常超过UPS的电压范围就可以了。当然，用户希望输入电压范围越大越好，不过输入电压越低，要满足额定输出功率，则输入电流也就越大，这是在选择输入开关、电缆时必须予以注意。有的UPS产品是以降低直流电压或降低输出功率为代价，而降低输入电压的最低数值的，这点用户必须予以注意。当电源电压超出这个范围时，UPS就不能由市电电源供电，而转入电池供电运行。

输入电压频率范围是容易被忽视的一个参数。它一般是±5%或±6%，也有±10%的。一般市电频率波动不会超过±5%这个数值。但是在有柴油发电机供电的情况时，选择频率范围大一些为好。如果输入电源频率超过设定的范围，UPS也就转入电池运行模式。

对于三相UPS来说，还有电源相序和缺相问题，电源相序必须正确，三相不能有缺相，否则不能开机。但有的用户则要求三相UPS在相序错误以及缺相的时候也能正常工作，这是没有必要的，而且还会带来危险。有的时候由于市电输入检修而错误地改变了电源的相序，就会造成UPS不能重新工作，也是应该防止的。

以上是UPS与市电关系的一个方面，说明市电在怎样的情况下，UPS能够正常工作。但反过来说，UPS对市电来说也是一个负载，市电对负载也是有所要求的，那就是要充分利用电源、高效能、无污染。主要考察的参数是2个，即UPS的输入功率因数和输入电流谐波含量。这2个是不同的数值，而又有相互联系。UPS给出的这两个参数是UPS在额定负载功率下的数值，当不在额定负载下运行时，这两个参数有所不同，这一点应该注意。

2. 旁路电源正常

旁路电源与市电主输入电源一样。主要包括输入电压、输入频率、输入电压范围、输入频率范围 4 个参数。作为电源工程技术人员尤其要考虑输入电压范围和输入频率范围 2 个参数。

旁路输入电压范围不像主输入电压范围一样，这个电压范围主要是要考虑在旁路运行时，这个电压的过高过低，负载是否能够承受的问题。旁路电压范围不能定的太大，一般定为±10%，就是当旁路与主输入是同一个电源时，也可以分别设定各自不同的电压范围。在电源电压超过±10%，而在±15%之内时，主输入仍能正常工作，不转由电池运行。而旁路则报警电源超差，逆变器不再与旁路跟踪同步，而进入无旁路的双变换 UPS 状况下运行。

旁路电源频率范围的确定，也与主输入有所不同。它也是要考虑负载能够承受多大的频率变化。当然，UPS 应该给负载一个频率比较稳定的电源，所以这个频率范围应该越小越好，双变换 UPS 就有这个能力。一般 UPS 旁路电源频率仍给出±5%的范围，但在设定逆变器输出跟踪旁路频率范围(也就是输出频率稳定度)时，是可以设定小一些。也就是说，当市电和旁路输入频率在市电频率设定范围之内，UPS 仍能在正常模式下运行而不转电池运行。如这时超过旁路设定的频率范围，则逆变器不跟踪旁路，而在内部自振频率下工作。这是双变换 UPS 独有的一种工作模式，也就是不带旁路的双变换 UPS。

而其他离线式、交互式、Delta 技术 UPS 不具备这种性能。这几种 UPS 的输出频率就是输入频率，如果频率范围太大，则对负载来说就必须承担很大的频率波动，特别是有柴油发电机供电时，负载是否能承受，就是问题了。如果频率范围太小，则容易因频率超差而频繁转由电池运行，也是不利的。

当然，也不能把旁路电源频率设定得太小，特别是有柴油发电机供电的情况，那样就容易造成 UPS 频繁失去同步，而丢掉了旁路这个冗余功能。

3. 电池正常

电池正常是比较简单的，主要是两方面：一方面是电池的存在，即连接有电池，电池开关是闭合的，线路是导通的；另一方面是电池处于浮充电状态，即便是电池放电后，也在电池恢复再充电时进入浮充状态。

4. UPS 本身正常

电路板、各个部件工作正常，输出电压稳定正常，跟踪旁路正常，逆变器电压频率与旁路电源频率同步等均正常。此外，UPS 本身的工作也还与负载的情况有关，也可能由于负载的不正常，造成 UPS 不能正常工作。

5. 负载正常

首先负载的电压和频率应该与 UPS 相适应。重要的是负载的大小应在 UPS 给定的范围内。

每台 UPS 都有一个标明容量的额定输出功率 S，是以 kVA 来度量的。但紧跟额定输出功率之后，就写着一个功率因数。这个功率因数是负载功率因数，它的意思是：在负载的功率因数为给定的数值(电感性)时，UPS 能输出给定的额定功率。当负载不是给出的功率因数时，UPS 所能达到的功率数值，就不一定是给定的额定值，需要按照 UPS 厂家给出的"UPS 输出功率与负载功率因数的关系"数据来确定。

在国家标准中关于负载功率因数 load power factor 的定义为：

在假定理想正弦电压下，用有功功率对表观功率之比表示的交流负载特性。

注意：为实用需要，在制造厂商的技术参数表中，可能规定为包含谐波分量的总负载功率因数。

为正确认识这个参数，有几点特别提醒注意：

① 这个数据是指电感性负载。有的产品有注明，有的产品未注明，但也是指电感性的，不是电容性的，更不是适用于感性和容性两种性质的负载。

② 一般小容量的 UPS 为 0.7，大容量的 UPS 为 0.8。现在也有 0.9 的，如 AROS 的 FT 系列；也有为 1 的，如 Delta 技术 UPS，这是在 UPS 设计时就确定了的。

③ 这个参数一般是指在线性负载下的数据，不是指非线性负载下的数据。有的 UPS 就注明这一点，有的未注明也是同样的。

④ UPS 在非指定的负载功率因数下的带载能力，是由各厂家各系列 UPS 确定的，没有一个统一的适用各厂家各系列 UPS 的数据。

⑤ 把这个参数称之为负载功率因数，是根据各 UPS 标准说的，仅有一个部标称之为 UPS 输出功率因数是不恰当的。

⑥ 认为负载功率因数与电流峰值因数都是说明 UPS 带非线性负载能力的参数，这也是不对的。负载功率因数是说明在某一特定功率因数下，确定的 UPS 额定输出功率的，而与带非线性负载无关，峰值因数才是说明 UPS 带非线性负载的能力的一个参数。

所以说，负载正常时 UPS 的容量，即是负载的功率，必须要符合 UPS 所给出的在某一负载功率因数下的功率数值。超过了就可能造成 UPS 的过载。

UPS 所带的负载多为非线性负载，UPS 带非线性负载的问题主要有 2 方面：

① UPS 都给定了负载电流的峰值因数这个参数。一般 UPS 给定的峰值因数为 3，而最大的非线性负载的峰值因数约为 2.7。比如，一个计算机系统的峰值因数约为 2.1～2.4。所以 UPS 给定其峰值因数为 3，也就足够了。如果负载有很大的峰值因数，超过 UPS 所给定的数值，那就必须适当减小负载的功率。

② 因为非线性负载的种类繁多，但 UPS 所供给的负载主要是整流滤波型的，所以在国家标准的附录中就给出了一个基准非线性负载。要按照这个给定的基准非线性负载，来检验 UPS 带非线性负载的能力。但是必须要注意一点：这个基准非线性负载，对于单相 UPS 的最大容量为 33 kVA，三相 UPS 最大为 100 kVA。UPS 超过这些容量就要用最大的基准非线性负载(33 kVA 或 100 kVA)，再加上线性负载，达到 UPS 的额定容量来进行检测。

UPS 的输出还有许多其他的参数，例如：过载能力、三相不平衡度、静态稳定度、动态稳定度、电压失真度等，在正常运行时，只要负载符合要求、UPS 本身正常，这些参数就能正常。

4.5.2 电池运行方式

在国家标准中将电池运行方式称之为储能供电运行方式，如下：

UPS 的储能供电运行方式(stored energy mode of operation)——UPS 在下列供电情况下运行：

➤ 主电源中断或超出给定的允差；

➤ 直流储能系统开始消耗；

➤ 负载在给定范围内；

➤ 输出电压在给定允差之内。

注意：通常称之为"蓄电池运行"。

在市电电压或频率超差、失电或整流器故障时，UPS 进入电池工作模式，其电路如图 4-17 所示。此时整流器停止工作，电池放电给逆变器工作。若旁路有电则逆变器跟踪旁路，与旁路电源同步运行。若旁路也无电，则逆变器电压的频率由内部晶振频率决定。逆变器输出交流电，经逆变器输出静态开关 SS 和 UPS 输出开关 QS_4 向负载供电。

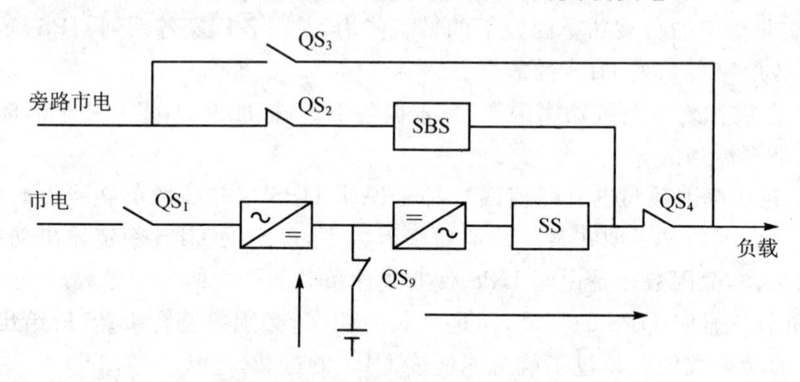

图 4-17 电池运行方式的电路

在电池运行方式下，主要的问题是电池可供电时间的长短。因为在系统设计时，是按额定功率下确定的后备时间。但在实际运行时，负载一般是不会达到额定功率的，有时甚至很小。这样一来，电池可能的供电时间会很长。但是，太长的放电时间，会造成电池的深度放电，有损电池。

4.5.3 旁路运行方式

在国家标准中对旁路运行方式是这样写的：

UPS 的旁路运行方式(Bypass Mode of UPS Operation)：UPS 由旁路向负载供电的运行状态。

UPS 由正常运行方式转为旁路运行方式，主要有两种可能性。

一个是负载过载，即超过 UPS 所规定的功率值，以及过载所可以容许的时间。如：一般过载 125%可容许的时间为 10 min 等。另一个是逆变器故障，不能工作，在这两种情况下，UPS 就由逆变器工作状态转换为旁路运行工作。

UPS 在旁路运行方式下的电路如图 4－18 所示，在 UPS 由逆变器工作转为旁路运行，或者由旁路转回逆变器工作，存在一个转换的问题。为了保证负载的稳定运行，就要求在转换过程中电源供给是不间断的，这也是要求逆变器与旁路电源同步运行的原因。由于 UPS 的电路结构不同，主要有下列两种情况。

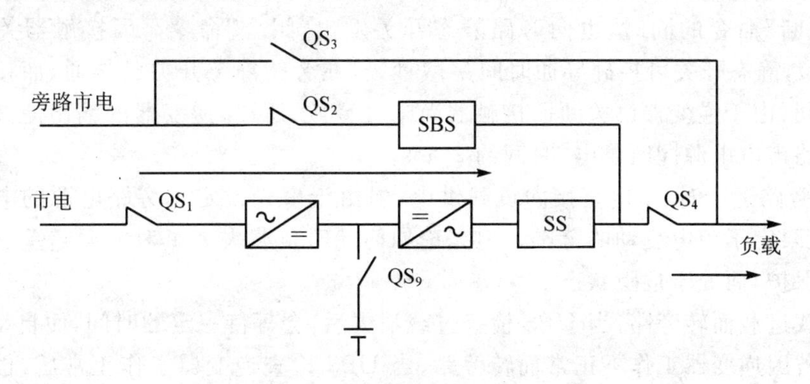

图 4－18　UPS 在旁路运行方式下的电路

1. 逆变器输出为静态开关

如图 4－18 所示，当 UPS 的控制电路在执行转换操作命令时，它首先发出控制命令，立即封锁原来处于导通状态中的静态开关中的可控硅的控制极触发脉冲。与此同时，随时检测流过该可控硅的电流，当控制电路发现流过该可控硅的电流过零时，才立即向原来处于关断状态的静态开关中的可控硅控制极发送触发脉冲，从而实现在两个静态开关之间的转换操作。

在转换过程中有原导通的可控硅电流过零与新导通的可控硅完全导通之间的中断，但因快速可控硅的导通时间仅是微秒级的。所以，在技术上实现了不间断的转换。

2. 逆变器输出为接触器

如图 4－19 所示，图中的 K 为接触器的接点，它只是作为隔离使用的，不起切断负载的作用。

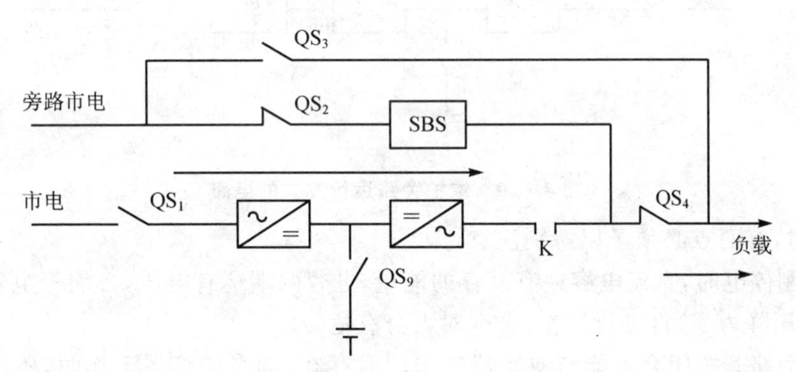

图 4－19　逆变器输出为接触器

由旁路市电向逆变器转换：UPS 是在旁路运行状态，即旁路静态开关可控硅是导通的，逆变器空载工作，接触器是断开的。在实行转换时，控制电路首先向接触器发出闭合命令，接触器约 80～100 ms 动作，此时 UPS 逆变器与旁路市电同时向负载供电。在控制电路检测旁路可控硅电流过零时，将其关断，完全由逆变器向负载供电。这种“先合后断”的转换方式，就有两个电源同时向负载供电，会产生环流，最长时间也不超过 10 ms。

由逆变器向旁路市电转换：由控制电路在向逆变器(或逆变器已因故障而停止工作)和接触器发出“关断”命令的同时，也向旁路静态开关发出“闭合”命令。因接触器关断响应较慢(80～100 ms)，静态开关可控硅导通时间是微秒级，在旁路静态开关已导通，而接触器尚未断开的过渡期间，由于逆变器已关断而接触器尚未真释放，所以，逆变器的输出滤波电容上的残剩电压与旁路市电电源同时供电，时间约 20 ms。

UPS 在旁路运行时，市电直接向负载供电，但由于事先设定了旁路电源的电压范围和频率范围，也就限定了市电变动的范围。但无论如何此时负载失去了对电源超差(包括停电)和各种干扰的保护，而处于危险状态。

若因负载过载而转旁路，当 UPS 检查过载消失后，会等待一定的时间，而自动重新转回逆变器运行。若因逆变器工作不正常而转旁路，当 UPS 检查逆变器工作正常后，也会等待一定时间，而自动重新转回逆变器运行。

4.5.4 维护旁路运行方式

维护旁路运行方式的电路如图 4-20 所示。维护旁路运行方式是 UPS 需要维修，而同时又需要向负载供电的情况。这种情况往往是由静态旁路运行方式转来的。因为在维修时，维修开关 QS_3 是闭合的，市电开关 QS_1、旁路开关 QS_2、输出开关 QS_4 和电池开关 QS_9 都是断开的。所以仅仅在 UPS 的接线端上的旁路市电和负载这两个端子有电，其他各处均无电。

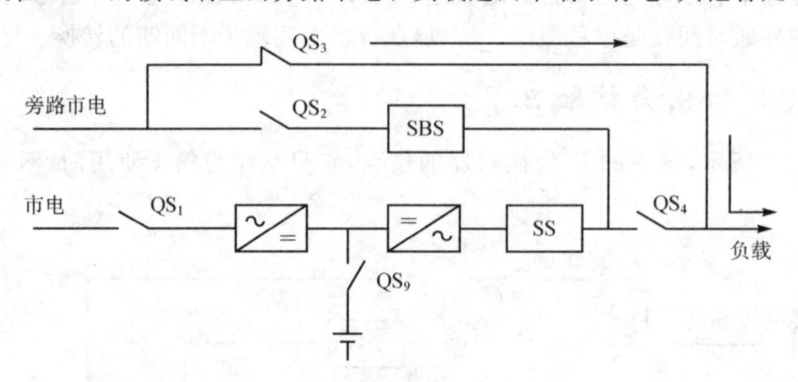

图 4-20 维护旁路运行方式的电路

在操作时，有两点必须予以特别注意：

① 在刚刚停电时，直流电容还有储存的能量，电容两端还有电压，必须等电容放电完成之后(即直流电压降为零)再进行工作，否则对人身有危险。

② 维修旁路开关闭合不能与逆变器工作同时存在，即在逆变器工作时，不能闭合维修旁路开关。在维修旁路开关闭合时，不能启动逆变器工作，否则会发生烧毁逆变器的事故。

4.6 UPS蓄电池的使用与维护

蓄电池是实现UPS不间断供电的重要组成部分。从大量的运行实例来看，由于对蓄电池的使用维护不当，或对UPS所具有的电池管理功能理解不够，导致电池组在短期使用后容量大大低于其标称容量，使市电中断后的备用时间明显缩短。所以蓄电池的正确使用、定期维护以及合理地设置UPS电池管理系统中的重要参数，可使蓄电池的实际使用寿命尽可能接近设计使用寿命，尽可能地避免由于蓄电池故障所造成的不必要损失。

4.6.1 UPS蓄电池的选择

1. 蓄电池容量的选择

蓄电池容量(Ah)是指在标准环境温度下，每2V电池单体在给定时间至1.80V终止电压时，可提供的恒定电流值(A)与持续放电时间(h)的乘积。给定持续放电时间为10h的容量称为10h率容量，用符号C_{10}来表示。蓄电池容量可用20h率、10h率、8h率、5h率、3h率、1h率、0.5h率等多种方法表示，一般采用C_{10}作为蓄电池的额定容量来标称蓄电池。额定容量是蓄电池的主要参数，不少工程人员就认为，两种品牌相同额定容量的蓄电池可以在同一套UPS系统中替代使用。这种观点是有偏颇的，因为两种蓄电池具有相同额定容量，只表示它们的10h放电性能一致，但在10min、30min、1h、3h等时间内可提供的恒功率值和恒电流值则可能差异较大，而UPS后备时间通常不到10h，所以UPS配用蓄电池时，考察其在后备时间内的放电性能就尤为重要。

在已知UPS主机一些基本参数和确定蓄电池品牌后，可以根据这一蓄电池品牌样本资料中提供的恒功率放电数据表或恒流放电曲线，通过功率定型法或电流定型法来计算确定蓄电池的容量和型号。

(1) 功率定型法

这种方法比较简便，根据蓄电池恒功率放电参数表可以快速准确地选出蓄电池型号。首先计算在后备时间内，每个2V的蓄电池至少应向UPS提供的恒功率

$$P = S\cos\varphi/(\eta N \cdot K) \qquad (4-1)$$

式中：S——UPS标称输出功率；

$\cos\varphi$——UPS输出功率因数；

η——逆变器效率；

N——在UPS中以12V电池计算时所需的串联电池个数，由UPS正常工作电压确定；

K——系数。

厂家提供的电池恒功率放电数据表，一般是以2V单元电池为计算基准的，12V/节电池相当于6个2V单元串联，此时取$K=6$；如果电池厂家提供的电池恒功率放电数据表是以12V单元电池为计算基准的，则$K=1$。然后确定蓄电池的放电终止电压U_T：

$$U_T = U_{min}/(N \times 6) \qquad (4-2)$$

式中：U_{min}——UPS最低工作电压。

可以在厂家提供的U_T下的恒功率放电参数表中，找出等于或稍大于P的功率值，这一功率值所对应的型号即能满足UPS系统的要求。如果表中所列的功率值均小于P，可通过多组电池并联来达到功率要求，一般并联不应超过4组。

(2) 电流定型法

电流定型法是根据蓄电池的恒流放电曲线来确定蓄电池容量和型号的方法。首先计算UPS系统要求的蓄电池最大放电电流

$$I_{max} = S\cos\phi/(\eta U_{min}) \quad (4-3)$$

式(4-3)中各符号的含义与功率定型法中所定义的相同。在计算出电池串联数量N和放电终止电压U_T后，就可以根据UPS要求的后备时间从蓄电池恒流放电曲线中查出放电速率n，然后根据放电速率的定义$n=I_{max}/C_{10}$，得出配置蓄电池的额定容量C_{10}；并确定电池型号。

2. 蓄电池寿命的选择

蓄电池的寿命有两项衡量指标：一是浮充寿命，即在标准温度和连续浮充状态下，蓄电池能放出的最大容量不小于额定容量的80%时所使用的年限；二是80%深度循环充放电次数，即满容量电池放掉额定容量的80%后再充满电，如此可循环使用的次数。

通常，工程技术人员仅注重前者，而忽略了后者。80%深度循环充放电次数代表着蓄电池实际可以使用的次数，在经常停电或市电质量不高的情况下，当蓄电池的实际使用次数已经超过规定的循环充放电次数时，尽管实际使用时间还没达到标定的浮充寿命，但蓄电池其实已经失效，如果不能及时发现则会带来较大的事故隐患。所以，在选择蓄电池时，需要对两项寿命指标都予以重视，在市电经常中断的条件下，后者就尤为重要。在选择UPS配套蓄电池时，工厂技术人员应考虑足够的浮充寿命冗余。根据经验，蓄电池的实际使用寿命往往只有标定浮充寿命的50%～80%。这是因为蓄电池实际浮充寿命与定义标准温度、实际环境温度、电池充电电压、使用维护等众多因素有关。当实际环境温度比定义标准环境温度每升高10℃，蓄电池会因为内部化学反应速度增加一倍而导致浮充寿命缩短一半，所以，UPS蓄电池机房应配备空调设备。在定义温度值方面，欧洲标准为20℃，中国、日本、美国等标准为25℃。20℃时10年浮充寿命的蓄电池如换算到25℃标准，仅相当于7～8年浮充寿命。

配套蓄电池的标称浮充寿命应该是用希望的蓄电池实际使用寿命除以一个寿命系数后所得的数值。这一寿命系数通常凭经验确定，蓄电池可靠性高的可取为0.8，可靠性低的可取为0.5。

3. 单个蓄电池电压的选择

VRLA按单节电压分有12V/节、6V/节、4V/节和2V/节等4种不同形式。从经济方面来看，UPS正常工作电压一定，选用的电池单节电压越高，电池组所用的串联电池数量越少，配套电池组的价格也越便宜。但从安全性方面来看，选用的电池单节电压越低，整个系统越安全。如果12V/节的电池坏了一节，整个蓄电池后备系统就少了12V，UPS主机就有可能开启低压报警功能使整个UPS系统不能正常工作。所以在选用12V/节蓄电池时，应采用多组并联来达到UPS系统要求，万一有一组出问题，还有其他组的电池可运作。

4. 蓄电池所能承受的纹波系数

在UPS系统中，蓄电池还起到滤波器的作用，承受UPS输入纹波电压和纹波电流的冲击。如果所选蓄电池承受纹波系数的能力较差，而纹波系数又比较大，则会使蓄电池过早地失效而引起不能放电的事故。IEC蓄电池标准规定，VRLA应能承受0.5%的纹波系数，但使用UPS的场合，纹波系数都比较大，有的甚至达到2%，所以应对蓄电池的可承受纹波系数按实际情况提出要求。

5. 蓄电池性能均一性

从理论上讲，蓄电池的电压、内阻、寿命等性能应该是一致的，可以无限多组数地进行并联以达到要求的容量。但在实际生产过程中，由于所用材料纯度、生产工艺、工作人员、生产环境温度等差异，同一条流水线上制造的蓄电池通常在性能上有一定的差异，即使同一品牌同一型号相同生产日期生产的蓄电池，性能也不可能做得完全一致，这一点可以通过测量、比较蓄电池的单节开路电压看出来。

工程人员通常采用便宜的小容量电池多组并联来达到UPS要求的较大蓄电池容量，如果采用性能均一性较差的电池多组并联，性能差、电压低的电池组就会将性能好的蓄电池组拖垮，导致整套UPS蓄电池系统提前失效。目前性能均一性主要根据蓄电池电压均一性来衡量，国内有多种标准要求，例如信息产业部YD/T799—1996标准要求为：25℃时整组蓄电池2V单元浮充电压差不大于±50mV，开路电压差不大于±20mV；电力部DL/T637—1997标准要求是：25℃时，如电池系统采用2V/节电池，开路电压最高的一节与最低的一节差异不超过30mV，6V/节电池不超过40mV，12V/节电池则不超过60mV。一般蓄电池并联组数不应超过4组，为防止整套蓄电池系统的提前失效，在选择蓄电池时，应该在性能均一性方面提出要求。当确定了蓄电池型号之后，在一套UPS系统中最好要求厂家提供同一批次的蓄电池产品，以减小性能方面的差异。同样道理，不同品牌或者新旧程度不同的蓄电池，由于存在较大的性能差异，建议不要混合使用。最后，要特别指出的是，即使选择了恰当的VRLA，也需要进行一些必要的日常维护和管理，避免蓄电池过早失效。

4.6.2 UPS蓄电池的正确使用

UPS一般使用阀控式密封铅酸蓄电池，由于采用阴极吸收式密封技术，具有维护简单、无需加水加酸、使用方便、不污染环境、重量轻和体积小等优点。对于密封铅酸蓄电池，在使用过程中主要避免以下两种情况是尤为重要的。

1. 温度对蓄电池的影响

首先是要注意UPS及其备用电池组的周围工作环境温度不宜超过30℃，当电池工作环境温度超过35℃时，由于电池内部损耗增加，电池本身的“存储寿命”将会缩短。解决电池由于工作环境温度过高而缩短使用寿命的最根本方法是在机房配备空调设备，使环境工作温度控制在25℃左右。在不具备空调设备的情况下，可采用带有温度补偿的充电器。当环境温度升高时，电池所允许的浮充电压值将有所下降，若此时还采用25℃时的浮充电压值，电池将会处于过压充电状态,长此以往下去显然会加速电池的老化。当采用带有温度补偿的充电器充电时,充电器将按照其内部预先设置的充电电压与环境温度的关系曲线,再根据安装在电池柜中温度传感器所测得的实际环境温度来随时自动地调节充电器的浮充电压值,使电池组在一定温度范围内保持最佳充电状态。由此可见,具有温度补偿的充电器,能随温度的变化调节浮充电压值,不致使电池组处于过压充电状态,只是相对地提高了蓄电池的使用寿命,还不能由此根本解决环境温度过高而造成电池实际使用寿命缩短的问题。

当环境温度较低时,尽管有的充电器温度补偿范围较宽,但由于电池内部电解液的温度特性将会造成蓄电池输出的实际容量下降。当环境温度为0℃时,密封铅酸电池的输出实际容量为标称值的80%左右,所以当环境温度较低时,充电器的温度补偿功能对蓄电池输出容量下降的问题是无法解决的。

2. 避免蓄电池的深度放电

密封铅酸蓄电池要注意避免的另一种情况是深度放电。密封铅酸蓄电池的单体放电终止电压值与其放电电流的大小有着规定的对应关系。如电池以10h放电率放电,即电池标称容量1/10的电流放电,规定放电电压到单体电压1.8V时应停止放电,若此时仍使电池继续放电,电池单体电压过低时,便发生了上述过放电现象,也即深度放电。密封铅酸蓄电池深度放电必然会使其有效循环次数减少,缩短电池使用寿命。如深度放电后不能及时进行充电,则会加速电池的早期失效。

UPS的电池管理系统中都具有蓄电池组放电终止电压保护功能。在智能化程度较高的电池管理系统中,其电池放电终止电压保护点是随电池组放电电流的大小而自动调节的。这样可确保电池组在放电时间内,输出负载量实时变化的工作条件下,电池放电终止电压的实际保护点都高于电池所规定的放电终止电压保护点。这样既可使后备电池组的能源得到较充分利用,又不会使电池进入有害的深度放电状态。

但是对有些UPS的后备电池组放电终止电压值采用固定或人为可设置的方案时,由于操作人员的误操作,或对深度放电的错误理解都会导致交流市电中断时,备用电池组进入深度放电状态。由于UPS所配置的电池组主要考虑到交流市电中断后的10～20 min内,能维持其额定输出容量。这样就要求备用电池组在短时间内能提供大约10倍于10h放电率的大电流,此时电流组的单体放电电压约为1.65～1.70V。如果在这种放电终止电压值的设置下UPS处于备用电池组供电状态,操作人员为了延长UPS的备用时间,把一些无关紧要或已完成了数据处理及存储的设备关闭,使UPS输出负载减轻,备用电池组的输出电流减小,此时操作人员一定要切记将UPS电池管理系统的电池组放电终止电压值作必要的修正。可按标准或电池生产厂的规定调整到与放电电流相对应的放电终止电压值。例如交流市电中断后,由于UPS负载的减轻,后备电池组的放电电流值约为0.2～0.5 C A时(C是电池额定容量值),可按标准将电池单体放电电压值调整到1.75～1.8V,再用此电压值乘以备用电池组的单体数,这样既延长了电池组的备用工作时间,又不致使其因深度放电而缩短使用寿命。如果UPS的电池放电终止电压是固定不可调整的,此时可以根据放电电流及规定的终止电压值,估算放电时间,当放电时间接近估算时间时,可人为关闭UPS,以免电池组造成深度放电。一般大中型UPS电池管理系统中的放电终止电压值在一定范围内都是可设定的,对一些智能化程度较高的大中型UPS的电池管理系统来说,应具有备用电池组放电终止电压随负载电流变化而自动调节的功能。另一种方案是按放电时间的长短对终止电压值分段设定,即放电时间越长,所设定的终止电压值越高,不过最高放电终止电压确定在每单体 1.8 V 时一般不会发生深度放电现象。

4.6.3　UPS 备用电池的维护

UPS 备用电池组除了在其工作时要避免上述两种不利情况外,还要对蓄电池组进行必要的维护,才能提高蓄电池的利用率,使其尽可能接近设计寿命年限,减少设备资金的再投入。备用电池的维护一般分为新电池使用前的初始维护与使用中或长时间放置电池的定期维护。

1. 初始维护

新电池组使用前的维护较为简单,将电池组与 UPS 连接后,UPS 可空载运行,对备用电池组可设置 10 h 充电率的充电电流,环境温度最好保持在 25 ℃左右,按照产品说明书提供的浮充电压值进行 8～10 h 的充电。充电完成后将蓄电池静止放置 2 h 左右,将 UPS 转换为备用电池组供电运行,并在输出端带适量的负载,以使电池组的输出电流达到 0.1 *C*～0.2 *C* A,将放电终止电压设定在每个单体 1.8 V 即可。经过一个充放电循环后,一方面可观察电池组的充放电性能是否正常,另一方面可使新电池的初始容量接近其标称容量。此后可将备用电池组再次充电,便可正式投入备用状态。

2. 定期维护

对于与 UPS 联机开始运行或闲置的电池组一定要定期维护。定期维护主要包括以下两个方面:首先是对处于长期备用浮充状态的电池组定期进行放电、充电维护。充放电时间间隔一般为 6～12 个月,因铅酸蓄电池不存在记忆效应,所以放出的容量不必等于标称容量,一般放出标称容量的 10%～20%即可。在 UPS 备用电池组定期进行这种放电充电维护时,一定要采取可靠的措施确保在电池组放电维护时间内,UPS 的负载不能中断供电。此时可采用两台同等容量、同型号的 UPS,其输出端共同通过自动转换柜以热备份方式对负载供电。把主供电的 UPS 用手动转为电池供电,同时要注意观察 UPS 显示屏上显示的电池剩余容量,但此时可不必担心由于电池组电压突然下降造成 UPS 关机,因为另一台 UPS 在交流市电供电下以热备份方式工作,一旦主机关断,备机便立即投入供电。采用这种放电方法时,主机备用电池组的放电容量在 20%～30%左右即可达到放电维护的目的。当 UPS 的负载为一般的 PC 机或负载内部的电源具有一定的保持能力时,上述备用电池组定期充电放电的维护方法是可行的,因为具有主备用 UPS 相互切换功能的转换柜的切换时间一般都小于负载电源的保持时间。

对于一些电源保持时间很短的负载,可采用具有电池自检功能的 UPS 对其备用电池组进行自检来完成定期充放电维护。具有这种先进功能的 UPS 无须断开其内部 AC－DC 整流器的输出,而是调节整流器的直流输出电压,使整流器与备用电池组以并联输出方式为 DC－AC 正弦波逆变器供电。由检测控制电路调整整流器的输出电压,使备用电池组以恒定电流放电。同时 UPS 会随时显示电池组的剩余容量,在进行这种操作时,如万一发生因电池组中的某节电池损坏而造成电池放电失败时,整流器的输出电压立即上升到正常工作状态,用以保证正弦波逆变器的正常输入，使负载得到连续不间断供电。这种利用电池自检功能进行放电维护时，所放出的能量一般控制在10%～20%之间。

备用电池组的另一种维护是对电池组进行短时间的均衡充电。这是因为电池组在长期的浮充备用状态下或经过多次循环使用后，由于其内部原因会出现端电压、内阻不一致的现象。为了消除这种不均衡现象的故障隐患，进行均衡充电时每个电池的单体电压可充到2.3～2.4 V，充电电流要限制在0.2*C* A以内，在这种均衡充电状态下5h左右而后转入正常浮充状态。密封铅酸蓄电池的均衡充电维护应在环境温度为20～25℃时进行，至于何时对电池组进行均衡充电，应根据电池组的实际使用情况而定。一般经过均衡充电后电池组中的电压、内阻不平衡现象可得到改善，可延长电池组的使用寿命。

4.7 UPS的应用

4.7.1 UPS电源的串并联使用

从UPS电源的3种工作状态（逆变工作、电池工作及旁路工作）来看，确实有很高的供电质量和可靠性。但是UPS电源毕竟是由成百上千个电子元器件、功率器件和散热风机与其他一些电气装置组成的功率电子设备。当采用单台UPS电源供电时，由于其平均无故障工作时间是个有限值，一般规定在10万小时左右，但这只是平均值，所以还是会发生由于UPS电源本身的故障而中断供电的现象。采用双机热备份的冗余技术可使UPS供电系统的可靠性得到很大的提高。UPS电源热备份方式分为串联和并联2种方式。

1. 双机串联热备份系统

图4-21为双机串联热备份供电方式。这种串联方式将处于热备份的UPS输出电压连接到主机UPS电源的旁路输入端。UPS主机正常工作时负担全部负载功率，当UPS主机发生故障时便自动切换到套路状态，由UPS备机的输出电压通过UPS主机旁路输出继续为负载供电。当市电中断时，备机与主机都处于电池工作状态，由于UPS主机承担全部负载所以其备用电池先放电到终止电压，而后自动切换到旁路工作状态由备用UPS的电池为负载供电。用于双机串联热备份使用中的2台UPS电源的交流输入必须来自同一相交流市电，这样才能使UPS主机正常工作，而且确保UPS主机在同频率、同相位条件下进行旁路切换。UPS主机逆变器的静态开关是影响串联热备份供电系统可靠性的重要部分，此静态开关一旦发生故障则主、备用UPS电源均无法为负载供电。

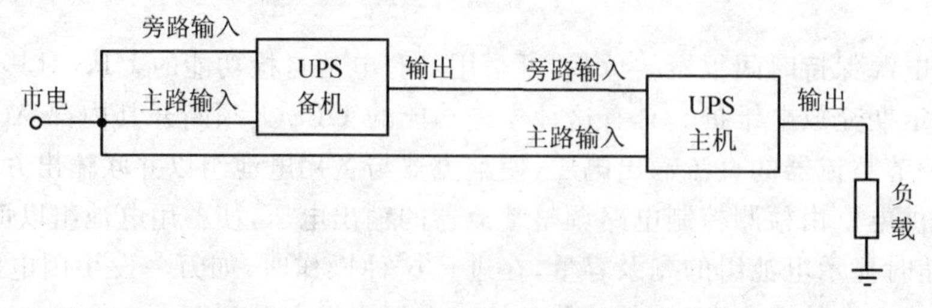

图4-21 双机串联热备份系统

2. 双机并联冗余系统

图 4-22 为双机并联冗余供电的使用方法。用于这种双机并联中的 UPS 电源必须具有并机功能,2 台 UPS 电源中的并机控制电路通过并机信号线来调整输出电压的频率、相位及幅度,使其满足并联输出的要求。这种并联方式主要是为了提高供电系统的可靠性,而不是用于供电系统的扩容。所以这种并联使用方式必须保证供电系统具有 50%的冗余度,也就是负载的总容量不要超过其中一台 UPS 电源的额定输出容量,当其中一台 UPS 电源发生故障时,可由另一台 UPS 电源来承担所有负载的供电。这种 2 台冗余并联供电的 UPS 电源,由于其输出容量只是额定容量的 50%,所以 2 台 UPS 电源始终在低效率下运行。

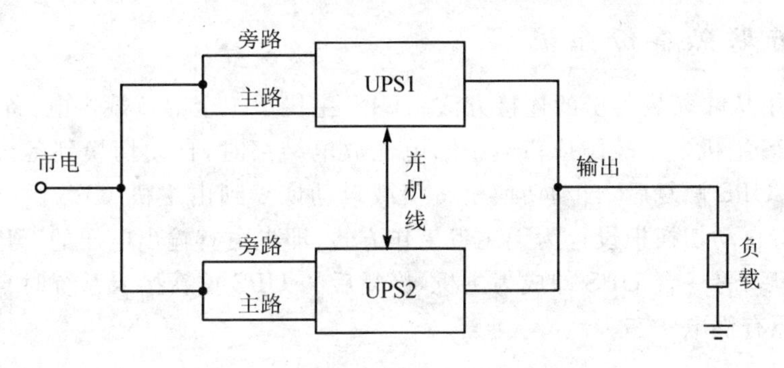

图 4-22　双机并联冗余系统

具有这种并联功能的 UPS 电源一般可允许 3 台,有的甚至可允许 6 台并联使用。多台 UPS 电源并联供电系统的转换效率与设备利用率都高于 2 台 UPS 电源并联的供电系统。例如对一个容量为 300 kVA 的负载系统,可采用 4 台 UPS 电源并联的供电系统供电,并根据负载系统的总容量把 UPS 并联供电系统设计为具有"3+l"的冗余度。即 3 台 UPS 电源可完成对容量为 300 kVA 负载系统的供电,可确定每台 UPS 电源的额定输出容量为 100 kVA,4 台 UPS 电源中如有一台发生故障不会影响对负载的正常供电。供电系统正常工作时,每台 UPS 电源承担 75 kVA 的负载容量,设备利用率为 75%,而且此时的转换效率也接近满载效率。这种"3+l"并联冗余度与"1+1"并联冗余度的供电系统相比,显然前者具有较高的运行经济性,这种并联供电系统中的各台 UPS 电源具有各自的并机接口及并机专用信号电缆。在 UPS 电源的并联冗余供电系统的实际使用中,要考虑到当其中一台 UPS 电源发生故障时,其他几台 UPS 电源的实际输出容量应小于其额定输出容量。这是因为并联运行中的各台 UPS 电源的输出电流存在着一定的不平衡度。另一方面也要考虑到由于某种原因使负载出现短时间过载现象,所以在上述一台 UPS 发生故障时,其余 UPS 的实际输出容量应达到额定输出容量的 80%较为合适。

3. 并机柜并联冗余系统

另外一种为无并机接口可直接并联使用的 UPS,而在单机运行时又具有其他普通 UPS 一样的功能。只要将参与并机的 UPS 单机调试好,即可直接并机运行,几台并联的 UPS 可共用一组备用电池。图 4-23 所示采用并机柜实现 2 台 UPS 的冗余并联,通过并机柜的控制使负载均分,当其中一台 UPS 发生故障时,全部负载将自动转由另一台 UPS 供电,并机柜上具有自动旁路转换功能。

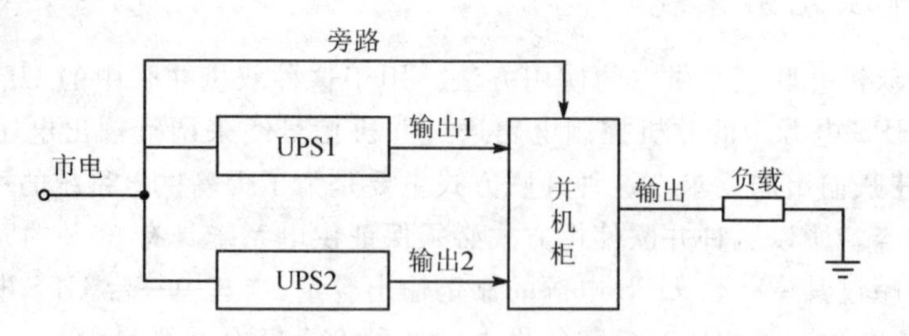

图 4-23　并机柜并联冗余系统

4. 主从并联热备份系统

图 4-24 是主从并联热备份的连接方法。UPS 主机承担全部负载供电，备机 UPS 处于热备份状态，当 UPS 主机发生故障或市电中断电池放电结束时，自动切换到备机 UPS 供电，市电恢复后或主机 UPS 修复后，自动切换柜将负载自动恢复到由主机 UPS 供电状态。为了减少切换次数，可将自动切换柜设计为无主备工作方式，即先由有输出电压的 UPS 为主机，当主机故障退出系统后，另一台 UPS 即成为主机，修复后的 UPS 重新接入系统时自动切换柜将不再切换，仍保持原有供电状态。

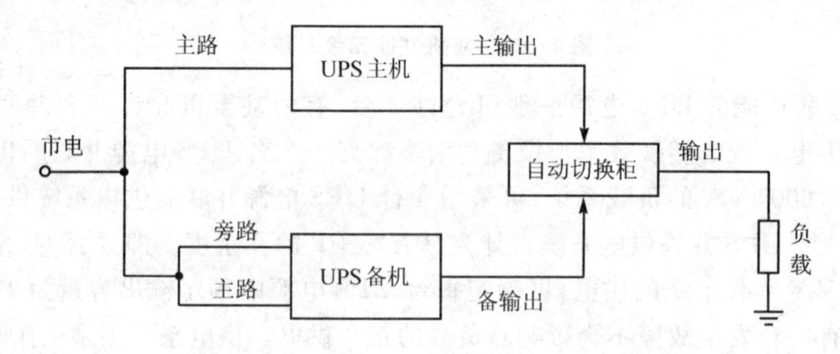

图 4-24　带有自动切换柜的并联热备份系统

4.7.2　UPS 系统电池的优化配置

为了简单和降低成本，UPS 的电池子系统通常的配置为单一的串联。但在主干电源中断时，会产生一个潜在的单点故障。使用多个并联的电池串联，可以解决这一问题，但是费用更加昂贵。用户可以根据特殊的需要，调整其电池串联配置和并联的不间断电源模块之间的相互连接，以实现最佳的成本和冗余之间的平衡。

一个"单一的"或"系列的"串联具有相同的用电线串联起来的电池块。一个典型的串联有 32 个 12 V、76 Ah 的电池，提供了一个直流母线，电压为 384 V，能力为 76 Ah。虽然通常是最具成本效益的，但是，这个解决方案没有冗余，一个电池失效将导致整个串联无法工作。

一个平行的串联包括平行通过连接到 UPS 电池的输入端的、相同系列的串联。一个典型的配置可能有 3 个连续的串联，每个串联有 32 个 12 V、40 Ah 的电池，提供给 UPS 384 V、120 Ah 的能力。额外的电池比单一的串联成本高，但在主干电源断供时，能够提供更长的电池自主能力。此外，可以产生恢复能力，因为一个单一的电池失效将不会完全剥夺备用电池的负荷。

在成本是次要的关键任务应用情况下，每个并联的UPS模块保证有它自己的、分别装有保险丝的、并联的电池配置。如果确实受到空间限制，可能会使用类似“更多的低容量电池的串联”的解决方案。

注意：一个单一的较大电池的串联通常比多个较小电池的串联便宜。

如果一个多模块并联的UPS系统是由单一模块串联的电池配置的，那么，一个电源故障将立即威胁到支持临界载荷的系统的能力。这个威胁对于没有冗余模块的系统比冗余模块的系统更为严重。如果每个冗余的UPS系统模块具有两个并联的电池的串联，UPS的冗余将一直保持，甚至在一个单一的电池失效的情况下，适当的电池配置将保持电池的自主能力。此外，过渡盒在电池保险丝和电缆终端的使用，提供了进一步的保护和并联的UPS系统的隔离。

如果在并联的UPS设施中，存在成本和空间的限制，可以使用(共电制)中央电池组来缓解这些问题。(共电制)中央电池组就是整个系统中的所有的UPS，通过一个共同的直流母线来共用所有的电池。根据风险分析，固体铜母线失效的概率是可以忽略不计的，所以，选择一个(共电制)中央电池组配置是一个慎重的考虑。

当然，针对于每个装置的最佳电池配置取决于多种因素，如空间、预算和负载状态。一个好的UPS供应商将能够为用户提供最佳的、符合其具体情况的UPS电池解决方案。

4.7.3 UPS的蓄电池的配置与选择

在一个UPS供电系统中，蓄电池是这个系统的支柱。没有蓄电池的UPS只能是个稳压、稳频电源。UPS之所以能实现不间断供电，就是因为有了蓄电池。在设计UPS供电系统时，首先应考虑蓄电池的性能，即蓄电池的额定电压、额定容量及应由多少节蓄电池组合等。

1. 额定容量选择

蓄电池的容量一般是指在20℃，以20h放电率放电到1.75V/单体时，蓄电池输出的功率数。

(1) 单体电池容量计算公式

$$P=(\text{UPS容量}\times 1000\times \text{负载功率因数})/(\text{逆变效率}\times \text{电池节数})$$

式中：P——每节电池的放电功率；

UPS容量——每台UPS的标称容量，以kVA计；

负载功率因数——一般取0.8；

逆变效率——UPS逆变器的效率，通常为90%～95%；

电池节数——通常为6或12的倍数。

(2) 查找放电功率数

根据P值查找对应的各型号电池放电到单体电压为1.65～1.75V时放电功率数。

(3) 确定选用电池组数

根据上述功率数，对参照原厂提供的放电功率表，确定选用几组电池。

2. 指标选择

(1) 内　阻

要选择内阻小的蓄电池，这样才能持续大电流放电。如果内阻较大，则在充放电过程中功耗加大，会使蓄电池发烫。

(2) 浮充电压

在相同温度下，浮充电压值高就意味着储存能量大，质量差的蓄电池浮充电压值一般较低。蓄电池浮充电压值在不同的温度时应进行修正。

(3) 在大中型 UPS 中避免混接

在大中型 UPS 中采用 2 V 单体系列蓄电池，避免采用小容量组合蓄电池进行混接。

4.7.4 UPS 安装

大型 UPS 设备及配件在出厂前都进行过严格的检查和测试，设备抵达现场后，用户应做以下几项安装前的准备工作。

1. 场地和环境的要求

① 设备的放置场地应该是“工业类型”的硬质水泥型的水平地面，如果采用防静电活动地板，则在考虑到地板的平均负荷量的基础上，还要根据 UPS 的重量来设计制作供安装设备的托架。

对于多数大型 UPS 来说，其标准机型的电缆为下进下出型。UPS 机柜的通风进气口位于机柜的正面或侧面，出气口在机柜的上部或后面。为此，在安装 UPS 时，要求用户事先准备好电缆敷设地沟，地沟的深度为 40 cm 左右。当用户采用桥架电缆敷设时，应选用电缆为上进上出型的机型。

② UPS 供电系统应安装在具有通风良好、凉爽、湿度不高和具有无尘条件的清洁空气的运行环境中。尽管一般的 UPS 所允许的温度范围为 0～40 ℃，然而，如果条件允许，应将环境温度控制在 35 ℃以下。UPS 厂家推荐的工作温度为 20～25 ℃。湿度控制在 50%左右为宜。此外，在 UPS 运行的房间里不应存放易燃、易爆或具有腐蚀性的气体或液体的物品。

③ 严禁将 UPS 安装在具有金属导电性的尘埃的工作环境中，否则会导致设备产生短路故障，也不宜将 UPS 安放在靠近热源处。

④ 不管所配的 UPS 蓄电池组是否配有带温度补偿的充电器。为了确保蓄电池组的使用寿命，应该将蓄电池房的温度控制在 20～25 ℃。

⑤ UPS 一定要保持左右侧有 50 mm 的空间，后面有 100 mm 空间，以保证 UPS 通风良好，UPS 前面应有足够的操作空间。

⑥ UPS 最好不要靠墙安装，UPS 与墙之间要留有 1 m 左右的距离，以便于 UPS 的维修。

2. 安装预备工作

(1) 取　货

对所购买的设备，用户要检查其在运输过程中是否受到损坏，若有损坏，可按照常规手续向运输部门索取赔偿，并在现场将损坏现象记录并拍照，最好通知商检部门前来验证。此外，还要按定货单与到货情况进行核对，若有不符合的地方，则在交涉时要引证装箱单证号。

(2) 存 放

设备必须存放在干燥通风处，要有遮盖，防止雨水淋湿、溅湿或化学试剂的腐蚀。建议用原包装存放，因为在存储期间，该包装能起到最大限度的保护作用。如果在最后安装前拆去了包装，要用护套盖住设备，防止灰尘、瓦砾、金属丝、油漆等进入。

由于蓄电池是密封铅酸蓄电池，所以存储时间不得超过 6 个月，蓄电池存放处的环境温度不能超过 25 ℃，较高的温度将使其存储时间减少，使蓄电池的技术性能变差，若存储时间超过上述的最大限度，应马上对蓄电池充电，否则会缩短蓄电池的寿命，甚至损坏。

(3) 拆包装箱

UPS 设备和配件包装均为木箱。在拆箱时必须小心拆卸，及时检查设备和配件（蓄电池等）在运输过程中是否被损坏。在清除包装材料之前，要确认所有的配件都已到齐。如果设备或配件在运输过程中被损坏，或设备和配件与定货合同不符时，应及时作现场记录，并立即与供货公司联系。

(4) 搬 运

① 从底部搬运：用集装箱搬运车或铲车搬运机柜时，为了给铲车留下铲叉的通道，不要封住 UPS 柜和蓄电池柜前后的底座挡板，可在搬后再盖上。

② 从顶部搬运：配备必备的吊钩，搬运设备时用高架吊车起吊设备，注意机柜不要开封，以免起吊时造成设备变形或损坏。

(5) 机柜的定位与加固

机柜就位后，调整机柜地脚螺栓的高度，使第一个机柜完全竖直，然后再调整其他机柜地脚螺栓的高度，使所有的机柜柜门完全平行。

为防止地震时 UPS 发生前、后、左、右移动而影响供电，在 UPS 定位后，要用螺丝将并排摆放的机柜相互栓住，还要将 UPS 机柜与地面加固。有的 UPS 机柜可以直接用膨胀螺栓与地面加固。有的 UPS 地脚是滚轮的，无法直接与地面加固，对于这样的 UPS 机柜在定位后可以用角钢在紧靠着 UPS 地脚前、后处，用 10 mm^2 以上的膨胀螺栓与地面进行加固，这样安装后的设备比较安全、可靠。

3. 电缆的选择和接线

在 UPS 供电系统中主要用到 3 种电缆：电力电缆、接地电缆和控制电缆。

(1) 电力电缆

电力电缆包括交流输入、交流输出和电池电缆。

用户在安装 UPS 时往往都会提出机器的输入、输出和蓄电池的输出线的线径问题。导线的选用，根据用途、种类、结构尺寸、载流量等不同类型，有不同的使用范围和要求。由于 UPS 均安装于室内，而且距离负载较近，其走线多为地沟或明线，所以一般采用铜芯橡皮绝缘电缆。其导线截面积主要考虑 3 个因素：符合电缆使用安全的标准，符合电缆允许的温升以及满足电压降要求。

UPS 要求最大电压降为：交流 50 Hz 回路电压降比率≤3%；直流回路电压降比率≤1%。如果压降超过上述范围，则必须加粗导线截面积。

(2) 接地电缆

① 安全接地线：安全接地线是同机壳相连的安全接地线，一般它的线径应为电力电缆的0.5～1倍左右。

② 逻辑控制板接地线：逻辑控制板接地线为逻辑控制板提供必要的参考地电平。它是为防止因邻近设备中所产生的电磁干扰信号串入控制电路而影响UPS系统的正常运行而配置的接地系统，控制地线不但不能与安全地线相连，而且应将它装入专用的管道中。一般，这根控制地线的截面积应选用4 mm^2以上的多股铜芯电缆连接，并用黄/绿相间的颜色作为标志。

(3) UPS的零线

UPS的零线截面积应为相线截面积的1.2～1.5倍。按惯例，用户应将电源零线和接地线分开敷设，但用户可在最终接地点使用单点接地系统。

(4) UPS中的控制电缆

在UPS电源中，一般需要配置如下的控制线：

- 从UPS报警接口板到远程监视器之间所需的控制线；
- 从UPS报警"继电器干接点"接口板到用户"自定义的报警装置"之间的控制线；
- 从UPS主机到蓄电池断路器开关之间的控制线；
- 从UPS的RS-232/RS-485接口到远程微机终端或调制解调器(Modem)的控制线；
- 从UPS主机到远程、紧急停机开关之间的控制线等。

对于上述的控制线，一般应选用带屏蔽的多芯电缆、带屏蔽的扁平电缆或带屏蔽的多股绞线。每根连接芯线的截面积在1 mm^2以上为宜。

4. 注意事项

① 为了确保操作人员和设备的安全，在安装、启动设备前应仔细阅读相关的"安装和操作"手册。

② UPS与市电电源及负载连接时应注意以下几点：

- 检查UPS电源柜上所标的输入参数，是否与市电的电压和频率一致；
- 检查UPS输入线的相线与零线是否遵守厂家规定；
- 检查负载功率是否小于UPS额定输出功率。

5. 安装收尾工作

① 检查接线是否与安装手册相符，并核对相序；

② 清点工具，以免遗留在UPS机柜内；

③ 盖好UPS的安全挡板、顶盖和侧门板；

④ 清理并打扫UPS机柜周围的场地。

4.7.5 UPS测试

UPS测试的目的，主要是鉴定UPS的实际技术指标是否满足使用要求。UPS的测试一般包括稳态测试和动态测试2类。稳态测试是在空载、50%额定负载以及100%额定负载条件下，测试输入端和输出端的各相电压、线电压、空载损耗、功率因数、效率、输出电压波形、失真度以及输出电压的频率等。动态测试一般是在负载突变(一般选择负载由0%～100%变化和由100%～0%变化)时，测试UPS输出电压波形的变化，以检验UPS的动态特性和能量反馈通路。

1. 稳态测试

所谓稳态测试是指设备进入“系统正常”状态时的测试。

(1) 输入功率因数

技术指标：国家标准为≥0.8。

测试方法：检测UPS输入电流波形谐波及其与电压波形相位差的综合分析。可用PA4400-4型数字电力谐波分析仪直读(在空载和满载时)。

此项测试的意义如下：

- 减少输入端无功损耗是UPS节电的重要组成部分。6脉冲整流器，如果不加输入滤波器，则其无功损耗约为额定功率的20%；
- 降低对自备发电机的功率比要求。如果输入功率因数为1，需要配备发电机的功率比为1∶1，那么6脉冲整流器而输入又没有加谐波滤波器的话，需要配备发电机的功率比为2.5∶1；
- 减少对电网造成的污染。此项指标在选购设备时应该考虑进去。

(2) 输入频率范围

技术指标：国家标准为50(1±2.5%)Hz。

测试方法：采用变频电源或发电机。固定额定输入电压，改变输入频率，用记忆示波器观察UPS输入频率的跟踪范围。

(3) 直流电压输入范围

技术指标：UPS说明书中都应该标明直流电压的范围，由于各品牌的UPS所配置的直流电压(标称值)不一样，所以范围也不一样。

测试方法：在保证UPS输出电压在380(1±1%)V范围时，测量蓄电池的直流电压范围。

此项测试的意义是：较宽的直流电压输入范围，表明控制电路调整范围宽。市电与蓄电池互相切换时，仍然保证UPS输出电压的稳定度。

(4) 输出电压波形

技术指标：输出正弦波，波形失真≤5%(100%线性负载)。

测试方法：一般是在空载和满载(电阻性负载)状态时，观察输出波形是否正常，用失真度测量仪或658型数字电力品质分析仪，测量输出电压波形的失真度。

(5) UPS的输出电压

技术指标：国家标准为380(1±2%)V。

UPS的输出电压可以通过以下方法进行测试：

① 当输入电压为额定电压的90%，输出负载为100%或输入电压为额定电压的110%，输出负载为0时，其输出电压应保持在额定值±2%的范围内。

② 当输入电压为额定电压的90%或110%时，输出电压一相为空载，另外两相为100%额定负载；或者两相为空载，另外一相为100%负载时，其输出电压应保持在额定值±2%的范围

内,其相位差应保持在4°范围内。

要在不平衡负载情况下,使负载电压的幅值和相位保持在允许范围内,逆变器的设计就必须做到每相都能单独调整。在对每一相电压的幅值和相位分别控制的情况下,可以做到三相负载电压始终是对称的,有的UPS不是每相都能单独调整。所以,当接单相负载时,输出电压就会出现明显的不平衡。对于这类UPS,就不能进行此种测试,使用时也必须使三相负载尽量平衡。

另外,上述的不平衡负载一相为空载,另外两相为额定负载;或者两相为空载,另外一相为额定负载的条件更为严酷。有的机器的不平衡负载是两相为额定负载,另外一相为70%的额定负载;或者一相为额定负载,另外两相为70%的额定负载来测试输出电压(各相电压、线电压)的稳压精度和三相输出不平衡度。

③ 当UPS逆变器的输入直流电压变化±15%,输出负载为0%~100%变化时,其输出电压值应保持在额定电压值±2%范围内。这一指标表面上与前面所述指标重复,但实际上它比前面的指标要求更高。这是因为控制系统的输入信号在大范围内变化时,表现出明显的非线性,要使输出电压不超出允许范围,对电路要求就更高了。

(6) 负载波峰因数

技术指标:国家标准没有此项要求,国际标准为CF=3(CF:波峰因数)。

测试方法:

① 用模拟波峰因数为3∶1而平均功率为UPS额定输出功率的假负载,接入UPS输出端,观察UPS是否过载及长期工作是否可靠。

② 调节波峰因数比,测量UPS在可靠工作条件下的波峰因数值。

负载波峰因数是真正反映UPS带当今最普遍的非线性负载的能力,是一个非常重要的技术指标。要获得较高的波峰因数,需要较高的PWM调制频率及高速数字反馈。

(7) 噪声测试

在1m距离下测量,技术指标:国家标准为≤65dB(≥10kVA);

测试方法:在满载条件下,使用HS56070XAN61型噪声自动测试系统进行测试。

UPS功率越大,噪声越大,这是环境噪声污染。在大功率UPS中,凡是采用较高的PWM调制频率及采用先进装配工艺的,噪声都比同规格其他品牌UPS的噪声低。

(8) 效 率

技术指标:国家标准为>75%(10~100kVA)。

测试方法:用685型电力品质分析仪测量输入与输出功率。

UPS的效率主要取决于逆变器的设计。大多数UPS只有在50%~100%负载时才有比较高的效率,当低于50%负载时,其效率就急剧下降。厂家提供的效率指标也多是在额定直流电压、额定负载($\cos\phi=0.8$)条件下的效率。交流输入功率应指有功功率与无功功率的向量和,交流输出功率也应包含无功功率与有功功率。从用户节能角度,应该注重AC-AC的转换效率,不应受代理商只考虑DC-AC转换效率或只用输出功率与输入有功功率之比的误导(忽视了输入无功功率的损耗)。

效率等于输出有功功率与输入有功功率之比再乘以100%,输入功率不包含蓄电池的充电功率。测试是在正常条件下,负载为100%或0%的阻性负载情况下测量。机器的效率高,可以节省电费,选用容量时,其裕量系数也可以减小些。

(9) 主要功率器件的温升

技术指标：在输出电压与输出功率为额定值时，功率变压器温升≤80℃，功率半导体温升≤85℃。

测试方法：用精密点温计测量。

在满负载及温升稳定状态下测量温升。功率器件温升越低，表明功率器件安全系数越大。UPS 运行的可靠性也越高。

(10) 输出电压频率范围

技术指标：国家标准为(50±0.5)Hz。

测试方法：输入采用变频电源或发电机，输出端接入示波器和“电源扰动分析仪”进行测量。固定额定输入电压，改变输入频率。当输入频率超过调整的范围时，UPS 将转入本机振荡器。如果本机振荡器频率不够精确时，也有可能在市电频率不稳时，UPS 输出电压的频率也不稳。

通过此项测试也可以确认 UPS 输出电压频率范围值。即分别向高和向低调整输入频率，当同步灯亮并且发出告警声时的频率点，就是 UPS 输出电压频率的范围。

逆变器输出电压频率范围也叫做逆变器与市电(旁路)的同步范围。此范围可以根据用户需要进行调整。有的品牌 UPS 可以通过菜单直接设置所需要的频率范围值，有的品牌 UPS 需要人工调整。频率范围分为几个档，例如：(50±0.25) Hz、(50±0.5) Hz、(50±0.75) Hz 和(50±1) Hz。用户可以根据负载的频率范围，来调整逆变器输出电压的频率范围。目前 UPS 输出电压频率基本上都能满足要求。

维护经验证明，UPS 输出电压频率范围并不是越窄越好。因为逆变器输出电压频率在调整值的频率范围内时跟踪市电(旁路)，一旦市电(旁路)频率超出所调整值的范围时，逆变器输出电压频率就转换到本机内部振荡器工作(也叫做转内同)，一般本机内部振荡器的频率比较准确。

注意： 逆变器一旦转内同工作，UPS 面板上的同步指示灯亮，表示逆变器输出电压频率与市电(旁路)不同步(市电频率超过输出频率范围)。这时候 UPS 禁止逆变器-旁路或旁路-逆变器的转换。所以此项调整很重要，调整的 UPS 输出电压频率范围值只要满足负载的要求就可以了。

2. 动态测试

(1) 转换特性测试

技术指标：国家标准为 0 ms。

此项目主要是测试由逆变器供电转换到市电供电或由市电供电转换到逆变器供电时的转换特性，测试时需有存储示波器和能够模拟市电变化的调压器。

转换试验要在 100%负载下进行，特别是由市电转换到 UPS 上时，相当于 UPS 的逆变器突然加载，输出波形可能在 1～2 个周期内有±10%的变化，切换时间就是负载的断电时间。此项测试是检测转换时供电有无断点，如有断点，而且断点超过 20 ms 就会造成信号丢失。在线式 UPS 一般不会有断点，但其波形幅值会有瞬时变化，要求在半周期内消失。另外，因为 UPS 在市电正常时，逆变器工作频率是跟踪市电频率的，一旦市电中断，逆变器频率完全由本机振荡器来控制。这一突然变化是随机性的，它与市电中断前的瞬间状态和本机振荡器的状态有关，这种频率控制的瞬态变化，可能造成输出频率变化达30%，很多负载无法适应这一变化。

(2) 突加或突减负载的测试

先用“电源扰动分析仪”测量空载、稳态时的相电压与频率，然后突加负载由0%～100%或突减负载由100%～0%，若UPS输出瞬变电压在－8%～＋10%之间(可依据机型的该项指标而定)，而且在20 ms内恢复到稳态，则此UPS该项指标合格；若UPS输出瞬变电压超出此范围时，就会产生较大的浪涌电流，无论对负载还是对UPS本身都是极为不利的，这种UPS则不宜选用。

3. 常规测试

(1) 过载能力

技术指标：国家标准为120%过载时间10 mim；150%过载时间60 s。

测试方法：分别用线性负载和非线性负载两种方法测量。

过载特性是用户极为关心，也是衡量UPS电源的一项重要指标。过载测试主要是检验UPS整机的过载能力，保证即使运行中出现过负载现象时，UPS也能维持一定时间而不损坏设备。过载试验必须按设备指标测试，并且要在25℃以内的室温下进行。

(2) 蓄电池放电试验

蓄电池放电试验主要是检验蓄电池的性能。在做放电试验时，一是要记录放电时间，应满足电源的后备时间。二是要观测放电时的输出电压及放电保护值。一般情况下，在直流电压变化±15%时，在100%负载情况下，UPS电源输出电压变化为±2%，可以满足负载对供电的要求。当市电中断改由蓄电池供电时，蓄电池电压不能保持恒定，所以逆变器应具有适应直流电压在规定范围内变化的能力。由于各UPS的直流电压不一样，所以直流欠压告警值和直流欠压关机值也不一样，要根据UPS说明书来进行调整。三是要检查是否有“落后”电池。四是要测量蓄电池的过桥压降(一般≤9 mV)。如果蓄电池过桥压降大，就应该再并联上一条过桥，或增加过桥的截面积。

放电试验前必须对蓄电池进行连续24 h的不间断充电，试验数据可记录在放电试验数据记录表中。

(3) 浮充电压的调整与设置

对于以下的蓄电池组，它们所需的浮充电压分别为：

30×12 V蓄电池组为405 V；

32×12 V蓄电池组为432 V；

33×12 V蓄电池组为445 V；

35×12 V蓄电池组为473 V；

40×12 V蓄电池组为540 V；

48×12 V蓄电池组为649 V。

(4) 输入电压过压、欠压保护测试

技术指标：大功率UPS国家标准为380(1－15%) V～380(1＋10%) V。

测试方法：用TNSGA－35/0.5型感应自动调压器调节输入电压，当输入电压超过范围时应报警，并转换到蓄电池供电，整流器自动关闭；当输入电压恢复到额定允许范围内时，设备应自动恢复运行，即蓄电池自动解除，转为由市电运行。在蓄电池自动投入和解除的过程中，UPS输出电压波形应无变化。注意，此项测试一定要保证接线正确，特别是相序必须接对。另外，有的UPS在市电超过+10%范围时，只有报警，而无蓄电池自动投入的性能，只要当市电低于-15%范围时，才有蓄电池自动投入的功能；而有的UPS则是在市电超过-15%～+10%的范围时，都有蓄电池自动投入的功能。

4. 特殊测试

对于一台UPS来说，进行上述3项内容的测试就可以了，但对于大批生产的UPS还必须进行专项测试。专项测试可用抽样的方式进行，其内容有：

(1) 观测稳压效果

在额定负载为超前及滞后两种情况下，观测UPS输出的稳压效果。

(2) 小负载条件下的效率测试

在25%～35%的额定负载(滞后)条件下，质量好的UPS，效率可超过80%。

(3) 频繁操作试验

此项试验包括频繁启动与频繁转换。

频繁启动的目的在于检验逆变器、锁相环、静态开关和滤波电容的动态稳定和热稳定。其方法是启动UPS，当逆变器启动成功，有输出电压和输出电流，并且达到技术要求后，带负载运行；然后减去负载，停机，再启动UPS。这样连续多次操作。

频繁切换试验主要是检测转换时供电有无断点，在线式UPS是不应该出现断点的。

(4) 充电器的启动试验

为了保护蓄电池，避免充电器启动时对电网的冲击，一般UPS的充电器启动，均有限流启动功能。充电器由启动到正常运行的过渡过程，时间一般在10s以上，电流一般限定在蓄电池容量的1/10。

(5) 不带蓄电池加载试验

UPS不带蓄电池时，UPS只具有稳压功能。不带蓄电池情况下加负载，可以检验整流器的动态性能。对于这一功能，不同UPS有不同的设计，一般要求在20ms内保证输出电压恢复到(100±1)%以内。

(6) 高次谐波测试

一般UPS的高次谐波分量总和小于5%，可用谐波分析仪来测试。良好的UPS能全部滤掉11次谐波以下的全部谐波，而且波形很稳。选用UPS也应尽量选用不含11次谐波以上谐波的UPS。

(7) 输出短路试验

此试验一般不予进行，以防损坏UPS设备。这是因为有的UPS的输出短路保护功能不够完善。对于具有旁路电源的UPS，进行输出短路测试时，必须在断开旁路电源的情况下进行。否则当输出短路时，UPS会在限流的同时，将负载切入旁路电源，会烧断旁路电源保险丝来进行保护。这样，既看不出输出短路保护的限流情况，还将烧毁旁路电源的保险丝，是应该避免的。

UPS的测试内容还有许多，如温升保护性能试验、工作温度试验、振动试验、耐压试验、蓄电池再充电试验、高温试验、高湿试验、可靠性试验和不同性质的负载试验等。作为一个产品正式生产，尤其是批量生产时，上述内容都有必要测试。但作为用户对产品的鉴定和验收，一般进行静态测试、动态测试和常规测试就可以了。

4.8 UPS 应用选型

1. UPS 的选型原则

为适应现代通信电源工程技术标准的发展要求，UPS/逆变器选型应遵循以下基本原则：

(1) 应用场合

当电源中断需要立即提供电力以维持设备正常运行或电源品质不稳定需要提供稳定、纯净的电源时，考虑选用 UPS/逆变器。

(2) 安规认证

对于 UPS/逆变器的选型，在选型阶段应该考虑到 UPS 的安规认证（见表 4－4），以适应公司产品的全球化的发展趋势；要满足当地安规标准，一般为各国广泛接受的安规认证类型有 UL（北美）、CSA（加拿大）、TUV（德国）、CE（欧盟）等，我国采用 3C（China Compulsory Certification）。

(3) EMC 要求

由于需要限制电源设备对于电网的影响，现阶段世界各国正在强行推行设备的 EMC 要求，对 UPS 也不例外，因此一般要求 UPS/逆变器也应通过相应的认证。

表 4－4 安规及标识

安全标准	标 识
UL 1950	UL(cUL)*
IEC 60950	TUV OR VDE
CSA C22.2 107.1	CSA
CCEE	CE Mark

(4) 输出容量

应根据所用设备的负荷量统计值来选择所需的 UPS/逆变器输出容量（kVA 值）。为确保 UPS 的系统效率高和尽可能地延长 UPS 的使用寿命。推荐参数是：用户的负荷量占 UPS 输出容量的 90%为宜，但最大不能超过标称值。

注意：UPS/逆变器输出容量包括有功（W）和无功两部分（var），总体上体现为视在功率（VA），三者成三角关系。一般要求有功功率小于 UPS 输出有功功率，UPS/逆变器输出有功功率在厂家资料中可以查到；若查不到，则可用 UPS/逆变器输出容量乘以输出功率因数得到。

(5) 输入电压

世界上各国电网电压主要分为 LV（低压）系列和 HV（高压）系列。一般而言，LV 系列包括 100/110/120/127 4 个等级，可接受的最高输入电压为 140 V/AC；HV 系列包括 208/220/230/240 4 个等级，可接受的最高输入电压 276 V/AC。

(6) 输入频率

输入电压频率分为 50 Hz 和 60 Hz 两种，无论是 LV 系列还是 HV 系列都有使用。根据以上输入电压和频率的分类，选用 UPS 时需要针对产品销售区域的电网特征进行判别。

(7) 输出功率因数

输出功率因数代表适应不同性质负载的能力。UPS 工作时不仅向负载提供有功功率，同时还提供无功功率（对于容性负载或感性负载）。当电路中接有开关电源等整流滤波型非线性负载时,还需要考虑电流 THD(Total Harmonic Distortion)的影响。一般认为,带容性负载(开关电源等)时,UPS输出功率因数在0.6～0.8之间为宜;带感性负载(风扇、电灯等)时,UPS/逆变器输出功率因数在0.3左右为宜。

因此,在UPS/逆变器选型时,应考虑到负载功率因数问题。

(8) 油机适应能力

由于发电机输出波形差,某些UPS在作为发电机的负载时跟踪能力不足。在停电较长的地区,如果发电机经常作为电网的后备,则需要选择对油机适应能力强的UPS。

(9) 输入/输出插头/插座

世界各国电源插头/插座差异很大,而且标准和规定各式各样,因此在选用UPS时需要针对各地情况进行判断,选择符合销售区域要求的UPS/逆变器。关于插头/插座可参考《国际化电源插头/插座系统选型指导书》。

(10) 智能管理和通信功能

用户需要在计算机网络终端上实时监控UPS的运行参数(如:输入、输出的电压、电流和频率,UPS电池组的充电、放电和电压值显示,UPS的输出功率及有关的故障、报警信息)时,可以选用提供RS-232、DB9、RS-485通信接口功能的UPS。对于要求能执行计算机网控管理功能的用户,还可配置简单网络管理协议(SNMP,即 Single Network Management Protocol)卡配套运行。

(11) 市场定位

在产品初期UPS/逆变器选型时,一定要明确产品的市场定位,不局限于当前的市场需求进行选型,以方便将来其他产品选用UPS/逆变器。

(12) 性价比

综合考虑性价比因素,选用具有高稳定性和高可靠性的UPS/逆变器。

2. 电池配置方法

阀控式密封铅酸蓄电池的容量应根据式(4-4)计算结果加以确定。

$$C=\frac{W\times T\times 1.25}{V_{\mathrm{f}}\times K_1\times[1-(25-T_{\mathrm{TEMP}})\times K_2]} \tag{4-4}$$

由此,推出备电时间计算公式为:

$$T=C\times V_{\mathrm{f}}\times K_1\times[1-(25-T_{\mathrm{TEMP}})\times K_2]/(W\times 1.25) \tag{4-5}$$

25℃时,公式简化为

$$T=C\times V_{\mathrm{f}}\times K_1/(W\times 1.25) \tag{4-6}$$

式中:C——蓄电池容量,安时/Ah。

W——负载功率,瓦特/W。

T——备电时间,小时/h。

T_{TEMP}——环境温度/℃。

V_{f}——放电终止电压,伏特/V,(一般取10.8/12 V电池,如48 V系统一般取$V_{\mathrm{f}}=$43.2 V,72 V一般取64.8 V)。

K_1——蓄电池效率:

$T<3\,\mathrm{h}$,$K_1=0.5\sim0.63$;

$1h<T<5\,h, K_1=0.75\sim0.8$；

$5\,h<T<10\,h, K_1=0.85\sim0.9$；

$T>10\,h, K_1=1$。

K_2——温度系数：

放电电流 $I<0.1C, K_2=0.006$；

放电电流 $0.1C<I<0.5C, K_2=0.008$；

放电电流 $I>0.5C, K_2=0.01$。

例如，在 220 V/AC、0.5 A 电源下工作时，设备需求功率为 $220\times0.5=110$ W，此时 UPS 效率为 0.65，电池输出功率为 $110/0.65=169$ W，26 Ah 电池备电时间计算如下：

新电池：$T=C\times V_f\times K_1/W=(26\times64.8\times1/169)=10\,h$；

旧电池：$T=C\times V_f\times K_1/(W\times1.25)=(26\times64.8\times1/169\times1.25)=8\,h$。

该时间为电池寿命终止时(容量下降至 80%)的备电时间，一般选型计算应以此为准。

3. 选型项目

① UPS 不仅可以使供电不间断，而且可以净化市电，在对电网要求高而当地电能质量又不高的情况下，可以考虑选用 UPS。

② UPS/逆变器多用于海外项目，选型时要明确当地电压情况，比如，110 V/AC 或 220 V/AC。

③ 长延时机的外挂电池在不同国家有特殊需求，要调查明确，比如，有俄罗斯入网证的电池暂时只有阳光和光宇两种。

④ UPS/逆变器能提供的容量有有功功率(W)和总功率(VA)限制，选择容量时，要对有功功率进行核算。有功功率小于总功率，一般可粗略估算如下：

$$有功功率=(0.6\sim0.8)\times总功率$$

⑤ UPS 有标机和长延时机，应充分考虑用户重要程度，选择不同延时机型。标机一般延时 7～15 min，长机理论上讲可以无限延时，延时长短由外挂电池多少决定，一般受成本和空间限制，通常有 1 h、2 h、4 h、8 h 等几种。

⑥ 类型选择时，应根据设备要求选择在线式、在线互动式或是离线式 UPS。

- 在线式 UPS 输出正弦波，逆变器主供电，掉电转电池供电，没有中断时间，对市电进行完全净化；
- 在线互动式 UPS 的充电器与逆变器合为一体，没有整流环节，输出电压分段调整，工作在后备方式；
- 离线式 UPS 多为准方波输出，对市电没有净化功能，逆变器为后备工作方式，掉电转逆变工作，有时间间隔。

对于一个由多台计算机和若干服务器组成的中小网络，或者对多个工作站采用集中供电保护方式，数据中心和关键性设备需要 24 小时不间断地获得恒定高质量的电源，推荐选用在线式 UPS。对于家庭办公或对工作站采用分散供电保护方式，推荐采用离线式或在线互动式 UPS。另外，还需要根据自身设备的要求，对短时间型或长延时型 UPS 做出选择，对用户要求高的地方应该选择在线式。

通信设备要求符合邮电系统的输入/输出特性要求，选用的 UPS 必须符合通信交直流供电体制,不能影响其他通信设备的运行。

⑦ 感性负载一般不推荐用UPS/逆变器,带感性负载时UPS/逆变器输出功率因数在0.3左右为宜。

⑧ 选用UPS/逆变器是否需要冗余方案。

⑨ 在产品初期UPS/逆变器选型时,一定要明确产品的市场定位,不局限于当前的市场需求进行选型,以方便将来其他产品选用UPS/逆变器。

⑩ 容量选择:UPS/逆变器一般按标称额定功率90%的负载设计负载能力。

4. UPS/逆变器使用环境

UPS/逆变器一般要求使用条件为海拔高度在3000m以下,环境温度0～+40℃,相对湿度≤95%(25℃,无凝结),工作环境无剧烈振动、冲击、无导电爆炸尘埃,无腐蚀金属和破坏绝缘的气体和蒸气。

UPS使用的温度条件实际上很大程度取决于蓄电池,无论UPS的充电器是否具有充电温度补偿功能,都必须将UPS用的蓄电池置于合适温度范围的环境。

过低的环境温度会造成蓄电池的放电容量下降。当温度超过25℃时,会造成蓄电池的使用寿命被缩短,使用时需注意。

对于使用环境超过上述条件,或有在室外使用的情况,可以联系生产厂商进行特殊处理,通过模拟和实际环境试验后,亦可选用。

5. UPS冗余备份的应用

对供电质量要求很高的计算中心、网管中心,为确保对负载供电的万无一失,可以采用如下几种比较典型的冗余供电系统。

(1) 主机-从机型“热备份”冗余供电系统

主机-从机型“热备份”冗余供电系统如图4-25所示。其结构形式是将主机UPS的交流旁路连接到从机UPS的逆变器电源输出端,万一主机UPS出故障,可改由从机UPS带载。这种冗余工作方式由于没有“扩容”功能和可能出现主机向从机切换时4ms的供电中断,而使其应用范围有限。

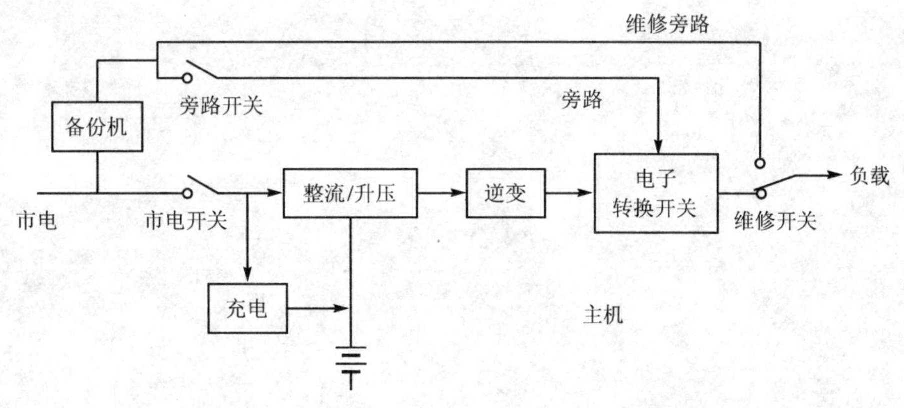

图4-25　主机-从机型“热备份”冗余供电系统

(2)"1+1"型直接并机冗余供电系统

它是通过将两台具有相同功率的UPS的输出置于同幅度、同相位和同频率的状态而直接并联起来。正常工作时,由两台UPS各承担1/2负载电流,其中一台UPS出现故障时,由剩下的一台UPS来承担全部负载。这种并机系统的平均故障工作时间MTBF是单机UPS的7~8倍,从而大大提高系统的可靠性。

(3)"*N*+1"型直接并联冗余供电系统

对于某些型号的UPS,可以将多台UPS以"*N*+1"冗余方式直接并机工作。正常工作时,*N*+1台UPS同时提供负载电流,当其中一台出现故障时,由剩下的*N*台UPS承担全部负载。因此,*N*+1冗余供电系统能承受的总负载为*N*台UPS容量之和。

在实际的通信电源工程建设过程中,随着多机并机系统中的*N*数量增大,并机系统的MTBF值会逐渐下降。因此,在条件允许时,应尽可能减少多机并机系统中的UPS单机的数量。

第5章　蓄电池技术及其应用

5.1　铅蓄电池的分类及结构

5.1.1　铅蓄电池的分类

铅蓄电池由于结构简单、价格便宜、内阻小、可以短时间供给启动机强大的启动电流而被广泛采用于传统的通信电源工程中。铅蓄电池又可以分为普通铅蓄电池、干荷电铅蓄电池、湿荷电铅蓄电池和免维护铅蓄电池。

(1) 普通铅蓄电池

新普通铅蓄电池的极板不带电，使用前需按规定加注电解液并进行初充电，初充电的时间较长，使用中需要定期维护。

(2) 干荷电铅蓄电池

新蓄电池的极板处于干燥的已充电状态，电池内部无电解液。在规定的保存期内，如需使用，只需按规定加入电解液，静置 20～30 min 即可使用，使用中需要定期维护。

(3) 湿荷电铅蓄电池

新蓄电池的极板处于已充电状态，蓄电池内部带有少量电解液。在规定的保存期内，如需使用，只需按规定加入电解液，静置 20～30 min 即可使用，使用中需要定期维护。

(4) 免维护蓄电池

免维护蓄电池是最常用的铅蓄电池，使用中不需维护，可用 3～4 年不需补加蒸馏水，极桩腐蚀极少，自放电少。免维护是指在电源合理使用期间，不需要对蓄电池进行加注蒸馏水，检测电解液液面高度，检测电解液密度等维护作业。其主要应用特点是：

① 栅架材料采用铅钙合金，既提高了栅架的机械强度，又减少了蓄电池的耗水量和自放电。

② 采用了袋式微孔聚氯乙烯隔板，将正极板装在隔板袋内，既可避免正极板上的活性物质脱落，又能防止极板短路。因此壳体底部不需要凸起的肋条，降低了极板组的高度，增大了极板上方的容积，使电解液贮存量增多。

③ 通常，蓄电池内部安装有电解液密度计，可自动显示蓄电池的存电状态和电解液液面的高低。如果密度计的观察窗呈绿色，表明蓄电池存电充足，可正常使用；若显示深绿色或黑色，表明蓄电池存电不足，需补充充电；若显示浅黄色，表明蓄电池已接近报废。

④ 采用了新型安全通气装置和气体收集器，在孔盖内部设置了一个氧化铝过滤器，可阻止水蒸气和硫酸气体通过，同时又可以使氢气和氧气顺利逸出。通气塞中装有催化剂钯，可促使氢、氧离子重新结合成水回到蓄电池中。

5.1.2 铅蓄电池的结构

铅蓄电池一般由3个或6个单格电池串联而成,结构如图5-1所示。

1. 极 板

极板是蓄电池的核心部分,蓄电池充、放电的化学反应主要是依靠极板上的活性物质与电解液进行的。极板分为正极板和负极板,均由栅架和活性物质组成。

栅架的作用是固结活性物质。栅架一般由铅锑合金铸成,具有良好的导电性、耐蚀性和一定的机械强度。为了降低蓄电池的内阻,改善蓄电池的启动性能,有些铅蓄电池采用了放射形栅架,正极板上的活性物质是二氧化铅(PbO_2),呈深棕色;负极板上的活性物质是海绵状的纯铅(Pb),呈青灰色。将活性物质调成糊状填充在栅架的空隙里并进行干燥即形成极板,如图5-2所示。

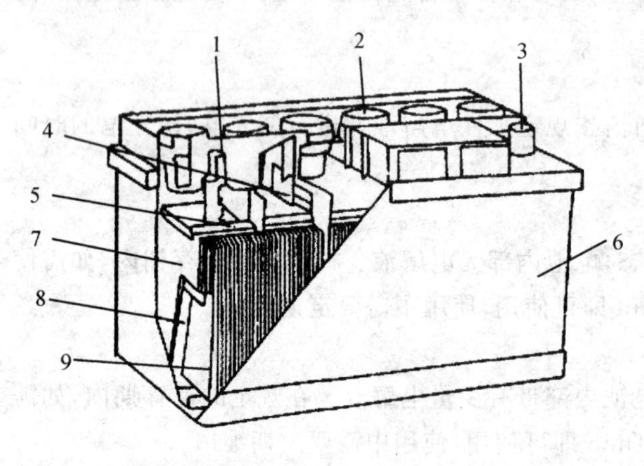

1—负极柱;2—加液孔盖;3—正极柱;4—穿壁连接;5—汇流条;
6—外壳;7—负极板;8—隔板;9—正极板

图5-1 铅蓄电池结构图

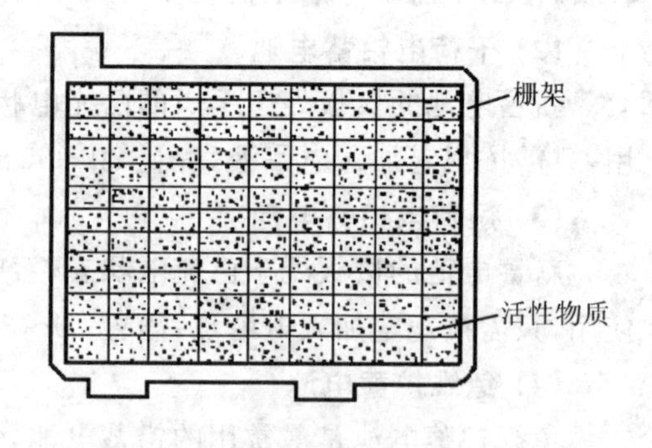

图5-2 极板

将正、负极板各一片浸入电解液中,可获得2V左右的电动势。为了增大蓄电池的容量,常将多片正、负极板分别并联,组成正、负极板组,如图5-3所示。在每个单格电池中,正极板的片数要比负极板少一片,这样每片正极板都处于两片负极板之间,可以使正极板两侧放电均匀,避免因放电不均匀造成极板拱曲。

2. 隔 板

隔板插放在正、负极板之间,以防止正、负极板互相接触造成短路。隔板应耐酸并具有多孔性,以利于电解液的渗透。常用的隔板材料有木质、微孔橡胶和微孔塑料等。其中,木质隔板耐酸性较差,微孔橡胶隔板性能最好但成本较高,微孔塑料隔板孔径小、孔率高、成本低,因此被广泛采用。

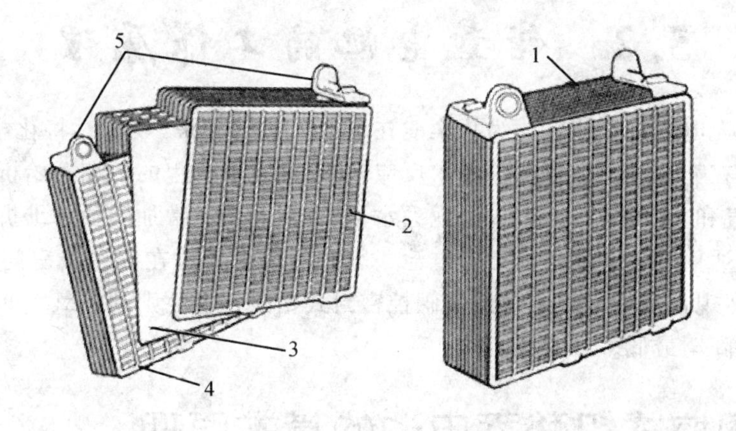

1—极板组总成；2—负极板；3—隔板；4—正极板；5—极板联条

图5-3　正、负极板组

3. 电解液

电解液在蓄电池的化学反应中，起到离子间导电的作用，并参与蓄电池的化学反应。电解液由纯硫酸(H_2SO_4)与蒸馏水按一定比例配制而成，其密度一般为1.24～1.30 g/cm^3。

电解液的密度对蓄电池的工作有重要影响，密度大，可减少结冰的危险并提高蓄电池的容量，但密度过大，粘度增加，反而降低蓄电池的容量，缩短使用寿命。电解液密度应随地区和气候条件而定，表5-1列出了不同地区和气温下的电解液的密度。另外，电解液的纯度也是影响蓄电池性能和使用寿命的重要因素之一。

表5-1　不同地区和气温下的电解液的密度

气候条件	完全充足电的蓄电池25℃时电解液的密度/(g·cm^{-3})	
	冬　季	夏　季
冬季温度低于-40℃地区	1.30	1.26
冬季温度高于-40℃地区	1.28	1.25
冬季温度高于-30℃地区	1.27	1.24
冬季温度高于-20℃地区	1.26	1.23
冬季温度高于0℃地区	1.24	1.23

4. 壳　体

壳体用于盛放电解液和极板组，应该耐酸、耐热、耐震。壳体多采用硬橡胶或聚丙烯塑料制成，为整体式结构，底部有凸起的肋条以搁置极板组。壳内由间壁分成3个或6个互不相通的单格，各单格之间用铅质联条串联起来。壳体上部使用相同材料的电池盖密封，电池盖上设有对应于每个单格电池的加液孔，用于添加电解液和蒸馏水，以及测量电解液密度、温度和液面高度，加液孔盖上的通风孔可使蓄电池化学反应中产生的气体顺利排出。

5.2 铅蓄电池的工作原理

铅酸蓄电池充电时将电能转化为化学能在电池内贮存起来，放电时将化学能转化为电能供给外部系统。在充电过程中存在分解水反应，在正极充电过程的后期开始析出氧气，负极析出氢气，由于氧气和氢气的析出，造成电池失水干涸，因而需经常加酸加水维护，使维护工作量加大；另一方面，通信基站上使用的后备电池一般和其他设备放在同一个房间内，有大量气体产生，极不安全。现代通信工程中常用的阀控密封式铅酸蓄电池则利用氧气的复合技术，将电池失水的可能性降至最低。

5.2.1 阀控式铅酸蓄电池的基本原理

在通信电源站中，通常采用阀控式密封铅酸(VRLA)蓄电池作为稳压电源，该电池是一种将化学能和电能相互转化的装置。蓄电池需先用直流电源对其充电，将电能转化为化学能储存起来，当市电超限或中断时，再将化学能转变为电能供 UPS 逆变器工作。

1. 阀控式铅酸蓄电池的工作原理

阀控式铅酸蓄电池的工作原理，基本上与传统铅酸蓄电池相同，它的正极活性物质是二氧化铅(PbO_2)，负极活性物质是海绵状铅(Pb)，电解液是稀硫酸(H_2SO_4)。

普通的铅酸蓄电池在充电过程中存在水分解反应，正极析出氧气，负极析出氢气。当正极充电到 70%时，开始析出氧气，负极充电到 90%时开始析出氢气，由于氢、氧气的析出，如果反应产生的气体不能重新复合成水，电池就会失水干涸。

阀控式密封铅酸蓄电池在结构、材料上作了重要的改进，正极板栅采用铅钙锡铝四元合金或低锑多元合金，负极板栅采用铅钙锡铝四元合金，隔板采用超细玻璃纤维棉(AGM)，并使用紧密装配和贫液设计，在电池的上盖中设置了一个单向的安全阀。这种电池结构，由于采用无锑的铅钙锡铝四元合金，提高了负极析氢过电位值，从而抑制氢气的析出。同时，采用特制安全阀使电池保持一定的内压，采用超细玻璃纤维棉(AGM)隔板，利用阴极吸收技术，通过贫液式设计，在正负极之间和隔板之中预留气体通道。因此在规定充电电压下进行充电时，正极析出的氧(O_2)可通过隔板通道传送到负极板表面，还原为水(H_2O)。

这是阀控式密封铅蓄电池特有的内部氧循环反应机理，这种充电过程，电解液中的水几乎不损失，使电池在使用过程中不需加水。

由于不用加水维护，因此阀控密封式铅酸蓄电池又被称作免维护电池。这种电池使用安全，维护工作量又大大减少，所以在现在要求比较高的移动通信基站和机房得到广泛普遍的使用。

2. 阀控式铅酸蓄电池的分类

目前，阀控式铅酸蓄电池有两类，即分别采用超细玻璃纤维棉(AGM)隔板和硅凝胶 2 种不同方式来“固定”电解液。它们都是利用阴极吸收原理使电池得以密封的，但正极析出的氧气到达负极提供的通道是不同的。对 AGM 密封铅酸蓄电池而言，AGM 隔膜中虽然保持了电池的大部分电解液，但必须使 10%的隔膜孔隙中不进入电解液。正极生成的氧气就是通过这部分孔隙到达负极而被负极吸收的。对胶体密封铅酸蓄电池而言，电池内的硅凝胶是以 SiO_2 质点作为骨架构成的三维多孔网状结构，它将电解液包含在里边。电池灌注的硅溶胶变成凝胶后，骨架要进一步收缩，使凝胶出现裂缝贯穿于正负极板之间，给正极析出的氧气提供了到达负极的通道。

两种电池的区别就在于电解液的"固定"方式和提供氧气到达负极的通道有所不同，因而两种电池的性能也各有千秋。

5.2.2　阀控式铅酸蓄电池的充放电控制

由于阀控式铅酸蓄电池具有价格低廉、电压稳定、无污染等优点，近年来，广泛应用于通信、电力和交通领域。但是，不少用户的蓄电池在远低于蓄电池寿命的时间内就已经面临报废，造成了极大的经济损失。因此，充放电控制不合理对电池的影响是巨大的，如电池早期容量损失、不可逆硫酸盐化、热失控、电解液干涸等。工程技术人员可以从浮充电、均衡充电、合理放电 3 方面采取措施来延长阀控铅酸蓄电池的使用寿命。

1. 浮充电的控制

在通信电源系统中，为确保直流电源不间断，一般都采用开关整流器（充电器）与蓄电池组并联的浮充电使用方式。在浮充状态下，充电电流主要用于电池因自放电而损失的容量，但是浮充状态下充电电流又是与电池的浮充电压密切相关的。因而为了使阀控式铅酸蓄电池有较长的浮充使用寿命，在电池使用过程中，要充分结合电池制造的原材料及结构特点和环境温度等各方面的情况，制定电池合理的使用条件，尤其是浮充电压的设定。例如：在环境温度为 25℃时，标准型阀控式铅酸蓄电池的浮充电压应设置在 2.25 V，允许变化范围为 2.23～2.27 V。浮充电压设置过低，电池长期处于欠充电状态，不仅会在电池极板内部形成不可逆的硫酸盐化，而且还会在活性物质和板栅之间形成高电阻阻挡层，使电池的内阻增加、容量下降，最终使其寿命提前终止；浮充电压设置过高，电池长期处于过充电状态，会使电池充电电流增大，不仅会使安全阀频繁开启导致失水增加，容量衰减；而且还会使电池内产生的热量来不及散掉，温度升高，形成恶性循环，造成热失控，另外还会使板栅腐蚀加速，浮充使用寿命提前终止。

当然为了使电池既不欠充电，也不过充电，还需要根据环境温度的变化来调整浮充电压，通常的调节系数为±3 mV/℃。另外，在通信电压系统中，有一些开关整流器不进行均衡充电的设置。这样，如果电池的浮充电压设置正常或偏低，放电后来不及补电会形成不可逆硫酸盐化；如果电池的浮充电压设置偏高，电池正常浮充使用时会有过充电的问题，同样影响电池的使用寿命。

2. 均衡充电的控制

阀控式铅酸蓄电池组深度放电或长期浮充供电时，单体电池的电压和容量都可能出现不平衡现象。为了消除不平衡现象，充电时必须提高充电电压，这种充电方法叫做均衡充电。《电信电源维护规程》规定，阀控式铅酸蓄电池遇到下列情况之一时，应进行均衡充电：

① 两只以上单体电池的浮充电压低于2.18V；

② 放电深度超过20%；

③ 闲置不用的时间超过3个月；

④ 全浮充时间超过3个月。

均衡充电时，通常采用恒压限流的方式。充电电压的设置也要根据电池的结构特点和环境温度来确定，环境温度为25℃时，单体阀控铅酸蓄电池的均衡充电电压应设置在2.35V，充电电流应小于0.25 C_{10} A，C_{10}为蓄电池10小时率的放电容量。通常，环境温度每升高1℃，单体电池的均衡充电电压应下降3mV。需要注意的是：在按规定对电池进行均衡充电时，除了充电电压重要以外，均衡充电时间的设置也很重要。为了延长蓄电池的使用寿命，必须根据均衡充电的电压和电流，精确地设置均衡充电时间。也就是说，均衡充电过程中，当充电电流连续3h不变时，必须立即转入浮充电状态；否则，将会严重过充电而影响电池的使用寿命。

3. 放电控制

由于阀控式铅酸蓄电池在通信电源系统中作为备用电源使用，市电中断后，会立即转入放电状态，以保证直流电源不间断。因而蓄电池的放电使用也尤为重要。放电时需要注意的是蓄电池的放电速率和放电终止电压，尤其是不同环境温度下的放电速率和放电终止电压的设定。由于不同的环境温度会极大地影响电池中电解液的冰点和活性物质的活性，为保证化学反应的充分进行，阀控电池的最低温度最好控制在－20℃之上，最好在25℃左右。

而电池放电时终止电压的设定是为了防止放电过程中成组电池内出现各单体电池的电压和容量不平衡现象。通常，过放电越严重，下次充电时，落后电池越不容易恢复，这就将严重影响电池组的寿命。在通信电源系统中，通常阀控电池的放电速率为0.02C_{10} A、0.1C_{10} A、0.2C_{10} A或0.3C_{10} A。为了防止过放电，不仅要尽可能地避免放电速率过小，而且还必须根据放电速率，同时结合环境温度，精确地设计放电的终止电压。一般情况下，如果放电速率为0.01～0.025C，则终止电压可设定为2V；如果放电速率为0.5～0.25C时，则终止电压可设定为1.8V。由于浓差极化的存在，随着放电速率的增大，伴随着放电电流的增大，放电终止电压也应该越来越低。

5.2.3 阀控式铅酸蓄电池的内阻测量

阀控式铅酸蓄电池是一个复杂的电化学系统，其失效机理复杂。实践表明：铅酸蓄电池在使用过程中如果经常深度放电[SOC(State of Charge：荷电状态)<20%]，则使用寿命将会大大缩短。反之，如果蓄电池在使用过程中一直处于浅放电(SOC>50%)，则其寿命将会大大延长。多数失效模式都会对内阻造成影响，测量电池内阻，能够立即判断严重失效的电池或存在连接问题的电池。内阻的小幅度增加可能说明电池的劣化，因此测量电池内阻实时地在线检测蓄电池剩余容量，对保证蓄电池供电稳定和延长蓄电池组的使用寿命有着重要的意义。

1. 蓄电池内阻的成因

蓄电池的内阻由3部分组成：

(1) 欧姆极化内阻

欧姆极化内阻 R_{Ω} 即导体内阻，包括电池内部的电极、隔膜、电解液、连接条和极柱等全部零部件的电阻，在检测电池内阻过程中可以认为是不变的。

(2) 电化学极化内阻

电化学极化内阻 R_e 由电极附近液层中参与反应或生成离子的浓度变化引起，发生电化学反应时，反应离子的浓度总在变化。因而它的数值也随之变化，测量方法不同或测量持续时间不同，其测得的结果也会不同。

(3) 浓差极化内阻

浓差极化内阻 R_c 由反应离子进行电化学反应引起。在充放电过程中电阻是变化的，研究表明，蓄电池完全充电和完全放电时，其内阻相差2～4倍。

随着电池充电过程的进行，内阻逐步减小，随着放电过程地进行，内阻逐步增大。由电化学理论可知，电池在充放电时其端电压 V 为：

$$V = V_0 + IR_{\Omega} + \frac{RT}{nF}\ln\left(\frac{I_d}{I_d - I}\right) + \frac{RT}{nF}\ln\frac{I}{I_0} \tag{5-1}$$

式中，V_0 是电池的开路电压，IR_{Ω} 是由 R_{Ω} 引起的欧姆极化电压，$\frac{RT}{nF}\ln\left(\frac{I_d}{I_d-I}\right)$ 是由 R_c 引起的浓差极化电压，$\frac{RT}{nF}\ln\frac{I}{I_0}$ 是由 R_e 引起的活化极化电压。

蓄电池的内阻与放电电流的大小有关，瞬间的大电流放电，由于极板空隙内的硫酸溶液迅速稀释，而极板孔外90%以上溶液中硫酸分子来不及扩散到极板空隙中去。因此，极板孔中溶液比电阻增加，端电压明显下降。但停止放电后，随着浓度高的硫酸分子向极板空隙中扩散，极板孔中溶液电阻下降，端电压回升。

电池的老化也会使其内阻增大；温度对蓄电池内阻也颇有影响，低温状态如0℃以下，温度每下降10℃，内阻增大约15%，其中因硫酸溶液黏度变大而电阻增加是重要的原因之一。由此可见，蓄电池内阻是由诸多因素影响的动态电阻。

2. 蓄电池内阻测量原理

蓄电池工作状态的监测，关键在于蓄电池端电压和电流信号的采集。电池组中的电池数量较多，整组电压很高，每个蓄电池之间都有电位联系。蓄电池的内阻很小（mΩ级），其端电压变化很小，而且需要在线测量，对测量精度的要求很高。内阻法对系统的影响最小，并可在线测量。内阻实时在线监测的方法分为两类，即直流放电法和交流法。

(1) 直流法

直流法就是通过测量电池瞬间大电流放电的瞬间电压，运用欧姆定律计算电阻。图5-4是电池的简化等效电路。对于平板式单电极而言，当有阶跃电流 I 流过时，其电位就会随时间 t 而变化，当 $0 \leqslant t \leqslant C_d R_c$ 时，电位变化 ΔV 可用下式表示：

$$\Delta V = IR_{\Omega} + \frac{RT}{nF}i\left[2N\sqrt{\frac{t}{\pi}} - \frac{RTN^2}{nF}C_d + \frac{1}{i_0}\right] \tag{5-2}$$

式中：C_d——电极附近双电层电容值；

i——交换电流密度，即电极处于平衡状态时电化学氧化和还原速度相等时的电流密度；

R_{Ω}——电极欧姆内阻；

N——电极反应产物扩散特性的参数；

n——参与电极反应的电子数；

F——法拉第常数；

R——气体常数；

T——绝对温度；

IR_{Ω}——电极欧姆内阻引起的电位变化，与时间无关。

式(5-2)中，第二、三、四项分别为浓差极化、双电层电容充电以及电化学极化引起的电池端电压变化，当 $t\to 0$ 时，这 3 项对端电压的影响很小，因此有 $\Delta V\approx IR_0$。

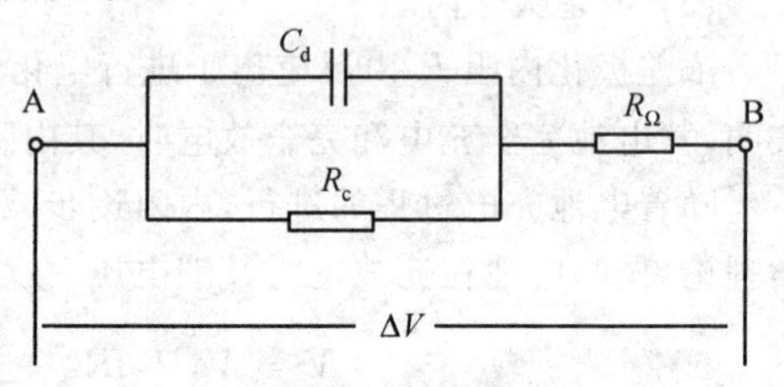

图 5-4 蓄电池的直流等效电路

由此看来，在电池中有阶跃电流 I 流过时，电位就要发生变化。只要测出 $t\to 0$ 时电池电位的变化 ΔV，就可以算出电池的欧姆内阻。

(2) 交流法

当蓄电池处于开路状态时，可以近似地认为蓄电池的正负极处于平衡电位状态。图 5-5 表示电池的简化等效电路，图 5-5 中 Z_W、Z_m 分别表示一个由电阻和电容串联组成的阻抗，Z_W 反映对依赖物质浓度的这部分交流电流受反应物和生成物扩散过程控制作用，而 Z_m 则反映电化学反应结果对总的交流电流大小的影响。电池的总法拉第阻抗 Z 可以由实部 R 和虚部 X 表示，即

$$Z = R - jX \tag{5-3}$$

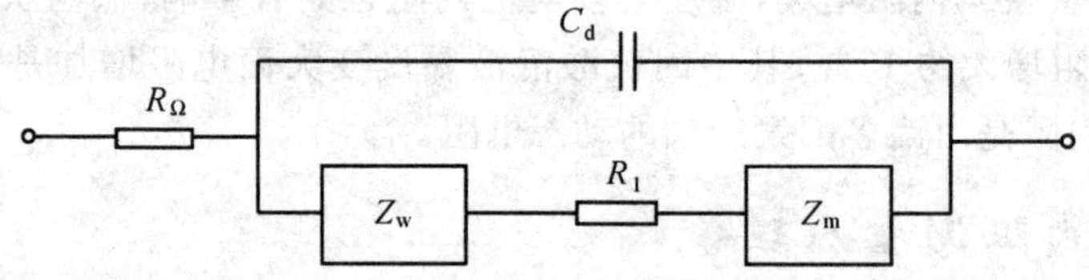

图 5-5 电池的交流阻抗等效电路

当交流电频率足够低时，可以认为电极反应是可逆的，此时电极反应速度受扩散过程控制，则 X 和 R 之间存在如下关系：

$$X = R - R_{\Omega} - R_t + 2^{\lambda^2} C_d \tag{5-4}$$

式中：R_t——传输电阻，表示交流电流中依赖于电极电位的电阻；

λ——Warbug 系数，它表示反应物和生成物的扩散传质特性；

C_d——电极双层电容。

当电池两电极上没有电化学进行时，在正弦交流电压作用下的正弦电流只用于 C_d 的充放

电。由式(5－4)知,$X-R$ 具有斜率为 45°的线性关系。当交流电频率足够高时,可以认为电极反应是完全不可逆的,此时电极反应速度受电荷传输电阻 R_t的控制,并且有:

$$\left(R-R_\Omega-\frac{1}{2}R_t\right)^2+X^2=\left(\frac{1}{2}R_t\right)^2 \tag{5-5}$$

由式(5－5)可知,以 X 为纵轴、R 为横轴所作复数平面图为半圆。只要测出电池在不同频率交流电压作用下的法拉第阻抗实部 R 和虚部 X,则从 $X-R$ 图中曲线与实轴 R 的交点即可求得电池的欧姆内阻 R_Ω、极化内阻 R_t。

5.2.4　基于内阻的阀控式铅酸蓄电池剩余容量监测

1. 剩余容量的定义

蓄电池的容量是指一定的放电条件下可以从蓄电池中获得的电量,一个蓄电池有理论容量、实际容量、额定或公称容量和额定储备容量之分。铅酸蓄电池的理论容量通常大于实际容量,是由于蓄电池在放电时极板处 H_2SO_4大量消耗,硫酸溶液将产生浓差极化,随着放电深度的增大,电化学反应生成的大量难溶性 $PbSO_4$覆盖了正负极板多孔电极,能参与成流反应的活性物质减少,铅酸蓄电池的放电能力迅速下降。在大电流放电的情况下,这种现象更明显,只能放出蓄有能量的一部分。SOC 是描述蓄电池状态的一个重要参数,一般铅酸蓄电池的 SOC 是这样定义的:

$$\mathrm{SOC}=\frac{Q_c}{Q_f}\times 100\% \tag{5-6}$$

式中:Q_c、Q_f分别是某时刻的剩余电量和总容量。SOC＝100％表示蓄电池处于满充电状态,SOC＝0％表示蓄电池处于全放电状态。

2. 基于内阻的剩余容量监测

蓄电池在不同的荷电状态下,对欧姆极化的影响是不同的。SOC 低,说明蓄电池的充电初期或放电后期电极表面生成硫酸铅,电液比重有所降低,欧姆内阻增大;反之,SOC 高,说明蓄电池的放电初期或充电后期电极表面的硫酸铅大部分已经转换成了铅和二氧化铅,电液比重有所增加,欧姆内阻减小。蓄电池内阻与其剩余容量的关系不是线性的,但是,蓄电池内阻与容量的相关性非常好,相关系数可以达到 88％。国际电信电源年会报告的研究成果显示:如果蓄电池的内阻超过正常值 25％,则该容量已降低到其标称容量的 80％左右;如果蓄电池内阻超过正常值的 50％,则该蓄电池容量可降低到其标称容量的 80％以下。

因此,电池内阻与电池荷电状态 SOC 有关,其关系为:

$$\mathrm{SOC}=\left(\frac{b}{r_m-c}+a\right)\times 100\% \tag{5-7}$$

式中:a、b、c 为固定系数,r_{in}为单体电池内阻。

由此可见,r_{in}能够反映电池的安时数(容量),检测出每个电池的 r_{in}值就能对蓄电池组容量进行定性分析。从大量串联电池中找出最差的电池单体,进而对蓄电池组进行有效管理,保证系统可靠运行。

铅酸蓄电池的内阻是复杂的,它包含了电池的欧姆内阻、浓差极化内阻、电化学反应内阻以及双层电容充电时的干扰作用。但多数失效模式都会对内阻造成影响,内阻的小幅度增加可能说明电池的劣化。蓄电池的剩余容量能够描述蓄电池的工作状态,虽然蓄电池内阻与其剩余容量的关系不是线性的。但是,蓄电池内阻与容量的相关性非常好,因此利用内阻测量来达到监测蓄电池剩余容量的目的是简单而有效的。

5.3 铅蓄电池技术特性

5.3.1 蓄电池的充电

蓄电池是直流电源,必须用直流电源对其充电。充电时,充电电源的正极接蓄电池的正极,充电电源的负极接蓄电池的负极。

1. 充电方法

蓄电池的充电方法通常包括恒压充电、恒流充电和脉冲快速充电 3 种。

(1) 恒压充电

恒压充电是指充电过程中,充电电源电压保持恒定的充电方法,恒压充电的接线方法如图 5-6 所示。

恒压充电特性曲线如图 5-7 所示。

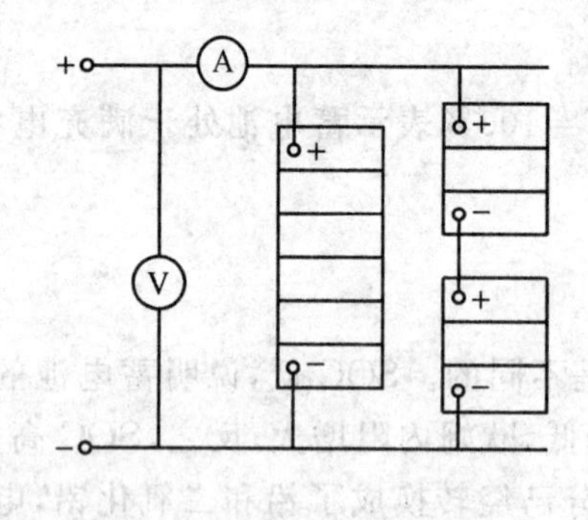

图 5-6 恒压充电的接线方法

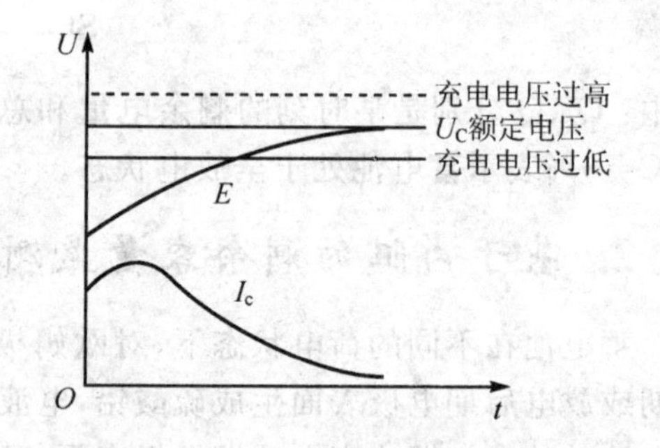

图 5-7 恒压充电特性曲线图

若充电电压过高,将导致过充电;充电电压过低,将导致充电不足。一般单格电池充电电压选为 2.5V。

在恒压充电初期,充电电流较大,4～5h 内即可达到额定容量的 90%～95%,因而充电时间较短,而且不需要照管和调整充电电流,适用于补充充电。由于充电电流不可调节,所以不适用于初充电和去硫化充电。

(2) 恒流充电

指充电电流保持恒定的充电方法。广泛用于初充电、补充充电和去硫化充电等。恒流充电的接线方法如图 5-8 所示。

充电特性曲线如图 5-9 所示。

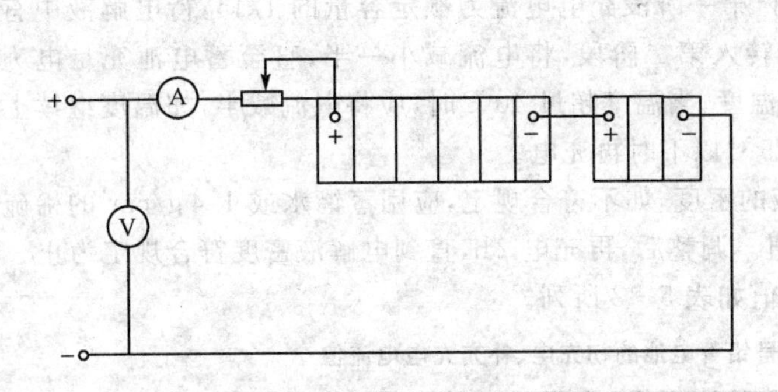

图5-8 恒流充电的接线方法

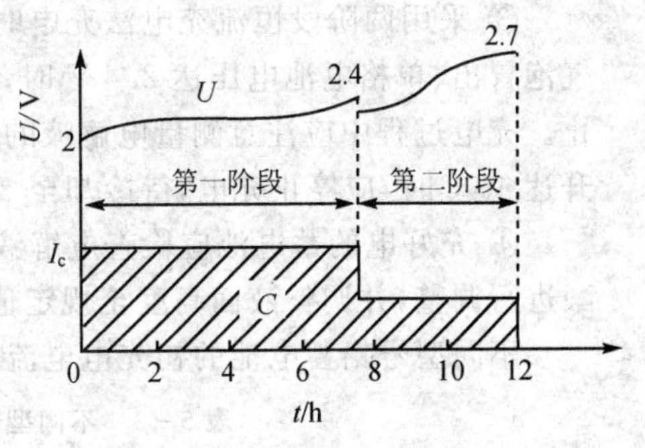

图5-9 恒流充电特性曲线

为缩短充电时间,充电过程通常分为两个阶段。第一阶段采用较大的充电电流,使蓄电池的容量得到迅速恢复,当蓄电池电量基本充足,单格电池电压达到2.4V,电解水开始产生气泡时,转入第二阶段,将充电电流减小一半,直到电解液密度和蓄电池端电压达到最大值且在2～3h内不再上升,蓄电池内部剧烈冒出气泡时为止。

恒流充电的适应性强,可任意选择和调整充电电流的大小,有利于保持蓄电池的技术性能和延长使用寿命;其缺点是充电时间长,要经常调节充电电流。

(3) 脉冲快速充电

脉冲快速充电必须用脉冲快速充电机进行,其充电电流波形如图5-10所示。

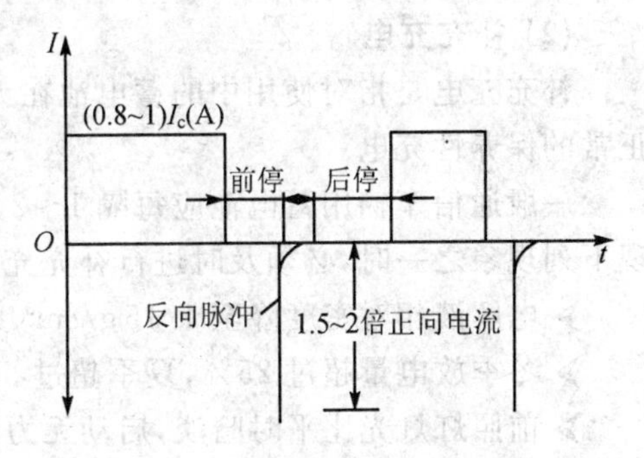

图5-10 脉冲快速充电电流波形

脉冲快速充电的过程是:在脉冲快速充电之前,先用0.8～1倍额定容量的大电流进行恒流充电,使蓄电池在短时间内充至额定容量的50%～60%,当单格电池电压升至2.4V,开始冒气泡时,由充电机的控制电路自动控制,开始脉冲快速充电。开始脉冲快速充电时,首先停止充电25ms(称为前停充),然后再放电或反向充电,使蓄电池反向通过一个较大的脉冲电流(脉冲深度一般为充电电流的1.5～3倍,脉冲宽度为150～1000μs),然后再停止充电40ms(称为后停充)。以后的过程为:正脉冲充电→前停充→负脉冲瞬间放电→后停充→正脉冲充电,循环进行,直至充足电。脉冲快速充电的优点是充电时间可大大缩短(新蓄电池充电仅需5h,补充充电需1h);缺点是对蓄电池的寿命有一定的影响,并且脉冲快速充电机结构复杂、价格昂贵,适用于电池集中、充电频繁、要求应急的场合。

2. 充电种类

(1) 初充电

指对新的或更换极板后的蓄电池进行的第一次充电。其操作步骤是:

① 按蓄电池制造厂的规定和本地区的气温条件,加注一定密度的电解液(加注前,电解液温度不得超过30℃),放置4～6h,使极板浸透,并调整液面高度至规定值。

② 将蓄电池的正、负极分别与充电机的正、负极相连。

③ 采用两阶段恒流充电法充电时，第一阶段充电电流为额定容量的1/15，待电解液中有气泡冒出、单格电池电压达2.4 V时；转入第二阶段，将电流减小一半，直至蓄电池充足电为止。充电过程中应注意测量电解液的温度，当温度超过40℃时，应将电流减半，如温度继续上升达45℃时，应停止充电，待冷却至35℃以下时再充电。

④ 充好电的蓄电池应检查电解液的密度，如不符合规定，应用蒸馏水或1.4 g/cm³的稀硫酸进行调整，并调整液面高度至规定值。调整后，再充电2 h，直到电解液密度符合规定为止。

不同型号铅蓄电池的初充电电流值如表5-2所列。

表5-2 不同型号铅蓄电池的初充电、补充充电电流值

蓄电池型号	额定容量 C_{20}/A·h	额定电压/V	初充电				补充充电			
			第一阶段		第二阶段		第一阶段		第二阶段	
			电流/A	时间/h	电流/A	时间/h	电流/A	时间/h	电流/A	时间/h
3-Q-75	75	6	5	30～40	2.5	25～30	7.5	10～12	3.75	3～5
3-Q-90	90	6	6	30～40	3	25～30	9	10～12	4.5	3～5
3-Q-105	105	6	7	30～40	3.5	25～30	10.5	10～12	5.25	3～5
6-Q-60	60	12	4	30～40	2	25～30	6	10～12	3	3～5
6-Q-75	75	12	5	30～40	2.5	25～30	7.5	10～12	3.75	3～5
6-Q-90	90	12	6	30～40	3	25～30	9	10～12	4.5	3～5

(2) 补充充电

补充充电是指对使用中的蓄电池在无故障的前提下，为保持或恢复其额定容量而进行的正常的保养性充电。

一般通信车辆用蓄电池应每隔1～2个月从车上拆下来进行一次补充充电。使用中，如发现下列现象之一时，必须及时进行补充充电：

- 电解液相对密度降至1.15 g/cm³以下时；
- 冬季放电量超过25%，夏季超过50%时；
- 前照灯灯光比平时暗淡，启动无力时；
- 单格电池电压降到1.70 V以下时。

补充充电可采用恒压充电或两阶段恒流充电。

通信车辆上蓄电池的充电通常采用恒压充电法充电，充电间多采用两阶段恒流充电法充电。

采用两阶段恒流充电法进行补充充电时，应先用$C_{20}/10$的电流进行充电，当单格电池电压达到2.4 V以上时，改用$C_{20}/20$的电流充电至充足为止。不同型号铅蓄电池的补充充电电流值如表5-2所列。

(3) 间歇过充电

间歇过充电是为了避免使用中的铅蓄电池极板硫化的一种预防性充电，通信车辆用铅蓄电池应每隔三个月进行一次。

充电方法是：先按补充充电的方法将蓄电池充足电，停歇1 h后，再以减半的充电电流值进行过充电至沸腾，再停歇1 h后，重新接入充电。如此反复，直到蓄电池刚接入充电时，立即沸腾为止。

(4) 循环锻炼充电

循环锻炼充电是铅蓄电池为防止极板钝化而进行的保养性充电。铅蓄电池使用中常处于部分放电的状况，参加化学反应的活性物质有限，为避免活性物质长期不工作而收缩，应每隔三个月进行一次循环锻炼充电。

充电方法是：先按照补充充电或间歇过充电方法将铅蓄电池充足电，再用 20 h 率的电流连续放电至单格电池电压降为 1.75 V 为止，其容量降低不得大于额定容量的 10%；否则，应进行充、放电循环，直至容量达到额定容量的 90%为止，方可使用。

(5) 去硫化充电

去硫化充电是消除铅蓄电池极板轻度硫化的一种充电方式。充电方法和步骤如下：

① 将铅蓄电池按 20 h 放电率，放电至单格电池电压降至 1.75 V 为止；

② 倒出电解液，用蒸馏水反复冲洗几次，然后加入蒸馏水至规定的液面高度，用初充电第二阶段充电电流进行充电，当电解液密度增大到 $1.15\,g/cm^3$ 时，再将电解液倒出，加入蒸馏水，继续充电，反复多次，直至电解液密度不再上升为止；

③ 换用正常密度的电解液，按初充电方法将蓄电池充足电；

④ 用 20 h 放电率放电，检查容量，若其输出容量可达额定容量的 80%以上，则可装车使用，若达不到，应更换蓄电池或修理。

5.3.2 蓄电池的放电

当铅蓄电池的正、负极板浸入电解液中时，在正、负极板间就会产生约 2.1 V 的静止电动势。此时若接入负载，在电动势的作用下，电流就会从蓄电池的正极经外电路流向蓄电池的负极，这一过程称为放电。蓄电池的放电过程是化学能转变为电能的过程。

放电时，正极板上的 PbO_2 和负极板上的 Pb，都与电解液中的 H_2SO_4 反应生成硫酸铅（$PbSO_4$），沉附在正、负极板上。电解液中 H_2SO_4 不断减少，密度下降。

理论上，放电过程可以进行到极板上的活性物质被耗尽为止，但由于生成的 $PbSO_4$ 沉附于极板表面，阻碍电解液向活性物质内层渗透，使得内层活性物质因缺少电解液而不能参加反应，因此在使用中被称为放完电，蓄电池的活性物质利用率只有 20%～30%。因此，采用薄型极板，增加极板的多孔性，可以提高活性物质的利用率，增大蓄电池的容量。蓄电池放电终了的特征是：

- 单格电池电压降到放电终止电压；
- 电解液密度降到最小许可值。

蓄电池的放电容量通常与放电电流和温度有关。

1. 蓄电池放电容量与放电电流和温度的关系

(1) 蓄电池放电容量与放电电流的关系

放电终止电压与放电电流的大小有关。放电电流越大，允许的放电时间就越短，放电终止电压也越低，如表 5-3 所列。

表 5-3　放电终止电压与放电电流大小的关系

放电电流/A	$0.05C_{20}$	$0.1C_{20}$	$0.25C_{20}$	C_{20}	$3C_{20}$
放电时间	20 h	10 h	3 h	25 min	5 min
单格电池终止电压/V	1.75	1.70	1.65	1.55	1.50

注：C_{20}——蓄电池的额定容量。

(2) 蓄电池放电容量与温度的关系

蓄电池放电容量与温度的关系：温度降低，放电容量减少。

2. 蓄电池放电方法

(1) 离线式放电法

这是一种将其中一组电池脱离系统的放电方式，将其中一组电池脱离系统后，一旦市电中断，系统备用电池供电时间明显缩短，而此时尚不清楚另一组在线电池是否存在质量问题，因此这种放电方式事故风险性高。进行离线式放电时，注意以下几点：

① 操作时应该提前启用发动机组，并确保发电机组、开关电源等设备能正常运行，保证安全。

② 需要配备一台整组智能充电机，对该离线电池组先充电恢复后再并联回系统，以解决打火花问题。因为离线放电结束后的电池组与在线电池组间存在较大电压差，若操作不当将引起开关电源和在线电池组对离线放电后的电池组进行大电流充电，产生巨大火花，易发生安全事故。

③ 操作时既要脱离电池组的正极，又要脱离电池组的负极，尤其是脱离电池组负极时需要特别小心，操作不当引起负极短路，将造成系统供电中断，导致通信事故的发生。

④ 这种方式是将电池通过假负载以热量形式消耗，浪费电能，影响机房设备运行环境，需要维护人员时刻守护以免高温引发事故。

(2) 在线评估式放电法

调整整流器输出电压至保护低压值(如 46 V)，使所有后备电池组直接对实际负荷进行放电至整流器输出电压保护设置值。由于现网系统设备绝大多数电池配置后备供电时间为 1～4 h，放电电流大，应考虑电池组至设备供电回路压降及设备低压工作门限，以及保证系统供电安全。在线评估式放电其调整整流器输出电压不允许过低(如 46 V)，放电深度有限，对实际负载的放电时间掌握比较困难，评估电池容量难以准确，对电池性能测试有不确定因素存在，从而对保持电池组活性这一放电测试目的难以达到维护预期工作效果。

如果两组电池都有失容或欠容、落后等质量问题，在其放电至整流器输出保护值的时间内，不易被维护人员及时发现，此时可能后备电池容量所剩无几，存在高风险。在此情况下，此放电方式比离线放电方式安全性更低。

由于放电深度有限，对保持电池组的活性这一放电测试的目的无法达到，更为关键的是在全容量放电的实践中，经常发现有些电池组在放电前期表现正常，但到中后期，有些落后电池才开始逐步暴露出来。这一部分落后单体，由于放电方式的深度不够而没有被发现。所以称此放电方式为在线评估式，它只能大致评估电池组性能，或检测此电池组可以放电至此保护电压的时间长短，而无法进一步检查除此时间外究竟还能放电多长时间。

此外，采用这种放电方法时，组间电池放电电流不均衡。各组电池将根据自身情况自然分摊系统的负荷电流来放电，落后电池组，内阻大，分摊电流小；而健康电池组，内阻低，分摊电流大，造成某些落后电池因放电电流不够大而无法暴露出来的现象，达不到进行放电性能质量检测目的。

(3) 全在线放电技术

在中心机房蓄电池必须定期进行容量测试的需求下，前面两种容量测试方法各有特点，又各有弊端，离线放电方法虽然可以达到蓄电池容量测试的目的，但是工作量太大，系统安全性偏低；而在线评估式放电方法虽然工作量比较小，但是系统安全性低，达不到蓄电池容量测试的目的，潜在的安全隐患大。因此，可以采用一种全新的、科学的容量测试技术——全在线放电技术，以使电池放电容量测试达到预期维护质量检测效果，电池放电维护操作简便安全，提高了维护工作效率，易得到有效的落实。

全在线放电技术指被测电池组通过串接电池组全在线放电测试。设备提升在线供电电压，以自动稳流或恒功率控制输出，使被测电池组对在线负载设备进行供电，实现被测电池组恒电流放电测试或恒功率放电测试，达到安全节能维护效果，系统技术原理图如图5－11所示。

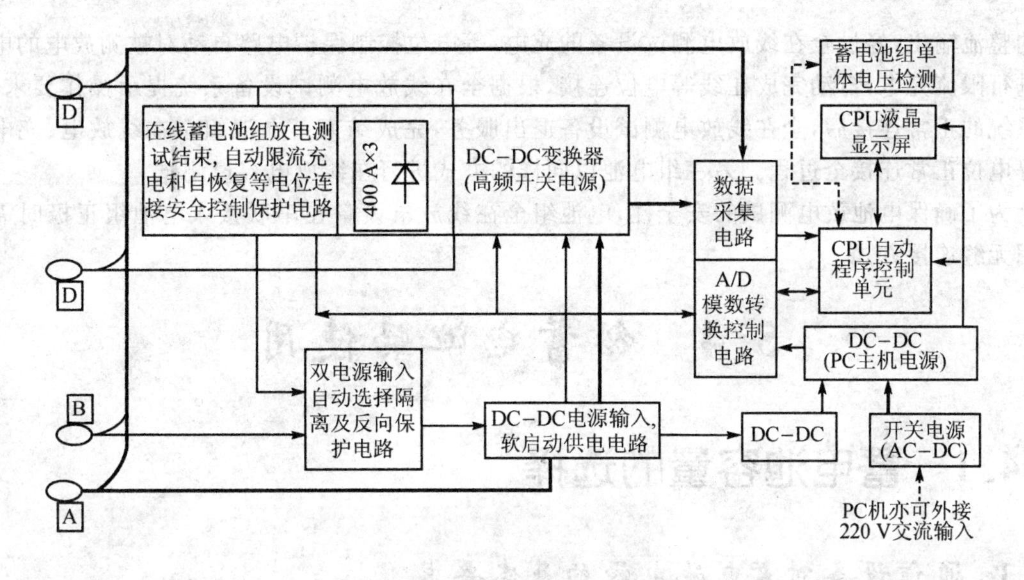

图5－11 蓄电池全在线放电设备工作原理图

放电技术原理如图5－12所示。被测电池组的全在线放电原理是：在被测电池组的正极串联电池组全在线放电设备，使被测组电池所在支路的电压略高出整流器输出或另一组电池的电压，这样就能使该组电池对实际负荷进行放电。在放电过程中，被测电池组电压随着放电时间的变化（延长）而变化（逐渐下降），通过全在线放电设备进行自动电压补偿调整，保证被测电池组始终保持恒定的电流或恒定的功率进行放电。当电池组放电终止电压、容量、时间和单体电压达到预期设置的放电门限值时，完成放电测试，实现该电池组在线放电测试目的和预期维护效果。

被测电池组放电测试结束后，电池组全在线放电设备自动进入充电程序，引导在线开关电

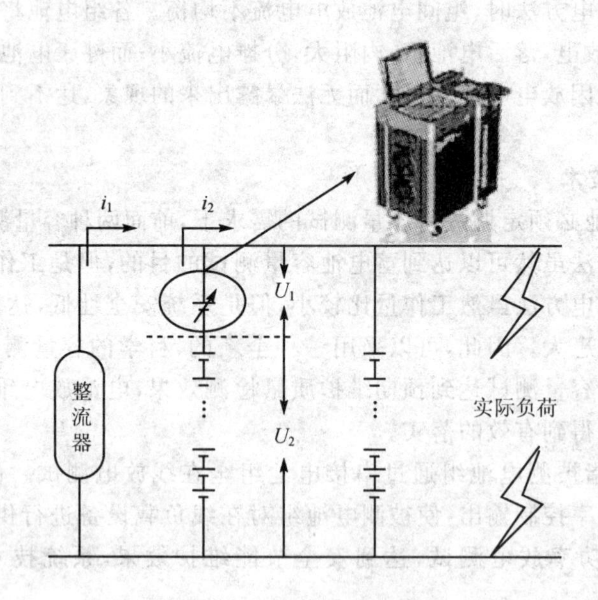

图 5-12　全在线放电原理

源的整流输出，经过全在线放电测试设备的充电，等电位控制保护电路自动对被测放电的电池组进行限流充电，自动完成在线等电位连接，根据全在线放电测试设备系统提示操作要求，恢复系统的正常连接后，全在线放电测试设备退出服务，完成结束蓄电池组全在线放电、充电恢复等电位正常连接全过程。另一组电池以同样的方式进行在线放电容量测试。

为了确保电池放电测试的安全性，电池组全在线放电设备在串联接入电池组正极时需要采用无缝连接方式。

5.4　铅蓄电池的使用

5.4.1　蓄电池容量的选择

1. 通信设备对蓄电池电源的基本要求

蓄电池是保障通信设备不间断供电的核心设备，通信设备对供电质量的要求决定了对蓄电池设备的要求。

(1) 使用寿命长

从投资经济性考虑，蓄电池的使用寿命必须与通信设备的更新周期相匹配，即 10 年左右。蓄电池的使用寿命与蓄电池工作环境以及循环充放电的频次有关，充放电频率越高，蓄电池使用寿命越短。

(2) 安全性高

蓄电池电解质为硫酸溶液，具有强腐蚀性。此外，对于密封蓄电池，蓄电池的电化学过程会产生气体，增加蓄电池内部压力，压力超过一定限度时会造成蓄电池爆裂，释放出有毒、腐蚀性气体、液体，因此蓄电池必须具备优秀的安全防爆性能。一般密闭蓄电池都设有安全阀和防酸片，自动调节蓄电池内压，防酸片具有阻液和防爆功能。

另外，蓄电池还必须具备安装方便、免维护、低内阻等特性。

2. 蓄电池容量的选择依据

蓄电池容量的选择要根据市电供电情况、负荷量的大小及负荷变化的情况等因素来决定。一般蓄电池容量确定的主要依据是：

➤ 市电供电类别；

➤ 蓄电池的运行方式；

➤ 忙时全局平均放电电流。

在以上主要依据中，市电供电类别分为 4 类，对于不同的供电类别，蓄电池的运行方式和容量的选择是不同的。例如，一类市电供电的单位，可采用全浮充方式供电，其蓄电池容量可按 1 h 放电率来选择；二类市电供电的单位，可采用全浮充或半浮充方式供电，其蓄电池容量可按 3 h 放电率来选择；三类市电供电的单位，可采用充放电方式供电，其蓄电池容量可按 8～10 h 放电率来选择。放电率与电池容量的关系如表 5－4 所列。

表 5－4　不同放电率的放电电流和电池容量

放电小时数	电池容量（额定容量的%）	放电电流（额定容量的%）	放电小时数	电池容量（额定容量的%）	放电电流（额定容量的%）
10 h 放电率	100	10	3 h 放电率	75	25
8 h 放电率	96	12	2 h 放电率	65	32.5
5 h 放电率	85	17	1 h 放电率	50	50

此外，忙时全局平均放电电流也是决定所装蓄电池容量的重要因素。

选择蓄电池的容量可按下述公式计算：

$$Q = \frac{I_{平均}}{K_n[1 + 0.006(t - 25)]} \tag{5-8}$$

式中：Q——蓄电池容量（安培小时）。

$I_{平均}$——忙时全局平均放电电流。

K_n——容量转变系数，即 n h 放电率下，蓄电池容量与 10 h 放电率的蓄电池容量之比。

t——实际电解液的最低温度。蓄电池室有采暖设备时，可按 15 ℃考虑；无采暖设备时，则按所在地区最低室内温度计算，但不应低于 0 ℃。

25——蓄电池额定容量时的电解液温度。

0.006——容量温度系数（即电解液以 25 ℃为标准时，每上升或下降 1 ℃时所增加或减少的容量比值）。

为了便于计算，可将上述公式简化为：

$$Q = K \cdot I_{平均} \tag{5-9}$$

式中：K——电池容量计算系数。

5.4.2 蓄电池组的组成计算

通信直流电源中的蓄电池组由单体电池串联组成。在直流供电系统中，蓄电池组的数量一般由通信设备要求的负荷电流和蓄电池充放电工作方式而定，对于一组蓄电池来说，单体电池的串联只数也由通信设备的电压要求决定。

一组蓄电池中单体电池串联的只数，至少应能保证在放电终了时电池组端电压在通信设备受电端子上的部分，不低于通信设备对电源电压要求的下限值(即通信设备的最低工作电压)，因此，电池组电池串联只数最少应不少于按下式计算的结果：

$$N_{放} = \frac{U_{最小} + \Delta U_{最大}}{U_{放终}} \tag{5-10}$$

式中：$N_{放}$——电池组放电时所需电池只数，计算结果有小数时，进位取整数(只)；

$U_{最小}$——通信设备规定允许的最低工作电压(V)；

$\Delta U_{最大}$——电池组至通信设备端放电回路机线设备的最大电压降总和(V)；

$U_{放终}$——电池放电终止电压，取 1.8 V 或按电池厂提供的参数计算。

一般 48 V 程控交换机电压范围为 42～56.0 V，电信标准允许的电池至交换机回路压降为 1.5 V。

5.4.3 影响蓄电池容量的因素

1. 结构因素

蓄电池极板的表面积越大，极板片数越多，参加反应的活性物质就越多，容量就越大。另外，极板越薄，活性物质的多孔性越好，则电解液向极板内部的渗透越容易，活性物质利用率就越高，输出容量也就越大。

2. 使用因素

(1) 放电电流

放电电流越大，蓄电池的容量就越小，如图 5-13 所示。当放电电流增大时，化学反应速度加快，$PbSO_4$ 堵塞孔隙的速度也越快，导致极板内层大量的活性物质不能参与反应，蓄电池的实际输出容量减小。

同时，电解液密度迅速下降，导致蓄电池的端电压也迅速下降，因而缩短了放电时间。因此，在实际使用过程中必须严格控制启动时间，每次启动的时间不应超过 5 s，且连续两次启动之间的时间间隔不应少于 15 s。

(2) 电解液温度

蓄电池的电解液温度与电池容量的关系如图 5-14 所示，当温度升高时电池容量也在逐步加大，直至规定的工作温度的上限。

(3) 电解液密度

适当提高电解液的密度，可加快电解液的渗透速度，提高蓄电池的电动势和容量。但电解

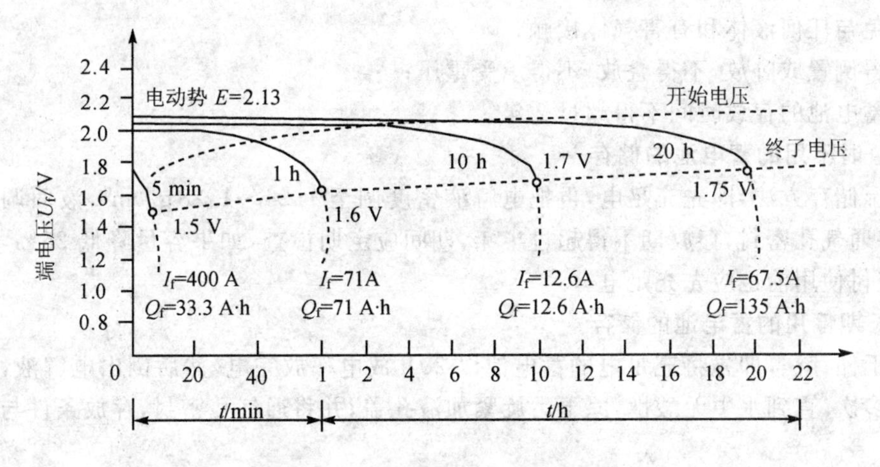

图 5－13　放电时间与电池容量的关系

液密度过大，又将导致粘度增加，内阻增大，反而使蓄电池容量降低。

(4) 蓄电池贮存环境温度、贮存时间与容量关系

充满电的蓄电池如果放置没有使用，也会由于自放电而损失一部分容量。蓄电池在不同环境温度下，容量的保存情况是不同的。环境温度越高，贮存时间越长，蓄电池的容量损失也越大。可以粗略计算，在 25℃环境温度下放置时，以安圣 GFM 系列蓄电池为例，每天自放电量在 0.1%以下，这是由于特殊配方的铅钙合金蓄电池自放电量可控制到最小程度，约为铅锑合金蓄电池的 1/4～1/5。由于温度越高蓄电池自放电越大，长期保存时需要尽量避免高温场所。

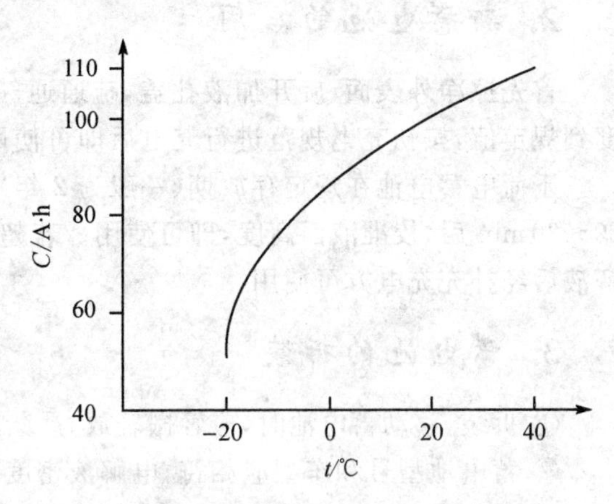

图 5－14　电解液温度与电池容量的关系

5.5　铅蓄电池的维护与更换

5.5.1　铅蓄电池的存储与启用

1. 蓄电池的储存

(1) 新蓄电池的储存

未启用的新蓄电池，其加液孔盖上的通气孔均已封闭，不要捅破。保管蓄电池时应注意以下几点：

- 存放室温 5～30℃，干燥、清洁、通风；
- 不要受阳光直射，离热源距离不小于 2 m；

➤ 避免与任何液体和有害气体接触；

➤ 不得倒置或卧放，不得叠放，不得承受重压；

➤ 新蓄电池的存放时间不得超过2年。

(2) 暂时不用的蓄电池的储存

采用湿储存方法，即先充足电，再把电解液密度调至1.24～1.28 g/cm^3，液面调至规定高度，然后将通气孔密封，存放期不得超过半年，期间应定期检查，如果容量降低25%，应立即补充充电，交付使用前也应先充足电。

(3) 长期停用的蓄电池的储存

采用干储存法，即先将充足电的蓄电池以20 h放电率放完电，然后倒出电解液，用蒸馏水反复冲洗多次，直到水中无酸性，凉干后旋紧加液孔盖，并将通气孔密封，存放条件与新蓄电池相同。

2. 新蓄电池的启用

首先擦净外表面，旋开加液孔盖，疏通通气孔，注入新电解液，静置4～6 h后，调节液面高度到规定值，按初充电规范进行充电后即可使用。

干荷电蓄电池在规定存放期(一般为2年)内，启用时可直接加入规定密度的电解液，静置20～30 min后，校准液面高度，即可使用。若超期存放或保管不当损失部分容量，应在加注电解液后经补充充电方可使用。

3. 蓄电池的拆装

① 拆装、移动蓄电池时，应轻搬轻放，严禁在地上拖拽；

② 蓄电池型号和车型应相符，电解液密度和高度应符合规定；

③ 安装时，蓄电池固定在托架上，塞好防震垫；

④ 极桩涂上凡士林或润滑油，防腐防锈，极桩卡子与极桩要接触良好；

⑤ 蓄电池搭铁极性必须与发电机一致；

⑥ 接线时先接正极后接负极，拆线时相反，以防金属工具搭铁，造成蓄电池短路。

4. 蓄电池的日常维护

① 保持蓄电池外表面的清洁干燥，及时清除极桩和电缆卡子上的氧化物，并确定蓄电池极桩上的电缆连接牢固。

清洗蓄电池时，最好从车上拆下蓄电池，用苏打水溶液冲洗整个壳体，然后用清水冲洗蓄电池并用纸巾擦干；对蓄电池托架，可先用腻子刀刮净厚腐蚀物，然后用苏打水溶液清洗托架，之后用水冲洗并干燥。托架干燥后，漆上防腐漆；对极桩和电缆卡子，可先用苏打水溶液清洗，再用专用清洁工具进行清洁。清洗后，在电缆卡子上涂上凡士林或润滑油防止腐蚀。

注意：在清洗蓄电池之前，要拧紧加液孔盖，防止苏打水进入蓄电池内部。

② 保持加液孔盖上通气孔的畅通，定期疏通。

③ 定期检查并调整电解液液面高度，液面不足时，应补加蒸馏水。

④ 按照蓄电池的使用维护规定，按时用密度计或高率放电计检查蓄电池的放电程度，当冬季放电超过25%，夏季放电超过50%时，应对蓄电池进行补充充电。

⑤ 根据季节和地区的变化及时调整电解液的密度。冬季可加入适量的密度为1.40 g/cm^{3}的电解液，以调高电解液的密度（一般比夏季高0.02～0.04 g/cm^{3}为宜）。

⑥ 冬季向蓄电池内补加蒸馏水时，必须在蓄电池充电前进行，以免水和电解液混合不均而引起结冰。

⑦ 冬季蓄电池应经常保持在充足电的状态，以防电解液密度降低而结冰，引起外壳破裂、极板弯曲和活性物质脱落等故障。蓄电池电解液密度、放电程度和冰点温度的关系如表5-5所列。

表5-5　蓄电池电解液密度、放电程度和冰点温度关系

放电程度	充足电		放电25%		放电50%		放电75%		放电100%	
	密度/(g·cm^{-3}) 25℃	冰点/℃	密度/(g·cm^{-3}) 25℃	冰点/℃	密度/(g·cm^{-3}) 25℃	冰点/℃	密度/(g·cm^{-3}) 25℃	冰点/℃	密度/(g·cm^{-3}) 25℃	冰点/℃
电解液的密度和冰点	1.31	−66	1.27	−58	1.23	−36	1.19	−22	1.15	−14
	1.29	−70	1.25	−50	1.21	−28	1.17	−18	1.13	−10
	1.28	−69	1.24	−42	1.20	−25	1.16	−16	1.12	−9
	1.27	−58	1.23	−36	1.19	−22	1.15	−14	1.11	−8
	1.25	−50	1.21	−28	1.17	−18	1.13	−10	1.09	−6

5.5.2　蓄电池的延寿保养

影响蓄电池使用寿命的外部原因主要是浮充运行状态和放电深度，另一个原因就是环境温度。内部原因主要是电池组中个别单体电池的容量、内阻不同且相互作用，影响到整组电池的使用。

1. 保持蓄电池处于良好的浮充状态

决定电池寿命的要素有3个：第一是产品质量；第二是维护的情况；第三是决定电池是否处于良好的浮充运行状态。

浮充运行是指整流器与蓄电池并联供电于负载，如图5-15所示。当交流电正常供应时，

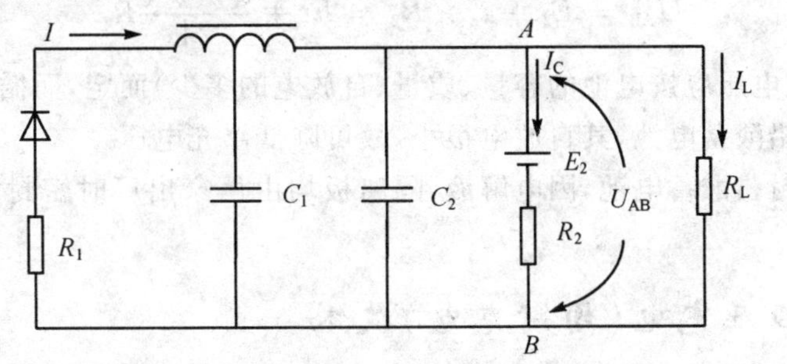

图5-15　浮充电原理图

负载电流由交流电经整流后直接供电于负载，蓄电池处于微电流（补充其自放电所耗电能）充电状态；当交流电停供时才由蓄电池单独供电于负载，故蓄电池经常处于充足状态，大大缩短了充放电循环周期，延长了电池寿命。

2. 蓄电池的静止电动势

将蓄电池的正、负极板浸入电解液中，正、负极板与电解液相互作用，在正、负极板间就会产生约 2.1V 的静止电动势。

蓄电池的静止电动势

$$E_j = 0.85 + \rho_{25} \tag{5-11}$$

式中：E_j——静止电动势，即开路电压（V）；

ρ_{25}——基准温度（25℃）时，电解液的相对密度（g/cm³）。

注意：实测电解液的相对密度，应转换成 25℃时电解液的相对密度，转换关系式为：

$$\rho_{25} = \rho_t + 0.00075(t - 25) \tag{5-12}$$

式中：ρ_t——实测电解液相对密度（g/cm³）；

t——实测电解液温度（℃）。

因为蓄电池工作时，电解液密度总是在 1.12～1.30 g/cm³之间变化，所以每个单格电池的电动势也相应地在 1.97～2.15 V 之间变化。

3. 关于浮充电压的选择

蓄电池浮充电压的选择是对电池维护得好坏的关键。如果选择得太高，会使浮充电流太大，不仅增加能耗，对于密封电池来说，还会因剧烈分解出氢氧气体而使电池爆炸。如果选择太低，则会使电池经常充电不足而导致电池加速报废。

图 5-15 中 U_{AB} 是蓄电池的浮充电压，由整流器稳压方式提供（稳压精度必须达到±1%）；I_C 为蓄电池充电电流，主要是补充蓄电池的自放电；由于蓄电池处于浮充（充足）状态，E_2 和 R_2 基本不变。对于开口型电池，因电解液由各使用单位自行配制，故充电开始有所差异。对阀控式密封铅酸蓄电池，出厂时已成为定值，为此：

$$I_c = \frac{U_{AB} - E_2}{V_2} = \frac{Q \times \sigma\%}{24} \tag{5-13}$$

式中：Q 为蓄电池组的额定容量；$\sigma\%$ 为电池一昼夜自放电占额定容量的百分比，则：

$$U_{AB} = E_2 + I_c \times R_2 = E_2 + \frac{Q \times \sigma\%}{24} R_2 \tag{5-14}$$

由此可见，浮充电压应按电池的容量、质量（自放电的多少）而定，而循规蹈矩沿用老资料，特别是阀控式密封铅酸蓄电池，其自放电很小，故可降低浮充电压。

对于阀控式密封铅酸蓄电池，因电解液、隔离板均由厂家出厂时密封为定值，故应增加一个自放电的指标。

4. 低电压恒压充电（均衡充电）技术

所谓低压恒压充电，即传统的恒压充电法，但其不同点是，低电压恒压充电一般采用每只蓄电池平均端电压为 2.25～2.35 V 的恒定电压充电。当蓄电池放出很大容量（Ah）而电势较低时，充电之初为防止充电电流过大，充电整流器应具有限流特性，故仍处于恒流充电状态；当充入一定容量(Ah)后，蓄电池电势升高，充电电流才逐渐减小。这种充电方式由于有以下优点而被推广使用。

① 充电末期的充电电流很小，故氢气和氧气产生量极小。它能改善劳动条件、降低机房要求，是全密闭电池适用的充电方式。

② 充电末期的电压低，对程控电源等允许用电压变化范围较宽的用电设备供电时，可在不脱离负载的情况下进行正常充电，以简化操作，提高可靠性。

③ 整流器的输出电压最大值较小，可减小整流器中变压器的设计重量。

5. 放电深度的控制

电池的充放电次数是无法控制的，但放电深度可以控制。长时间停电的基站一般在放出实际容量的 50%之前就会有工程维护人员给基站提供电源，避免电池由于深度放电而减少寿命。

6. 环境温度的控制

应注意的是，在浮充运行中，阀控电池的浮充电压与温度有密切的关系，浮充电压应根据环境温度的高低作适当修正。不同温度下，阀控电池的浮充端电压可通过下式来确定：

$$U_t = 2.27\,\text{V} - (t - 25\,℃) \times 3\,\text{mV}/℃ \tag{5-15}$$

从式(5-15)可以看出，当温度低于 25℃太多时，若阀控电池的浮充仍设定为 2.27 V/℃，势必使阀控电池充电不足。同样，若温度高于 25℃太多时，而阀控电池的浮充电压仍设定为 2.27 V/℃，势必使阀控电池过充电。

在浅度放电的情况下，阀控电池在 2.27 V/℃(25℃)下运行一段时间是能够补充足其能量的。

在深度放电的情况下，阀控电池充电电压可设定为 2.35～2.40 V/℃(25℃)，限流点设定为 0.1Q，经过一定时间(放电后的电池充足电所需的时间依赖于放出的电量、放电电流等因素)的补充容量后，再转入正常的浮充运行。

通常情况下，在市电正常供电时，电池房一般都有空调，温度控制在 25℃左右，但是停电后没有空调，电池还要放电升温，机房的温度急速上升，这是造成电池容量不足或老化的一个重要原因(电池在 25℃的基础上每升高 10℃电池使用寿命减少一半)，尤其是大负载配小电池的站点。

实际案例：有一个机房配有 48 V/300 Ah 电池两组，实际负载是 48 V/98 A，上半年测试两组电池的实际容量为标称容量的 90%以上，经过几次停电后，下半年测试，两组电池一组的容量是原标称容量的 30%，另一组是 40%。其主要的原因是该机房是一个楼顶轻质机房，是用彩钢板搭建的，机房内部空间比较小，据测量，该机房夏天停电 1 h，温度可以上升 10℃以上，这对电池是非常不利的。

解决方法：一是电池扩容到 500 Ah 两组，减小电池的放电深度；二是像这种负载较大的基站尽量缩短发电抢修时间，最好不使用轻质房这种夏季容易吸热，不宜散热的轻质彩钢板机房，建议采用空间较大的砖瓦房，这样便于散热，达到延长电池使用寿命的目的。

7. 更换较差电池原则

在电池组的测试中会发现个别单体电池容量不足或内阻偏大，如果继续使用，会造成有些电池浮充偏高，有些则偏低，有些电池一充就满，而有些电池充电不足，结果造成其他实际容量较大的也变小，所以必须更换这些故障电池。这里可用更换较差电池的原则，有几个方案可供选择：相同年限电池较多的，同年份、同规格型号、同厂家的电池，在通过电池数据分析后，把电池实际容量较高的整合在一起，较差的整合在一起；不同基站分别对待，负载容量较大的基站配实际容量大的电池组，负载小的配实际容量小的电池组，延长后备供电时间。通过长期的容量测试，从大量的数据中得到这样一个结论，一只故障电池在标准放电量的情况下，从1.8V下降到1.0V只要10min左右，如果一组电池只要有4、5只这样的电池，电池组电压可以下降3～4V，其他电池再好，但总电压已下降到负载设备不能工作的电压值。

实际案例，有一个基站在没有调整时电池维持供电时间是4小时，调整后可以维持7小时。在相同规格电池少的情况下，可以采用同站两组内部调整，较好的组合成一组，其他的组合成另一组。实际案例，有一个基站在没有调整时电池维持供电时间是2小时，调整后可以维持4小时。

8. 加液修复

加液修复介绍两种方式：一种是把原电池内部液体全部清除，然后重新加液；另一种是通过加适量的配方液体，用以溶解电池内部的沉淀物，达到恢复电池容量的效果。但是，这两种修复方法要求电池极板没有严重损坏，电池实际容量需在额定容量10%以上。

(1) 方法一

把容量不足的电池在底壳上开个小孔，让原电池的电解液流出，然后补好小孔，重新加电解液、充电。这种方法相对较好，但有几个缺点：一是要破壳，电池的密封性能要比原电池差许多；二是要回收原电解液，难度较大，需要专业的厂家在特定的厂房才能做，原电解液需要做回收处理，否则危害较大。这种方法实际操作难度较大，也费事费力，成本较高。

(2) 方法二

先对电池进行放电处理，至少放掉容量10%以上，然后把电池的气阀打开，加入适当的配方液体，在气阀开口的情况下进行高压恒流充电，目的是通过充电的化学反应消除沉淀物。这种方法相对于第一种方法实际操作性较强，比较容易实施，成本较低，但效果相对要差一点。

在实际的工程应用中，用这种方法可以对6组48V/400Ah电池进行修复试验。

第一批是使用了6年的二组不同容量的电池，通过放电测试，抽出实际容量在额定容量的25%左右的单体电池组合成一组，采用此种修复方式，结果整体容量恢复到额定容量的60%，抽出的第二组实际容量为40%的恢复到了90%。

第二批是使用了7年的两组电池，原实际容量约为额定容量的20%左右，通过放电测试，共去掉了5只容量特别差的电池，补上5只实际容量25%以上相同型号的电池，充电激活，再放电测试，把48只电池按照容量大小重新组合成两组，在后期测试中，一组恢复到额定容量的60%，一组恢复到90%。

第三批是使用了7年的两组电池，原实际容量约为额定容量的30%左右，通过加液修复，两组均恢复到额定容量的60%。

这2种修复模式在实际工程应用中都可以采用，其优点显而易见，但是要产生较好的效益，需要在修复后进行分组，这就需要大批量的同规格型号、同年份的电池做修复才比较可行。另外，由于这种方式补充加入了一些液体，对那些因失水而容量不足的电池效果可能更好些。

9. 影响电池寿命的其他因素及对策

影响电池寿命的主要因素除了温度、配备电池容量偏小这两个因素之外，还有两点要注意：

① 放电后得不到及时的充电，造成电池内部产生大量结晶物沉淀，在后期的充电中无法清除，所以电池放电后需及时得到充电，一般不能超过24h。

② 尽量避免电池的大电流充电和小电流长时间放电，大电流充电会造成电池内部充电反应剧烈，大量气体产生，压力过大而喷出，同时可以带出一部分电解液，造成电池的失水和腐蚀接线端子；小电流长时间放电会造成和第一种情形一样产生结晶的沉淀物，后期很难清除。

5.5.3 蓄电池的常见故障

1. 极板硫化

(1) 故障特征

极板硫化是指极板上生成一层白色粗晶粒的 $PbSO_4$，在正常充电时不能转化为 PbO_2 和 Pb 的现象，其故障特征有：

- 硫化的电池放电时，电压急剧降低，过早降至终止电压，电池容量减小；
- 蓄电池充电时单格电压上升过快，电解液温度迅速升高，但密度增加缓慢，过早产生气泡，甚至一充电就有气泡。

(2) 故障原因

- 蓄电池长期充电不足或放电后没有及时充电，导致极板上的 $PbSO_4$ 有一部分溶解于电解液中，环境温度越高，溶解度越大。当环境温度降低时，溶解度减小，溶解的 $PbSO_4$ 就会重新析出，在极板上再次结晶，形成硫化。
- 电解液液面过低，使极板上部与空气接触而被氧化，在移动过程中，电解液上下波动与极板的氧化部分接触，会生成大晶粒 $PbSO_4$ 硬化层，使极板上部硫化。
- 长期过量放电或小电流深度放电，使极板深处活性物质的孔隙内生成 $PbSO_4$。
- 新蓄电池初充电不彻底，活性物质未得到充分还原。
- 电解液密度过高，成分不纯，外部气温变化剧烈。

(3) 排除方法

轻度硫化的蓄电池，可用小电流长时间充电的方法予以排除；硫化较严重者，应采用去硫化充电方法消除硫化；硫化特别严重的蓄电池应报废。

2. 活性物质脱落

(1) 故障特征

活性物质脱落通常是指正极板上的活性物质 PbO_2 的脱落，其故障特征是：蓄电池容量减小，充电时从加液孔中可看到有褐色物质，电解液浑浊。

(2) 故障原因

➤ 蓄电池充电电流过大，电解液温度过高，使活性物质膨胀、松软而易于脱落；

➤ 蓄电池经常过充电，极板孔隙中逸出大量气体，在极板孔隙中造成压力，而使活性物质脱落；

➤ 经常低温大电流放电使极板弯曲变形，导致活性物质脱落；

➤ 通信车辆行驶中的颠簸震动。

(3) 排除方法

对于活性物质脱落的铅蓄电池，若沉积物较少，则可清除后继续使用；若沉积物较多，则应更换新极板和电解液。

3. 极板栅架腐蚀

(1) 故障特征

极板栅架腐蚀主要是正极板栅架腐蚀，极板呈腐烂状态，活性物质以块状堆积在隔板之间，蓄电池输出容量降低。

(2) 故障原因

➤ 蓄电池经常过充电，正极板处产生的 O_2 使栅架氧化；

➤ 电解液密度、温度过高、充电时间过长，会加速极板腐蚀；

➤ 电解液不纯。

(3) 排除方法

➤ 腐蚀较轻的蓄电池，电解液中如果有杂质，应倒出电解液，并反复用蒸馏水清洗，然后加入新的电解液，充电后即可使用；

➤ 腐蚀较严重的蓄电池，如果是电解液密度过高，可将其调整到规定值，在不充电的情况下继续使用；

➤ 腐蚀严重的蓄电池，如栅架断裂、活性物质成块脱落等，则需更换极板。

4. 极板短路

(1) 故障特征

蓄电池正、负极板直接接触或被其他导电物质搭接称为极板短路。极板短路的蓄电池充电时充电电压很低或为零，电解液温度迅速升高，密度上升很慢，充电末期气泡很少。

(2) 故障原因

➤ 隔板破损使正、负极板直接接触；

➤ 活性物质大量脱落，沉积后将正、负极板连通；

➤ 极板组弯曲；

➤ 导电物体落入池内。

(3) 排除方法

➤ 出现极板短路时，必须将蓄电池拆开检查；

➤ 更换破损的隔板，消除沉积的活性物质，校正或更换弯曲的极板组等。

5. 自放电

(1) 故障特征

蓄电池在无负载的状态下,电量自动消失的现象称为自放电。如果充足电的蓄电池在 30 天之内每昼夜容量降低超过 2%,称为故障性自放电。

(2) 故障原因

- 电解液不纯,杂质与极板之间以及沉附于极板上的不同杂质之间形成电位差,通过电解液产生局部放电;
- 蓄电池长期存放,硫酸下沉,使极板上、下部产生电位差引起自放电;
- 蓄电池溢出的电解液堆积在电池盖的表面,使正、负极柱形成通路;
- 极板活性物质脱落,下部沉积物过多使极板短路。

(3) 排除方法

自放电较轻的蓄电池,可将其正常放完电后,倒出电解液,用蒸馏水反复清洗干净,再加入新电解液,充足电后即可使用;自放电较为严重时,应将电池完全放电,倒出电解液,取出极板组,抽出隔板,用蒸馏水冲洗之后重新组装,加入新的电解液重新充电后使用。

6. 单格电池极性颠倒

(1) 故障特征

单格电池极性颠倒是指单格电池原来的正极板变成负极板,负极板变成正极板。此时,蓄电池电压迅速下降,不能继续使用。

(2) 故障原因

没有及时发现有故障的单格电池(如极板短路、活性物质脱落等),当蓄电池放电时,该单格电池由于容量小,首先放电至零,再继续放电时,其他单格电池的放电电流对它进行充电,使其极性颠倒。

(3) 排除方法

对极性颠倒的单格电池应更换新极板。

7. 蓄电池的更换

(1) 更换判据

如果蓄电池电压在放出其额定容量 80%(对照相应放电率的容量如 C_{10}、C_3 等参数)之前已低于 1.8 V/单格(1 h 率放电为 1.75 V/单格),则应考虑加以更换。

(2) 更换时间

蓄电池属于消耗品,有一定的寿命周期。综合考虑使用条件、环境温度等因素的影响,在到达蓄电池设计使用寿命之前,用新电池予以更换,充分保证电源系统安全、正常运行。

5.5.4 蓄电池的技术状态检测

1. 外部检查

① 检查蓄电池封胶有无开裂和损坏,极桩有无破损,壳体有无泄露,否则应修理或者

更换；

② 疏通加液孔盖的通气孔；

③ 清洁蓄电池外壳，并用钢丝刷或极柱接头清洗器清洁极桩和电缆卡子上的氧化物，清洁后涂抹一层凡士林或润滑脂。

2. 检测蓄电池电解液液面高度

(1) 玻璃管测量法

可以采用内径为3～5 mm的玻璃管，液面高度标准值为10～15 mm，如图5-16所示。

(2) 观察液面高度指示线法

观察液面高度指示线法如图5-17所示，正常液面高度应介于两线之间，液面过低时，应加入蒸馏水补充。

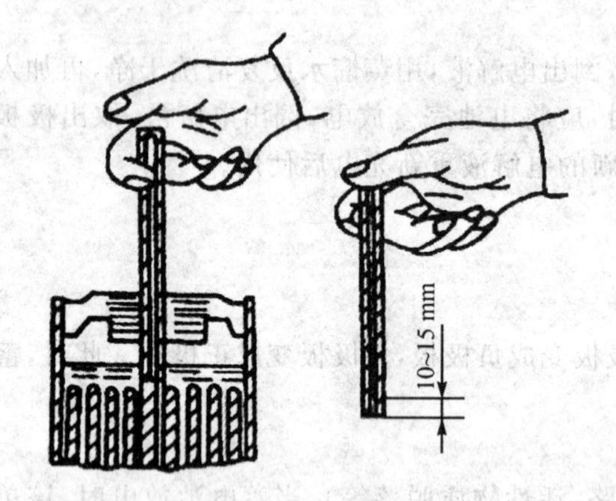

图5-16　玻璃管测量法

图5-17　观察液面高度指示线法

3. 检测蓄电池电解液密度

电解液密度的大小，是判断蓄电池容量的重要标志。测量蓄电池电解液密度时，蓄电池应处于稳定状态；蓄电池充、放电或加注蒸馏水后，应静置半小时后再测量。

(1) 用吸式密度计测量电解液密度

测得的密度值应用标准温度(25℃)予以校正(同时测量电解液温度)，不同温度条件下电解液密度修正值见表5-6所列。

表5-6　不同温度电解液密度修正值

电解液温度/℃	密度修正值/(g·cm⁻³)	电解液温度/℃	密度修正值/(g·cm⁻³)
+40	+0.0113	+10	−0.0113
+35	+0.0075	+5	−0.0150
+30	+0.0037	0	−0.0188
+25	0	−5	−0.0255
+20	−0.0037	−0	−0.0263
+15	−0.0075		

通过对各单格电池电解液密度的测量，可以确定蓄电池是否失效。如果单格电池之间的密度相差 0.05 g/cm³，则该电池失效。

(2) 放电程度的判断

电解液密度与放电程度的关系是：密度每下降 0.01 g/cm³，相当于蓄电池放电 6%。当判定蓄电池在夏季放电超过 50%，冬季放电超过 25%时，不宜再继续使用，应及时进行补充充电，否则会使蓄电池早期损坏。

4. 蓄电池开路电压的测量

测量蓄电池开路电压时，蓄电池应处于稳定状态，蓄电池充、放电或加注蒸馏水后，应静置半小时再测量。蓄电池开路电压可用万用表的电压挡测量，将万用表的正、负表笔分别与蓄电池的正、负极相接即可。蓄电池端电压可以反映蓄电池的存电程度，它们之间的关系如表 5-7 所列。

表 5-7　蓄电池端电压和存电程度的关系

存电状态/%	100	75	50	25	0
蓄电池端电压/V	12.6 以上	12.4	12.2	12	11.9 以下

5. 负荷试验检测

负荷试验要求被测蓄电池至少存电 75%以上，若电解液密度低于 1.22 g/cm³，用万用表测得静止电动势不到 12.4 V，则应先充足电，再作测试。

(1) 使用高率放电计检测

高率放电计是用来检测蓄电池容量的仪表。它由一只电压表和一负载电阻组成。由于在检测时，蓄电池对负载电阻的放电电流可达 100 A 以上，所以，能比较准确判定蓄电池的容量和基本性能，是目前普遍使用的检测仪表。以 12 V 蓄电池为例，使用方法如下：

将高率放电计的正、负放电针分别压在蓄电池的正、负极柱上，保持 15 s，若电压保持在 9.6 V以上，则说明性能良好；若稳定在 11.6～10.6 V，则说明存电充足；若电压迅速下降，则说明蓄电池已经损坏。

但是，这种测量不能连续进行，必须间隔 1 min 后才可以再次检测，以防止蓄电池损坏。

(2) 随车启动测试

在启动系统正常的情况下，以启动机作为试验负荷。拔下分电器中央高压线并搭铁，将万用表置于电压档，红、黑表笔分别接在蓄电池正、负极柱上，接通启动机 15 s，读取电压表读数，对于 12 V 蓄电池，应不低于 9.6 V。

5.5.5 蓄电池组落后单节的检测

电信基站发生“掉站”事故，通常有几方面的原因，为了减少这类事故发生，通信部门采取过许多对策，但收效不大。在造成“掉站”事故的诸多因素中，电池组中单节容量不均衡性是主要原因。而有效检测技术的采用，可大幅度减少“掉站”事故，提升设备的运行质量。

1. 基站蓄电池供电的容量分配关系

蓄电池组不能正常供电时，通常是由于电池组中有落后单节造成的。按照现行电池容量下限是80%的标准，基站蓄电池的供电容量用于通信使用的只有40%～50%左右，交流电停电后，当蓄电池保有容量在80%～90%时，蓄电池组的端电压迅速降低到标称电压，48 V有效供电电压只有2V，其关系如图5-18所示。从图5-18中可见，有效供电电压只有一个电池的标称电压2V。如果电池组中有一个失效单节电池，就会很快造成“掉站”。在实际容量复原工作中，通信部门下线的电池通常一组电池只有1～2个失效电池。如果不能及时检测出落后单节，为保障通信电源的可靠性，就要整组更换蓄电池，这不但增大了电池维护工作量，而且会造成大量电池被误报废。

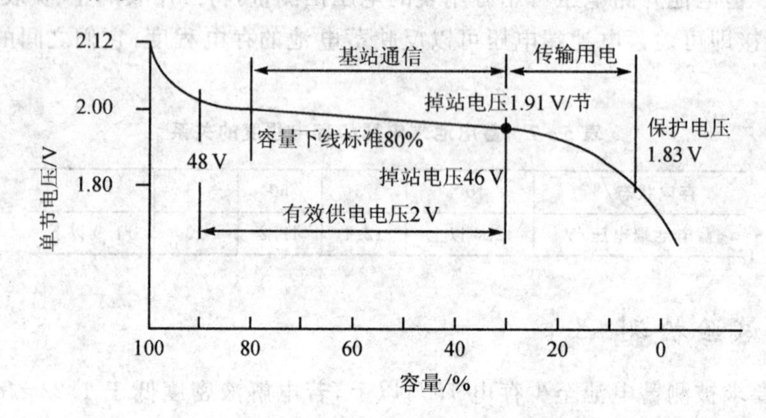

图5-18 基站蓄电池供电容量

2. 蓄电池保有容量的检测方法

在实际维护工作中，如何查找失效单节，在电池失效前就发现故障电池，对保障设备安全运行和降低生产成本有重要的意义。现在使用的方法有：

(1) 恒流放电检测法

这种方法检测精度高，但由于作业时间长，检测的工艺性差，难以在基站电池运行状态的巡检和普查中使用。

(2) 电导式内阻法

这类检测仪由于没有电池容量合格值标准，操作者不能依据检测值对失效电池定位。这类检测仪检测电池时不对电池放电，没有电流流经电池极板，所以仪表显示值是蓄电池的静态内阻，不是电池的动态内阻。电池的失效都是因动态内阻增大造成的，用静态内阻不能表达动态内阻的技术内涵。市面上流行的电池电导类检测仪，由于检测数据没有采集供电电流参数，导致检测数据的散差较大，可信度都较低。即使用电导仪检测得出的西门子数值，仪表销售商也不能提供仪表显示的数据与容量的对应关系，现行密封电池维护规程和标准中也没有用西门子表达的安全限界门槛值。因此，在操作者手中，电导仪实际是一把没有刻度的尺子，维护操作中的使用者难以用测量值决定电池的取舍。

(3) 负载电压法

负载电压法是一种非常实用的无损检测方法。利用负载电压法制作的使用保有容量检测仪可以在线、便捷、快速、定量、无损地检测每个电池的实际供电能力，所以可定期检测电池的动态实际容量。用检测得到的数据控制蓄电池的运行质量，可把蓄电池事故消灭在萌芽状态中，保障设备的安全运行。

检测仪的原理是对被检测电池施加一个大功率的恒定电流负载，在特定的时间，锁定电流值和对应的电压值，测量过程由计算机控制。对一个确定规格型号的蓄电池，在不同的保有容量条件下，检测仪锁定的电压值是相对确定的，这种对应关系如图 5-19 所示。由于这种检测仪可以测量蓄电池的保有容量，所以称为保有容量检测仪，简称 CB 仪。检测仪在检测管式极板的固定电池时，由于电池内部特性差异较小的原因，检测精度可控制在 8%。检测涂膏式极板的密封电池，由于电池内部的差异较大，测量偏差较大，最大偏差可以控制在 20%以内。造成检测值偏差的主要部分，并不是检测仪本身的数字处理造成的，而是由于电池内部物理结构和电化学结构的差异造成的。但是这种检测精度，对维护蓄电池组容量均衡性已经达到有效程度了。检测电池时把检测仪的测脚压接在电池上，按动“测量”按钮，计算机控制电池以恒定电流放电，几秒钟后放电终止，就把电流值和电压值同时锁定在面板上。如果电流值不能稳定在 200 A，那么检测锁定的电压值就无效；锁定的有效电压值大于安全标准的门槛值，蓄电池就处于正常状态；小于门槛电压值的蓄电池，就是落后单节。

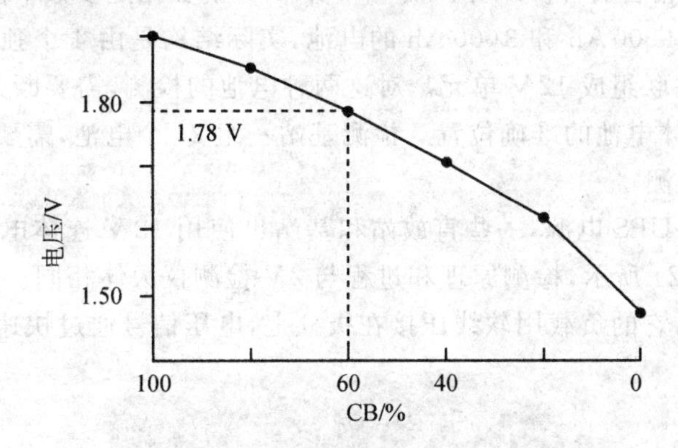

图 5-19　某电池的 CB 检测值与对应电压的关系

检测 2 V 单体电池仪的外观如图 5-20 所示。

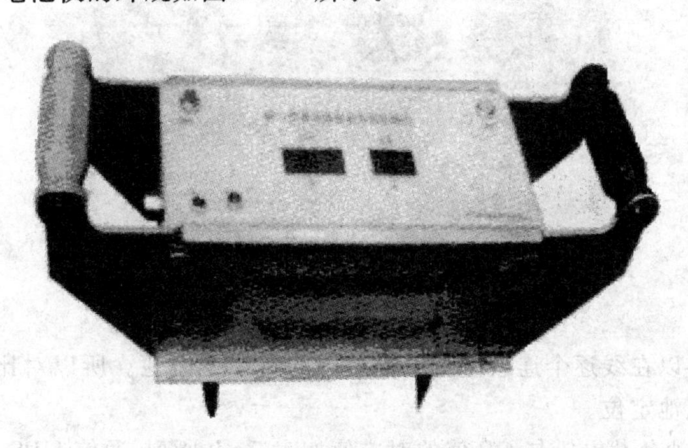

图 5-20　2 V 电池保有容量测试仪

这种检测仪的监测数据偏差，都是负偏差。这是由于测量时有几百安电流流过测量引脚，接触电阻波动产生的干扰。但是检测仪锁定的电压检测数据总是小于真值，不会发生把失效电池判断为良好电池的错误，保障了维护工作结果的可靠性。这种偏差符合“事故倒向安全”的原则。

几种典型2V电池的检测数据

这种检测仪检测电池时，需要对被测蓄电池做一次标定，以确定检测的对应关系，表5-8所列数据就是检测某厂家1000 Ah、500 Ah和150 Ah单体电池的标定数据。这3种规格，涵盖了通信电源使用的大部分电池规格，供用户参考，用户也可自己做标定，以减小测量误差。

表5-8 CB检测仪对3种电池的标定数据

CB/%	100	90	80	70	60	50	40	30	20	10	0
U1000/V	1.88	1.87	1.85	1.83	1.82	1.80	1.78	1.75	1.73	1.70	1.60
U500/V	1.84	1.83	1.82	1.80	1.78	1.75	1.74	1.72	1.70	1.65	156
U150/V	1.61	1.59	1.57	1.55	1.53	1.51	1.50	1.48	1.41	1.33	1.20

通常用这种检测仪控制蓄电池组的容量均衡性，操作者只需记住安全的门槛值，把低于安全标准的电池下线，用合格备品替换即可。表5-8中60%的数据是多数单位可以接受的门槛值。

中心机房使用的1500 Ah和3000 Ah的电池，实际结构是由4个独立的单体电池组合在一个外壳里，通过串并联组成12 V单元。对这两种电池的检测，需要断开电池组的并联线，否则不能检测到落后单体电池的准确位置。检测基站一组24个电池，需要15 min。

对12 V电池的检测

12 V电池多用于UPS电源，一些直放站和基站也使用12 V连体电池。连体电池的检测仪，主机外观如图5-21所示，检测原理和过程与2V检测仪大体相同。只不过由于12V电池的极柱间距变化较大，它的负载用软线压接在极柱上，电压信号通过快速接头送入检测仪。

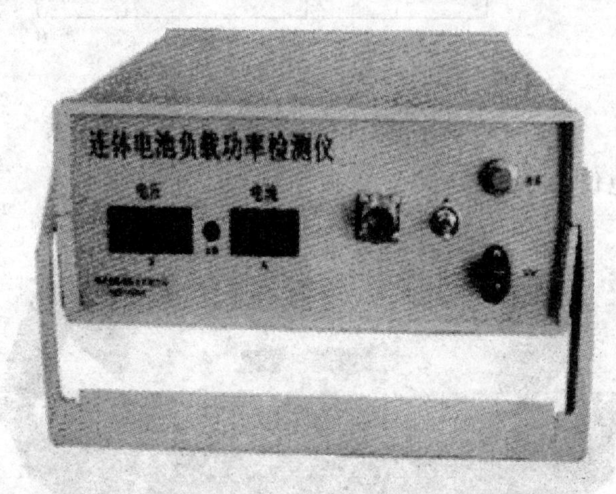

图5-21 连体电池检测仪

这种检测仪可以在线逐个连续测量电池组中的每一个电池。所以对比检测到的数据，就可方便地把失效电池定位。

3种常用的电池负载电压与CB值的对应值如表5-9所列，通信UPS电源中使用的连体电池，负载性能与同规格的电池没有大的差异。

表5-9　某厂3种规格的电池检测对应表

电池型号	电池%容量所对应的负载电压值/V										
	100%	90%	80%	70%	60%	50%	40%	30%	20%	10%	0%
6Q60	10.4	10.2	10.1	9.9	9.74	9.58	9.25	8.95	8.5	7.7	5.7
6Q100	10.6	10.4	10.35	10.25	10.15	10.0	9.75	9.5	9.1	8.5	6.4
6Q200	11.0	10.9	10.8	10.65	10.58	10.45	10.3	10.1	9.9	9.65	9.2

这类检测仪由于同时锁定负载电流值 I 和与该电流值对应的电压值 U，两个参数的乘积就是电池的输出功率。根据开路电压 U_1 和锁定的电压值 U_2 的电压差、电流值 I 可计算电池的内阻 R：

$$R=(U_1-U_2)/I \tag{5-16}$$

这个内阻值与电导仪测出的内阻值技术内涵完全不同。电导仪测量值是在不放电的条件下测得的蓄电池静态内阻，与电池的放电能力无关，通常用 Ω 的倒数表示，其检测数据的主要构成是极板间电解液的电导阻值。用CB检测仪测量的内阻是电池的动态内阻，实际是纯物理量的静态内阻和放电时的电化学极化内阻两个量的叠加，这个数值直接与放电能力相关。电池的失效都是因为动态内阻增大，使电池放电时电压在内阻上下降较多，造成电池的端电压下降造成的。因此，依据负载电压制作的检测仪得到的数据可信度较高。这种检测方法已在铁路机车蓄电池可靠性检测中使用多年，有效地保障了机车电池的可靠性。

在电池的维护工作中用2 V电池CB检测仪对河南某通信公司的240个基站电池做了检测。该公司的南京分部曾用进口电导仪检测过一批300多只UPS电源12 V100 Ah电池，由于不能分辨其中的失效单节，只能整组下线待报废。用连体电池检测仪对这批下线的电池检测，真正失效的电池只有12%。

电池的运行质量，是个动态的过程。电池组中的单节容量均衡性，总是从均衡向不均衡发展，但是只要不危及安全运行，就不必处理，但是掌握变化动态的检测是必需的。维护的责任就是把不均衡性控制在不发生事故的程度，在发生事故前就能及时排除潜在故障。发现和诊断电池组容量的不均衡性，是维护的核心技术。

在基站使用的蓄电池，许多容量低下的原因并不在电池，而是控制柜的计算机控制系统偏差超限造成的。这种CB检测方法对容量的检测还达不到恒流放电法的检测精度，但由于兼顾了精度、效率和便携这三方面的要求，所以是个实用的维修工具。用这种检测仪检测蓄电池，可准确定位故障电池，查找真正的故障原因，可以避免蓄电池的误报废。这种检测方法是现在流行的几种检测手段中工作效率和可信度较高的一种。

5.6　铅蓄电池在通信工程中的应用

5.6.1　通信基站蓄电池的安装

1. 蓄电池安装的地点选择

电池工作和存放的地点应该清洁、通风、干燥，严禁有火花、火焰等引燃物，并配备有灭火器，电池安装地点应远离热源和易产生火花的地方，避免阳光直射，周围无有机溶剂和腐蚀性气体。同时，也应避免空调或通风系统的通风口直接影响电池单体温度，造成电池电压不均匀。

2. 蓄电池安装的温度要求

电池系统的工作环境温度一般要求在15～30℃之间。由于电池在25℃的温度下运行性能最佳，因此需安装空调，以保证电池具有更优良的性能及更长的服务周期。

3. 蓄电池安装空间的要求

应保证有足够的空间来安装电池。由于电池安装方式有很多种，单体有竖放有横放，整组有单层、双层及多层安装，因此不能明确规定如何安装是最恰当的，但要掌握几个原则：

① 便于每个单体电池电压的检测；

② 便于每个单体电池的更换；

③ 便于观察每个单体电池外表情况(是否可以看到表面的溢酸，极柱和连接条的腐蚀)；

④ 单体电池之间要留有一定的空隙，便于电池的散热。

4. 蓄电池安装楼面的承载能力

由于阀控密封式铅酸蓄电池的主要原料是铅，大家都知道铅的比重在常用金属里是最大的，所以蓄电池体积小，重量大，安装时要综合考虑空间大小、地面和楼面的承载能力，一般在楼面建议采用单层平铺，增大接触面积，减少单位面积的压力，严格按照国家和厂家所提供的关于楼面安装负载能力要求做。

5.6.2 移动通信基站蓄电池的维护

1. 维护规则

浮充电压：在环境温度25℃情况下的正常的浮充电压为2.23～2.25 V/单体。温度补偿系数为：－3.5 mV/℃。当电池浮充运行时，蓄电池单体电压不应低于2.18 V，如单体电压低于2.18 V，则需要进行均衡充电。

均衡充电(即均充)：均衡充电一般采用恒压限流进行充电，充电电压按2.35 V/单体(环境温度25℃)。温度补偿系数为：－5 mV/℃。均充频率一般为2月一次。

阀控密封式铅酸蓄电池遇有下列情况时需按均充制度进行均衡充电：

① 单体电池浮充电压低于2.18 V；

② 电池放出5%以上的额定容量；

③ 搁置不用超过3个月以上；

④ 全浮充运行2个月以上。

注意：阀控电池被搁置10个月以上，内部将严重硫酸铅化，会影响电池容量及寿命，甚至不能正常使用。

实际案例：在两组新电池投入使用不久，因为外电原因，18个月没有浮充，结果后期充满电后，容量无法恢复。用智能负载测试后发现，个别电池实际容量只有额定容量的 10%，其他电池不足额定容量的 30%。

2. 日常维护

阀控密封式铅酸蓄电池不用加酸加水维护，并不是不需要管理，为了保证电池使用良好，需要做一些必要的维护工作，需要检查的项目如下：

① 单体和电池组的浮充电压测量（一次/月）。单体低于 2.18V 需均充，总电压低要检查各环节的接触电阻是否过大。

② 电池外壳和极柱温度（主要是在电池放电时测量）。一般温度升高很快说明该电池内部电阻过高。

实际案例：在 12V 的 UPS 后备电池容量测试中，有个别电池的电池外壳比其他的电池高 10 倍，极柱的温度则更高，判断为内阻过高，后用内阻仪测试果然如此，同时容量也是严重不足。

③ 极柱、安全阀周围是否有渗液和酸雾溢出。一般是在充电时观察，从化学反应式来看，电池在充电时会产生氧气和氢气。如果充电电流过大，反应比较剧烈，产生的氧气和氢气来不及复合，达到一定的压力就会从气阀中冲出来，同时可能带出部分酸液。由于水和酸液的损失，影响了电池的容量，需要后期的容量测试跟进，一般容量肯定减少，只是程度不同而已。

实际案例：有一个基站电池运作了 2 年左右，多次出现漏液现象，后经过容量测试后，发现有 10%的电池容量不足额定容量的 80%。

④ 电池盖有无变形和渗液（一次/月）。这种现象发生在充电电流过大时，反应比较剧烈，产生的气体来不及复合，达到一定的压力，由于气阀没有及时打开，电池壳变形，甚至把电池壳冲破。

实际案例：有一个基站的两组电池，有 3 个电池由于气阀气压过大，顶壳被冲破。另外壳体变形的原因是极板的生长，极板在长时间使用后硫酸铅化，极板增大，使外壳鼓起来，也可以说明该电池容量已经不足。

实际案例：在 12V 的 UPS 后备电池容量测试中发现那些极板鼓起的电池都有不同程度的容量不足。

⑤ 连接处有无松动（新装电池半年内需全部紧一次，以后一般一年一次即可）。

实际案例：在电池维护过程中发现一些电池极柱松动，但主要是在新装电池上出现较多，而且都是比较严重的虚接，导致电池不能正常使用。

⑥ 出现两组同样的电池组充放电电流不同，单体压差大，除了电池本身的原因外，就是连线与极柱接触不良所致，所以新装电池必须半年内就紧固一次，而经过二次紧固的电池后期一般不会出现严重的松动现象。

实际案例：在做新电池容量测试时发现一组电池一放就空（是单极柱连接的电池组），经检查发现有一只电池极柱没有紧好，螺纹差了四圈。而经过长期的经验，一般老电池的极柱在长期使用中松紧程度不超过螺纹的一圈，基本不会造成电池间的压差。所以旧电池的紧固时间可能适当延长，节省工作量。

此外，也要注意定期对开关电源的电池管理参数进行检查，保证电池参数符合要求。

3. 蓄电池容量测试

① 蓄电池每年可以以实际负荷做一次核对性放电，放出额定容量的30%～40%(10h率)。因该方法是最简捷、最节约人力物力的测试方案。有几种可操作的方法：

利用一些智能开关电源控制器自带测试软件，可对电池进行核对性放电。它是设定一个比较低的浮充电压，电池电压比整流器高，负载转为电池供电，电源内部有电池容量计算公式，可以计算实际放出容量。如果电池电压下降较快，供电容量不多，则说明电池容量不足。另外一些开关电源不带这些功能的，可以手动降低浮充电压，相当于上面的放电方式的手动操作。

还有一种方法是把整流器关掉。但是这样操作风险较大，如果电池很差，电压急速下降会影响用电设备。而前面介绍的方法是不会出现这种情况的，因为它没有关闭整流器的输出，当电池电压急速下降到设定的电压时，会转为由整流器供电。

在日常的工作中有一个便捷的处理方法，是建立在第三种方式上的。通常，一些无人基站每年都有各种原因的停电，有些停电时间长的需要去发电抢修，可以让发电抢修人员带好万用表和记录表格，在电池电压不是很低的情况下快速测量单体电池电压和总电压、负载电流，查看停电记录，可以得到一份电池的容量测试记录。这是花时间最少、最节约人力物力的方法，同时也能得到电池最新的容量情况。

② 每3年做一次容量试验，放出额定容量的80%(10h率)。

根据国家有关要求，蓄电池每3年做一次容量试验，放出额定容量的80%(10h率)，6年以后每年做一次(蓄电池容量满足额定容量的80%表示电池合格，可以正常使用)。现在一般用智能负载测量，自动记录贮存放电数据，自动结束放电，后期通过软件对数据分析。一般基站最安全的测试方式是第一天测量一组电池，第二天测量第二组电池。理论测试时间是每次8h(10h率)。这里有一个利用智能负载放电的实际操作方法：一天两组(因为一般基站只配备两组蓄电池)，白天放一组，晚上放一组；测试时间也由原8h改为7h。这样做有几个原因，放电的效率提高了很多，基站来回的次数少了一次，节约了成本，电池虽少放一个小时，但不要担心，通过长期的测试比较，一般电池放7h，回去做数据分析后完全可以得出是否满足额定容量80%的结论。另外一个重要的原因就是电池放电深度越深，电池容量越不易恢复，所以少放一个小时对蓄电池本身也比较有利。

4. 预防性维护

局部开关电源蓄电池容量下降的早期发现对保证系统的安全运行相当重要，最好能对蓄电池的容量进行预测，进行预防性维护。

主要方法还是对电池进行核对性放电试验比较好，如果只靠平时的浮充电压检测，基本发现不了容量不足的电池。只有在电池充放电时，测量电池单体电压才能发现容量下降的问题，同时也可检测出电池接线的压降问题，从而进行预防性维护。

5. 在开关电源中对电池的运行参数设置

(1) 均充电压设置

正常的均充电压设置，均充电压的选择一般单体2.35V就够了，如果再高会有气体产生，造成电池的失水。

实际案例：在蓄电池均充时，由于内阻不均，个别单体电池电压上升到2.4V以上时，气阀里有气体喷出，而此时的电池充电电流却不大，其他充电电压在2.35V以内的就没有气体溢出，所以过高电压时对电池充电是不可取的。

(2) 浮充电压设置

正常的浮充电压设置，浮充电压的选择为单体在2.23～2.25V之间，除了厂家另有具体要求外，新电池的选择单体2.23V充电电压就可以了，而旧电池则可选用2.25V，原因是新电池内阻较小，连接端子接触面电阻较小，各电池单体电压也较均衡，所以一般电池单体电压都可到达2.25V以上。而旧电池内阻相对较大，连接端子接触面电阻也由于长时间的氧化腐蚀相对较大，有部分压降，各电池单体电压也不是很均衡，所以可以选用2.25V，这样设置后一般电池单体电压都可到达2.23V以上。

(3) 负载下电控制

关于负载下电控制问题，大容量负载二次下电，下电电压通常设置为45V，比一般的通信系统规范要求44.5V高了0.5V，这样设定的原因是从长期的电池容量测试数据中得出不管电池实际容量为多少，一旦电池放电到45V，电池实际剩余不足额定容量的10%，如果只有少量电池不足100%，电池组放电后期的电压下降就会非常快，留下的容量分给小负载的传输设备就大大减少了，为保证传输等重要设备长时间不掉电，所以适当调高。

实际案例：某基站电池容量配备相对较小，负载较大，由于设置在44.5V的下电电压，到电池电压下降到43.2V电池保护电压才维持了9min。所以小幅提高电压。至于电池保护电压，设置在43.2V一般来讲已经比较合理了，因为如果总电压下降到这个范围，电池已经全部放空，如果电压继续降低，传输设备就不能正常工作了。

5.6.3　移动通信基站直流负载电流与蓄电池容量配比

移动通信基站直流负载电流与蓄电池容量配比在不考虑特定地区的供电情况以1∶10以上至1∶20最经济，这样配比主要有如下几个原因：

1. 供电局限定了检修时长

一般供电局每年都对线路进行停电检修，停电时间一般为10～15h。如果出现多处线路检修，应急发电不足的情况下部分基站也能避免因停电而停止运行。

2. 负载增加

有些工程中对负载进行扩容，一般对基站直流开关电源配备和扩容都作了考虑，留有了足够的电源整流模块扩容余量，扩容电源整流模块也比较容易做到。而电池一旦安装完毕，要进行扩容就不宜，就算扩大容量电池后，原来的小容量电池一般不能并联使用，拆下后可能不能再用(容量不够)，比较浪费。扩容电池的安装也要考虑到机房空间大小、承重等方方面面的问题，二次投入的人力、物力、财力比较大，所以首期配比应留有适当的余量。

3. 电池故障老化

基站的后备电池如果容量配比不足，在市电线路停电时由于发电抢修有一定的时间限制，不可能一停电就发电，等到基站由移动油机发电时电池已深度放电，长此以往，加速了电池老化。一旦电池组开始故障老化，很短的时间内电池实际容量就可能大幅度下降，电池使用年限缩短。

此外，有些市电供电环境比较差的地方，经常停电限电，以及一些偏远的地方，可以考虑适当配大一点，一般需要配到 20 h 以上的后备时间；应急性较强，长时间停电也可能不必去发电，节约了一些发电成本。

实际案例：有一个基站，虽然负载与电池的配比为 1∶10，但由于该站市电经常停电，该站离市区又远，停电后得不到及时的发电，结果三、四年的时间，电池只维持供电 1 h 了。而且几年下来的发电费用，足可以买两组大容量电池了。

5.6.4 局用阀控式铅酸蓄电池核对性放电及容量试验方法

1. 局用阀控式铅酸蓄电池核对性放电

局用蓄电池核对性放电试验一般用负载放电即可，这样做的原因主要是核对性放电试验要求释放额定容量的 30%～40%，电压下降不大。另外一般维护单位没有大容量假负载，如果自己用电热丝制作大功率假负载，则散热成问题，安全性也得不到保证，更无法很好地控制放电电流和电压，所以建议用实际负载放电。

2. 局用阀控式铅酸蓄电池容量试验

局用蓄电池的容量测试最好采用智能负载分组测试，这样比较安全，因为容量测试要求的放电深度比较深，电池组电压下降比较大。例如：在 10 h 率发电条件下的 48 V 电源系统，如果放出 30%～40%，电池电压约降到 49 V 左右（实际容量是 100%的新电池），最低也在 48 V 以上（实际容量是 90%以上的旧电池）。而如果放电到 70%，同样的电池电压下降到 47.5～46.3 V。如果不脱离系统用真负载放电，由于电池组母排到实际负载之间存在一定的线压降，可能会造成负载电压过低而不能工作，造成通信事故。而在电池容量不足的情况下，因为容量不足，电池会在后期发电过程中电压急速下降。

如果没有智能负载，只能用真负载放电，也是可以操作的，但要承担比较大的风险，实际操作下来，须满足以下几个主要要求（48 V 电源系统）：

① 容量测试自始至终都要注意测量实际负载的电压（需在负载侧测），保证负载侧电压始终在设备最低工作电压以上。

② 系统不关机，只是降低整流输出电压，而且电池的放电电流一定不大于 10 h 放电率，若放电放电电流过大，电池下降太快，则电源系统有可能出现控制延时。

③ 测试放电绝不能超过 70%，电池组总电压最好设置在 47 V 以上。因为一般 48 V 的通

信设备要求最低工作电压在 40～44 V 之间，留有一定的线压降余量。

④ 注意是否有最低工作电压在 44 V 以上的设备。

5.7　铅蓄电池的发展方向

铅蓄电池是将电能转化成化学能储存起来，在需要时再将化学能转化为电能的一种储能装置。在信息化社会中，高科技电子电源设备与人们的生活已息息相关，后备直流电源的应用也越来越广泛，作为后备直流电源重要组成部分的蓄电池，其质量的优劣对保证后备直流电源正常运行就显得尤为重要。因此，通信业的发展要求供电系统既合理又安全、稳定、可靠，因而促进了蓄电池的技术不断开拓、更新，制造工艺的提高又保证了电池的各项技术指标、性能的稳定可靠，延长了电池的使用寿命。

1. 新固化和化成技术

固化是 VRLA 电池生产的重要工序，对电池的初期容量、寿命都有较大影响。传统的固化工艺形成 $3PbO_2 \cdot PbO_2 \cdot H_2O$(3BS)，若采用 800℃下高温和膏技术可得到 $4PbO_2 \cdot PbO_2$(4BS)，4BS 制造的电池不仅容量高而且寿命长。化成过程中采用监控软件，可以提高化成工序的生产效率及产品质量。采用红丹可缩短固化与化成时间，使固化易于控制，提高初期容量和生产效率。

2. 板栅合金工艺技术的更新

传统的耐腐蚀板栅不但构造复杂，而且还易引起早期容量损失、正极膨胀、伸长和寿命短等问题，因为铅膏与耐蚀板栅结合困难。在板栅合金中添加适量的微量元素可大大提高板栅的性能。从长远看，板栅材料及工艺技术有 3 个方向：

- 冷却合金，使得所有元素的均匀混合物，耐蚀性大大提高；
- 轻型板栅，用铝、铜网做基材，表面涂敷铅；或采用玻璃纤维丝，表面热挤压包覆铅锡合金，成为铅丝，再编织成铅布作为板栅；
- 网板栅(板栅可减薄)，由于采用冷挤压成型，金属组织比重力浇铸的要细密得多，耐蚀性明显提高，增加了寿命，提高了生产效率。

3. 催化栓技术

铅酸蓄电池在通信行业中大部分使用在浮充状态下，正极电位很高，氧的析出严重，而催化栓放于密封电池内部的上端，补充了传统氧气再复合机理的负极作用，即正极析出的氧被直接复合，这部分氧不必到负极去复合，减轻了负极的去极化负担，同时负极排放量减小，水损失减少。

随着电池生产工艺、原材料的不断改进与更新，由于铅资源丰富、工艺逐步成熟、适用范围广、具有良好的可逆性，今后相当长一段时间内仍将广泛使用于通信电源领域中。但是高能电池、燃料电池(绿色能源)和自动化、智能化技术以及产品技术标准也在我国加大了研究的力度。

5.8 镍镉电池

5.8.1 镍镉电池的分类

1. 袋式电池

(1) 性能特点与应用领域

袋式镍镉电池的性能特点为：结构坚固，寿命长，电荷保持能力好，可靠性高，耐滥用，放电容量范围宽(5～1000 A·h)，成本低，其价格是镍镉电池中最便宜的一类电池；其缺点是体积大、重，比能量较低(约为20 Wh/kg)，大电流放电性能较差。因此，这类电池广泛应用于对体积、质量要求不高，电流不大的固定使用场所。20世纪60年代以前主要是军用，20世纪70年代后转为民用，如铁路客车照明、机车启动、矿山牵引车电源、电力开关合闸电源、通信站电源、不间断电源、应急照明和太阳能、风力发电站的储能电源等。

(2) 技术发展

我国科技人员针对袋式电池体积大，大电流放电性能差和比能量低的问题进行了不断的研究，在正、负极活性物质制造技术(特别是近几年对正极物质球形 $Ni(OH)_2$ 的研究和开发)、穿孔钢带的制造技术、极板制造的工艺技术和电池壳的制造技术等方面都有重大改进，使电池性能有较大提高，集中表现在：

电池壳体塑料化

电池壳由钢板冲制焊接壳体改为高强度透明或半透明塑料壳，既可减轻重量，又便于观察、调整电解液面高度。同时还避免了焊接带来的电液渗漏问题，而且使用时无需在壳体外加防腐保护层和绝缘隔离物，大大简化了电池装配工艺。

开发中倍率电池

通过改进穿孔及穿孔设备或使用针刺穿孔技术，钢带穿孔率提高至16%～23%；提高活性物质的容量，使正极活性物质比容量达160 Ah / kg，负极活性物质达240 Ah /kg；制造薄极板，使正极板厚度为3mm左右，负极板为2mm左右；缩减极间距离至2mm左右；改善集流体导电能力等。通过以上改进，提高了放电速率，达到IEC中倍率电池放电水平，目前袋式中倍率电池产品已形成系列。

(3) 现状与发展趋势

目前，国外已开发高倍率袋式镍镉电池和长寿命电池(浅充放已达15000次，浮充使用达25年)以及少维护或免维护的袋式电池。在极板制造方面，由干法(包粉)生产发展为湿法(填条)生产，活性物质生产发展为自动化。

袋式电池是镍镉电池的第1代产品，至今已有近百年的历史，仍经久不衰，而且不断开发新产品，拓宽应用领域，使袋式电池继续向提高放电倍率、提高比能量、少维护和改善应用环境方面发展。

2. 板式半烧结圆柱密封电池

(1) 性能特点与应用领域

板式与袋式电池相比其显著特征是：

- 电极为无极板盒电极(即非袋式电极)；
- 电池外形为圆柱(金属外壳)密封型，其电池的结构设计完全不同于方形开口电池，无需添加去离子水或电解液，无需维护；
- 制造工艺较复杂，成本较高。

该类电池体积小，重量轻，比能量较高，性能稳定，自放电较小，寿命较长，便于携带。因此被广泛应用于移动通信、各种电子仪器、电动玩具、家用小型电器、电动自行车(助动车)、应急灯及军事电子设备。凡是锌锰电池(干电池)的应用领域，该类电池均能应用，而且由于圆柱密封镍镉电池的出现，使得用电器具的体积大为缩小，重量减轻，性能也大大提高。

(2) 电极制造技术的发展

袋式电极的出现带出了一系列袋式电池，显示出镍镉蓄电池的优越性，但也存在严重的缺陷，即体积大、重，比能量低，大电流放电性能差。这些缺陷主要是袋式电极本身的问题，因此，促使科技人员潜心研究开发性能更好的新的电极制造技术。

20 世纪 40 年代末国外首先研制出雏型无极板盒板式压成式电极，这种电极与袋式电极的根本区别在于去掉了由穿孔钢带做成的极板盒，用镍网取而代之，但是在技术上没有根本性突破。

20 世纪 50 年代国外研究完全不一样，在技术上有较大的突破，使电极制造技术上了一个新水平。

20 世纪 60 年代初，我国研究镍镉蓄电池的科技人员在总结国外镍镉电极制造技术的基础上，研究开发采用烧结板式氧化镍正极与压成式镉负极匹配的板式圆柱密封镍镉电池，其性能达到国外板式全烧结圆柱密封镍镉电池的水平，这在当时属国内外首创。这一匹配技术现被世界各国采用。

(3) 密封镍镉电池设计技术的发展

由于理论上解决了镍镉电池充电时正极产生的氧气可在负极吸收，形成“镉氧循环”，使镍镉电池有可能做成密封电池。密封电池的正、负极容量设计采取负极容量是正极容量的 1.5 倍左右。

由于圆形受力均匀，便于密封，所以镍镉密封电池一般采用圆柱形钢壳加塑料密封圈形成机械密封结构。为了安全，在盖子上设有高压排气防爆结构，这种安全阀结构一般有 3 种：一是针刺破安全阀，常称一次防爆；二是盘簧将橡胶圆盘压住的安全阀，为二次防爆；三是用镀镍钢帽将不同形状橡胶阀压住的安全阀(也是二次防爆结构)。

这类电池由于制造设备较简单，投资少，成本低，成为军用通信装备的理想电源，并在民用电源产品中迅速推广应用，相继开发了 0.1～10 Ah 的 10 余个品种，畅销近 30 年。

(4) 现状与发展趋势

由于该类电池生产工艺技术不适应连续生产，也不适于发展规模经济，产品的均一性不理想；极板较厚，且面积较小，使充放电速率受影响，因而满足不了现代移动通信系统、笔记本电脑、电动工具等用电器的需要，所以 20 世纪 80 年代起该类电池就没有大的发展，只是为满足特殊用户需要而进行小批量生产。这种类型的电池将来仍会因其自放电小，寿命长，制造成本低等优点而保留一段时间，但其发展趋势将逐步被箔式和泡沫式等类电池所取代。

3. 箔式烧结(或半烧结)圆柱密封镍镉电池

(1) 性能特点与应用领域

这类电池是以烧结式氧化镍为正极，与烧结式(或粘结式)镉负极相匹配，装配成全烧结式或半烧结式箔式圆柱密封电池和薄极板式方形开口电池，该类电池与板式电池相比其显著的优点是：

- 极板薄，其厚度为板式极板的1/4，充放电速率高，电池的容量高，如"AA"型电池由板式电池的0.45 Ah提高到0.7 Ah；
- 极板制造的工艺路线可适应连续自动化生产，采用湿法(拉、干、烧)生产，生产效率高，节省人力，劳动环境好；
- 这种极板能适应自动化装配生产线的需要，不仅生产效率高，产品均一性也好。

这类电池除适用板式电池应用领域外，特别适用于高速发展的移动通信系统、笔记本电脑、无绳电动工具、摄录机等现代电子产品的需要。

薄极板式方形开口电池的比能量远高于袋式电池，大电流放电性能优越，可实现超高倍率放电，但生产成本高，适用于充放电性能要求高、体积小的场所，如航空(飞机应急电源)、电力开关、UPS电源及地铁等部门。

(2) 技术发展

20世纪70年代末、80年代初，我国科技人员依靠自身力量研究了无极板盒箔式圆柱密封镍镉电池和薄极板方形开口电池制造技术，建成了以烧结式氧化镍正极和粘结式(俗称拉干电极)镉负极相匹配的半烧结式箔式圆柱密封电池生产线，使电池的大电流放电能力和生产能力都比板式电池有了较大提高。这期间主要研究开发工作有如下3点：

- 箔式烧结式正极工艺技术与拉、干、烧设备研究开发；
- 箔式粘结式负极工艺技术与拉、干设备研究开发；
- 卷绕式的电池装配工艺技术及设备的研究开发。

可以说，这期间的重点是解决工艺技术与连续自动化设备之间相互制约技术问题，以形成规模生产。

进入20世纪80年代，由于推行改革开放政策，我国先后从德国和美国引进箔式全烧结圆柱密封电池生产线，使生产装备的技术水平大大提高，缩短了我国镍镉蓄电池制造技术与国外先进水平的差距。同时，在消化吸收的基础上，不断创新改造，开发了全烧结式薄极板方形开口电池，性能达到国际先进水平，成功地应用于我国航空事业，同时半烧结式圆柱密封电池和方形电池的制造技术与产品性能也上了一个新台阶。

(3) 现状与发展趋势

箔式烧结式镍镉电池目前已完成规模批量生产及各类相关工作，我国全年生产可达1亿只，品种齐全，能满足各种用途需要。

烧结式镍镉电池生产工艺复杂，成本高，随着科技发展和激烈的市场竞争，一方面需要进一步提高电池的容量和综合性能，另一方面须降低成本，这也是镍镉电池的发展方向。作为箔式(薄极板)烧结电池，特别要注意发挥其高综合性能和高输出功率优势，使这类镍镉电池的发展处于不败之地。

4. 泡沫式镍镉电池

(1) 性能特点与应用领域

泡沫式镍镉电池是将泡沫塑料经多种处理后镀镍所得多孔泡沫镍基体，其孔率高达96%左右(烧结的基体孔率只能达80%左右)，再用涂膏法制成泡沫电极，以泡沫式氧化镍正电极与泡沫式或粘结式镉负极匹配组合成双泡式或单泡式镍镉电池。该类电池与烧结式电池相比的显著特点是：

- 比容量高，如“AA”电池容量可达0.7～0.8 Ah，有些公司的产品可达到0.9 Ah；
- 制造工艺简单，设备投资少，生产成本较低；
- 高倍率放电性能比烧结式电池差。

因此，该类电池普遍用于不需要高倍率放电，但需要高容量且价格低的民用电器，如移动通信系统、笔记本电脑、家用电器等，目前对泡沫式方形电池的研究和开发越来越少。

(2) 技术发展

为了提高镍镉电池的容量，减少自放电，降低成本，科技人员进行了大量的研究，20世纪80年代末90年代初先后研制成功泡沫电极、纤维电极、粘结镍电极、电沉积镉电极等，能满足制作各种类型的镍镉电池，其中泡沫式电池的生产工艺简便，设备投资少，因此所上的生产线很多，总产量大，成本低，市场竞争力较强。

泡沫式电池研究开发工作主要集中在3方面：

- 泡沫镍基体的研究开发解决了从塑料泡沫到泡沫镍的全过程的工艺处理及设备制作；
- 泡沫镍极板的涂敷成型工艺及设备研究工作，使泡沫镍极板既要强度好，活性高，又要控制极板的均匀性；
- 高活性、高密度的球形$Ni(OH)_2$的工艺研究和设备制造，使制得的$Ni(OH)_2$从晶形结构、外貌、密度、活性等均在最佳状态，才能有利于泡沫镍极板的制造。

由于以上3方面在工艺技术及设备制造方面取得了突破性的进展，因而泡沫式电池得到蓬勃发展。

(3) 现状与发展趋势

国外已生产出高质量泡沫镍基体，可实现自动化连续生产泡沫镍电极，电极的性能一致性好，生产效率高；国内目前泡沫式镍镉电池年产量约2亿只，但水平与国外相比差距较大，最主要差距在国内尚不能连续生产成卷的泡沫镍，而是片状的，每片的尺寸约为500 mm×1 000 mm，其泡沫镍的孔径大小、孔径分布均匀性等都不如国外。因此，泡沫电极制造无法实现自动化、连续化，生产效率低，且电极性能均一性差，导致电池的容量均一性差。因此连续生产泡沫镍基体、提高电极涂敷制造设备自动化程度，是提高泡沫式镍镉电池综合性能的关键，也是泡沫式镍镉电池近期的发展趋势。

5.8.2 镍镉电池的工作原理

镍镉蓄电池的正负极活性物质分别为氢氧化亚镍和氢氧化镉，依靠它们电化学反应的可逆性，充电时将电能转变成化学能而储存，放电时，将化学能转变成电能而输出，其反应如下：

正极反应：$2Ni(OH)_2-2e+2OH^- \underset{放}{\overset{充}{\rightleftharpoons}} 2NiOOH+2H_2O$

负极反应：$Cd(OH)_2+2e \underset{放}{\overset{充}{\rightleftharpoons}} Cd+2OH^-$

电池反应：$2Ni(OH)_2+Cd(OH)_2 \underset{放}{\overset{充}{\rightleftharpoons}} 2NiOOH+Cd+2H_2O$

电池放电时，负极镉被氧化，生成氢氧化镉 $Cd(OH)_2$，自由电子经外线路流向正极；在正极上氢氧化镍接受了由负极转移来的电子，还原为氢氧化亚镍 $Ni(OH)_2$。充电和放电时正好相反，蓄电池在充放电过程中不消耗电解液，但电极有吸收或释放出水的特性，充电时释放出水使电解液面升高，放电时吸收水，使电解液面下降。如烧结镍镉电池，充电时，充电电压上升1.70～1.75 V时，即已充足。再充电，电池处于过充电状态，电能主要消耗于电解水，放出氧气和氢气，使电解液浓度增加，降低了电解液的导电性能，并一定程度影响电池寿命，所以一般不要对电池长期过充电。

1. 自放电、电池间漏电

电池自放电是由于电极的杂质程度、电化学稳定性和环境温度所影响的，它是衡量电池优劣的标准之一。

电池间漏电是由电池的使用历史、维护程度所影响的，虽然表面漏电可能只影响电池组中部分电池，但是很严重，因为电池组原容量受到最低容量电池的限制。

2. 大电流放电特性

镍镉电池的大电流放电特性是指蓄电池冲击放电电流或瞬时提供大电流的能力。尽管放电率和放电温度，对所有电压化学电池的放电特性都是重要的，但这些参数对镍镉电池的影响，比起对铅酸电池有效地高倍率放电而不失去很多容量要好很多。

3. 记忆效应

记忆效应就是电池在很长时间经受特定的工作循环后，自动保持这一特定电性能的倾向。但在任何情况下，袋式电池不存在这样的记忆效应，只有烧结式电池受到这种现象的影响。

4. 容量保持值

容量保持值是指蓄电池在长期浮充电状态下的容量保持值，该参数是镍镉电池直流电源成套设备一个极为重要的参数。该值要求直流系统中的充、浮充电机与蓄电池组的电气参数合理匹配。

$$C_{bc}=\frac{C_{实}}{C_{额}}\times 100\% \qquad (5-17)$$

式中：$C_{实}$——蓄电池浮充运行一年以上的实有容量；

$C_{额}$——蓄电池的额定容量。

5. 全充电状态

全充电状态的唯一标志是充入电量为额定容量的150%，即：

$$\frac{I_c \times t}{C} \times 100\% = 150\%$$

式中：I_c——充电电流；

t——充电时间；

C——额定容量。

6. 爬碱、零电压的产生

蓄电池的使用环境条件也是非常重要的，在运行中，会有许多尘埃浮附在蓄电池外壳及两极之间，电解液溢出，氧化后生成白色的物质俗称爬碱。加之受充、浮电机电气性能的限制，有时浮充电压过高，致使爬碱加剧，由于爬碱潮气、尘埃等共同作用，使得蓄电池产生外泄漏。蓄电池组在浮充运行中，浮充电压一般为脉动直流，浮充机对电池输出的充电电流为同一值，但两个电池的泄漏不同(自放电加剧)，使得每个电池获得的充电量不同。其中泄漏严重的电池充电量较少，电压上升小。当脉动浮充电压低于蓄电池电压时，蓄电池将对直流母线上所有常时负荷放电。

同样对每个蓄电池而言，对母线负荷的放电电流是相同的，但因其自放电不同，因此泄漏严重的电池放出的电荷较多，电压下降多，这样泄漏严重的电池其电压越来越低，以致出现零压现象。由此产生的初期零压电池用均衡充电可以回复，因此蓄电池运行中应保持清洁、通风，使之处于良好的工作环境。同时，要勤于检查，尽早发现不合格的电池并剔出，因为零电压电池在合闸电流通过时，实际上是承受大电流反充电，易造成电池彻底损坏，如不能及时退出运行，清洗处理时间稍长，则难以再均衡充电或活化复用。另外一大隐患是一个零电压电池对外呈现很大内阻，合闸时出现很大的压降，严重时会使断路器不能合闸，容易造成停电的事故。

7. 贮存带来的极性变异或反极

分析：镍镉电池充放电过程的化学反应式为：

$$Cd + 2KOH + 2Ni(OH)_2 \underset{放}{\overset{充}{\rightleftharpoons}} Cd(OH)_2 + 2KOH + 2Ni(OH)_2 \tag{5-18}$$

在镍镉蓄电池的充放电化学反应过程中，电解液只传递电流，其浓度不变化，因而使用时不能根据电流比重来判断电池充放电程度，一般根据电池电压间接判断，由方程式看出放电时，正极的变化：

$$2Ni(OH)_2 + 2K \rightarrow 2Ni(OH)_2 + 2KOH - 2e \tag{5-19}$$

负极的变化：

$$Cd + 2(OH)_2^- \rightarrow Cd(OH)_2 + 2e \tag{5-20}$$

因为蓄电池带液运输和长期带液保存期间要求先放电，由式(5-19)可见，在电池正极附近的 KOH 水溶液中存在相当数量的负离子。由式(5-20)可见，在负极附近的 $Cd(OH)_2$ 水溶液中存在相当数量的正离子。在正常情况下离子的极性较弱，一旦蓄电池外部十分潮湿，或当灰尘油泥过多等不利现象发生时，使电池产生放电。在放电过程中正极和负极均构成放电回路，而放电电流的方向是“正”电子流方向，也就是正极失去“正”电子，负极则增加“正”电子，原来的正极越来越负，负极则越来越正，再加上电解液的浓度、温度等诸因素的变化，使电池极性变异反极。当外加电压充电时，电子流方向与放电方向相反，正负离子发生瞬时变化，“虚假"电压消失。

所以对灌液后长期存储或待运输的电池，放电后应保持干燥的环境，保证与地面良好的绝缘，对外部也不应形成任何放电回路，否则易产生"虚假"电压。尽管短期内不会对电池造成严重的危害，活化后可恢复使用，然而对蓄电池的使用总是不利的，应尽量避免。

5.8.3 镍镉电池的维护

尽管镍镉蓄电池具有良好的性能，但要使其达到设计寿命，良好的维护管理是必不可少的。针对镍镉蓄电池的特性，在使用过程中需在以下几方面加以注意。

1. 杂质对电解液的影响

碱性镍镉蓄电池电解液使用氢氧化钾水溶液，为提高蓄电池的容量和使用寿命，常加入少量的氢氧化锂，在每升电解液中加入20～40g氢氧化锂，蓄电池的深充放电循环寿命可由500次提高到900次以上。当碱性镍镉蓄电池的电解液中混入杂质时，其特性及寿命都受到影响，主要杂质及影响如下：

① 铁铜及其他金属杂质，会使蓄电池自放电电流增大，容量下降快；

② 硫酸、硝酸及其他酸，这些杂质会腐蚀极板溶解活性物质；

③ CO_2气体，将使电解液的阻抗增加，容量下降；

④ 钙、镁、硅等杂质，将使电池容量下降，寿命缩短。

电解液的质量对电池性能有直接影响，各电池制造厂对电解液都有一定的要求，必须按照规定选定材料级别，严格控制杂质指标，在使用中还要注意电解液的变化。这是由于电池在制造时极板中残留硝酸根和硝酸钾，以及电解液吸收空气中的二氧化碳生成碳酸钾的影响，当其含量达到一定值时，如碳酸钾含量过高时，对电解液的导电性、电池工作电压、容量都有明显影响。此时，应对电池进行反复充放后，对电解液进行取样分析，如果杂质超标，则应更换电解液。

2. 电解液面的调整

电解液量是否恰当，是影响电池性能的一个重要方面。如电解液太多，超过上限，则会造成浮充电，尤其是过充电时的电解液外泄或渗漏(俗称爬碱)，因液面过高时液面与气塞的距离就小，充电翻气泡容量将电解液飞溅到气塞口，同时电池内部形成正压，排出气体有推赶留在气塞孔中点滴电解液的作用。如电解液太少，低于极片高度，则会使部分极片暴露在液面之上而影响性能，其原因一是极片作用面积减小，同时在负载条件下增加了电流密度(单位面积所承担的电流数)，从而降低了电池的工作电压；二是露在液面上的部分极片，非但不能进行正常的充放电反应，相反会使极板表面受到严重氧化而钝化，钝化膜的电阻大得多，此时将电解液加满仍影响电池性能，待电池活化处理后，才能基本恢复正常。

电解液太多太少，都带来问题，即使电解液在规定的液位运行，运行一段时间，还是需要调整的，这是因为过充电的电能作用于电解水，造成电解液面下降，环境温度高也会使电解液蒸发，电池在长期浮充状态下水也会损失。

3. 电解液的配制和保存

氢氧化钾水溶液($KOH + H_2O$)呈碱性,是电池体系的一个重要组成部分,一般要求高电导、低冰点,开路时对电极的反应性较低。电解液质量对照如表5-10所列,20℃时氢氧化钾水溶液含量和密度对照如表5-11所列。

表5-10 电解液配比及质量对照表

材料名称	质量/g		级 别
	常规用	低温用	
氢氧化钾	1000	1000	优级纯
氢氧化锂	30	27	
蒸馏水	2000	1700	

表5-11 20℃时氢氧化钾水溶液含量和密度对照表

KOH含量/g/L	质量浓度/%	KOH含量/g/L	质量浓度/%
0	0.998	209.9	1.166
20.3	1.016	236.4	1.182
41.4	1.034	265.3	1.20
63.2	1.053	294.2	1.226
85.7	1.071	324.2	1.247
109.0	1.091	354.2	1.267
133.1	1.109	386.4	1.267
157.9	1.128	418.9	1.309
183.5	1.147	452.5	1.331

电解液配制步骤如下:

① 准备好足够大的耐碱容器,洗净后再用纯水洗刷一下。

② 按表5-10配方称好试剂材料,先将氢氧化钾、氢氧化锂倒入容器中。

③ 将称好的纯水慢慢倒入容器,边倒边拌,氢氧化钾溶解时系放热反应,反应温度可达80℃左右,为氢氧化锂的溶解创造了条件。

④ 当电解液温度为20+2℃时,测量密度d=1.22+0.02或d=1.25+0.02,允许多次调整直到合格为止。

⑤ 配制好密度后,应静置3~4小时,取其澄清溶液或过滤后使用。

⑥ 配制好的电解液,保存在加盖密封的玻璃、塑料桶内,保存期不大于1年。

4. 电解液的补加水

蓄电池在充电过程中,由于水份蒸发和水的分解,电解液面会慢慢下降,浓度升高。降至电解液面下线时需及时补加水。若未能及时加水,极板露出继续充电,伴随而来的是内部阻抗下降,充电电流增加,液面继续下降,这种恶性循环直到烧坏。

补加水时，水位不能超过液面上线，超过上线电解液会溢出泄漏，若未及时处理，则在蓄电池槽盖上会有白色结晶粉末(爬碱)，它将引起导电不良，接触电阻增大，自放电增强，绝缘强度降低。

使用的水必须是清洁水或蒸馏水，若使用了不纯净的水，将会导致蓄电池性能下降.使用寿命缩短。

5. 镍镉电池组的内阻分析

蓄电池内阻是一个受多种因素影响的参数，一方面随测量方法不同，所得的数据亦不同；另一方面随流经电池的电流变化，电池状态的变化，电液浓度测量时的温度的变化也有所不同。因此通常把电池的内阻看成是一个等效值，而不是一个真实的电阻值。这是因为电池的内阻由3方面组成：电化学极化、浓差极化和欧姆极化。但对电池组而言，除了电池内阻之外，还有连接片的电阻和连接片与极柱的接触电阻，所以组合电池的内阻比单体电池的内阻总和更大。

由于影响内阻的因素比较复杂，所以准确知道电池内阻的大小，是很难的，现在蓄电池说明书中给出的内阻值，多是在一定条件下的内阻值，只能作为参考，而不能作为衡量电池好坏的唯一标准。

测量电池的内阻可用直流方法或交流方法，用直流方法测量的内阻值高于交流法测量的内阻值。

6. 蓄电池的组合及寿命终止的判断

蓄电池在组合时，应将端电压相同或接近的组合在一起，专业直流电源厂家，均应将电池成组充放筛选后组成一组，若在使用一段时间后，有电压偏低或无电压的电池应剔出更换，否则会影响电池组的使用效果，因此有必要经常检查电池的端电压。蓄电池在充电过程中，若发生充电电压太低，温度升高，须检查电池是否发生短路，电池发生短路两极开路电压为零，此时应更新电池。

电池容量恢复检查，在额定充放电条件下，如发现电池容量低于额定容量80%，而始终充不起来，则认为电池寿命终止。

7. 镍镉蓄电池重复高倍率放电

通常这种高倍率放电的时间很短，放电电流较大，所消耗的电池容量与额定容量相比较小。从理论上讲电池允许连续多次高倍率放电，但由于大电流冲击时所产生的电化学极化，及其他影响不能马上消除。实际上每次放电后应有一定的间隔，一般情况下，间隔时间在0.5s以上，则可以按不同时放电考虑。蓄电池组在浮充情况下，此种高倍率放电一般在较短时间内即可补充其消耗的能量，各种蓄电池电压不同倍率放电时，其放电时间及终止电压各不相同，从蓄电池说明书中易看出。

8. 环境温度

尽管镍镉蓄电池具有良好的温度特性，但蓄电池的最佳工作温度范围在25～10℃，当使用环境温度过高或过低，都会影响蓄电池的使用寿命或放电效率。

9. 均匀性

镍镉蓄电池组在运行中,不论是充电还是放电,流过各单体电池的电流是相同的。如果单体蓄电池的性能均匀性差,那么他们在充放电过程中的电压值相差就大,蓄电池组电压平均值就不能代表单体蓄电池的电压值。因而根据该平均值来对蓄电池组的工作状态进行控制时,就会使部分单体蓄电池处于不利的工作状态,长此以往会使个别单体蓄电池提前失效。若出现单体蓄电池提前失效的情况,那么在蓄电池组充电的过程中,在整组电池尚未充满电时,失效电池已处于过充电状态;在放电过程中,整组电池尚未放完电时,失效电池已处于过放电状态。这种现象日积月累就会影响整组电池的性能,最终影响蓄电池组的使用寿命。

10. 充 电

(1) 活化充电

蓄电池长期搁置或长期浮充电容易不均或不足,主要是活性物质发生较大的电化学变化而引起,决不是寿命终止,为保证蓄电池可靠工作,延长电池寿命,了解电池容量情况,或用0.1C率充放电1～2次使电池活化,恢复到一定容量,重新充电后即可。活化工作可在每年检修时进行,活化处理方法如下:

① 对电池以0.1C放电至每个电池平均电压0.9V;

② 以0.1C充电15h,充电5min后检查测量电池单体电压,如果高于1.55V,则认为电池电解液不足,应补加蒸馏水,10min后,再次测量电池电压,将高于1.55V和低于1.2V的电池有条件地取出单独处理,否则增加1～2次充放电循环;

③ 连续充电15h,测量电池单体电压,若低于1.45V,则认为该电池不正常;

④ 若放电容量不足可重复充放一次,直到达到标称容量为止,如活化多次达不到70%标称容量值时,则认为电池已失效。

(2) 浮充电

浮充电是将蓄电池和整流器并联,给负荷供电的一种运行方式,蓄电池容量的损失,由整流器以微小的电流来补偿。

若浮充电压低于规定值,则蓄电池对外放电,从而不能保证蓄电池处于满容量状态;若浮充电压过高,则将造成过充电,增加补水次数,影响蓄电池的使用寿命。

(3) 均衡充电

蓄电池的电压和容量,在使用过程中会产生不均匀误差,因此,为纠正误差进行的均衡充电是必要的,在正常浮充电运行情况下推荐12个月进行一次。通常在春秋两季进行均衡充电效果比较好;冬季比较寒冷,内部阻抗上升,充电效果不好;夏季比较热,蓄电池温度上升快,充电效果亦不理想。

11. 清 扫

蓄电池及其周围应保持清洁和干燥。充电过程中由于微量的碱雾发生,附着在盖板上。碱雾包含空气中的水分,也是盖板及导电部分被腐蚀的原因。因此应定期用湿布擦拭,不要用干布或用有机溶剂擦拭,以避免发生静电引火爆炸或破坏有机部件(电池槽、盖等)。

12. 其他注意事项

镍镉蓄电池的放置室要有良好的通风设施；室内严禁存放酸类物质，所有容器及工具不允许与酸性电池混用；每半年应至少进行一次电池单体间连接螺丝的拧紧工作，以防松动，造成接触不良，引发其他故障；除更换电池外，不得随意拆、装电池。在维护或更换蓄电池时，使用工具（如扳手等）必须带绝缘套，严禁带手表等物操作，以防短路。

5.8.4 镍镉电池常见故障处理

（1）电池上部有白色结晶

这种情况大多出现在极柱和运行气塞处，除了电解液面太高原因外，最重要原因是密封不严，特别是镍镉电池运行气塞封门由于多次添加纯水时使用不当，造成气塞闭合不严，爬碱严重。应紧固密封不严部件。每日检查电池发现白色结晶，应用清水或3%硼酸水溶液揩擦干净。每3个月把运行气塞拧下泡在3%硼酸水溶液或清水中，沥干后，重新装上。

（2）极柱、跨接板及连接线头有绿色锈蚀

这是接触潮湿空气所致，应在以上部位涂抹凡士林油。

（3）运行中测量某电池电压低

电池电压过低说明该电池已老化或放电较深，若测为零，则表示已经短路，处理办法是充电活化或换掉电池。

（4）直流屏电压过低

直流屏电压过低的原因是浮充电压太低或蓄电池放电后恢复充电不足，应继续恢复充电，保证蓄电池的满容量。对于运行维护来说，能否管理好浮充电是决定电池寿命的关键。若交流电源电压波动不大，则浮充电压可不调节；但若交流电源电压波动较大，影响整流变压器的二次输出，就应调节浮充电压至正常范围。

（5）电解液消耗较快

电解液消耗较快的原因有：环境温度高，浮充电压过高或电池组内有短路电池。

数个电池短路势必造成单个电池浮充电压值高，浮充电压高，必然会加速电解液消耗，这样会造成电池寿命缩短。

第6章　绿色电源技术及其应用

6.1　新型绿色电源技术的发展

目前，世界各国都投入极大财力、物力和人力，发展新型电化学能量转换及贮存技术，并形成了如下热点：

➤ 贮氢材料及金属氢化物镍蓄电池；

➤ 锂离子嵌入材料及液态电解质锂离子蓄电池；

➤ 聚合物电解质锂蓄电池或锂离子蓄电池；

➤ PEM 燃料电池；

➤ 电化学贮能超级电容器等。

除以上几个方面外，电池工业界正以极高的速度推动环保型无汞碱性锌锰原电池及可充电电池和密封铅酸蓄电池技术的发展及扩大应用市场。

推动这些热点电池技术发展的真正推动力来自以下4方面：

① 信息技术的发展，特别是移动通信及笔记本计算机等的迅速发展，迫切要求电池小型化、轻型化、长服务时间、长工作寿命和免维护。

② 环境保护呼声愈来愈高，这首先要求电池本身无毒和无污染，因此这就推动了无汞电池及新型电池取代镍镉电池的发展。

③ 全世界天然能源，如石油和煤正在不断消耗，终将耗竭，寻求新能源的呼声愈来愈高，无污染、低成本的太阳能电池技术正受到高度重视。

④ 科学工作者近年来在电池新材料领域取得了重大突破，其中稳定的贮氢合金材料使金属氢化物镍电池得以问世；对锂离子可逆嵌入及脱嵌的碳或石墨材料及相关电解质的配合应用，使锂离子电池得以问世；聚合物质子交换膜的不断完善，使 PEM 燃料电池向实用化方向发展等等。

从以上分析也可以看出，新型绿色环保电池已经或将在发展电子信息、新能源及环境保护等21世纪的重大技术领域中具有举足轻重的作用和地位，同时新型电池在满足现代化军事装备及武器、交通运输、办公自动化、矿产探查、石油钻井、医疗器械以及通信电源等领域中的需求方面，也具有非常重要的作用和地位。因此，不少专家把新型电池技术称为21世纪具有战略意义的军民两用技术。许多有影响的国际组织和期刊还对此作了直接宣传和报道，如美国非常有影响的巴特尔技术管理集团早在2005年就在需要发展的十项尖端技术中把小型电池 Compact Energy Sources(长寿命电池和燃料电池)列为仅次于基因组计划和超级材料之后的第三项。

显然，新型电池技术已经在国际上被公认为应优先发展的技术，结合中国的国情，加速发展新型绿色环保电池技术及相应产业已是刻不容缓的任务。

6.2 镍氢电池

6.2.1 镍氢电池的工作原理

镍氢电池正极的活性物质为 NiOOH(放电时)和 $Ni(OH)_2$(充电时),负极板的活性物质为 H_2(放电时)和 H_2O(充电时),电解液采用30%的氢氧化钾溶液,电化学反应如下:

$$\text{正极:}Ni(OH)_2 + OH^- e \underset{\text{放电}}{\overset{\text{充电}}{\rightleftharpoons}} NiOOH + H_2O$$

$$\text{负极:}H_2O + e \underset{\text{放电}}{\overset{\text{充电}}{\rightleftharpoons}} \frac{1}{2}H_2 + OH^-$$

$$\text{总反应:}Ni(OH)_2 \underset{\text{放电}}{\overset{\text{充电}}{\rightleftharpoons}} NiOOH + \frac{1}{2}H_2$$

从方程式看出,当镍氢电池充电时,负极析出的氢气贮存在容器中,正极由氢氧化亚镍变成氢氧化镍(NiOOH)和 H_2O;放电时氢气在负极被消耗掉,正极由氢氧化镍变成氢氧化亚镍。

过量充电时的电化学反应:

$$\text{正极:}2OH^- - 2e \rightarrow \frac{1}{2}O_2 + H_2O$$

$$\text{负极:}2H_2O + 2e \rightarrow H_2 + 2OH^-$$

$$\text{总反应:}H_2O \rightarrow H_2 + \frac{1}{2}O_2$$

$$\text{再化合:}H_2 + \frac{1}{2}O_2 \rightarrow H_2O$$

从方程式看出,蓄电池过量充电时,正极板析出氧气,负极板析出氢气。由于有催化剂的氢电极面积大,而且氧气能够随时扩散到氢电极表面,因此氢气和氧气能够很容易在蓄电池内部再化合生成水,使容器内的气体压力保持不变,这种再化合的速率很快,可以使蓄电池的内部氧气的浓度,不超过千分之几。

从以上各反应式可以看出,镍氢电池的反应与镍镉电池相似,只是负极充放电过程中生成物不同。从后两个反应式可以看出,镍氢电池可以做成密封型结构。镍氢电池的电解液多采用 KOH 水溶液,并加入少量的 LiOH,隔膜采用多孔维尼纶无纺布或尼龙无纺布等。为了防止充电过程后期电池内压过高,电池中装有防爆装置。

圆柱型密封镍氢电池由正极板、负极板、隔板、安全排气孔等部分组成,正极板的材料为 NiOOH,负极板的材料为贮氢合金。当镍氢电池过充电时,金属壳内的气体压力将逐渐上升。当该压力达到一定数值后,顶盖上的限压安全排气孔打开,因此可以避免电池因气体压力过大而爆炸。

国产密封镍氢电池的型号和主要技术参数如表 6-1 所列。

表6-1　密封镍氢电池的型号和技术参数

型　号		AAA	AA	A	4/5A	SC
电压/V		1.2	1.2	1.2	1.2	1.2
容量	典型	440	1150	1800	1450	2400
/mAh	最小	400	1100	1700	1400	2200
标准	电流/mA	80	220	340	280	450
充电	时间/h	7～8	7～8	7～8	7～8	7～8
快速	电流/mA	400	1100	1700	1400	2200
充电	时间/min	70	70	70	70	70
尺寸/mm	直径	23	10.5	14.5	17.5	17.5
	高	44.5	50.5	50.5	43	43
重量/g		13	26	37	34	53

6.2.2　镍氢电池主要特性

在常温(20℃)下，采用1C、0.2C和0.5C充电率时，镍氢电池电压随充入电量的变化规律如图6-1所示。镍氢电池充足电后，电压基本保持不变，开始过充电后，电池电压出现很小负增量。通常，采用1C充电速率时，70 min以内，镍氢电池可以充足电。采用0.2C充电速率时，充电时间约为7 h。

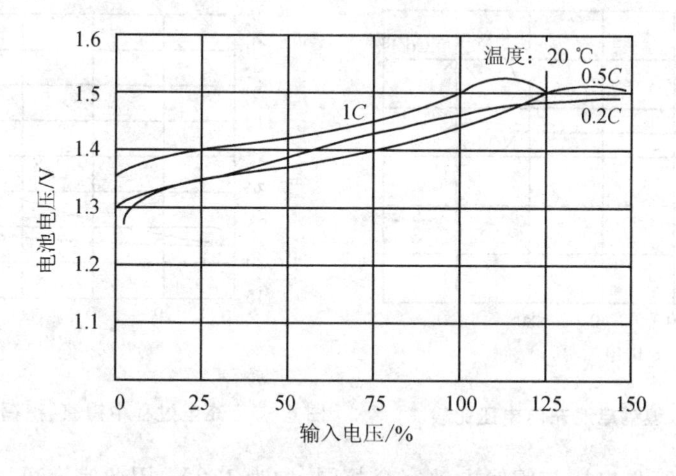

图6-1　镍氢电池的充电特性曲线

在常温(20℃)下，采用3C、1C和0.2C放电速率时镍氢电池的电压随放电容量的变化规律如图6-2所示。由图6-2可以看出，采用0.2C放电速率时，电压下降到1.2 V时，镍氢电池已放出标称容量的90%以上。采用大电流(放电速率为1C)放电时，电池电压降到1.2 V时，放出的容量也已达到70%以上。

镍氢电池具有较好的低温放电特性。当环境温度为−20℃时，镍氢电池的放电特性如图6-3所示。采用0.2C放电速率时，镍氢电池放出容量可达到标称容量的90%，采用大电流

(放电速率为 1C)放电时,镍氢电池放出的容量也能达到标称容量的 85%以上。应当注意的是,镍氢电池的自放电率很小,在常温下,镍氢电池充足电后,放置 28 天,电池容量仍能保持标称容量的 75%～85%。

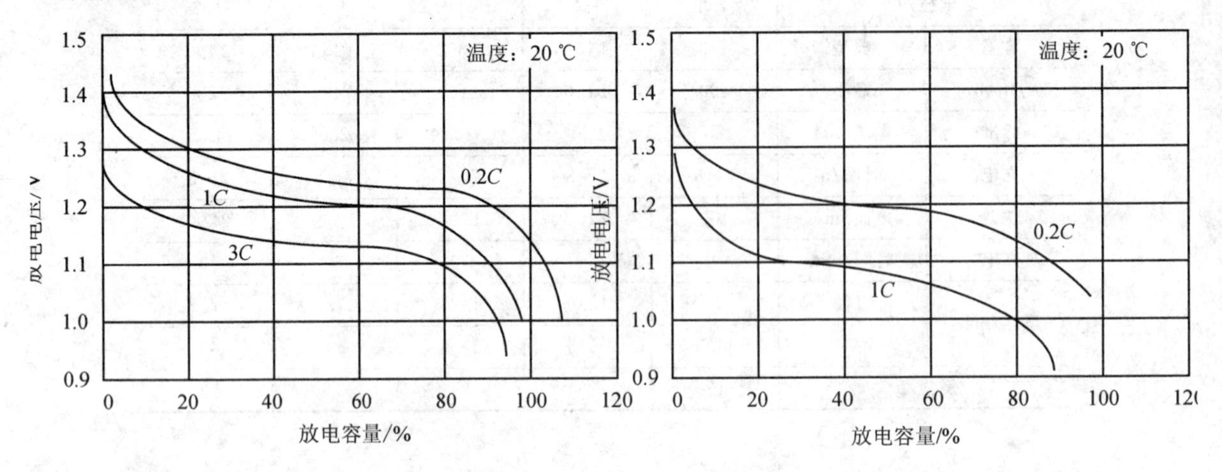

图 6-2　镍氢电池的放电特性曲线

图 6-3　镍氢电池低温放电特性

镍氢电池的充电特性与镍镉电池类似,充电过程中二者的电压和温度曲线如图 6-4 和图 6-5 所示。可以看出,充电终止时,镍镉电池的电压下降比镍氢电池要大得多。当电池容量达到额定容量的 80%以前,镍镉电池的温度缓慢上升,当电池容量达到 90%以后,镍镉电池的温度才很快上升。当电池基本充足电时,镍镉、镍氢电池的温度上升率基本相同。

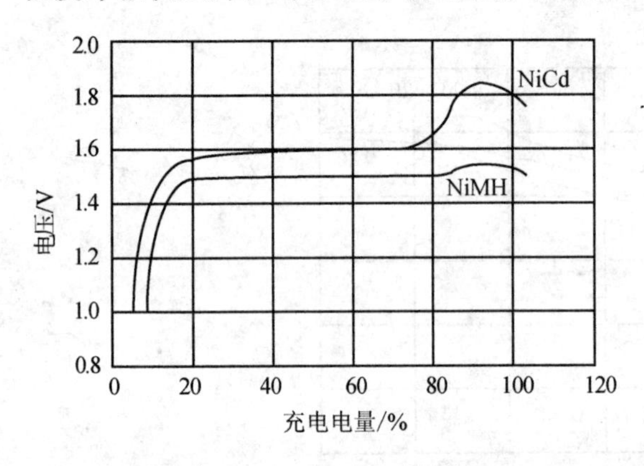

图 6-4　镍氢、镍镉电池充电电压比较

图 6-5　充电过程中镍氢、镍镉电池温度的变化规律

- 镍氢电池的工作电压与镍镉电池完全相同,均为 1.2V,因此完全可以取代镍镉电池。
- 镍氢电池与同体积的镍镉电池相比,容量可以增加一倍,并且充放电循环次数达到 500 次以后,镍氢电池的容量并无明显减少。通常充放电循环次数可达到 1000 次。
- 镍氢电池中,不用价格很昂贵的有毒物质——金属镉。因此,镍氢电池生产、使用以及废弃后,均不会污染环境,因此被称为绿色电池。
- 镍氢电池无记忆效应,可随时充电,而且充电前不需要先放空电,使用非常方便。

6.2.3 镍氢电池的保养

随着通信电源技术的发展,镍氢电池在通信电源领域获得了越来越广泛的应用,科学的使用和保养成为镍氢电池正常应用的保障。

① 通常,新的镍氢电池只含有少量的电量,购买后应该先进行充电然后再使用。但如果电池出厂时间比较短,电量很足,则应该先使用再充电。

② 新买的镍氢电池一般要经过 3～4 次的充电和使用,性能才能发挥到最佳状态。

③ 虽然镍氢电池的记忆效应小,但仍然会对电池的寿命产生影响。因此,仍然应该每次使用完后再充电,并且是一次性充满。

④ 电池充电时,要注意充电器周围的散热,充电器周围不要放置太多杂物,保持电池放置位置的清洁。

⑤ 为了避免电量流失等问题发生,保持电池两端的接触点和电池盖子的内部干净,必要时使用柔软、清洁的干布轻擦。

⑥ 长时间不用的时候,需要把电池从电池仓中取出,置于干燥的环境中,最好放入电池盒中,可以避免电池短路。

⑦ 长期不用的镍氢电池会在存放几个月后,自然进入一种"休眠"状态,电池寿命大大降低。如果镍氢电池已经放置了很长的时间,应该先用慢充进行充电。

⑧ 尽量不要对镍氢电池放电,过放电会导致充电失败,这样做的危害远远大于镍氢电池本身的记忆效应。

⑨ 万用表自检电池充满与否。一般镍氢电池在充电前,电压在 1.2V 以下,充满后正常电压在 1.4V 左右。

⑩ 充电器主要分为快充和慢充。慢充电流小,通常在 200mA 左右;快充电流通常都在 400mA 以上,充电时间明显减少很多。好的充电器特别是好的快充都带有防过度充电保护功能,比如松下极品充电器 BQ390 在这方面表现尤为出色,优秀的芯片软件设计能力在对电池充电时,也把快充对电池的伤害降到了最低。

⑪ 电池通常是以电池组的形式应用于通信设备中,保持每节电池的平衡很重要,否则会因为其中的一节电池问题而影响整个电池组的工作。要保证电池容量一致,最好选择相同品牌、相同型号、同时购买的电池,然后要保持电池内部的电量一致。

⑫ 电池充电时的电压曲线和放电时有点相似,开始时是比较快的上升,之后缓慢上升,等到充好的时候,电压又开始快速下降,只是下降的幅度不是很大。这样的结果,往往就是电池无法充满,特别是一些比较旧的电池,由于内阻增大,真正加在电池上的电压更低。而且这种充电器电流往往较小,充电往往要 10 多个小时。如果用 DELTAV 自动切断的充电器,由于能够准确地控制充电时间,因此可以比较可靠地使用大电流充电。

大电流充电对于镍氢电池的损害并没有想象的厉害,相反,依据现在直流电源的使用状况,更需要大电流充电。

⑬ 一般情况下,设备出现供电不足就可以对电池进行充电了。Ni-MH 记忆效应很弱。不过在一段时间使用后,以及要平衡电池、激活电池时,要控制好电池放电的终止电压。Ni-MH 电池的终止电压为 0.9V,放电时注意不要过放电,放到每节电池 0.9V 时就可以停止放

电了。Ni-MH电池没有镍镉电池强悍，对过充过放以及高温都比较敏感。

充放电时一般来说，不要让电池的温度高于45℃。电池充满的时候，电池会发热，大电流充满时温度应该为42℃左右，不要超过45℃，否则寿命会很快降低，电池内阻将会增大。此外，充电后电池温度较高，需要冷却后才可对其充电。

⑭ 长时间不用后重新使用，最好充放电几遍后重新激活电池。

⑮ 平时使用的时候要注意保持包装皮的完整，不能有破损，以免短路；不要摔打、冲击电池，不要火烧等等。

6.3 锂电池

6.3.1 锂电池的发展

自从1958年美国加州大学的一位研究生提出了锂、钠等活泼金属做电池负极的设想后，人类开始了对锂电池的研究。而从1971年日本松下公司的福田雅太郎发明锂氟化碳电池(即锂原电池)并使锂电池实现商品化应用开始，锂电池便以其比能量高，电池电压高，工作温度范围宽，贮存寿命长等优点，广泛应用于军事和民用小型电器中，如移动电话、便携式计算机、摄像机、照相机等。

锂原电池的种类比较多，其中常见的为$Li//MnO_2$、$Li//CF_x(x<1)$、$Li//SOCl_2$。前两者主要是民用，后者主要是军用。与一般的原电池相比，它具有明显的优点：

① 电压高，传统的干电池一般为1.5V，而锂原电池则可高达3.9V；

② 比能量高，为传统锌负极电池的2～5倍；

③ 工作温度范围宽，锂原电池一般能在－40～70℃下工作；

④ 比功率大，可以大电流放电；

⑤ 放电平稳，大多数锂一次电池具有平衡的放电曲线；

⑥ 贮存时间长，预期可达10年。

因此在锂原电池的推动下，人们几乎在研究锂原电池的同时就开始了对可充放电锂二次电池的研究。

随着人口的日益增加及地球资源的有限，迫使人们提高对资源的利用率。采用充电电池就是有效途径之一，从而推动了锂二次电池的研究和发展。

在20世纪80年代末以前，人们的注意力主要集中在以金属锂及其合金为负极的锂二次电池体系。但是锂在充电的时候，由于金属锂电极表面的不均匀(凹凸不平)导致表面电位分布不均匀，从而造成锂不均匀沉积。该不均匀沉积过程导致锂在一些部位沉积过快，产生树枝一样的结晶(枝晶)。当枝晶发展到一定程度时，一方面会发生折断，产生“死锂”，造成锂的不可逆；另一方面更严重的是，枝晶穿过隔膜，将正极与负极连接起来，结果产生短路，生成大量的热，使电池着火甚至发生爆炸，从而带来严重的安全隐患。其中，具有代表性的为20世纪70年代末Exxon公司研究的$Li//TiS_2$体系，其充放电过程示意如下：

$$xLi + TiS_2 \underset{放电}{\overset{充电}{\rightleftharpoons}} Li_xTiS_2$$

尽管Exxon公司未能将该锂二次电池体系实现商品化，但它对锂二次电池研究的推动作用是不可低估的。该种以金属锂或其合金为负极的锂二次电池之所以不能实现商品化，主要原因是循环寿命的问题没有得到根本解决。

① 在充电过程中，锂的表面不可能非常均匀，因此不可能从根本上解决枝晶的生长问题，从而不能从根本上解决安全隐患。

② 金属锂比较活泼，很容易与非水液体电解质发生反应产生高压，造成危险。

随后，1980年Good Enough等提出了氧化钴锂($LiCoO_2$)作为锂充电池的正极材料，揭开了锂离子电池的雏形。1985年完成了锂离子电池的原形设计并实现了$Li//MoS_2$充电电池的商品化。但是1989年因$Li//MoS_2$充电电池发生起火事故而完全导致该充电电池的终结。其主要原因还是在于没有真正解决安全性问题。经过科研人员的努力，在20世纪80年代末、90年代初发现用具有石墨结构的碳材料结合金属锂做负极，正极则采用锂与过渡金属的复合氧化物如氧化钴锂$LiCoO_2$。这样构成的充电电池体系有可能成功地解决以金属锂或其合金为负极的锂二次电池存在的安全隐患，并且在能量密度上高于以前的充放电电池。同时由于金属锂与石墨化碳材料形成的插入化合物(intercalation compound)LiC_6的电位与金属锂的电位相差不到0.5V，因此电压损失不大。在充电过程中，锂插入到石墨的层状结构中，放电时从层状结构中跑出来，该过程可逆性很好，所组成的锂二次电池体系的循环性能非常优良。另外，碳材料便宜，没有毒性，且处于放电状态时在空气中比较稳定。这样一方面避免了使用活泼的金属锂，另一方面避免了枝晶的产生，明显改善了循环寿命，从根本上解决了安全问题。因此，在1991年该二次电池实现了商品化。

按照经典的电化学命名规则，充电电池的命名应该是正极在前而负极在后，这样该电池体系应该命名为“氧化钴锂-石墨充电电池”。但是对于普通老百姓而言不容易记住，因此应该有简单的名字。由于充放电过程是通过锂离子的移动实现的，因此人们便将其称之为“锂离子电池”。对于该电池体系的命名而言，不应该求全责备，因为单从名字上不可能对其性质有所了解。

6.3.2　锂电池标准的发展

锂离子电池最早在20世纪90年代初由日本索尼公司首先推向市场，由于其具有良好的性能而广泛应用。锂离子电池除已广泛应用于移动电话、笔记本电脑、便携摄像机、数码相机等便携式电子设备外，也大量应用于军事、航天、汽车等领域。

2000年以前，日本在全球锂离子电池市场几乎一直处于垄断地位，其产量占世界产量的95%以上。2003年以后，随着中国和韩国的迅速崛起，世界锂离子电池产业形成了中日韩三分天下的格局。根据日本经济产业省的统计数据，2007年日本锂离子电池产量为10.5亿只，产值3151亿日元，约占日本所有电池产值的41%。根据中国化学与物理电源行业协会统计，2007年中国的锂离子电池产量也接近10亿只。

在世界范围内，锂离子电池标准是随着锂离子电池的诞生而发展起来的。随着新技术的不断涌现，锂离子电池标准也在不断更新，目前已经初步形成了较为完善的标准体系。

1. 国外锂离子电池标准体系构成

国外锂离子电池标准体系主要由以下3类标准构成：

(1) 国际标准

如国际电工委员会(IEC)、国际航空运输协会(IATA)、国际民用航空组织(ICAO)、联合国(UN)等国际组织制定的国际标准。

(2) 各国家标准或区域标准

如日本工业标准委员会(JISC)、美国标准协会(ANSI)、英国标准协会(BSI)、德国标准化协会(DIN)等制定的国家标准以及欧洲标准化组织(CEN/CENELEC)制定的欧洲区域标准(EN 标准)等。

(3) 某一标准制定机构的标准

如美国电气电子工程师学会(IEEE)、美国保险试验所(UL)、日本电池工业会(BAJ)等行业组织制定的标准。

2. 锂离子电池标准简介

(1) 国际标准

目前,关于锂离子电池的国际标准主要以 IEC 标准为主,此外 IATA、ICAO、UN 等也有相关的标准,如表 6-2 所列。

表 6-2 与锂离子电池相关的国际标准

标准号	标准名称
IEC 61959:2004	Secondary cells and batteries containing alkaline or other non-acid electrolytes - Mechanical tests for sealed portable secondary cells and batteries《含碱性或非酸性电解液的蓄电池及蓄电池组 便携式密封蓄电池和蓄电池组的机械试验》
IEC 61960:2003	Secondary cells and batteries containing alkaline or other non-acid electrolytes - Secondary lithium cells and batteries for portable applications《含碱性或非酸性电解液的蓄电池及蓄电池组 便携设备用二次锂电池和锂电池组》
IEC 62133:2002	Secondary cells and batteries containing alkaline or other non-acid electrolytes - Safety Requirement for portable sealed secondary cells, and for batteries made from them, for use in portable applications《含碱性或非酸性电解液的蓄电池及蓄电池组 便携设备用密封蓄电池和蓄电池组的安全性要求》
IEC 62281:2004	Safety of primary and Secondary lithium cells and batteries during transport《运输途中原电池和二次锂电池及蓄电池组的安全》
IEC ×××××:20×× (提案阶段 NP)	Safety requirements for secondary lithium batteries for hybrid vehicles and mobile applications《混合动力车辆和机动设施用二次锂电池的安全要求》
IEC ×××××:20×× (提案阶段 NP)	Secondary cells and batteries containing alkaline or other non-acid electrolytes - Large format secondary lithium cells and batteries for stationary and motive applications《含碱性或非酸性电解液的蓄电池及蓄电池组 固定和移动设施用大型二次锂电池和锂电池组》
IEC 62466:20×× (预备阶段 PWI)	Secondary cells and batteries containing alkaline or other non-acid electrolytes - Secondary lithium watch batteries《含碱性或非酸性电解液的单体蓄电池及蓄电池组 钟表用二次锂电池》
IEC/TS 62393:2005	Portable and hand-held multimedia equipment - Mobile computers - Battery run-time measurement《便携式和手持式多媒体设备 移动计算机 蓄电池运行时间的测量》

续表 6－2

标准号	标准名称
ICAO Doc9284－AN/905	Technical Instructions on the safe transport of dangerous goods by air《危险物品安全航空运输技术细则》(TI)(2007－2008 版)
IATA DGR	Dangerous goods regulations《危险品规则》(2007 版)
UN 38.3 2003(/ST /SG /AC.10 /11/Rev.4)	Recommendations on the transport of dangerous goods－manual of tests and criteria《关于危险货物运输的建议书　试验和标准手册》的第三部分 38.3 节

上述标准中 IEC 标准占绝大多数。IEC/TC21(蓄电池和蓄电池组)和 SC21A(含碱性或非酸性电解液的单体蓄电池及蓄电池组)负责碱性蓄电池等专业领域标准化工作。尤其是 SC21A 制定了多项适用于锂离子电池的标准,范围涉及电池的性能、安全、运输等各个方面。IEC 的很多成员国都已将相关标准转化为本国的国家标准,IEC 的锂离子电池相关标准是目前国际上应用范围最为广泛的标准。此外,IATA、ICAO、UN 等也根据各自的范围和需求制定了与锂离子电池相关的标准,特别是运输和安全标准。这些标准被各国运输行业特别是航空运输行业广泛应用,如我国新制定的民用航空行业标准 MH/T 1020—2007《锂电池航空运输规范》的测试内容就直接采用了 UN 38.3 要求的系列测试。

(2) 国家标准和区域标准

国外关于锂离子电池的国家标准和区域标准主要有日本 JIS 标准、美国 ANSI 标准/德国 DIN 标准、英国 BS 标准及欧洲 EN 标准等,如表 6－3 所列。

表 6－3　与锂离子电池相关的国家标准和区域标准

标准号	标准名称	采标情况
JIS C 8711：2006	二次电池《便携设备用二次锂电池和电池组》	IEC 61960：2003 (修改采用 MOD)
JIS C 8712：2006	密闭型小型二次电池安全性《密闭小型二次电池的安全要求》	IEC 62133：2002(MOD)
JIS C 8713：2006	密闭型小型二次电池机械的试验《密闭小型二次电池的机械试验》	IEC 62959：2004(MOD)
JIS C 8714：2007	携带电子机器用蓄电池,单电池及电池安全性实验《便携电子设备锂离子蓄电池的单电池及电池组的安全试验》	
ANSI C18.2M, Part 1—2007	Standard for portable rechargeable cells and batteries－general and specifications《便携式可充电电池标准　总则和规范》	
ANSI C18.2M, Part 2—2007	Portable rechargeable cells and batteries－safety standard《便携式可再充电电池　安全标准》	
ANSI/IEEE 1725—2006	Standard for rechargeable batteries for cellular telephones《移动电话用可再充电电池标准》	IEEE 1725—2006(IDT)
ANSI/SAE J537－1994	Storage batteries《蓄电池组》	
ANSI/SAE J1766－1998	Recommended practice for electric and hybrid electric vehicle battery systems－Crash integrity testing《电动和混合电动车蓄电池系统的推荐实施规章　碰撞完整性实验》	

续表 6-2

标准号	标准名称	采标情况
EN 61959：2004	同 IEC 61959	IEC 61959(等同采用 IDT)
EN 61960：2004	同 IEC 61960	IEC 61960(IDT)
EN 62133：2003	同 IEC 62133	IEC 62133(IDT)
DIN EN 62281：2005	同 IEC 62281	IEC 62281(IDT)
BS EN 62133：2003	同 IEC 62133	IEC 62133(IDT)

在锂离子电池相关的国家标准和区域标准中，日本和欧洲各国相对来说采用 IEC 国际标准的比例偏大一些，而美国则相对较多地自主制定电池标准或采用了 IEEE 的相关标准(如 ANSI/IEEE 1725—2006)。此外，作为锂离子电池的发明地，日本在 2007 年也自主制定了专门针对锂离子电池安全的国家标准 JIS C 8714：2007。

(3) 国外其他行业标准

此外，国外还有一些相关协会等机构制定的锂离子电池标准(多为某一行业的标准)，主要有日本 BAJ 的 SBA 标准、美国的 UL 标准和 IEEE 标准等，如表 6-4 所列。

表 6-4　与锂离子电池相关的其他标准

标准号	标准名称
BAJ,2003	Guidance for safe usage of portable lithium-ion rechargeable battery pack《便携锂离子可再充电电池组安全使用手册》
JEITA /BAJ,2007	PC 二次电池安全利用《笔记本电脑用锂离子电池安全使用指南》
SBA G1102-2005	锂离子电池安全使用《锂离子电池安全使用指南》
UL 1642-2007	Lithium batteries《锂电池标准》
UL 2054-2006	Household and commercial batteries《家用和商业电池》
IEEE 1625—2004	Standard for rechargeable batteries for portable computing《移动计算机用可再充电电池标准》
IEEE 1725—2006	Standard for rechargeable batteries for cellular telephones《移动电话用可再充电电池标准》
IEEE P1825—200×(制定中)	《数码相机和便携式摄像机用电池标准》

注：JEITA 为日本电子信息技术产业协会，SBA 为日本电池工业会标准。

在国外其他的标准制定机构中，BAJ 对锂离子电池标准产生了很大影响。BAJ 会员包括松下、索尼、三洋、NEC、日立等日本主要锂离子电池企业，这些企业对锂离子电池技术的发展以及相关标准化工作格外关注。2006 年下半年，BAJ 联合 JEITA 着手制定《笔记本电脑用锂离子电池安全使用指南》，并于 2007 年 4 月 40 日完成。2007 年 BAJ 以该指南为基础制定了日本国家标准 JIS C8714，2007 年 12 月，BAJ 又以 JIS C8714 为基础向 IEC SC21A 提交了 IEC 62133 的修正草案。此外，2007 年 3 月，由 BAJ 小型二次电池分会联合国对应委员会制定了《锂离子和锂离子电池运输指南》；2008 年 3 月，由 BAJ 小型二次电池分会的产品责任委员会制定了《小型二次电池安全指南》。

此外，UL 和 IEEE 的锂离子电池标准在世界范围内也具有一定的影响力。UL 标准侧重安全试验，UL 1642 和 UL 2054 对安全试验有着详尽的规定；IEEE 标准则对整个电池系统都有规定，如电芯、封装、次放电、充电器、电池系统的安全要求等。有些国家以它们为基础制定了自己的标准，如我国电子行业标准 SJ/T 11169—1998(等效采用 UL 1642：1995)，美国的国家标准 ANSI 1725—2006(等同采用 IEEE 1725—2006)。

3. 国外锂离子电池标准分析

上述锂离子电池标准由于各制定机构、制定者技术基础、制定目的不同等原因，标准的内容存在很多差异。有的标准适用范围既包含了锂离子电池，又包含镍氢电池、镍镉电池等其他可充电池，如 ANSI C18. 2M，以及 IEC 61959、IEC 61690、IEC 62133 及各国家和地区的相应转化标准；有的没有完全区分锂离子电池和锂电池(纽扣电池)，如 UL 1642 等。

此外，标准的测试项目、测试条件和测试要求也有很大不同，IEC 的相关标准按照性能要求、安全要求、机械试验、运输安全等分别进行了规定；JIS 标准中的 JIS C8714 标准为日本自主制定的专门针对锂离子电池的安全标准，其中的部分测试内容为其首创，如强制内部短路测试等；UL 标准主要侧重安全测试，其中很多测试项如燃烧试验等是其他标准所没有的；IEEE 标准侧重于整个电池系统，从电芯、封装乃至充电器等都有详细的要求。此外，上述标准的术语定义也不尽一致，如有的标准为“锂离子电池”，有的标准为“二次锂电池”。下面通过几个标准实例进行分析。

(1) IEC 62133：2002

IEC SC21A 于 2002 年制定了 IEC 62133《含碱性或非酸性电解液的蓄电池及蓄电池组便携设备用密封蓄电池和蓄电池组的安全性要求(第 1 版)》，该标准制定了针对镍系和锂系蓄电池(组)的安全要求，具体内容如表 6-5 所列。

表 6-5　IEC 62133：2002 标准内容

章节号	章节标题	章节号	章节标题
1	概述	4.3.3	自由跌落
2	一般安全考虑	4.3.4	机械碰撞(撞击危险)
3	型式试验条件	4.3.5	热滥用
4	具体试验和要求	4.3.6	电池挤压
4.1	用于试验的充电程序	4.3.7	低压
4.2	预期使用	4.3.8	镍系电池的过充
4.2.1	持续低速充电	4.3.9	锂系电池的过充
4.2.2	振动	4.3.10	强制放电
4.2.3	高环境温度的模具应力	4.3.11	高速率充电保护(仅适用锂系)
4.2.4	温度循环	5	安全信息
4.3	适度可预见误用	6	标识
4.3.1	电池的错误安装(仅适用镍系)	7	包装
4.3.2	外部短路		

目前，IEC 正在对其进行修订。从提交的委员会草案(CD)文件来看，新编 IEC 62133 有将镍系电池和锂系电池的试验要求完全区分开来的趋势，如表 6-6 所列。

表 6-6 IEC 62133 修订(CD 文件)内容

章节号	章节标题	章节号	章节标题
1	范围	7	具体试验和要求(镍系)
2	规范性引用文件	8	具体试验和要求(锂系)
3	定义	9	安全信息
4	测量公差参数	10	标记
5	一般安全考虑	11	封装
6	典型测试条件		

(2) UN 38.3(Rev.4,2003)

联合国《关于危险货物运输的建议书　试验和标准手册》中的建议,是《关于危险货物运输的建议书》及其附件《规章范本》的补充。这些建议是根据联合国危险货物运输专家委员会以及危险货物运输问题和全球化学品统一分类标签制度问题专家委员会做出的决定编写的。

《关于危险货物运输的建议书　试验和标准手册》的第三部分 38.3 节(简称 UN 38.3)规定了锂电池组的分类程序、试验方法和标准,具体如表 6-7 所列。

表 6-7 UN 38.3 的结构

章节号	章节标题	章节号	章节标题
38.3	锂电池组	38.3.4.3	试验 T.3 振动
38.3.1	目的	38.3.4.4	试验 T.4 冲击
38.3.2	范围	38.3.4.5	试验 T.5 外短路
38.3.4	程序	38.3.4.6	试验 T.6 撞击
38.3.4.1	试验 T.1 高度模拟	38.3.4.7	试验 T.7 过度充电
38.3.4.2	试验 T.2 温度试验	38.3.4.8	试验 T.8 强制放电

(3) JIS C 8714:2007

该标准规定了便携式电子设备使用的、圆柱形的锂离子蓄电池、方形的锂离子电池和锂离子聚合物电池、在通常使用时有可能取出的电池组和组成电池组的单电池,在通常使用时以及可预见的误用时、可预见的故障条件下的安全性试验方法,具体如表 6-8 所列。

表 6-8 JIS C 8714 的结构

章节号	章节标题	章节号	章节标题
1	适用范围	5.3	单电池的外部短路试验
2	引用标准	5.4	单电池的外部加热试验
3	术语及定义	5.5	单电池的强制内部短路试验
4	试验条件	5.6	电池组的跌落试验
5	安全要求事项及试验	5.7	电池组的外部短路试验
5.1	试验充电程序	5.8	电池组的过充电保护的确认试验
5.2	单电池的挤压试验		

该标准须与JIS C 8712《密闭小型二次电池的安全要求》一起使用。另外，2007年11月《电气用品安全法》修改案在日本国会通过，该修改案中规定今后在日本销售的锂离子电池必须通过JIS C 8714中的"强制内部短路"测试。

(4) ANSI C18.2M，Part 2－2007

该美国国家标准规定了便携锂离子电池、镍镉电池以及镍氢电池等可充电电池(组)的安全性能要求，以保证它们在正常使用以及可合理预见的误用条件下的安全，并给出了避免危险的相关信息。该标准的结构如表6－9所列。

表6－9　ANSI C18.2M(Part 2)的结构

章节号	章节标题	章节号	章节标题
1	序言	6.2	合格判据
2	范围	6.3	测试及合格判据
3	规范性引用文件	6.4	测试程序及符合性
4	定义	7	锂离子电池系列(略)
5	安全要求	8	安全信息
6	锂离子电池系列	9	使用说明
6.1	抽样	10	标记

(5) IEEE 1625—2004

IEEE 1625《移动计算机用可再充电电池标准》主要面向设计者、制造商、供应商提供了移动计算机用可再充电锂离子电池(含锂离子聚合物电池)设计指南。标准详细说明了对单电池盒电池组的设计、测试和评估方法，并给出了如何在用户环境中减少电池系统失效的建议。此外，该标准还针对最终用户培训和电池系统通信给出了建议。

该标准还给出了关于移动计算机主机和用户的概念图(如图6－6所示)，IEEE 1625的结构如表6－10所列。

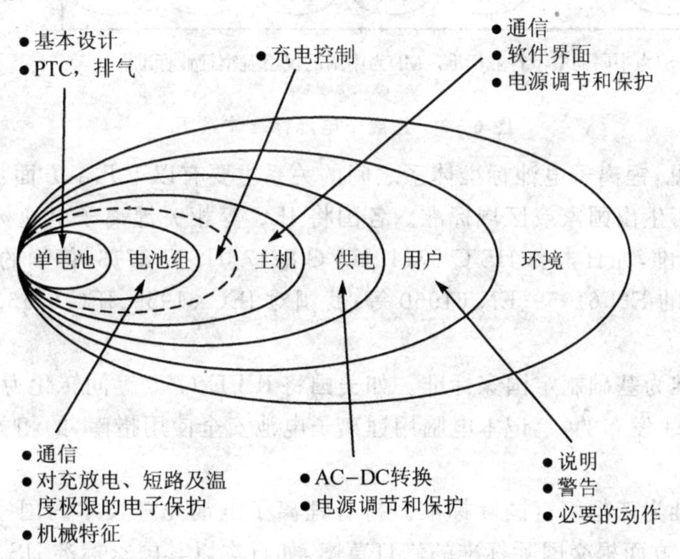

图6－6　移动计算机电源系统概念图

表 6-10　IEEE 1625 的结构

章节号	章节标题	章节号	章节标题
1	总述	5	单电池考虑
2	引用	6	电池组考虑
3	定义和术语	7	主机考虑
4	系统综合考虑	8	整个系统可靠性考虑

4. 锂离子电池标准之间的相互关系

在全球范围内锂离子电池相关的国际标准、国家标准或区域标准、行业标准构成了锂离子电池标准体系。其中以 IEC 标准及其衍生标准构成了标准体系的主体，其他类型的标准也起到了不可或缺的作用。这些标准相互影响，相互促进，各标准之间既有联系，又有差异。图 6-7 说明了各相关标准之间的关系，图中箭头表示标准间的转化或引用。

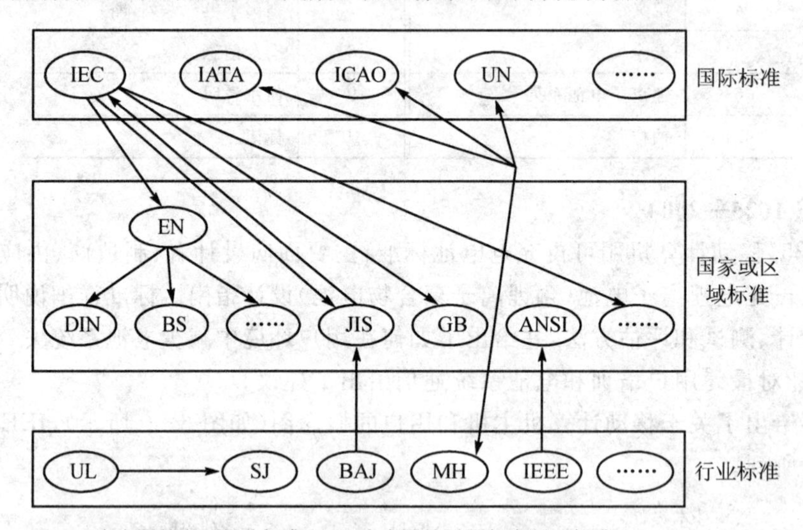

图 6-7　锂离子电池标准体系图

由图 6-7 可见，锂离子电池标准体系之间的关系主要有以下几个方面：

① 国际标准衍生出国家或区域标准。各国将 IEC 等相关锂离子电池标准转化为本国的国家标准或区域标准，如日本的 JIS C 8711、JIS C 8217、JIS C 8713；德国的 DIN 62281；英国的 BS 62133；欧洲的 EN 61959、EN 61960 等；我国对 IEC 61959、IEC 62133 等的国家标准转化工作也在进行中。

② 以行业标准为基础制定国家标准。如美国将 IEEE 1725 等同转化为其国家标准 ANSI 1725，日本根据 BAJ 发布的《笔记本电脑用锂离子电池安全使用指南》的相关内容制定了国家标准 JIS C 8714。

③ 以国家标准为依据修订国际标准。持有锂离子电池先进技术的国家会根据自己的先进标准向国际有关方面提交国际标准的修订草案，如日本以其国家标准 JIS C 8714 为依据，向 IEC 提交了 IEC 62133 的修订草案，预计将于 2009 年底完成相关修订工作。

④ 根据国际标准制定行业标准。根据国际上锂离子电池的相关标准，制定各国的相关行业标准，如我国的民用航空行业标准 MH/T 1020—2007《锂电池航空运输规范》是依据 IATA、ICAO、UN 等国际组织的相关标准规范文件制定的，特别是其测试内容完全引用了 UN38.3 相关内容。

⑤ 将其他国家行业标准转化为本国行业标准。在国际相关标准缺失的情况下，可以将别国的相关行业标准转化为本国行业标准，以满足行业需求。如我国的电子行业标准 SJ/T 11169—1993 就是等效采用了美国 UL 1642：1995。

通过以上分析可看出，在世界范围内锂离子电池标准的制、修订活动是非常活跃的，国际标准、国家或区域标准、行业标准一直在不断修订，新标准也在不断诞生。在我国，虽然近年来国家对标准化事业越来越重视，但我国的锂离子电池标准化工作却仍存在不足之处。一方面，在采纳吸收国际国外先进标准方面滞后，如 IEC 62133 第二版修订工作都已经开始半年多了，而在我国对其第一版的国家标准转化工作还在进行之中；另一方面，在众多的锂离子电池相关国际标准中几乎没有中国实质性参与制定的国际标准。近年来，随着中国对标准化事业的不断重视，特别是在工业和信息化部的主导和推动下，中国的锂离子电池标准化工作取得了长足的进展。中国的锂离子电池产业已经处于世界领先地位，然而其标准化工作却任重道远。

6.3.3　锂电池的工作原理

锂离子电池目前有液态锂离子电池（LIB）和聚合物锂离子电池（PLIB）两类。其中，液态锂离子电池是指以 Li^+ 嵌入化合物为正、负极的二次电池。正极采用锂离子化合物 $LiCoO_2$、$LiNiO_2$ 或 $LiMn_2O_4$，负极采用锂-碳层间化合物 $Li_x C_6$，电解质为溶解有锂盐的 $LiPF_6$、$LiAsF_6$ 等有机溶剂。

1. 基本原理

聚合物锂电池的正极和负极与液态锂离子电池相同，只是原来的液态电解质改为含有锂盐的凝胶聚合物电解质，而目前主要开发应用的就是这种。

当锂离子电池工作时，它的电化学表达式为：

$$\text{正极：} LiMO_2 \underset{\text{放电}}{\overset{\text{充电}}{\rightleftharpoons}} Li_{1-x}MO_2 + xLi^+ + xe$$

$$\text{或：} Li_{1+y}Mn_2O_4 \underset{\text{放电}}{\overset{\text{充电}}{\rightleftharpoons}} Li_{1+y-x}Mn_2O_4 + xLi + Lix_xC_n$$

$$\text{负极：} nC + xLi^+ + xe \underset{\text{放电}}{\overset{\text{充电}}{\rightleftharpoons}} Li_xC_n$$

式中，M 为 Co、Ni、Fe、W 等；正极化合物有：$LiCoO_2$、$LiNiO_2$、$LiMn_2O_4$、$LiFeO_2$、$LiWO_2$ 等，负极化合物有：Li_xC_6、TiS_2、WO_3、NbS_2、V_2O_5 等。

锂离子电池实际上是一种锂离子浓差电池，正负两极由两种锂离子嵌入化合物组成。充电时，Li^+ 从正极脱嵌经过电解质嵌入负极，负极处于富锂态，正极处于贫锂态，同时电子的补偿电荷从外电路供给到碳负极，保证了负极的电荷平衡；放电时则相反，Li^+ 从负极脱嵌，经电解质嵌入正极（这种循环被形象地称为摇椅式机制）。在正常的充放电情况下，锂离子在层状结构的碳材料和层状结构氧化物层间嵌入嵌出。因为过渡金属氧化物 $LiCoO_2$、$LiNiO_2$ 中低自旋配合物多、晶格体积小，在锂离子嵌入脱嵌时，晶格膨胀收缩性小、结晶结构稳定，因此循环性能好。而且充放电过程中，负极材料化学结构基本不变。因此从充放电反应的可逆性看锂离子电池反应是一种理想的可逆过程。

2. 正极材料选择

锂离子电池正极材料一般为嵌入化合物作为理想的正极材料，锂嵌入化合物应具有以下性能：

① 金属离子在嵌入化合物中应有较高的氧化还原电位，从而使电池的输出电压高；

② 在嵌入化合物中大量的锂能够发生可逆嵌入和脱嵌以得到高容量，即 x 值尽可能大；

③ 在整个嵌入和脱嵌过程中，锂的嵌入和脱嵌应可逆且主体结构没有或很少发生变化，这样可确保良好的循环性能；

④ 氧化还原电位随 x 的变化应该尽可能少，这样电池的电压不会发生显著变化，可保持较平稳的充电和放电；

⑤ 嵌入化合物应有较好的电子电导率和离子电导率，这样可减少极化，并能进行大电流充放电；

⑥ 嵌入化合物应在整个电压范围内化学稳定性好，不与电解质等发生反应；

⑦ 锂离子在电极材料中有较大的扩散系数，便于快速充放电；

⑧ 从实用角度而言，嵌入化合物应该便宜，对环境无污染等。

作为锂离子正极材料的氧化物，常见的有氧化钴锂(lithium cobalt oxide)、氧化镍锂(lithium nickel oxide)、氧化锰锂(lithium manganese oxide)和钒的氧化物(vanadium oxide)。对其他正极材料如铁的氧化物、其他金属的氧化物、5 V 正极材料以及多阴离子正极材料(比如磷酸亚铁锂)等也进行了研究。在这几种正极材料的原材料中，钴最贵，其次为镍，最便宜的为锰和钒。因此，正极材料的价格基本上也与该行情一致，这些正极材料的结构主要是层状结构和尖晶石结构。

3. 负极材料选择

自从锂离子电池诞生以来，研究的有关负极材料主要有以下几种：石墨化碳材料、无定形碳材料、氮化物、硅基材料、锡基材料、新型合金、纳米氧化物和其他材料。作为锂离子电池负极材料要求具有以下性能：

① 锂离子在负极基极中的插入氧化还原电位应尽可能低，接近金属锂的电位，从而使电池的输出电压高；

② 在基体中大量的锂能够发生可逆插入和脱插以得到高容量密度，即锂离子在固相的扩散系数大，在电极-电解液界面的移动阻抗小；

③ 在整个插入/脱插过程中，锂的插入和脱插应可逆且主体结构没有或很少发生变化，这样可确保良好的循环性能；

④ 氧化还原电位随 x 的变化应该尽可能少，这样电池的电压不会发生显著变化，可保持较平衡的充电和放电；

⑤ 插入化合物应有较好的电子电导率和离子电导率，这样可减少极化并能进行大电流充放电；

⑥ 主体材料具有良好的表面结构，能够与液体电解质形成良好的 SEI(Solid Electrolyte Interface)膜；

⑦ 插入化合物在整个电压范围内具有良好的化学稳定性，在形成 SEI 膜后不与电解质等发生反应；

⑧ 锂离子在主体材料中有较大的扩散系数，便于快速充电；

⑨ 从实用角度而言，主体材料应该便宜，对环境无污染等。

负极材料的选择对电池的性能也有很大的影响。而最常用的是石墨电极，因为石墨导电性好，结晶度较高，具有良好的层状结构，适合锂的嵌入-脱嵌，而它的插锂电位低且平坦，可为锂离子电池提供高的平稳的工作电压。

4. 电解液

对有机电解液而言，要求：

① 离子电导率高；

② 电化学稳定的电位范围宽：必须有 0～5 V 的电化学稳定窗口；

③ 热稳定性好，使用温度范围宽；

④ 化学性能稳定，与电池内集电流体和活性物质不发生化学反应；

⑤ 安全低毒，最好能生物降解。

对高电压下不分解的有机溶剂和电解质的研究是锂离子电池开发的关键。由于水理论分解电位只有 1.23 V，即使考虑氢或氧的过电位，以水为溶剂的电解液体系电池电压最高也只有 2 V 左右(如铅酸电池)，而锂离子电池电压高达 3～4 V，传统水溶液体系显然已经不再适应电池需要，所以必须采用非水电解液体系作为锂离子电池的电解液。而锂离子电池用的电解液电导率一般只有铅酸电池或碱性电池电导率的几百分之一，故电解液的研究成为锂离子电池开发的关键。

目前适合做锂离子电池导电盐的仅有 $LiBF_4$、$LiPF_6$、$LiAsF_6$等几种，而一些有机阴离子锂盐，如 $LiCF_3SO_3$等有可能成为新一代电解质，但目前尚未进入应用阶段。并且锂离子电池也需要隔膜，使电池的正，负极分隔开来，防止两极接触而短路，此外隔膜还具有能使电解质离子通过的性能，隔膜材质是不导电的，其物理化学性质对电池性能有很大影响，对锂离子电池系列，需要耐有机溶剂的隔膜材料，一般采用高强度薄膜化的聚烯烃多孔膜。

由于使用电导率低的有机电解液，因而要求电极面积大，而且电池装配已采用卷式结构，电池性能的提高不仅对电极材料提出了新的要求，而且对电极制造过程中使用的粘接剂也提出了新要求。

6.3.4 锂电池的应用与保养

锂离子电池的主要应用领域为便携式电器，如手机、笔记本电脑。目前，移动电话和笔记本电脑两个领域的液态锂离子电池(LIB)用量已占全世界锂离子电池市场的 90%。1999 年，全世界的移动电话有 42%使用 LIB 电池，笔记本电脑有 67%使用 LIB 电池。据估算，到 2010 年，移动电话和笔记本电脑所用的电池中 LIB 电池和 PLIB 电池将会占有 71%的市场，中国已经是世界上最大的手机市场。可见，中国具有巨大的锂离子电池潜在市场。可以说，随着手机和笔记本电脑的普及，锂离子电池已经与用户实现了零距离，而用户越来越关心的是如何判断电池性能的好坏，及如何去保养电池。

1. 锂电池性能的评价

电池性能一般通过以下几个方面来评价。

(1) 容　量

容量是指在一定放电条件下，可以从电池获得的电量，即电流对时间的积分，一般用 mAh 或 Ah 来表示，它直接影响电池的最大工作电流和工作时间。

(2) 放电特性

放电特性是指电池在一定的放电制度下，其工作电压的平稳性，电压平台的高低以及电流放电性能等，它表明电池带负载能力。

(3) 贮存性能

贮存一段时间后，电池会因某些因素的影响使性能发生变化，导致电池自放电、电解液泄漏以及电池短路等。

(4) 循环寿命

循环寿命是指电池按照一定的制度进行充放电，性能衰减到某一程度时的循环次数。

(5) 内压和耐过充电性能

如果电池内部压力达不到平衡或平衡压力过高，就会使限位装置开启而引起电池泄气或漏液，从而导致电池失效；如果限压装置失败，则有可能引起电池壳体开裂或爆炸。

2. 锂电池使用的安全性条件

国际上规定了非常严格的标准，一只合格的锂离子电池在安全性能上应满足以下条件：

① 短路：不起火、不爆炸；

② 过充电：不起火、不爆炸；

③ 热箱试验：不起火、不爆炸(150℃恒温 10 min)；

④ 针刺：不爆炸(用 ϕ3 mm 针穿透电池)；

⑤ 平板冲击：不起火、不爆炸(10 kg 角物自 1 m 高处砸向电池)；

⑥ 焚烧：不爆炸(煤气火焰烧烤电池)。

通过表 6-11 与镍镉、MH-Ni 电池性能的对比可以看到锂离子电池拥有更好的性能。

表 6-11　锂电池与镍镉、MH-Ni 电池的性能对比

技术参数	镍镉电池	MH-Ni 电池	锂离子电池
工作电压/V	1.2	1.2	3.6
质量比能量/($Wh \cdot kg^{-1}$)	50	65	90
体积比能量/($Wh \cdot l^{-1}$)	150	200	280
充放电寿命/次	500	500	1000
−20℃工作性能(25℃是 100%)	30	25	60
能量保持性能(每月保持%)	72	80	90
充电速率 C	1	1	1

3. 正确使用锂电池的方法

① 新电池充电方法。电池出厂后，已充电到约 50%的电容量，新购的电池可直接使用，电池第 1 次用完后充足电再用，第 2 次用完后充足电，这样连续三次后，电池可达到最佳使用状态。

② 防止过放电。单体电池电压降到 3V 以下，即为过放电，电池不用时，应将电池充电到保有 20%的电容量，再进行防潮包装保存，3～6 个月检测电压一次，并进行充电，保证电池电位在安全值 3V 以上范围内。

③ 电池充电必须使用专用充电器。

④ 远离高温（高于 60℃）、低温（－20℃）环境，不要接近火源，防止剧烈震动和撞击，不能随意拆卸电池，决不能用榔头敲打电池。

锂离子电池，作为一种绿色环保电源，在通信领域将获得越来越广泛的应用。

6.3.5 单片机在锂电池管理中的应用

锂离子电池具有体积小，重量轻，容量高，使用寿命长，无污染，无记忆效应等优点，在消费电子领域及其他场合得到了广泛应用。采用电池管理器对锂离子电池的充放电进行有效管理，可以延长电池的使用寿命。目前，锂离子电池充电器方案主要有采用专用芯片控制构成和采用 MCU（单片机）控制降压型（Buck）变换器两种方案。专用芯片控制方案构成简单但功能单一，通常只能对特定参数的锂离子电池进行充电。但是，不同型号的便携式产品往往使用不同型号规格的锂离子电池，如果采用专用芯片，就会造成重复开发和资源浪费。而采用单片机控制降压型变换器的精度高、成本低，而且控制方法灵活，可方便地进行改进和升级，从而适用于不同型号的锂离子电池。

因此，在锂离子电池充放电特性的基础上，可以设计一种安全高效的电池管理器。采用单片机控制 Buck 变换器对电池进行充电控制，同时，增加外部电路在电池充放电过程对电池进行保护，实现对锂离子电池的有效管理。

1. 锂离子电池充放电特性

锂离子电池的正极材料为 $LiCoO_2$，负极材料为石墨晶体，这两种材料都具有层状结构，允许锂离子进出。锂离子电池在充电时发生如下主要化学反应：

$$\text{正极：} LiCoO_2 \rightarrow xLi^+ + Li_{1-x}CoO_2 + xe$$

$$\text{负极：} xe + xLi^+ + 6C \rightarrow Li_xC6$$

以上反应均为可逆反应，电池在放电时发生逆反应。在一定的条件下，电池内部还会发生一些副反应，在极端情况下，这些副反应会导致电池电解质燃烧或爆炸。因此，锂离子电池的安全性能一直都备受人们的关注。但是，目前关于锂离子电池中电解质燃烧或爆炸的过程认识还很不统一。可能造成电池着火、爆炸的反应主要因素有：

① Li^+ 在正、负极嵌入后形成的 $Li_{1-x}CoO_2$ 受热会放出氧气，而 Li_xC_6 遇氧气就会燃烧，产生大量的热。

② 在多次充放电后，石墨负极的表面往往会形成一层 SEI 膜，阻止电解液与石墨负极之

间相互作用。但当温度升高时，SEI 膜会发生分解反应，引起电解质与负极表面发生不可逆反应，导致不可逆容量形成并产生热量，使温度进一步上升。

③ 温度升高时，溶剂与电解质也会发生反应，放出热量。

由此可见，锂离子电池的安全性能和电池容量与温度密切相关，当电池温度升高时，电池内部将发生一系列化学反应，导致不可逆容量形成并产生大量热量。如果电池内部反应产生的热量远远大于电池散热量，就会使电池温度达到着火点，引起电池燃烧或爆炸。正是由于锂离子电池的这些内部特性，使它的充放电速率都受到了限制，它无法像镍镉电池那样，在短时间内急速充电，也无法大电流放电。否则，锂离子电池的容量、寿命将会减少，甚至引发电池爆炸或燃烧。

兼顾充电过程的安全性、快速性和电池使用的高效性，锂离子电池通常都采用恒流转恒压充电方式。充电初期，先用 1C 恒定速率充电，电池电压逐渐上升。当单体电池电压上升到 4.1 V（或 4.2 V）时，充电器转入恒压充电方式，单体电池电压波动控制在 50 mV 内，此时充电电流逐渐减小，当电流下降至某一设定值时，即可认为电池充电满。图 6－8 为锂离子电池的充电特性曲线示意图。为了保证锂离子电池的放电容量，通常要求它的最大放电速率为 1C。

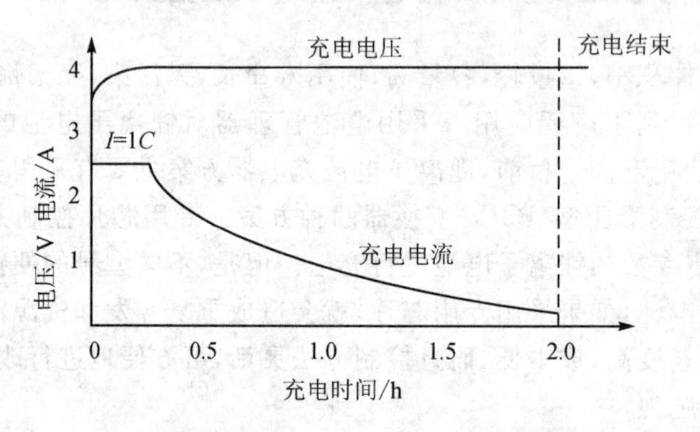

图 6－8 锂离子电池充电特性曲线

在使用锂离子电池时，电池的过充与过放也是一个值得注意的问题。锂离子电池过充时，过量的 Li^+ 没有负极材料可供嵌入，那部分 Li^+ 就会在负极表面还原为金属锂析出，从而带来短路的危险。而且，引起正极活性物质结构发生不可逆变化和电解液分解，产生大量气体，放出大量热量，使电池温度和内压增加，存在爆炸、燃烧等隐患。锂离子电池过放电时，负极及其表面的 SEI 膜中的 Li^+ 可能全部脱出，SEI 膜被破坏。当电池再次充放电循环时，重新形成 SEI 膜稳定性和致密性可能变差，需要的 Li^+ 量较大，由此造成电池容量和充放电效率降低。因此，在锂离子电池充放电时，通常都要求单体电池电压不得高于 4.5 V 或低于 2.2 V。

2. 锂离子电池管理器设计方案

为了简化电池的充电要求，管理器与电池同置于电池包外壳内。充电时，可用 AC 适配器通过管理器的输入端口对电池充电，放电时，电池通过管理器输出端口放电。

以两节 2000 mAh 锂离子电池为例设计一种 Buck 型电池管理器。主要接口参数如下：输入电压为 9 V，恒流充电电流为（2±0.1）A，充电截止电压为（8.35±0.05）V，单体电池放电截止电压为 2.3 V。

(1) 主电路设计

管理器主要由功率电路、控制电路和保护电路3部分组成。电池管理器的主电路和控制框图如图6-9所示。L_1、C_1、D_2、Q_1等构成Buck电路。R_1、R_2串联后并于电池两端，提供采样电压。R_3串于充电回路中，提供采样电流。Q_2构成电池放电回路。控制电路由5V电源、MCU控制、Q_1驱动电路组成。MCU用于监控电池的充电过程，使电池安全、高效地充电。根据单片机可实现范围及PWM精度综合考虑选择开关频率为20kHz。

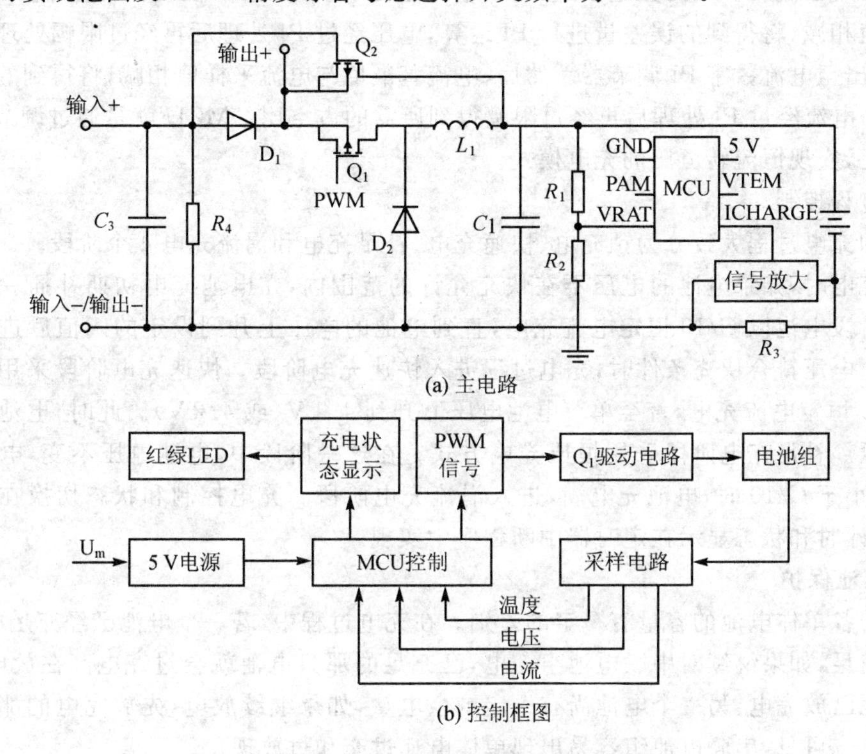

(a) 主电路

(b) 控制框图

图6-9　Buck型电池管理器主电路和控制框图

电路的工作原理

当AC适配器接通电源时，Q_2关断，电池不参与供电，输入电源通过D_1向负载供电。同时5V电源工作，MCU产生PWM信号，使能Q_1驱动电路，输入电源通过Buck电路给电池充电。当AC适配器与电源断开时，5V电源被切断，此时Q_1关断、Q_2导通，电池通过Q_2给负载供电，实现低压降放电。

电路参数的设计原则和选取

当充电电流下降至$C/10$时，即认为电池充电满。为了保证在整个充电过程中电池充电电流连续，要求电感L_1的临界连续电流不高于$C/10$，即0.2A。另外，电池充电时，电池电压波动范围必须限制为$-0.05\sim+0.05$V，即要求电容C_1的峰值纹波电压低于0.1V，由此可计算出所需的L_1C_1值。

为了保证采样精度和减小电路损耗，选择$R_1=R_2=150\,\text{k}\Omega$。由于$R_3$串于充电回路中，所以$R_3$必须尽量小，否则，会使充电回路压降变大，损耗增大，充电效率降低，且管理器发热量大，这里选择$R_3=0.02\,\Omega$。

由于R_3很小，所以通过R_3采样得到的电流信号也很小，为了减小采样数据的相对误差，必然要对电流采样信号进行放大。可用一个比例放大电路对电流信号进行放大，其放大倍数根据运算放大器的最大正向输出电压和电池的充电电流大小来选择。放大倍数太大，会使运算放大器工作在非线性区，导致采样错误，放大倍数太小，会增大采样数据的相对误差。

（2）软件设计

电压、电流控制算法

为了实现恒流转恒压的充电模式，可以采用电压、电流双闭环控制。首先，电压给定值与电压采样值相减，将得到的误差量进行 PI 运算，电压经过 PI 处理后再经过限幅处理得到电流基准值，输出至电流数字 PI 调节器。然后，电流基准值与电流采样值相减，将得到的误差量进行 PI 运算，电流经过 PI 处理后再经过限幅得到所需的占空比。MCU 就是通过调节 PWM 信号的占空比，实现恒流转恒压的充电模式。

充电过程控制

电池的充电过程大致分为预充电、快速充电、补足充电和涓流充电 4 个阶段。

开始充电时，如果电池的电压不在快充允许的范围内，在电池充电初期补插一个预充阶段。预充阶段电池以 $C/10$ 恒定电流充电，直到电池的电压上升到设定的阈值后进入快充阶段。当电池电压符合快充条件时，充电过程进入快速充电阶段。快速充电阶段采用恒流充电方式，以 $1C$ 恒定电流充电，直至单节电池电压上升到 4.1 V（或 4.2 V）。此时，电池应转入补足充电阶段。补足充电阶段采用恒压充电方式。在这一阶段中，电池电压不变，电流逐渐减小，当电流小于 $C/10$ 时，电池充电满，进入涓流充电阶段。充电控制和状态切换在主程序中实现，充电计时和状态显示在定时器中断程序中实现。

（3）电池保护

串联的各单体电池的容量有一定的差别。在充电过程中，若一个电池已经充足电，另一个电池尚未充足，如果继续对串联电池组充电，已充足的那只电池就会过充电。在放电过程中，若一个电池已放完电，另一个电池尚有一定剩余电量，如果继续放电，先放完电的那只电池将发生过放电。可见，串联电池组容易出现单体电池过充和过放现象。

采用单片机可以实现对单体电池的电压和放电电流的监控，防止单体电池过充和过放，但是这要求单片机始终处于工作状态，静态功耗大，在电池放置不使用时，电池还需向单片机供能，这对电池组的输出容量影响较大。采用锂离子电池专用保护芯片 S-8232，可以使电路实现过充、过放、过电流保护，而且工作电流小，具有多种参数型号，可以满足电池组不同保护参数需求。

这种管理器可以有效防止单体电池过充电和过放电。图 6-10 是根据电池充电过程得出的电池电压、电流变化曲线。电池从放完电后开始充电到充满电大约需要 4.5 h。预充时，管理器以 $C/10$ 的恒定电流给电池充电，电池电压逐渐升至 6 V。然后充电电流迅速升至 2 A 并稳定在 2 A 左右，此时，电池电压不断上升，当电池电压升至 8.35 V 时，充电电流开始减小，但电池电压始终稳定在 8.34～8.37 V 之间。当充电流降至 0.2 A 左右时，指示灯显示充电满，管理器对电池进行涓充，一段时间后，充电结束，此时，电池电压略微有点下掉。

这种管理器采用单片机对电池的充电电压和电流进行控制，此外，还采用了专用芯片对单体电池电压和放电电流进行监控，防止了单体电池过充和过放并限制了电池放电速率，保证了锂离子电池充放电过程的安全高效，有利于延长锂离子电池的使用寿命。

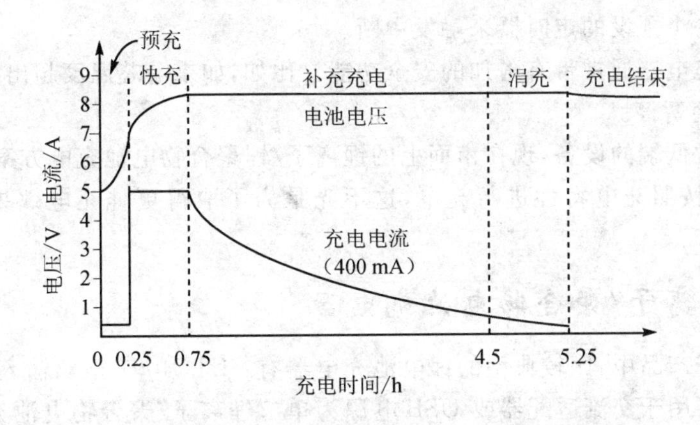

图 6-10　充电过程中电池电压、电流变化曲线

6.4　便携式电子设备电池技术

随着便携式电子技术的发展,便携式电子设备的电池技术得到了越来越广泛的应用。便携式电子设备中电池技术主要包括电池充电算法、电池充电技术与电量检测算法等几个方面。众所周知,充电式电池化学反应有镍镉、镍氢、锂离子和锂聚合物 4 种方式,作为便携式电子设备来说,虽然这 4 种电池各有特点,但从能量密度与安全性角度的发展与实践可知,锂离子电池和锂聚合物电池的优势已成为小型长运行时间的设备的理想之选,在便携式电子设备中获得了越来越广泛的应用。

6.4.1　锂离子/聚合物电池充电算法

根据最终应用的能量需求,一个电池组可能包含最多 4 个锂离子或锂聚合物电池芯,其配置可有多种变化,同时带有一个主流的电源适配器:直接的适配器、USB 接口或汽车充电器。除去电芯数量、电芯的配置或电源适配器类型上的差别,这些电池组都有同样的充电特性,因此它们的充电算法也一样。

1. 锂离子/聚合物电池充电算法阶段

锂离子与锂聚合物电池的充电算法可以分为 3 个阶段:细流充电、快速充电和稳定充电。

(1) 细流充电

细流充电用于对深度放电的电芯进行充电。当电芯电压低于大约 2.8 V 时,用一个恒定的 0.1C 的电流为它充电。

(2) 快速充电

电芯电压超过细流充电的门槛时,提高充电电流进行快速充电。快速充电电流应低于 1.0C。

(3) 稳定电压

在快速充电过程中,一旦电芯电压达到 4.2 V,稳定电压阶段就开始了。这时可通过最小充电电流或定时器或这两者的联合来中断充电,当最小电流低于大约 0.07C 时,可中断充电,定时器则需要靠一个预设的定时器来触发中断。

高级的电池充电器通常带有附加的安全功能。比如，如果电芯温度超出给定范围，通常是0～45℃，充电就会暂停。

除去某些非常低端的设备，现在市面上的锂离子/锂聚合物电池充电方案都集成或是带有外置的元件，以便按照充电特性进行充电，这不光是为了取得更佳充电效果，同时也是为了安全。

2. 典型锂离子/聚合物电池充电器

在便携式电子产品中，比较典型的锂电池充电器有：LTC4097 型双输入 1.2A 锂电池充电器。该充电器可用于交流适配器或 USB 电源为单节锂离子/聚合物电池充电，它采用恒定电流/恒定电压算法充电，从交流适配器电源充电时，可编程充电电流高达 1.2A，而用 USB 电源则可高达 1A，同时自动检测在每个输入端是否存在电压。该器件还提供 USB 限流，应用包括 PDA、MP3 播放器、数码相机、轻型便携式医疗和测试设备以及大彩屏蜂窝电话。其性能特点包括：

- 无需外部微控制器终止充电；
- 输入电源自动检测和选择；
- 通过电阻从交流适配器输入充电的可编程充电电流高达 1.2A；
- 通过电阻的可编程 USB 充电电流高达 1A；
- 100%或 20%USB 充电电流设置；
- 输入电源的 NTC 偏置（VNTC）引脚具 120mA 驱动能力；
- NTC 热敏电阻输入（NTC）引脚用于温度合格的充电；
- 预设置电池浮动电压具有±0.6%的准确度；
- 热调节最大限度地提高充电速率且无过热风 LTC4097 可用于交流适配器或 USB 电源为单节锂离子/聚合物电池充电；
- 其采用恒定电流/恒定电压算法充电，从交流适配器电源充电时，可编程充电电流高达 1.2A，而用 USB 电源则可高达 1A，同时自动检测在每个输入端是否存在电压。

该充电器还提供 USB 限流，因此应用范围比较广泛，包括 PDA、MP3 播放器、数码相机、轻型便携式医疗和测试设备以及大彩屏蜂窝电话等。

6.4.2 锂离子/聚合物电池充电方案

锂离子/聚合物电池的充电方案对于不同数量的电芯、电芯配置以及电源类型还是不同的。目前主要有 3 种主要的充电方案：线性方案、Buck（降压）开关方案和 SEPIC（升压与降压）开关方案。

1. 线性方案

当充电器输入电压大于全充满电芯加上充足净空之后的开路电压时，最好用线性方案，特别是 1.0C 快速充电电流不比 1A 大太多时。比如，MP3 播放器通常只有一个电芯，容量从 700～1500mAh 不等，满充开路电压是 4.2V。MP3 播放器的电源通常是 AC-DC 适配器或者是USB接口，其输出是规则的5V，这时，线性方案的充电器就是最简单、最有效率的方案。

锂离子/聚合物电池充电器的基本结构和线性电压规整器一样。MAX8677A是一种比较典型的双输入USB/AC适配器线性充电器，内置Smart Power Selector，用于由可充电单节Li^{+}电池供电的便携式设备。该充电器集成了电池和外部电源充电和切换负载所需的全部功率开关，因此无需外部MOSFET。MAX8677A理想用于便携式设备，例如智能手机、PDA、便携式多媒体播放器、GPS导航设备、数码相机，以及数码摄像机。

MAX8677A可以工作于独立的USB和AC适配器电源输入下或两个输入中的任意一个输入下。当连接外部电源时，智能电源选择器允许系统不连接电池或可以与深度放电电池连接。智能电源选择器自动将电池切换到系统负载，使用系统未利用的输入电源部分为电池充电，充分利用有限的USB和适配器输入电源。所有需要的电流检测电路，包括集成的功率开关，均集成于片上。DC输入电流限最高可调节至2A，而DC和USB输入均可支持100mA、500mA和USB挂起模式。充电电流可调节至高达1.5A，从而支持宽范围的电池容性。MAX8677A的其他特性包括热调节、过压保护、充电状态和故障输出、电源监视、电池热敏电阻监视、以及充电定时器等。MAX8677A采用节省空间的4mm×4mm、24引脚热增强型TQFN封装，规定工作于扩展级温度范围(－40～＋85℃)。

2. Buck(降压)开关方案

当1.0C充电的电流大于1A，或者输入电压比电芯的全充满开路电压高很多时，Buck或者降压方案就是一个更好的选择。比如，在基于硬盘的PMP中，通常使用单芯锂离子电池，全充满开路电压是4.2V，容量从1200～2400mAh不等。而现在PMP通常是用汽车套件来充电，它的输出电压在9～16V之间。在输入电压和电池电压之间比较高的电压差(最小4.8V)会让线性方案降低效率。这种低效率，加上大于1.2A的1C快速充电电流，会产生严重的散热问题。为避免这种情况，就要采用Buck方案。锂离子/聚合物电池Buck充电器基本结构同Buck(降压)开关电压调节器完全相同。

3. SEPIC(升压与降压)开关方案

在某些使用3个甚至4个锂离子/聚合物电芯串联的设备中，充电器的输入电压就不总是大于电池电压。比如，笔记本电脑使用3芯锂离子电池组，满充开路电压是12.6V(4.2V×3)，容量范围是1800～3600mAh。输入电源可以是输出电压16V的AC-DC适配器，或者是汽车套件，输出电压在9～16V之间。显然，线性和Buck方案都不能为这组电池组充电，这就要用上SEPIC方案，它能在输出电压高于电池电压时工作，也能在输出电压低于电池时工作。

6.5 矾电池的应用

矾电池(VRB)是一种电解值可以流动的电池，目前正在逐步进入商用化阶段。VRB作为一种化学的能源存储技术，和传统的铅酸电池、镍镉电池相比，在设计上有许多独特之处，性能上也适用于多种工业场合，比如可以替代油机、备用电源等。利用VRB技术设计制造的VESS系统(Vanadium Energy Storage System，矾能源存储系统)集成了许多自动化的智能控制和用于管理操作的电子装置，在通信电源领域具有极高的应用价值。

1. 钒电池概述

简单地说,钒电池将存储在电解液中的能量转换为电能,这是通过两个不同类型的、被一层隔膜隔开的钒离子之间交换电子来实现的。电解液是由硫酸和钒混合而成的,酸性和传统的铅酸电池一样。由于这个电化学反应是可逆的,所以 VRB 电池既可以充电也可以放电。充放电时随着两种钒离子浓度的变化,电能和化学能相互转换。

电池由两个电解液池和一层层的电池单元组成。电解液池用于盛两种不同的电解液。每个电池单元由两个"半单元"组成,中间夹着隔膜和用于收集电流的电极。两个不同的"半单元"中盛放着钒的不同离子形态的电解液。每个电解液池配有一个泵,用于在封闭的管道中为每一个"半单元"输送电解液。当带电的电解液在一层层的电池单元中流动时,电子就流动到外部电路,这就是放电过程。当将电子输送到电池内部时,相反的过程就发生了,这就是给电池单元中的电解液充电,然后再由泵输送回电解液池。

在 VRB 中,电解液在多个电池单元间流动,电压是各单元电压串联形成的。标称电压是 1.2V。电流密度由电池单元内电流收集极的表面积决定,但是电流的供应取决于电解液在电池单元间的流动,而不是电池层本身。VRB 电池技术的一个最重要的特点是,峰值功率取决于电池层总的表面积,而电池的电量则取决于电解液的多少。在传统的铅酸和镍镉电池中,电极和电解液被放置到一起,功率和能量强烈地依赖于极板面积和电解液的容量。但 VRB 电池不是这样,它的电极和电解液不一定放到一起,这就意味着能量的存放可以不受电池外壳的限制。

从电力上来讲,不同等级的能量可以为电池层中不同的电池单元或单元组中通过提供足够的电解液来得到。给电池层充电和放电不一定需要用相同的电压。例如,VRB 电池可以用串联电池层的电压放电,而充电则可以在电池层的另一部分用不同的电压进行。

2. VRB 电池的应用优势

VRB 电池用在通信中有以下这些优点:

- 能量循环效率高;
- 深度放电后寿命不会受影响;
- 不会由于电解液的腐蚀而使化学特性受到影响;
- 电解液可以无限期使用(没有处理的问题);
- 循环寿命是无限的(仅受隔膜的限制);
- 能量的存储量可以精确地测量出来;
- 在使用中对环境的影响很小。

以上这些特性为在各种各样的通信应用中发展直流能源存储系统提供了坚实的基础。

3. VEES 的应用优势

VEES 是把 VRB 集成起来的一个实用的能源存储系统。该系统中采用的专家控制技术,可以使操作管理、容量管理、日常维护、纠错处理、系统状态监视和外部通信自动化。VESS 放弃了在传统的备用能源中常用的如充电、放电、线电压等概念,而以能量存储和转移的概念来代替。

VESS 在通信中应用的一个主要特征是：VESS 可以对现有的通信动力基础设施做出更有利的使用，而且可以考虑在新的无污染的通信应用中引入能源存储的基础设施。作为一个单一的能源存储元件，VESS 只需安装一次就可以以多种不同的电压提供动力。相对于传统的串联型的铅酸或镍锡电池，这种优越性是显著的。

从存储的观点看，这是因为：所有存储起来的能量都在电解液中，可以输出的动力取决于电极（层）的尺寸，系统能量的密度可以从物理上和系统存储的能量隔离开来，而且存储起来的能量很稳定。

从系统运行的观点看，每一个单元都具有相同的带电状态；系统可以同时充电和放电，充电速度比铅酸电池高；运行时可以有一种或多种电输入，而可以输出多种电压值；有自动功能，可以自动整流、自动保护。

从系统维护的观点，可以通过添加电解液来增加系统的独立运行的时间；系统的能量存储可以在任何时间增加；费用只有铅酸电池的 20%；寿命长，5～10 年后只需更换部分零部件，而且维护量很少。

和许多传统的二次电池技术相比，VRB 在成本上很有竞争性，而且以前认为采用铅酸电池技术会很贵或不可能实现的一些应用，现在用 VESS 就可以很容易地实现。因此对于现在的直流电源系统，VESS 是一种很理想的替代品。

4. 钒电池在通信电源领域的应用

由于 VESS 电池的容量只需用油量表就可以知道，并且能量存储的成本很低，所以它在通信应用中的前景是很诱人的。由于 VESS 的能量存储很轻便，并且存储和使用相互独立，所以在通信应用的特定场合，将是很诱人的。现在发现可以使用 VESS 替代柴油发电机和偏远地区的太阳能供电系统。

(1) 替代油机

通信动力系统中通常都使用柴油发电机，以便在市电停电时提供长时间的动力。当油机启动和预热时，通常需要一个电池来提供短时间的动力。在通信站还经常使用 UPS 来提供交流不间断电源和直流不间断电源，两者都需要一个单独的电池。一些小站只使用一个电池供应不间断的直流电源，不间断交流电源则通过逆变器得到。备用系统的油机在动力系统中的投资占了很大一部分，而且需要持续不断地机械维护以保证其可靠性。

在实际应用中，油机的利用率很低。在这种情况下，从单位时间的使用成本来看，油机是比较贵重的。而基于 VESS 的新系统则有潜力替代动力系统中的油机，为 UPS 和高可靠性的直流电源提供总的、多功能的能量存储解决方案。

(2) 替代太阳能

一些通信管理部门维护着巨大的地理上分布很广的太阳能电池供电的通信网络，太阳能供电系统的能量存储零件通常是铅酸电池，这需要的维护量很大。然而，为了降低成本、增强企业的竞争性，都要通过减少维护量来削减运行成本和人力。VESS 有潜力可以替代太阳能电池，降低成本，提高生产率。

6.6 太阳能电源

6.6.1 太阳能电池的分类

太阳能电池可分为：硅太阳能电池、多元化合物薄膜太阳能电池、功能高分子材料制备的太阳能电池和纳米晶太阳能电池等。

1. 硅系太阳能电池

(1) 单晶硅太阳能电池

硅系列太阳能电池中，单晶硅太阳能电池转换效率最高，技术也最为成熟。高性能单晶硅电池是建立在高质量单晶硅材料和相关的成热的加工处理工艺基础上的。现在单晶硅的电池工艺已近成熟，在电池制作中，一般都采用表面织构化、发射区钝化、分区掺杂等技术，开发的电池主要有平面单晶硅电池和刻槽埋栅电极单晶硅电池。

提高转化效率主要是靠单晶硅表面微结构处理和分区掺杂工艺来实现。德国夫朗霍费莱堡太阳能系统研究所采用光刻照相技术将电池表面织构化，制成倒金字塔结构，并在表面把13 nm 厚的氧化物钝化层与两层减反射涂层相结合，通过改进了的电镀过程增加栅极的宽度和高度的比率，使得电池转化效率超过 23%，最大值可达 23.3%。Kyocera 公司制备的大面积($225\,cm^2$)单电晶太阳能电池转换效率为 19.44%。国内北京太阳能研究所也积极进行高效晶体硅太阳能电池的研究和开发，研制的平面高效单晶硅电池($2\,cm\times2\,cm$)转换效率达到 19.79%，刻槽埋栅电极晶体硅电池($5\,cm\times5\,cm$)转换效率达 8.6%。单晶硅太阳能电池转换效率无疑是最高的，在大规模应用和工业生产中仍占据主导地位，但由于受单晶硅材料价格及相应的繁琐的电池工艺影响，致使单晶硅成本价格居高不下，要想大幅度降低其成本是非常困难的。为了节省高质量材料，寻找单晶硅电池的替代产品，现在发展了薄膜太阳能电池，其中多晶硅薄膜太阳能电池和非晶硅薄膜太阳能电池就是典型代表。

(2) 多晶硅薄膜太阳能电池

通常的晶体硅太阳能电池是在厚度 350～450 μm 的高质量硅片上制成的，这种硅片从提拉或浇铸的硅锭上锯割而成，因此实际消耗的硅材料很多。为了节省材料，人们从 20 世纪 70 年代中期就开始在廉价的衬底上沉积多晶硅薄膜，但由于生长的硅膜晶粒太小，未能制成有价值的太阳能电池。为了获得大尺寸晶粒的薄膜，人们一直没有停止过研究，并提出了很多方法。目前制备多晶硅薄膜电池多采用化学气相沉积法，包括低压化学气相沉积(LPCVD)和等离子增强化学气相沉积(PECVD)工艺。此外，液相外延法(LPPE)和溅射沉积法也可用来制备多晶硅薄膜电池。化学气相沉积主要是以 SiH_2Cl_2、$SiHCl_3$、$SiCl_4$ 或 SiH_4 为反应气体，在一定的保护气氛下反应生成硅原子并沉积在加热的衬底上，衬底材料一般选用 Si、SiO_2、Si_3N_4 等。但研究发现，在非硅衬底上很难形成较大的晶粒，并且容易在晶粒间形成空隙。解决这一问题的办法是先用 LPCVD 在衬底上沉积一层较薄的非晶硅层，再将这层非晶硅层退火，得到较大的晶粒，然后再在这层籽晶上沉积厚的多晶硅薄膜。因此，再结晶技术无疑是很重要的一个环节，目前采用的技术主要有固相结晶法和中区熔再结晶法。

多晶硅薄膜电池除采用了再结晶工艺外，还采用了几乎所有制备单晶硅太阳能电池的技术，这样制得的太阳能电池转换效率明显提高。德国费莱堡太阳能研究所采用再结晶技术在FZSi衬底上制得的多晶硅电池转换效率为19%，日本三菱公司用该法制备电池，效率达16.42%。美国Astropower公司采用LPE制备的电池效率达12.2%。液相外延(LPE)法的原理是通过将硅熔融在母体里，降低温度析出硅膜。中国光电发展技术中心采用液相外延法在冶金级硅片上生长出硅晶粒，并设计了一种类似于晶体硅薄膜太阳能电池的新型太阳能电池，称之为“硅粒”太阳能电池。多晶硅薄膜电池由于所使用的硅远较单晶硅少，又无效率衰退问题，并且有可能在廉价衬底材料上制备，其成本远低于单晶硅电池，而效率高于非晶硅薄膜电池，因此，多晶硅薄膜电池不久将会在太阳能电池市场上占据主导地位。

(3) 非晶硅薄膜太阳能电池

开发太阳能电池的两个关键问题就是：提高转换效率和降低成本。由于非晶硅薄膜太阳能电池的成本低，便于大规模生产，普遍受到人们的重视并得到迅速发展。早在20世纪70年代初，Carlson等就已经开始了对非晶硅电池的研制工作，目前世界上已有许多家公司在生产该种电池产品。非晶硅作为太阳能材料尽管是一种很好的电池材料，但由于其光学带隙为1.7eV，使得材料本身对太阳辐射光谱的长波区域不敏感，这样就限制了非晶硅太阳能电池的转换效率。此外，其光电效率会随着光照时间的延续而衰减，即所谓的光致衰退S-W效应，使得电池性能不稳定。解决这些问题的途径就是制备叠层太阳能电池，叠层太阳能电池是由在制备的p、i、n层单结太阳能电池上再沉积一个或多个p-i-n子电池制得的。

叠层太阳能电池提高转换效率、解决单结电池不稳定性的关键问题在于：

- 它把不同禁带宽度的材料组合在一起，提高了光谱的响应范围；
- 顶电池的i层较薄，光照产生的电场强度变化不大，保证i层中的光生载流子抽出；
- 底电池产生的载流子约为单电池的一半，光致衰退效应减小；
- 叠层太阳能电池各子电池是串联在一起的。

非晶硅薄膜太阳能电池的制备方法有很多，其中包括反应溅射法、PECVD法、LPCVD法等，反应原料气体为H_2稀释的SiH_4，衬底主要为玻璃及不锈钢片，制成的非晶硅薄膜经过不同的电池工艺过程可分别制得单结电池和叠层太阳能电池。目前非晶硅太阳能电池的研究取得两大进展：第一、三叠层结构非晶硅太阳能电池转换效率达到13%，创下新的纪录；第二、三叠层太阳能电池年生产能力达5MW。

虽然非晶硅太阳能电池由于具有较高的转换效率和较低的成本及重量轻等特点，有着极大的潜力，但是由于它的稳定性不高，直接影响了它的实际应用。如果能进一步解决稳定性问题及提高转换率，那么非晶硅太阳能电池无疑将是太阳能电池的主要发展产品之一。

2. 多元化合物薄膜太阳能电池

为了寻找单晶硅电池的替代品，人们除开发了多晶硅、非晶硅薄膜太阳能电池外，又不断研制其他材料的太阳能电池。其中主要包括砷化镓III-V族化合物、硫化镉及铜铟硒薄膜电池等。上述电池中，尽管硫化镉、碲化镉多晶薄膜电池的效率较非晶硅薄膜太阳能电池效率高，成本较单晶硅电池低，并且也易于大规模生产，但由于镉有剧毒，会对环境造成严重的污染，因此，并不是晶体硅太阳能电池最理想的替代，砷化镓III-V化合物及铜铟硒薄膜电池由于具有较高的转换效率受到人们的普遍重视。GaAs属于III-V族化合物半导体材料，其能隙为1.4eV,正好为高吸收率太阳光的值,因此,是很理想的电池材料。GaAs等III-V化合物薄膜电池的制备主要采用MOVPE和LPE技术,其中MOVPE方法制备GaAs薄膜电池受衬底位错、反应压力、III-V比率、总流量等诸多参数的影响。除GaAs外,其他III-V化合物如GaSb、GaInP等电池材料也得到了开发。

3. 聚合物多层修饰电极型太阳能电池

在太阳能电池中以聚合物代替无机材料是刚刚开始的一个太阳能电池制造的研究方向。其原理是利用不同氧化还原型聚合物的不同氧化还原电势,在导电材料(电极)表面进行多层复合,制成类似无机P-N结的单向导电装置。其中一个电极的内层由还原电位较低的聚合物修饰,外层聚合物的还原电位较高,电子转移方向只能由内层向外层转移;另一个电极的修饰正好相反,并且第一个电极上两种聚合物的还原电位均高于后者的两种聚合物的还原电位。当两个修饰电极放入含有光敏化剂的电解波中时,光敏化剂吸光后产生的电子转移到还原电位较低的电极上,还原电位较低电极上积累的电子不能向外层聚合物转移,只能通过外电路通过还原电位较高的电极回到电解液,因此外电路中有光电流产生。由于有机材料具有柔性好,制作容易,材料来源广泛,成本低等优势,因此对大规模利用太阳能,提供廉价电能具有重要意义。但以有机材料制备太阳能电池的研究仅仅开始,不论是使用寿命,还是电池效率都不能和无机材料特别是硅电池相比,能否发展成为具有实用意义的产品,还有待于进一步研究探索。

4. 纳米晶化学太阳能电池

在太阳能电池中,硅系太阳能电池无疑是发展最成熟的,但由于成本居高不下,远不能满足大规模推广应用的要求。为此,人们一直不断在工艺、新材料、电池薄膜化等方面进行探索,其中最新发展的纳米TiO_2晶体化学能太阳能电池受到国内外科学家的重视。自瑞士Gratzel教授研制成功纳米TiO_2化学太阳能电池以来,国内一些单位也正在进行这方面的研究。纳米晶化学太阳能电池(简称NPC电池)是由一种在禁带半导体材料修饰、组装到另一种大能隙半导体材料上形成的,窄禁带半导体材料采用过渡金属Ru以及Os等的有机化合物敏化染料,大能隙半导体材料为纳米多晶TiO_2并制成电极,此外NPC电池还选用适当的氧化-还原电解质。

纳米晶TiO_2工作原理:染料分子吸收太阳光能跃迁到激发态,激发态不稳定,电子快速注入到紧邻的TiO_2导带,染料中失去的电子则很快从电解质中得到补偿,进入TiO_2导带中的电子最终进入导电膜,然后通过外回路产生光电流。

纳米晶TiO_2太阳能电池的优点在于它廉价的成本和简单的工艺及稳定的性能。其光电效率稳定在10%以上,制作成本仅为硅太阳能电池的1/5～1/10,寿命能达到20年以上。但由于此类电池的研究和开发刚刚起步,估计在不久的将来会逐步走上市场。

6.6.2 太阳能电源系统的组成

太阳能电池发电系统是利用以光生伏打效应原理制成的太阳能电池将太阳辐射能直接转换成电能的发电系统。它由太阳能电池方阵、控制器、蓄电池组、直流/交流逆变器等部分组成,系统组成如图6-11所示。

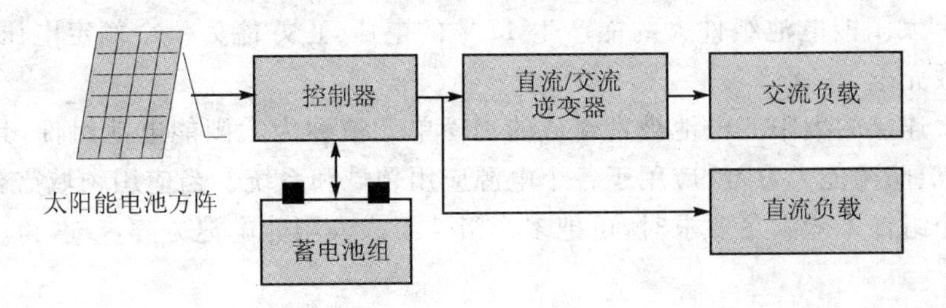

图 6-11　太阳能电池发电系统示意图

1. 太阳能电池方阵

太阳能电池单体是光电转换的最小单元，尺寸一般为 4～100 cm² 不等。太阳能电池单体的工作电压约为 0.5 V，工作电流约为 20～25 mA/cm²，一般不能单独作为电源使用。将太阳能电池单体进行串并联封装后，就成为太阳能电池组件，其功率一般为几瓦至几十瓦，是可以单独作为电源使用的最小单元。太阳能电池组件再经过串并联组合安装在支架上，就构成了太阳能电池方阵，可以满足负载所要求的输出功率(如图 6-12 所示)。

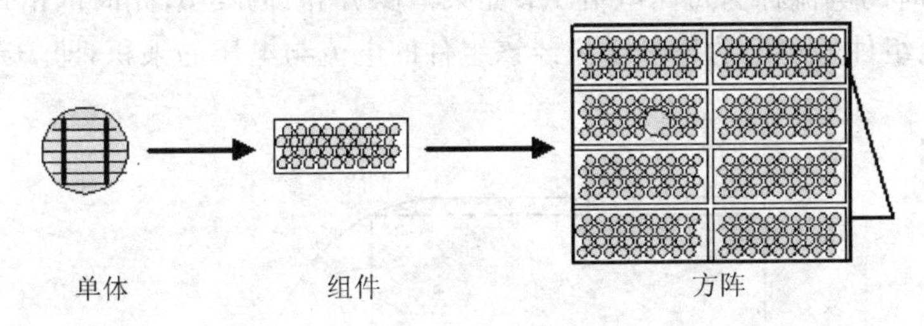

图 6-12　太阳能电池单体、组件和方阵

(1) 硅太阳能电池单体

常用的太阳能电池主要是硅太阳能电池。晶体硅太阳能电池由一个晶体硅片组成，在晶体硅片的上表面紧密排列着金属栅线，下表面是金属层。硅片本身是 P 型硅，表面扩散层是 N 区，在这两个区的连接处就是所谓的 PN 结，PN 结形成一个电场。太阳能电池的顶部被一层抗反射膜所覆盖，以便减少太阳能的反射损失。

太阳能电池的工作原理是：光由光子组成，而光子包含有一定能量的微粒，能量的大小由光的波长决定，光被晶体硅吸收后，在 PN 结中产生一对对正负电荷，由于在 PN 结区域的正负电荷被分离，因而可以产生一个外电流场，电流从晶体硅片电池的底端经过负载流至电池的顶，这就是"光生伏打效应"。

将一个负载连接在太阳能电池的上下两表面间时，将有电流流过该负载，于是太阳能电池就产生了电流；太阳能电池吸收的光子越多，产生的电流也就越大。光子的能量由波长决定，低于基能能量的光子不能产生自由电子，一个高于基能能量的光子将仅产生一个自由电子，多余的能量将使电池发热，伴随电能损失的影响将使太阳能电池的效率下降。

(2) 太阳能电池组件

一个太阳能电池只能产生大约 0.5 V 电压，远低于实际应用所需要的电压。为了满足实际应用的需要，需把太阳能电池连接成组件。太阳能电池组件包含一定数量的太阳能电池，这些太阳能电池通过导线连接。一个组件上，太阳能电池的标准数量是 36 片(10 cm×10 cm)，这意味着一个太阳能电池组件大约能产生 17 V 的电压，正好能为一个额定电压为 12 V 的蓄电池进行有效充电。

通过导线连接的太阳能电池被密封成的物理单元被称为太阳能电池组件，具有一定的防腐、防风、防雹、防雨能力，广泛应用于各个电源应用领域和系统。当应用领域需要较高的电压和电流而单个组件不能满足要求时，可把多个组件组成太阳能电池方阵，以获得所需要的电压和电流。

太阳能电池的可靠性在很大程度上取决于其防腐、防风、防雹、防雨等能力，其潜在的质量问题是边沿的密封以及组件背面的接线盒。

这种太阳能电池组件的前面是玻璃板，背面是一层合金薄片。合金薄片的主要功能是防潮、防污。太阳能电池也是被镶嵌在一层聚合物中。在这种太阳能电池组件中，电池与接线盒之间可直接用导线连接。

组件的电气特性主要是指电流-电压输出特性，也称为 $I-V$ 特性曲线，如图 6－13 所示。$I-V$ 特性曲线可根据太阳能电池的电路装置进行测量。$I-V$ 特性曲线显示了通过太阳能电池组件传送的电流 I_m 与电压 V_m 在特定的太阳辐射照度下的关系。如果太阳能电池组件电路短路即 $V=0$，此时的电流称为短路电流 I_{sc}；如果电路开路即 $I=0$，此时的电压称为开路电压 V_{oc}。太阳能电池组件的输出功率等于流经该组件的电流与电压的乘积，即 $P=V\times I$。

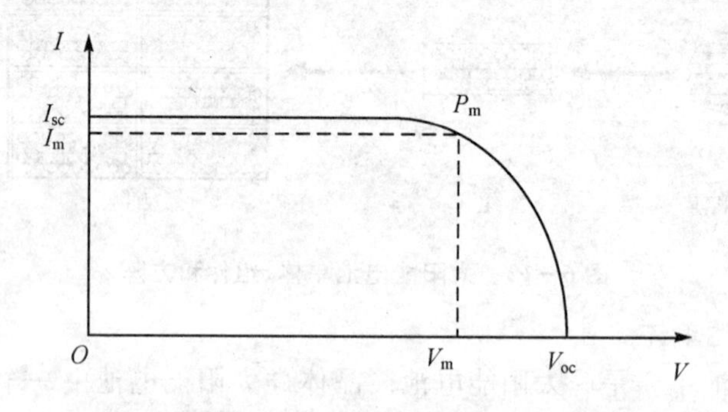

I—电流；I_{sc}—短路电流；I_m—最大工作电流；
V—电压；V_{oc}—开路电压；V_m—最大工作电压

图 6－13　太阳能电池的电流-电压特性曲线

当太阳能电池组件的电压上升时，例如通过增加负载的电阻值或组件的电压从零（短路条件下）开始增加时，组件的输出功率也从 0 开始增加。当电压达到一定值时，功率可达到最大，这时当阻值继续增加时，功率将跃过最大点，并逐渐减少至零，即电压达到开路电压 V_{oc}。太阳能电池的内阻呈现出强烈的非线性，在组件的输出功率达到最大点处，称为最大功率点；该点所对应的电压，称为最大功率点电压 V_m（又称为最大工作电压）；该点所对应的电流，称为最大功率点电流 I_m（又称为最大工作电流）；该点的功率，称为最大功率 P_m。

随着太阳能电池温度的增加，开路电压降低，大约每升高 1℃每片电池的电压降低 5 mV，相当于在最大功率点的典型温度系数为－0.4％/℃。也就是说，如果太阳能电池温度每升高 1℃，则最大功率减少 0.4％。所以，太阳直射的夏天，尽管太阳辐射量比较大，如果通风不好，导致太阳能电池温升过高，也可能不会输出很大功率。

由于太阳能电池组件的输出功率取决于太阳辐照度、太阳能光谱的分布和太阳能电池的温度，因此太阳能电池组件的测量需要在标准条件下(STC)进行，测量条件被欧洲委员会定义为 101 号标准，其条件是：

光谱辐照度　1 000 W/m^2

大气质量系数　AM1.5

太阳电池温度　25 ℃

在该条件下，太阳能电池组件所输出的最大功率被称为峰值功率，表示为 W_p(peak watt)。在很多情况下，组件的峰值功率通常用太阳模拟仪测定并和国际认证机构的标准化的太阳能电池进行比较。

通过户外测量太阳能电池组件的峰值功率是很困难的，因为太阳能电池组件所接受到的太阳光的实际光谱取决于大气条件及太阳的位置；此外，在测量的过程中，太阳能电池的温度也是不断变化的，在户外测量的误差很容易达到 10%或更大。

如果太阳能电池组件被其他物体(如鸟粪、树荫等)长时间遮挡，则被遮挡的太阳能电池组件此时将会严重发热，这就是“热斑效应”。这种效应对太阳能电池会造成很严重的破坏作用。有光照的电池所产生的部分能量或所有的能量，都可能被遮蔽的电池所消耗。为了防止太阳能电池由于热斑效应而被破坏，需要在太阳能电池组件的正负极间并联一个旁通二极管，以避免光照组件所产生的能量被遮蔽的组件所消耗。

连接盒是一个很重要的元件：它保护电池与外界的交界面及各组件内部连接的导线和其他系统元件，它包含一个接线盒和 1 只或 2 只旁通二极管。

2. 充放电控制器

充放电控制器是能自动防止蓄电池组过充电和过放电并具有简单测量功能的电子设备。由于蓄电池组被过充电或过放电后将严重影响其性能和寿命，充放电控制器在光伏系统中一般是必不可少的。充放电控制器，按照开关器件在电路中的位置，可分为串联控制型和分流控制型；按照控制方式，可分为普通开关控制型(含单路和多路开关控制)和 PWM 脉宽调制控制型(含最大功率跟踪控制器)。开关器件，可以是继电器，也可以是 MOSFET 模块。但 PWM 脉宽调制控制器，只能用 MOSFET 模块作为开关器件。

3. 直流/交流逆变器

逆变器是将直流电变换成交流电的电子设备。由于太阳能电池和蓄电池发出的是直流电，当负载是交流负载时，逆变器是不可缺少的。逆变器按运行方式，可分为独立运行逆变器和并网逆变器。独立运行逆变器用于独立运行的太阳能电池发电系统，为独立负载供电。并网逆变器用于并网运行的太阳能电池发电系统，将发出的电能馈入电网。逆变器按输出波形，又可分为方波逆变器和正弦波逆变器。方波逆变器，电路简单、造价低，但谐波分量大，一般用于几百瓦以下和对谐波要求不高的系统。正弦波逆变器，成本高，但可以适用于各种负载。从长远看，SPWM 脉宽调制正弦波逆变器将成为发展的主流。

4. 蓄电池组

蓄电池组的作用是储存太阳能电池方阵受光照时所发出的电能并可随时向负载供电。太阳能电池发电系统对所用蓄电池组的基本要求是：

- 自放电率低；
- 使用寿命长；
- 深放电能力强；
- 充电效率高；
- 少维护或免维护；
- 工作温度范围宽；
- 价格低廉。

目前，我国与太阳能电池发电系统配套使用的蓄电池主要是铅酸蓄电池和镍镉蓄电池。配套 200 Ah 以上的铅酸蓄电池，一般选用固定式或工业密封免维护铅酸蓄电池；配套 200Ah 以下的铅酸蓄电池，一般选用小型密封免维护铅酸蓄电池。

5. 测量设备

对于小型太阳能电池发电系统，只要求进行简单的测量，如蓄电池电压和充放电电流，测量所用的电压和电流表一般装在控制器面板上。对于太阳能通信电源系统、阴极保护系统等工业电源系统和大型太阳能发电站，往往要求对更多的参数进行测量，如太阳能辐射量、环境温度、充放电电量等，有时甚至要求具有远程数据传输、数据打印和遥控功能，这些功能主要通过为太阳能电池发电系统应配备智能化的"数据采集系统"和"微机监控系统"来实现。

6.6.3 太阳能在通信电源工程中的应用

由于近年来通信行业的迅猛发展，对通信电源的要求也越来越高，所以稳定可靠的太阳能电源被越来越广泛地应用于通信领域。

1. 影响太阳能电源工程设计的因素

① 太阳照在地面太阳能电池方阵上的辐射光的光谱、光强受到大气层厚度（即大气质量）、地理位置、所在地的气候和气象、地形地物等的影响，其能量在一日、一月和一年内都有很大的变化，甚至各年之间的每年总辐射量也有较大的差别。

② 太阳能电池方阵的光电转换效率，受到电池本身的温度、太阳光强和蓄电池电压浮动的影响，而这三者在一天内都会发生变化，所以太阳能电池方阵的光电转换效率也是变量。

③ 蓄电池组也是工作在浮充电状态下的，其电压随方阵发电量和负载用电量的变化而变化。

④ 蓄电池提供的能量受环境温度的影响。

⑤ 太阳能电池充放电控制器由电子元器件制造而成，它本身也需要耗能。

2. 蓄电池组容量设计

太阳能电池电源系统的储能装置主要是蓄电池。与太阳能电池方阵配套的蓄电池通常工作在浮充状态下，其电压随方阵发电量和负载用电量的变化而变化；它的容量比负载所需的电量大得多；蓄电池提供的能量还受环境温度的影响；为了与太阳能电池匹配，要求蓄电池工作寿命长且维护简单。

(1) 蓄电池的选用

能够和太阳能电池配套使用的蓄电池种类很多，目前广泛采用的有铅酸免维护蓄电池、普通铅酸蓄电池和碱性镍镉蓄电池 3 种。国内目前主要使用铅酸免维护蓄电池，因为其固有的"免"维护特性及对环境较少污染的特点，很适合用于性能可靠的太阳能电源系统，特别是无人值守的工作站。普通铅酸蓄电池由于需要经常维护及其环境污染较大，所以主要适于有维护能力或低档场合使用。碱性镍镉蓄电池虽然有较好的低温、过充、过放性能，但由于其价格较高，仅适用于较为特殊的场合。

(2) 蓄电池组容量的计算

蓄电池的容量对保证连续供电是很重要的。在一年内，方阵发电量在不同的月份有很大差别。方阵的发电量在不能满足用电需要的月份，要靠蓄电池的电能给以补足；在超过用电需要的月份，是靠蓄电池将多余的电能储存起来。所以方阵发电量的不足和过剩值，是确定蓄电池容量的依据之一。同样，连续阴雨天期间的负载用电也必须从蓄电池取得。所以，这期间的耗电量也是确定蓄电池容量的因素之一。

因此，蓄电池的容量 B_C 计算公式为：

$$B_C = A \times Q_L \times N_L \times T_O / C_C \quad (\text{Ah}) \tag{6-1}$$

式中：A——安全系数，取 1.1～1.4 之间；

Q_L——负载日平均耗电量，为工作电流乘以日工作小时数；

N_L——最长连续阴雨天数；

T_O——温度修正系数，一般在 0℃以上取 1，−10℃以上取 1.1，−10℃以下取 1.2；

C_C——蓄电池放电深度，一般铅酸蓄电池取 0.75，碱性镍镉蓄电池取 0.85。

3. 太阳能电池方阵设计

(1) 太阳能电池组件串联数 N_S

太阳能电池组件按一定数目串联起来，就可获得所需要的工作电压，但是，太阳能电池组件的串联数必须适当。串联数太少，串联电压低于蓄电池浮充电压，方阵就不能对蓄电池充电。如果串联数太多使输出电压远高于浮充电压时，充电电流也不会有明显的增加。因此，只有当太阳能电池组件的串联电压等于合适的浮充电压时，才能达到最佳的充电状态。计算方法如下：

$$N_S = U_R / U_{OC} = (U_f + U_D + U_C) / U_{OC} \tag{6-2}$$

式中：U_R——太阳能电池方阵输出最小电压；

U_{OC}——太阳能电池组件的最佳工作电压；

U_f——蓄电池浮充电压；

U_D——二极管压降，一般取 0.7 V；

U_C——其他因素引起的压降。

电池的浮充电压和所选的蓄电池参数有关，应等于在最低温度下所选蓄电池单体的最大工作电压乘以串联的电池数。

(2) 太阳能电池组件并联数 N_P

在确定 N_P 之前，需要首先确定其相关量的计算方法。

① 将太阳能电池方阵安装地点的太阳能日辐射量 H_t，转换成在标准光强下的平均日辐

射时数 H（日辐射量可查询当地日辐射量参数）：

$$H = H_t \times 2.778/10000 \tag{6-3}$$

式中：2.778/10000 h・m²/kJ 为将日辐射量换算为标准光强（1000 W/m²）下的平均日辐射时数的系数。

② 太阳能电池组件日发电量 Q_p：

$$Q_p = I_{OC} \times H \times K_{OP} \times C_Z \tag{6-4}$$

式中：I_{OC}——太阳能电池组件最佳工作电流；

K_{OP}——斜面修正系数；

C_Z——修正系数，主要为组合、衰减、灰尘、充电效率等的损失，一般取 0.8。

③ 两组最长连续阴雨天之间的最短间隔天数 N_w，此数据为本设计之独特之处，主要考虑要在此段时间内将亏损的蓄电池电量补充起来，需补充的蓄电池容量 B_{cb} 为：

$$B_{cb} = A \times Q_L \times N_L \tag{6-5}$$

④ 太阳能电池组件并联数 N_p 的计算方法为：

$$N_p = (B_{cb} + N_w \times Q_L)/(Q_p \times N_w) \tag{6-6}$$

式中，并联的太阳能电池组组数，在两组连续阴雨天之间的最短间隔天数内所发电量，不仅供负载使用，还需补足蓄电池在最长连续阴雨天内所亏损电量。

(3) 太阳能电池方阵的功率计算

根据太阳能电池组件的串并联数，即可得出所需太阳能电池方阵的功率 P：

$$P = P_O \times N_S \times N_p \tag{6-7}$$

式中：P_O——太阳能电池组件的额定功率。

6.7　通信基站绿色电源供给典型应用

随着电信重组的完成，中国电信业进入了新的“三国演义”时代，也加速了 3G 的进程。3G 作为三大全业务运营商的全新课题，其发展必然也对各运营商提出了共性的要求和共同的挑战。例如，3G 网络规划建设，网络升级演进，新业务开发创新以及产业链打造等问题，而 3G 网络规划建设又是成为实现 3G 应用的首要基础和关键步骤。目前，在 3G 机房网络规划中，运营商必须明确以下几个问题：

首先，如何满足无线网高速数据业务的应用需求。3G 带来的直接创新就是各种新型基站的大规模应用，这意味着宽带无线网络的覆盖面将会加大，对户外机房的需求也将增加。但是，相比室内机房，户外机房的应用环境更为复杂，建站取点遍及高山、平原、河谷，温差、海拔，对设备的要求不一，对温度、湿度、洁净度、电磁场强度、噪声干扰、安全保安、防漏、电源质量、振动、防雷和接地等的要求还不尽相同，必须兼顾环境的适应性和移动的灵活性。

再者，如何实现网络能源可再生循环应用，再造生命周期。节能与环保是 3G 技术应用带来的主要成果。对于室外基站而言，应该充分考虑基站环境特点，尽可能将风能、太阳能等各种绿色可再生能源转化利用，以减少碳排放量，实现能源的可再生循环利用。

针对这些问题，艾默生网络能源提出了 3G 可再生能源基站解决方案，为下一代 3G 网络的稳定和数据信息的安全提供可靠、可用、绿色的保障。

艾默生可再生能源基站供电系统由 Sunny Sure 系列太阳能控制器、太阳能方阵、风能发电机、氢燃料电池4个系统组成，可应用于太阳能、风能资源丰富地区的各类3G基站。

1. 系统工作原理

太阳能控制器是各种可再生能源基站的系统控制核心，在艾默生的系统中集成了自主研发的Sunny Sure系列太阳能控制器。艾默生太阳能供电系统主要是将转换效率高达18%的太阳能电池组成的方阵的能量输出到控制器中，控制器通过控制太阳能方阵的投入和撤出产生所需要的电压和电流给蓄电池充电，同时通过蓄电池给负载供电，在晚上或者阴雨天则完全由蓄电池给负载供电。

由太阳能方阵产生的输入电压最大开路电压为96 V。控制器通过对输入功率板的控制产生相应的浮充电压范围和均充电压范围，根据蓄电池的容量和电压状态对蓄电池进行相应的浮充或均充，同时，给负载供电。当蓄电池电压过高时，输出功率板将使负载脱离以保护负载设备；当蓄电池电压过低，输出功率板也将切断负载以保护蓄电池，控制器还具有反向放电保护功能、极性反接电路保护等功能。

艾默生太阳能控制器可以实现壁挂式或抱杆式安装，方便应用于多种场合，户外型防护等级达到IP55。同时，控制器还具有多种充电接口，便于接入风能发电机、市电、油机，可以根据基站环境提供多种供电解决方案。蓄电池作为系统的储能部件，主要是将太阳能电池和其他能源方式产生的电能存储起来方便供电。

2. 系统设计

(1) 独立光伏电源系统解决方案

这一方案由太阳能控制器、风能发电机、氢燃料电池3个系统构建而成，如图6-14所示。当天气为晴天或者多云的白天时，整个系统由太阳能进行供电；在夜晚或阴雨天时，太阳能会自动停止供电，电池会向负载放电。这时如果是正常的蓄电池供电，第二天白天有阳光后，太阳能方阵的输出电流将会给蓄电池充电，以补充夜晚供电的能量损失。

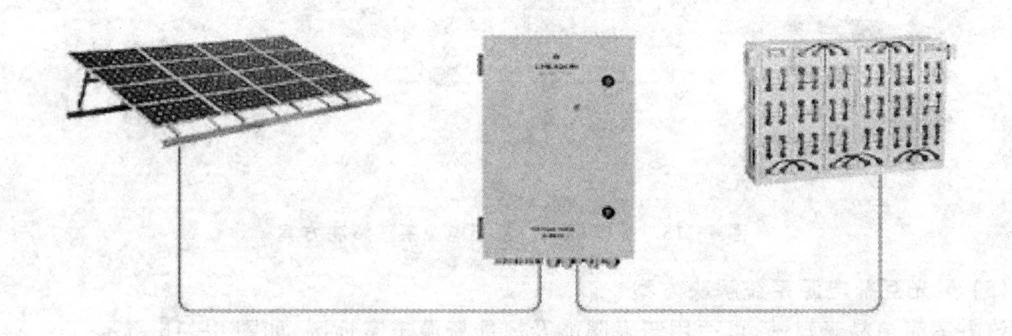

图6-14　独立光伏电源系统解决方案

为了避免蓄电池过充电及对通信设备的影响，太阳能控制器控制输出电压不高于57.6 V(电压变换方式和太阳能电池方阵切换方式)，太阳能方阵的最高输出电流可达90 A，太阳能方阵向负载供电并向蓄电池组充电。当蓄电池组电压高于57.6 V时，太阳能方阵要逐组切离，防止对蓄电池和主设备造成损坏。

这一方案适用于具有丰富太阳能资源的偏远无市电地区，方案简单易于建站，系统自动管理免于维护，可大幅度缩减运营商的日常运营费用。同时，方案也满足实现节能及环保要求的建站，可实现100%节能、环保，能源的转化使用环节清洁无污染，实现节能减排目标。

(2) 光电(油机)互补电源系统解决方案

这一方案是独立光伏电源系统方案的一个补充。从图6-15中可以看出，如果是连续阴雨天，由于电池连续放电，电池电压降至48 V时(电池充足后阴雨60小时左右后)太阳能控制器就会自动或人工启动油机。这时，油机通过开关电源向电池及负载供电。当对电池的充电电流小于设置点时，并且持续时间超过小电流延时均充T(T根据蓄电池大小可设置)，则太阳能控制器关停油机(此时或者是电池已基本充足，或者是太阳能恢复正常供电)。在阴天且油机又发生故障时，电池放电至负载保护点，太阳能控制器发出命令，电池停止向负载供电。

该方案适用于太阳能资源丰富、雨季较多的地区。光伏和油机组成的电源系统可以提高电源可靠性，实现为偏远基站的供电，同时解除了电源的束缚，从而提高了覆盖率。

对于市电不稳定地区，可提高供电可靠性，降低掉电率，可大规模应用于有市电的地区。在节能方面，可有效节电30%～100%。而且通过这种市电(油机)、太阳能互补利用，也可以减少太阳能极板的配置，有效降低系统初始投资和运行维护费用。

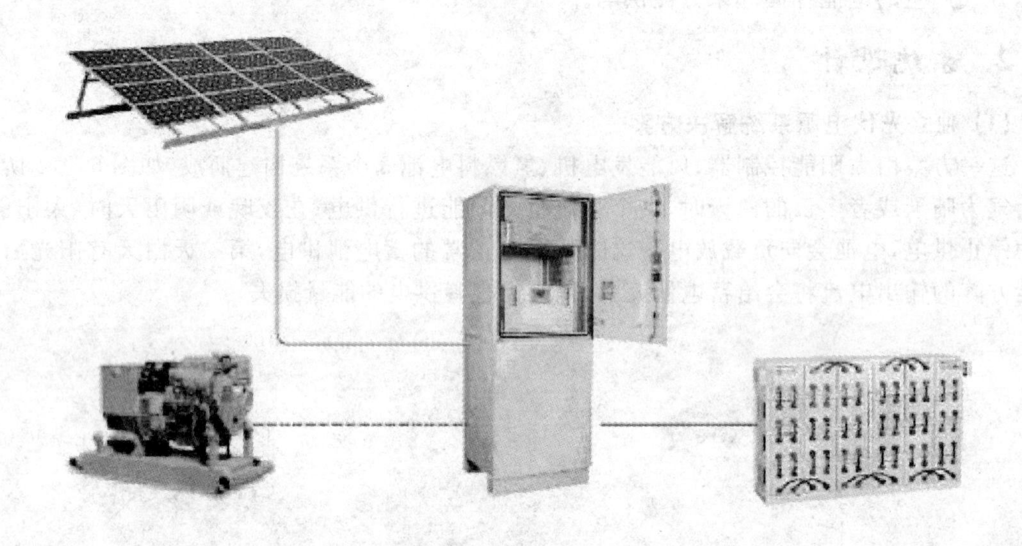

图6-15　光电(油机)互补电源系统解决方案

(3) 风光互补电源系统解决方案

该方案简单易于建站，可适用于太阳能及风能资源丰富地区，如图6-16所示。

通过风光资源互补，可以最大化利用能源，扩大网络覆盖。在维护方面，可以通过太阳能控制器全面地监控保护，利用电压控制原理，有效保护蓄电池及负载等系统设备，进而减少基站维护量。这种方案地域适应性强，环境适应能力强，太阳能控制器可以在-30～60℃、氢燃料电池可在-40～60℃温度范围应用，而且能够在飓风、冰雹和其他恶劣天气下正常运行。

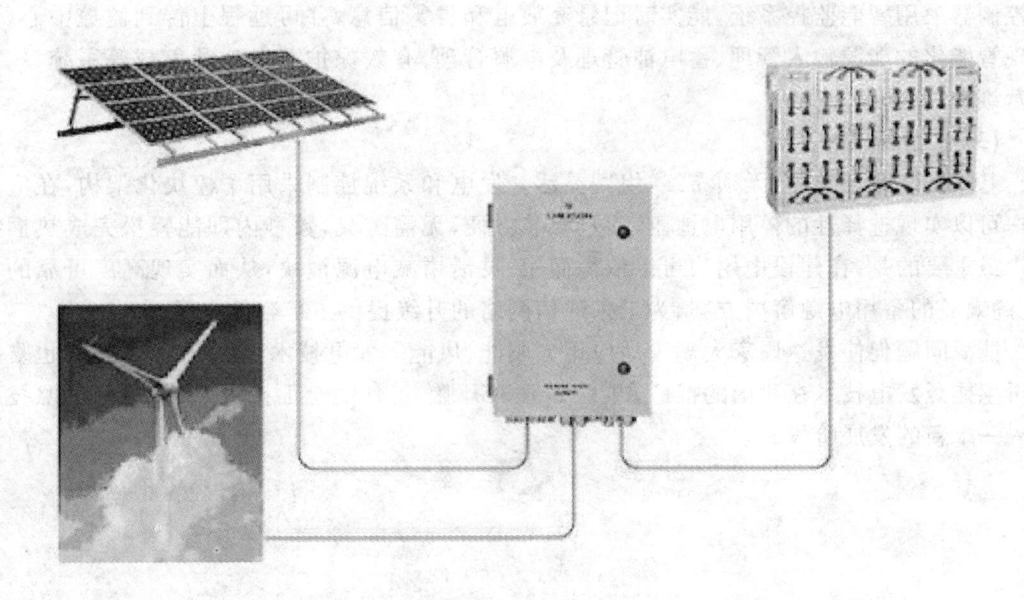

图 6 - 16　风光互补电源系统解决方案

此外，两种能源可根据条件灵活配置，同时通过完善的充放电管理方案，可以最大限度延长蓄电池寿命，并保障系统稳定运行，缩减系统投资。

3. 应用优势

艾默生可再生能源基站解决方案采用离网式发电系统进行构建，迎合了广大偏远无市电或缺少市电地区的移动通信基站、微波站等建站的需求。

同时，方案充分考虑了建站环境的特点，供电能源取自于用之不竭的太阳能、风能，这是资源最丰富的可再生能源。太阳能、风能供电具有独特的优势和巨大的开发利用潜力，太阳能、风能发电不会产生二氧化碳，是一种清洁、安全的能源。利用这一能源，每 1000 个基站每年可节电约 1000 万度，减少二氧化碳排放约 10000 吨。而最为重要的是，这种清洁的能源同时又具有在自然界不断再生、有规律补充的特点，可循环利用，从而在为基站提供稳定、可靠的电力供应的同时，真正实现了“以站养站”，让系统充分发挥使用效益。从长远来看，方案投资优势明显，3～5 年即可达到或低于传统方式建站的水平。

除此之外，在方案设计过程中，艾默生 3G 可再生能源基站方案还充分考虑 3G 网络的应用特点，在可靠性、智能化、灵活性、网络扩容等方面也显现出如下优势：

(1) 可靠性

核心系统——艾默生 Sunny Sure 系列太阳能控制器采用高可靠性及可维护性设计，两组电池接入，最大充电电流 200 A，能实现太阳电池板与太阳电池的电压自动识别和自动匹配、充电过程的自动调节及放电过程的自动控制和保护。同时，系统引入了具有前瞻性的燃料电池能源系统，控制器系统也采用全数字无损控制技术，可以使能源转化效率达到 99.6%，从而为系统的高可靠性和高可用性奠定了良好的基础。

(2) 智能化

监控系统智能化的设计真正符合 3G 网络能源智能化、网络化的发展趋势。艾默生太阳能控制器采用智能监控系统，能实时记录充放电和告警信息，并可远程上传到监控中心，从而实现智能化的能源输入管理、蓄电池管理及电源管理，有效保护蓄电池及负载等系统设备，免运营维护。

(3) 扩容灵活

基站安装搬迁方便，无须布线，组网灵活。发电和系统控制采用了模块化架构，在应用中用户可以实现选择性的停用电池匣，而且安装方便，无需工具，数秒内即能轻松完成热插拔维护。最重要的是，在建设中用户可以依需而用，灵活增减电源模块，从而实现高度可靠的低成本、高效益的备用电源解决方案，为未来通信网络的升级提供了扩容的空间。

能源问题促使发达国家大规模地应用太阳能、风能等发电技术，经济水平的提升也支持了可再生能源发电技术在我国的推广，并且由于3G网络工程的全面推进，绿色通信电源技术将迈入一个新的发展阶段。

第7章 以太网供电

7.1 概 述

以太网供电(PoE,Power over Ethernet)技术是目前新兴的一项具有广阔实用前景的技术。这项技术允许供电设备(power sourcing equipment)通过同一根以太网电缆在传送数据的同时向具有电源接口(power interface)的网络设备直接供电。

在此项技术出现以前,基于以太网的用电设备通常都是一方面通过网络接口与远程系统进行数据交换,另一方面通过独立的电源接口接入设备本地的交流市电网络中获得电能。采用这样的工作方式首先增加了系统的复杂性,其次单独引入的电源接口不仅增大了系统的成本,而且大大限制了网络设备位置安放的灵活性,除此之外来自电网的各种干扰也会对设备的可靠性产生影响。由此设想如果可以摆脱独立的电源接口,通过普通的以太网线缆在传输数据的同时向网络用电设备提供电能,无疑将是一个非常高效、实用、方便的解决方案,由此产生了以太网供电的概念。

通过以太网电缆提供电源的概念最早产生于1999年,其后包括3Com、Cisco等许多公司先后提供了很多专用解决方案,最终IEEE 802.3以太网工作组接受了多方建议,成立了专门的工作组,致力于制定一项关于该项技术的工业标准。制定标准的目的是避免不同供应商的解决方案在相互连接时出现错误以及可能产生的损害,从而保证各种设备之间实现全面的互操作性。经过长时间的研究及修订,国际电子工程师协会(IEEE)于2003年6月23日批准了用于在标准以太网电缆上供电的IEEE 802.3af标准,其中明确规定了该项技术的电力检测方法和控制事项。

该标准定义了一种允许通过以太网在传输数据的同时输送DC电源的方法。它能安全、可靠地将以太网供电(PoE,Power over Ethernet)技术引入现有的网络基础设施中,并且和原有的网络设备相兼容;它最大能提供大约13W的功率。这样小型网络设备就可通过以太网连接供电而无需使用墙上的AC电源插座,从而大大简化了布线,降低了网络基础设施的建设成本。另外,通过UPS备份的局域网供电,还可以使网络设备免受电网掉电的影响,像传统电话那样,在停电的时候仍然可以运转。

IEEE 802.3af新标准中重点介绍了怎样通过以太网网络媒质(包括普通以太网线缆以及RJ-45接口)向网络上的数据终端设备(DTE)供电的具体实现,这也是构成以太网供电(PoE)技术的核心内容。

概括而言,以太网供电技术的概念即是通过一个简单的接口和现有的标准5类/超5类/6类数据双绞线向10Base-T、100Base-T或1000Base-T的网络设备同时传送所需数据以及该设备正常工作需要的电能。在整个系统结构中首先需要说明的两个重要实体分别是用电设备(PD,即通过以太网获得电能工作的设备)和供电设备(PSE,即供电设备通过以太网向网络上的用电设备发送电能)。IEEE 802.3af规范就是定义了一套方法及程序来构建供电设备和用电设备。根据规范,供电设备在非屏蔽的双绞线上可以传输48V、低于13W的直流电,该电能应该可以不做修改、不需另外布线地应用在现存的电缆设备上,用电设备只需采用常见的RJ-45接口便可得到供电。另外IEEE 802.3af规范中也详细定义了设备检测、供电监控及模块测试的各种技术指标,按照此项技术标准来构建系统可以在保障网络数据传输可靠性的同时实现以太网供电,并防止了由于对不合适设备供电造成网络以及设备的各种可能存在的危害。

以太网供电技术基本的网络架构和现有的IEEE 802.3标准的网络架构是相同的,但有4处重大的变化:

① 供电设备(Power Sourcing Equipment,PSE),这个供电设备将与网络结合到一起,来实现通过以太网供电,并通过其供电管理功能来实现检测、控制和监测。

② 用电设备(Powered Device,PD),它将为用电需求检测提供标识,只有兼容IEEE 802.3af-2003标准的用电设备才可以通过以太网获得供电。

③ 不间断电源(Uninterrupted Power Supply,UPS),UPS的变化在于它不再像以往那样分别与每一个需要不间断供电的用电设备相连接,而是直接与供电设备相连,为多个用电设备提供掉电保护。

④ 分离器(Splitter),如果需要的话,在用电设备端可以使用一个分离器将供电和以太网信号分离,从而不需要对网络做任何改变,对电缆和现有的以太网设备也不会有任何影响。

此外,IEEE 802.3af标准还对路由器、交换机和集线器通过以太网电缆向IP电话、安全系统以及无线LAN接入点等设备供电的方式进行了规定。随着PoE的实施规模逐渐扩大,今后大量其他的应用可望涌现出来。值得关注的是,它有望推动芯片供应商为笔记本电脑和便携式设备设计耗电量低于12.95W的芯片组,届时RJ-45接口将成为一种通用电源插口。Power Dsine公司甚至预测今后五年内,企业网络设备的75%以上将由以太网供电。

7.2 以太网供电的应用优势

IEEE提出IEEE 802.3af标准的主要目的之一就是要通过采用以太网线缆供电技术,降低提供电能的开支,进而为IP电话和无线接入设备等各种网络设备的推广带来更大便利。这项技术之所以在行业中被看好,是因为与现有的电源管理设备相比,采用以太网供电的设备具有成本低,接入点位置灵活,可靠性高,可以基于Web控制进行SNMP远程访问和管理等众多优点,从而大大提高了电源的管理以及使用效率。举例来说,采用了这项技术,普通网络管理员就可以轻松地监控各种网络设备电能的使用情况进而制定这些设备的工作政策,而且由于该技术支持点到多点的电力分配功能,所以只需在网络核心部分配备一套UPS设备就可以为本地网内多种分散设备提供可靠的电力备份。支持IEEE 802.3af的以太网供电为用户带来的好处是显而易见的,将在未来几年内受到用户的大力欢迎。

首先,它可以有效地节约成本;因为它只需要安装和支持一条而不是两条电缆。AC电源接口的价格都比较高,许多带电设备例如视频监视摄像机等,都需要安装在难以部署AC电源的地方。随着与以太网相连的设备的增加,如果无需为数百或数千台设备提供本地电源,将大大降低部署成本,并简化其可管理性。

其次,它大大地方便了在没有电源插座的地方安装网络设备,甚至可以派生出许多新的应用。在“9.11 事件”以后，全球对安全有了进一步的认识，通过视频监视网络和以太网的结合可以加强的监控系统的实时在线和传输功能。在工业现场监控方面，通过基于以太网的嵌入式测控系统，它能快速地将现在采集到的信息传输给上层管理系统，并且通过一个支持 PoE 的交换机就能对多个嵌入式测控系统进行控制，从而轻易地实现了对远程分布式测控系统的管理。

再次，它便于安装和管理，客户能够自动、安全地在网络上混用原有设备和 PoE 设备，能够与现有以太网电缆共存，因为 PoE 供电端设备只会为需要供电的设备供电。只有连接了需要供电的设备，以太网电缆才会有电压存在，因而消除了线路上漏电的风险。

最后，它拥有更多增强的应用。随着 IEEE 802.3af 标准的确立，其他大量的应用也将快速涌现出来，包括蓝牙接入点、灯光工作、网络打印机、IP 电话机、Web 摄像机、无线网桥、门禁读卡机与监测系统等。用户在当前的以太网设备上融合新的供电装置，就可以在现有的网线上提供 48 V 直流电源，降低了网络建设的总成本，并且保护了投资。

近年来在工业自动化控制领域以太网技术以其各方面显著的优点已经得到了越来越广泛的应用。以太网供电技术的诞生使连入以太网络的工业设备脱离外接电源而直接从以太网接口得到供电成为可能。随着这些连接到局域网的低功率设备的需求的迅速扩大，促使了 IEEE 802.3af 项目的发展。

此外，以太网供电技术的应用还存在于 IP 电话、无线设备（Wi - Fi）的接入、安全摄像机、销售点终端和智能插座交换机等领域。但是随着技术的推广和普及，其在工业领域的发展前景和市场非常广阔，有望实现很多新的设备和应用，例如各种接入网络的工业监测仪表、实现网络化的“智能大楼”、使用网络电源给移动电话和个人数字助理（PDA）充电等。

总的说来，对于网络设备而言以太网供电技术有着其他各种电源解决方案无法比拟的优势，无论从技术角度还是经济角度出发，在系统中应用这项技术都是一个非常好的选择。目前包括 3Com、德州仪器（TI）等等众多芯片厂商都投入到与以太网供电相关的芯片制造以及相关产品研发生产的这个前景广阔的市场中。例如：在供电设备中比较多使用到的芯片有 TI 公司 tps2383 以及凌特公司的 ltc4255 等，而与其相对应的 tps2370 和 ltc4257 则应用于 PD 设备端。可以预见，以太网供电技术在业界中将引起更大的关注，获得更加广泛的应用。

7.3 以太网供电系统的组成结构

在以太网供电系统中，提供电源的设备被称为供电设备 PSE（Power Sourcing Equipment），而使用电源的设备称为受电设备 PD（Powered Device）。

7.3.1 供电设备（PSE）

1. PSE 的分类

PSE 负责将电源注入以太网线，并实施功率的规划和管理。可以采用两种类型的 PSE：一种为“End - Span PSE”，即端跨供电方式；另一种为“Mid - Span PSE”，即中跨供电方式。

End - Span PSE 就是支持 PoE 的以太网交换机、路由器、集线器或其他网络交换设备。

Mid－Span PSE 是用来将以太网供电功能添加到现有网络的一种设备。它专门用于电源管理，并通常和交换机放在一起，和交换机一样也有多路输入/输出 RJ－45 端口，对应每路的两个 RJ－45 插孔。一个用短线连接至不具有以太网供电功能的网络交换设备，作为数据输入口；而另一个连接到支持 IEEE 802.3af 供电的远端用电设备(PD)，作为数据/电源双用的 RJ－45 输出口。Mid－Span 设备通常通过未使用的 4/5 和 7/8 线对来承载供电，剩下的部分预留给数据传输，电源在机箱内被注入网线而信号未作任何调整。PD 则有多种形式，如 IP 电话机、网络摄影机、无线桥接器、收银机、安全存取与监测系统等。实际上，任何需要数据连接并能在 13 W 或更低功率下工作的设备都可无需 AC 电源或电池供电，仅从 RJ－45 插座就能够得到相应的电力。图 7－1 给出了采用 Mid－Span 的 PoE 系统工作示意。

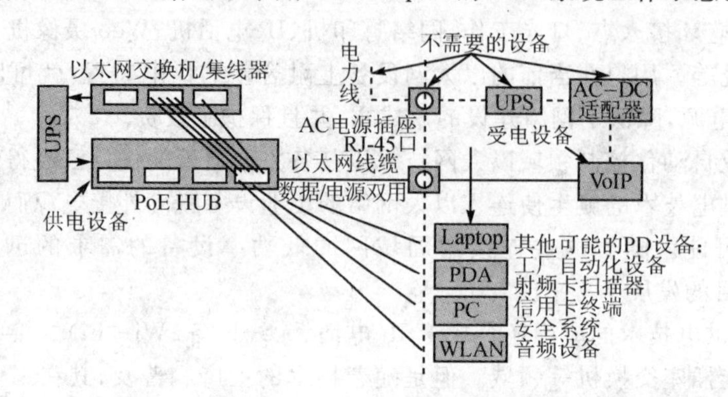

图 7－1　采用 Mid－Span 的 PoE 系统的工作示意图

2. PSE 的功能

PSE 负责 PoE 系统的电源管理。它连续监视网络上 PD 设备的连接状况，并根据 PD 的功率要求，将适当的电力通过五类电缆中的信号线对(End－Span PSE)或备用线对(Mid－Span PSE)输送到 PD，并在 PD 下线时切断电源。

End－Span PSEs 支持 10BASE－T、100BASE－TX 和 1000BASE－T 网络。End－Span 的 PoE 系统中的 PSE 可以在信号线对之间或备用线对之间(但不是两者同时)提供标称 48 V 的 DC 电源。其中在信号线对之间传输电力时，48 V 电源通过向耦合变压器的中间抽头供电以共模方式施加在双绞线上，如图 7－2 所示。对于差分数据信号没有影响，并且由于耦合变压器的隔离，也不会对数据收发器产生影响。Mid－Span PSEs 只支持 10BASE－T 和 100BASE－TX 网络，而对 1000BASE－T 网络的支持 IEEE 802.3af 标准目前还未定义。Mid－Span PSE 在备用线对之间提供 48 V 的 DC 电源。Mid－Span PSE 较 End－Span PSE 需要额外的线缆，占用了更多的空间，并增加了系统成本。

3. PSE 的工作原理

供电设备(PSE)的工作流程可以按顺序概括为：首先检测网络上的用电设备，进而按照需求对该设备进行分级，之后对其开始正常供电，同时监控供电情况、测量各种参数，并对用电设备的状态做出判断和处理。PSE 设备的工作流程如图 7－3 所示。

(1) PD 检测

在允许 PSE 向线路供电之前，它必须用一个有限功率的测试源来检查特征电阻，以避免

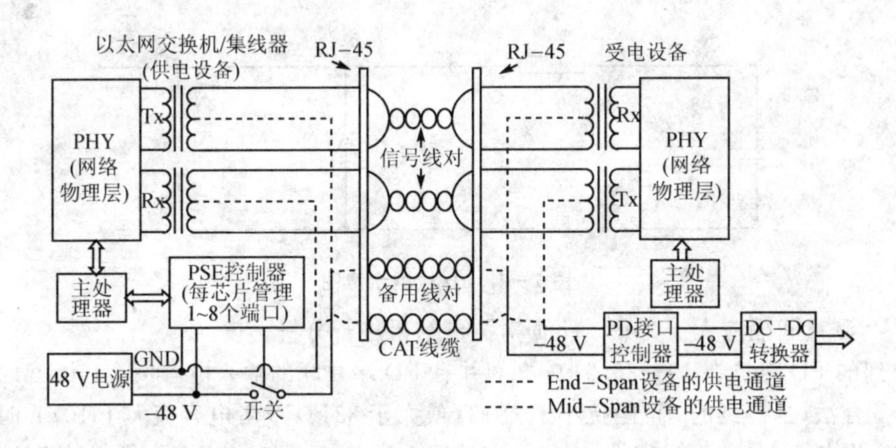

图 7-2　48 V 电源加在信号线对或备用线对上

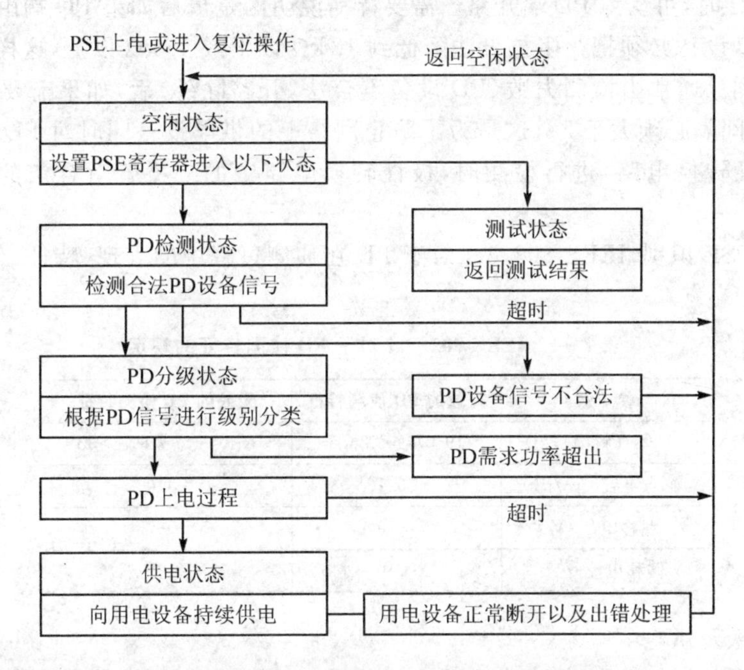

图 7-3　PSE 工作过程流程图

将 48 V 电源加给非兼容 PoE 的网络设备，对其造成危害。正常情况下，当网络中有设备连入后，PSE 设备一定对该 PD 设备进行检测，成功得到合法检测结果后才能向该用电设备接口输送电能。

PSE 检测 PD 的常用方法是采用 10 V 以下的电压（这样的做法是为了尽可能不破坏以太网传输的合法数据）去探测 PD 端，得到返回的电流值后计算出 PD 端的信号阻抗，基本以 25 kΩ 作为合法 PD 设备的重要标准之一。除此之外，还可以通过加小电流后得到相应的电压值来计算该阻抗或者采用串联已知电阻进行分压得到该阻抗值。简单的测量示意图如图 7-4 所示。

为保证测量结果有效，$V+$ 和 $V-$ 之间的电压应该在 2.8～10 V 之间。另外 PSE 设备至少要进行 2 次以上的测量以便可以得到更好的 V/I 曲线，多次测量间的电压幅度差 ΔV_{test} 需

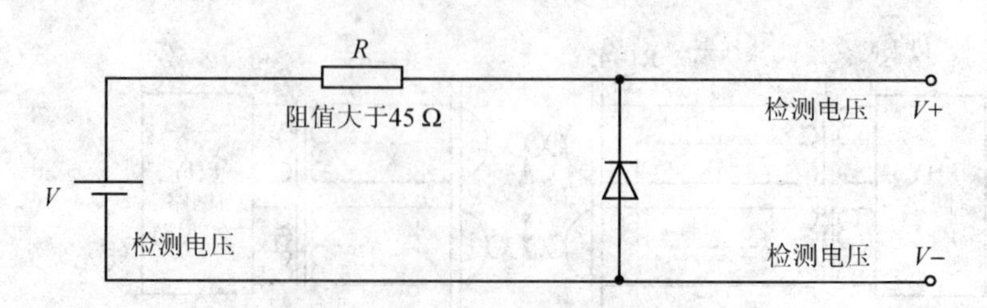

图 7-4　PD检测示意图

要大于 1V,测量间隔应大于 2ms。下面对测试结果进行分析。

当得到的 PD 阻抗在 19～26.5kΩ 之间并且 PD 端并联的输入电容值<150nF 时,可以认为 PD 设备合法;当得到的 PD 阻抗小于 15kΩ 或大于 33kΩ 或者电容值大于 10μF 时,就应该判定该 PD 设备不合法,不对其供电;另外当采用方法 B(见表 7-3)来连线测试得到的 PD 端阻抗大于 500kΩ 时,可认为 PD 端开路。需要特别说明的是最后如果 PD 端由于特殊原因不需要被供电,PD 设备必须把其阻抗设法降低到 12kΩ 以下或 45kΩ 以上,这样才能保证不被 PSE 设备检测到。通常当检测失败(PD 设备不合法,开路除外)后,如果需要进行第二次检测,期间的时间间隔必须大于 2s,这是为了防止网络上的供电设备同时对 PD 设备(通常 PD 设备中带有极性转换电路)进行检测时,极性转换电路中的二极管对合法的 PD 信号进行干扰。

为了便于 PSE 识别,IEEE 802.3af 对于 PD 在侦测过程中的表现(特征)作了规定,如表 7-1所列。

表 7-1　IEEE 802.3af 对于 PD 侦测特征的规定

参　数	有效的 PD 侦测特征	无效的 PD 侦测特征
$\Delta V/\Delta I$(斜率)/kΩ	$19<R_{PC}<26.5$	$R_{PC}<15$ 或 $R_{PC}>33$
输入电容 C_{PC}/μF	<0.12	>10
偏移电压/V	<19	—
偏移电流/μA	<10	—

(2) PD 分级及供电

由于 PSE 设备的供电资源有限,不能向用电设备提供任意大小的电能,所以在成功检测到合法的用电设备之后,接下来 PSE 设备就需要根据该设备的分级信号(Classification Signature)对这个用电设备进行电能分级,从而可以确定出是否可以提供该设备所需的能量,PSE 之后根据每个设备级别的不同按照相应的功率大小供给电能。如果 PD 设备需要的能量超出 PSE 设备规定的输出最大值范围,PSE 设备将不向其供电;如果在 PSE 设备的剩余可供能量不足够时应停止继续接受其他 PD 设备的接入。

PD 分级采用的检查方法是 PSE 设备输出 15.5～20.5V 之间的电压,之后检测回路中的电流的峰值大小(不得大于 100mA,以免对设备造成损害)。通过从线上吸收一个恒定电流——分级特征信号,PD 向 PSE 表明自己所需的最大功率。PSE 测量这个电流,以确定 PD 属于哪个功率级别。具体等级参数如表 7-2 所列。

需要说明的是,由于噪声频率的关系,从 PD 设备连入网络到加电到 PD 上的整个过程应在 1s 时间之内完成。分级完毕后,PSE 设备应该开始在 4 对绞线中对应的线路上进行输电,输出44～57 V范围之内的电压。而电流方面PSE设备必须有能力在50 ms时间之内可以保持400 mA;通常的系统浪涌电流(I_{Inrush})不得超过450 mA。

表7-2 IEEE 802.3af标准的能量等级

等 级	PSE最小输出功率/W	PD最大输出功率/W	等级信号电流/mA
0	15.4	12.95	0～5
1	4.0	3.84	8～13
2	7.0	6.49	16～21
3	15.4	12.95	25～31
4	保留(按照0级处理)		35～45

PSE设备停止向PD设备继续供电的情况通常是这样：如果电流超过过载电流(I_{cut})达到75 ms,PSE设备就应该停止供电；同样电流值达到短路电流(I_{LIM})时也必须在75 ms以内停止供电；另外还有一种情况就是MPS信号的消失。在供电期间,PD设备应放出的MPS(Maintain Power Signature)信号,该信号有效的两个判断依据是直流电流不得小于10 mA以及500 Hz以内的所有频率对应的交流阻抗不得低于33 kΩ。PSE根据这两个依据判断MPS信号,从而进行断电处理。正常情况下在停止供电前必须等待300～400 ms,以便设备做相应处理。

成功侦测和分级后,PSE就可向PD供电了。供电期间,PSE还要对每个端口的供电情况进行监视,提供欠压和过流保护。

(3) PSE设备的寄存器管理

IEEE 802.3af规范中对PSE设备的控制管理是通过新加入的两个PSE寄存器完成的。通常这两个寄存器包括于MII(Media Independent Interface,一种可独立使用的以太网接口规范)或GMII接口的寄存器组中的第11和第12个,但是如果网络物理层硬件芯片(Physical Layer)不提供MII接口,所使用的接口规范中也必须提供类似功能的PSE控制器。

PSE寄存器分为控制和状态两个寄存器。通过对控制寄存器的读/写,可设置PSE设备与网线的连接方式和控制PSE设备开关等功能。状态寄存器只读、记录PSE工作的状态情况,该寄存器从低位到高位,依次定义为网线连接极性控制、PSE设备的工作状态、PD设备的分级级别、MPS信号状态、过载情况、短路情况、是否存在非法PD信号、是否存在合法PD信号以及供电开关。

4. PSE的断路检测方法

PSE不能向非PD设备传输电力,同样PSE也不能在PD已经断开后还使电源处于接通状态,因为供电电缆有可能会插在一个非PD设备上,或引起线缆的短接。IEEE 802.3af标准规定了两种方法让PSE检测PD是否断开,即DC断路检测法和AC断路检测法。不同的芯片供应商根据系统的实际情况选择了最适合他们系统的检测方法。

(1) DC断路检测法

DC断路法根据从PSE流向PD的直流电流大小,判断PD是否在线。当电流在给定时间t_{DIS}(300～400 ms)内保持低于阈值I_{MIN}(5～10 mA)时,PSE就认为PD不存在,从而切断电源。这种方法的缺点是：当PD工作在低功耗模式时,为避免掉线,PD必须周期性地从线上吸取一定的电流。

(2) AC 断路检测法

AC 断路法是测量以太网端口的交流阻抗，当没有设备连接到 PSE 时，端口应该是高阻抗，可能达到几 MΩ；而当接有 PD 时，端口的阻抗会小于 26.5 kΩ；如果 PD 消耗大量功率，那么阻抗通常会更低。端口阻抗(Z_{PORT})通过加电压(V_{AC})和测量得到的电流(I_{AC})来决定，即 $Z_{PORT}=V_{AC}/I_{AC}$。

目前已有多家半导体厂商提供了符合 IEEE 802.3af 规格的 PSE 控制器。这些器件在降低系统成本、提供更高可靠性的同时，也加速了以太网供电的广泛普及。这些控制器为凌特公司(Linear)的 LTC4258/59、德州仪器公司(TI)的 TPS2383、以色列 Power Dsine 公司的 PD64008、美信公司(Maxim)的 MAX5922A/B/C 以及即将上市的 MAX5935。其中 Linear 的 LTC4258/59 可以对 4 路以太网供电端口进行管理，具有自主运行(无需处理器干涉)情况下即可按序处理有任务的功能，对每路都可以单独设置其工作模式(自动、半自动、手动、关闭)。

5. PSE 设备的位置安放及接线方式

供电设备的位置安放可以有两种方式选择，一种是以数据终端形式出现，如以太网的交换机、路由器或者集线器等网络设备，这种通常配置在新建的网络系统中；另一种是将供电设备插入到已有的网络线路连接之中，称为 Mid - Span PSE 设备，其通常可配置 6～24 个端口，并配有 RJ - 45 接口的数据输入连接器和数据/电力复用的输入连接器，该方法不用更换已有的交换机等设备，所以多用于对现有网络系统进行升级。PSE 设备与目前广泛使用的网线(以太网线缆大致分为 3 种：分别为 5 类/超 5 类/6 类)的连接有 A、B 两种不同方式。以太网线由 4 对绞线构成，网线两端以 RJ - 45 接口作为结束。以典型 10/100BASE - T 网络为例，其中必有两对(1/2/3/6)用作数据的传输，剩余两对(4/5/7/8)空置，详细分配如表 7 - 3 所列。

表 7 - 3 PSE 设备连线表

RJ - 45 接口	A(MDI - X)	A(MDI)	B(ALL)	RJ - 45 接口	A(MDI - X)	A(MDI)	B(ALL)
1	负 V_{port}	正 V_{port}		5			正 V_{port}
2	负 V_{port}	正 V_{port}		6	正 V_{port}	负 V_{port}	
3	正 V_{port}	负 V_{port}		7			负 V_{port}
4			正 V_{port}	8			负 V_{port}

PSE 设备应可对表中的 MDI - X 和 MDI(MDI - X 和 MDI 是两种不同的以太网接口规范)自动进行判断从而选择极性。终端 PSE 设备既可以采用表 7 - 3 中方法 A 接线(即在用于传送数据的两对线上直接同时进行电能传送)，也可以采用方法 B，利用 4/5/7/8 这两对空置线输电。但是通过 Mid - Span 方式安放的 PSE 设备由于未对终端设备进行改造，则必须采用 B 方法的连线才可正常供电。IEEE 802.3af 规范中允许两个分别采用方法 A 和 B 的 PSE 设备接入同一网段，这种情况下需要使用 BACKOFF 算法来将二者的检测时段错开，以免造成混乱。

6. PSE 设备的选择

供电设备(PSE)可通过采用控制芯片设计电路或直接购买已有的产品来实现。控制芯片有 MAX5945、LTC4258 等等，已有产品如戈德公司的 Gemtek E2120 单口以太网供电器和

Gemtek E2820 以太网供电交换机。供电设备的设计较为复杂,不仅需要实现供电过程的逻辑,还需要管理和监控网络。目前采用控制芯片设计供电设备是困难的,因此在应用中最好直接根据需要选择合适的产品。

供电设备须考虑网络所需电源的容量,在一个办公局域网可达到 1000～2000 W。实际上,把一个网络的用电集中到一个设备的以太网供电方式使得交换机或集线器所位于的机房相当于一个小型配电站。在应用时需要考虑机房中交换机柜的散热,相应的 UPS 应采用满足应用功耗需求的等级。

7.3.2　受电设备(PD)

1. PD 组成结构

一个受电设备的典型结构如图 7-5 所示,由 4 个基本模块构成:极性保护模块、检测特征和分类电路、欠电压控制模块和 DC-DC 变换模块。

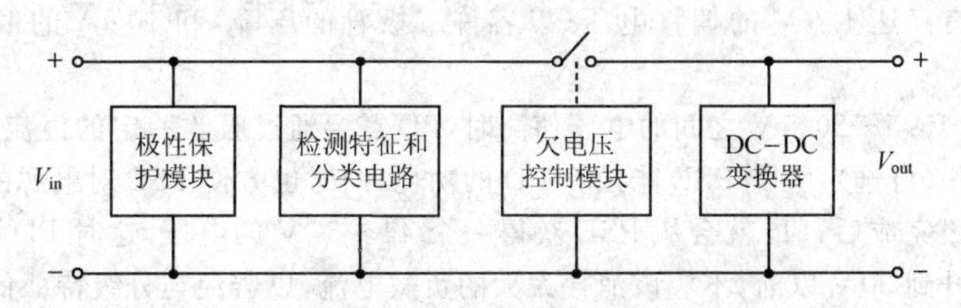

图 7-5　受电设备(PD)的典型结构

(1) 极性保护模块

在 IEEE 规范中允许功率以不同的方式注入到 CAT-5 电缆中,供电设备(PSE)可以将电源正端设定在发送侧变压器或接收侧变压器的中心抽头位置。因此受电设备 PD 就必须要能应对未知极性的电压并正常工作。一个简单的桥式整流电路就能实现该功能,因此在 IEEE 规范中要求在 PD 的输入端都必须有类似的电路。

(2) 检测特征和分类电路

为了保证 PSE 不会将 48 V 电压输送给非 PoE 受电设备,PSE 开始会给受电加一个 2.7～10.1 V 的低电压并观测 25 kΩ 电阻的特征阻抗。而电流分类或说分类电路用来告诉 PSE 该 PD 最大消耗的功率,这点对大的交换机的电源管理是非常有用的。在 PD 通过鉴别后,PSE 将增加输出电压到 14.5～20.5 V 并测量电流,表 7-4 给出了目前已有的分类范围。

表 7-4　受电设备能量等级表

等级划分	等级电流/mA	PD 功率/W	备　注
0	0～4	0.44～12.95	默认
1	9～12	0.44～3.84	可选
2	17～20	3.84～6.49	可选
3	26～30	6.49～12.95	可选
4	36～44	保留	保留

(3) 欠电压控制模块

受电设备的 DC-DC 变换器不是在 PSE 完成鉴别后立即开始工作，而是在 PD 输入电压达到 35 V 后开始启动。

(4) DC-DC 变换模块

通常的 48 V 电压并不是用得最多的电压，大多数场合需要低一些的电压如 3.3 V、5 V 或 12 V 电压。获得这些电压的一个有效的办法就是使用 DC-DC 变换器，变换器在规定负载下能在 36～57 V 输入电压下正常工作。

2. PD 工作原理

受电设备(PD)能够通过信号线或备用线接收电源，通常由二极管对两个电源进行线“或”来实现，因为 IEEE 规格要求同时只能有一个线对传输电源；同时 PD 应该能不受电源极性的限制，这通常可以使用整流桥或其他方法来实现自动极性转换。

当 PSE 用 2.8～10 V 之间的电压侦测时，PD 必须具有表 7-4 所列的输入特性。PD 的输入端口可具有高达 1.9 V 的偏移电压（以容许二极管的压降）和 10 μA 的偏移电流（漏电流）。

当 PSE 用 15.5～20.5 V 之间的电压侦测时，PD 需要通过吸收一定的恒流来表明自己所需要消耗的功率(可选)，所以 PSE 能预算 PD 的功耗，同时也方便 PSE 对电源的管理。

探测和分级完成后，PD 就会从 PSE 获得一个 44～57 V 的电压，这时 PD 要遵守几条规定。在端电压升到 30 V 以前，不应该消耗太大的负载电流，以避免与分级特征信号互相干扰；当电压达到 42 V 时，必须处于完全工作状态。工作状态时，PD 端口电压应该在 36～57 V 之间，而当 PD 的端口电压跌落到 30～36 V 之间时，PD 应该关断端口。PD 工作时不能连续消耗 350 mA 电流或 12.95 W 功率，短时内允许有 400 mA 的浪涌电流。PD 的输入电容必须低于 180 μF，以便在电源接通时将浪涌电流保持在合理的水平；如果输入电容大于 180 μF，PD 就要主动限制浪涌电流，使它低于 400 mA。最后，PD 至少要保持 10 mA 的电流且交流阻抗要维持在 26.25 kΩ 或更少，以避免掉线。

为了使 PD 符合 IEEE 802.3af 标准的要求，简化设计任务，同样几大半导体厂商相继推出了 PD 接口控制器。可用的接口控制器有德州仪器(TI)公司的 TPS2370/TPS2371/TPS2375，凌特公司(Linear)的 LTC4257/ LTC4257-1，美信公司(Maxim)的 MAX5940A/MAX5940B、MAX5941A/B、MAX5942A/B，Supertex 公司的 HV110K4 以及 Power Integrations 公司的 DPA423G。其中 Maxim 公司的 MAX5941A/B、MAX5942A/B 和 Power Integrations 公司的 DPA423G 将用于 DC-DC 转换的 PWM 控制器也集成在芯片中，利用它们可以实现非常紧凑且高性价比的 PD 供电电路。

3. PD 设备的电源接口

PD 设备的接口应该可以正常接受 0～57 V 之间的电压，应能对 PSE 提供的电能极性自动适应并且在两种网线连接结构下都可进行工作。

利用信号线(1/2/3/6)的供电方式，PD 设备需要从数据信号中将直流 DC 信号取出，由于传输的数据信号都被隔离变压器进行隔离，所以通常利用隔离变压器的中心插头进行供电，而利用空置线(4/5/7/8)供电则通常不一定需要经过隔离变压器。两种连线接口的示意图如图 7-6 所示,在实际应用中通常将 48 V 改为-48 V 供电,其目的是与电信惯例保持一致。

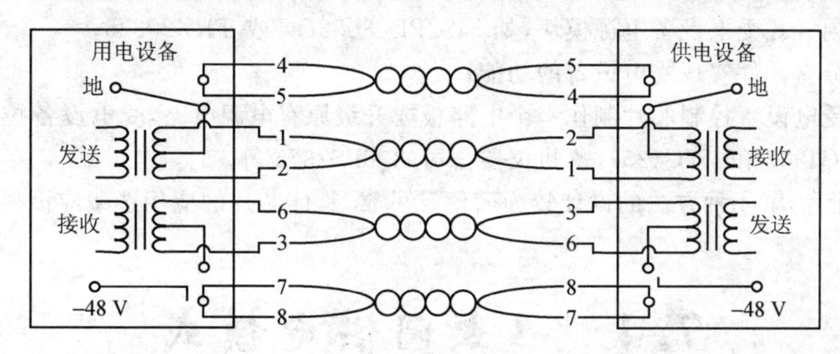

图 7-6　网线接口示意图

在 PD 设备输入端通常都加入二极管电桥电路,其主要目的是避免电源信号极性侧转,实现自动极性纠正,典型电路之一如图 7-7 所示。图中电路不仅实现了自动极性纠正,而且通过引入两个电桥,避免了 PD 设备可能被两种连线模式同时供电的错误情况。采用此电路,当其中一种方式处于供电状态时,另一种方式的 PD 信号就会自然消失。

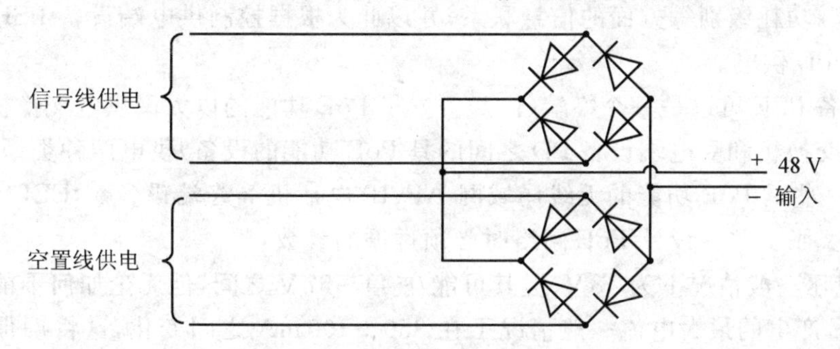

图 7-7　自动极性转换典型电路

4. PD 设备端的电气参数

和 PSE 端的输出参数比较,PD 设备端的输入参数略有不同。PD 设备可以接受 36～57 V 之间的输入电压,通常规定 PD 设备输入电容不得大于 180 μF,以便保持上电阶段的冲击电流值处于合理范围,通常 PD 设备必须把浪涌电流(I_{Irush})保持在 350 mA 以下。PD 设备在接受供电后当输入电压大于 30 V 之后才可以接受电流,以免对分类信号产生干扰。通常 PD 设备不可以连续接收大于 350 mA 的电流或者大于 12.95 W 的功率电能,但是某些情况下,短暂的 400 mA 输入是可以接受的。这种情况下在输入端需要串联有相当于 20 Ω 的电阻,这样当 400 mA 电流流过时该电阻可将输入电压降低 8 V,从而可以防止连续开关设备产生的振荡现象。另外在供电期间为了不发生意外断线,PD 设备应须维持 10 mA 的电流以及低于 33 kΩ 的交流阻抗。

5. PD 设备设计

一个受电设备由隔离的开关电源电路或非隔离的降压电路部分和受电设备控制芯片电路部分组成。换言之,工程师所设计的一个符合以太网供电受电设备技术的产品,相当于在原有的电源电路部分的前端增加以太网供电受电设备的功能。有4种实现方法：

① 直接购买一个符合受电设备要求的开关电源；

② 购买内置式受电设备电源模块，如MS2PD08052DC或TRX20325；

③ 使用分立元件实现受电设备的功能；

④ 使用受电设备控制芯片制作一个电路板或升级原有电源电路，受电设备控制芯片有凌特公司的LTC4267和LTC4257，德州仪器公司的TPS2375等。

相比较而言，第④种方法的设计较为简便且可靠，具体芯片的应用选型应该根据具体电源需求而定。

7.4 以太网供电模式

1. 供电方案

一个完整的PoE系统包括供电端设备(Power Source Equipment，PSE)和受电端设备(Powered Device，PD)两部分，两者基于IEEE 802.3af标准建立有关受电端设备PD的连接情况、设备类型、功耗级别等方面的信息联系，并以此为根据控制供电端设备PSE通过以太网向受电端设备PD供电。

供电端设备PSE可以是一个终端(已经内置了PoE功能的以太网供电交换机)和中间(用于传统以太网交换机和受电端设备PD之间的具PoE功能的设备)供电两种类型，而受电端设备PD则是如一些具PoE功能的无线局域网AP、IP电话机等终端设备。IEEE 802.3af以太网供电标准定义了一些在设计PoE网络时必须遵循的参数：

① 操作电压一般情况下为48 V，但其可能在44～57 V之间，但无论如何不能超过60 V；

② 由PSE产生的最大电流一般情况下在350～400 mA之间变化，这将确保以太网电缆不会由于其本身的阻抗而导致过热。

上述两个值使得PSE在其端口会产生最大1514 W的功率输出，考虑到经过以太网电缆后的损耗，受电端设备PD所能接受到的最大的功率为12195 W。

根据IEEE 802.3af的规范，有两种方式选择以太网双绞线的线对来供电，分别称为选择模式A与选择模式B。模式A采用以太网线缆中的1、2、3、6四根数据线(1、2线为发送数据线，3、6为接收数据线)来传输电源，模式A终端供电方案如图7-8所示。

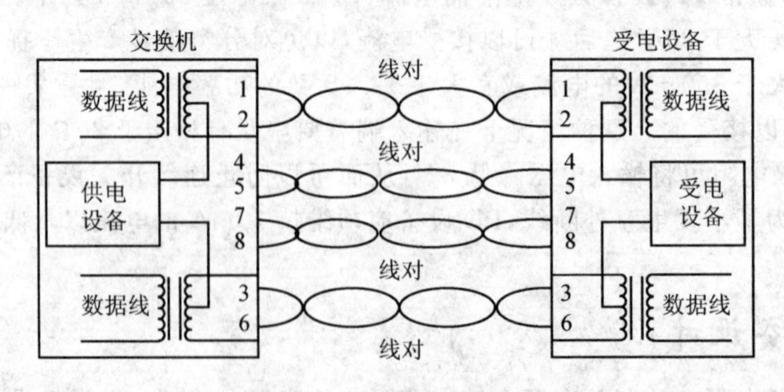

图7-8 模式A终端供电方案

模式 B 采用 4、5、7、8 四根空闲线传输电源，如图 7-9 所示。终端供电的下行链路可以采用模式 A 和模式 B 两种模式。这类设备可以兼容十兆赫兹和百兆赫兹的以太网。在一般情况下一个终端设备不应该同时支持两种以太网供电模式。而对中间供电设备来说，一般只采用以太网线缆中的 4、5、7、8 四根空闲线来传输电源，如图 7-10 所示。

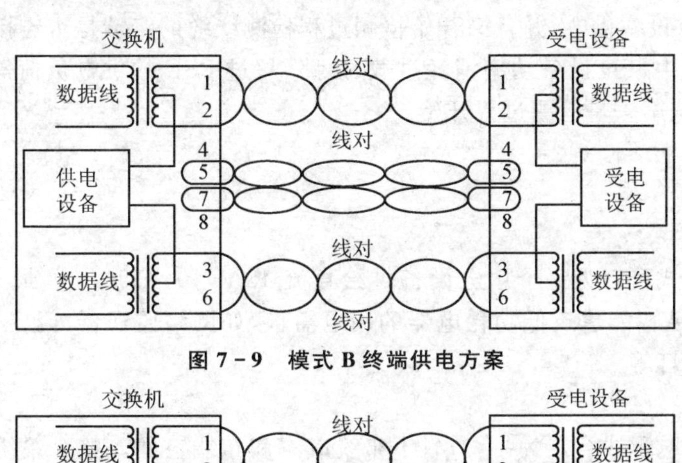

图 7-9　模式 B 终端供电方案

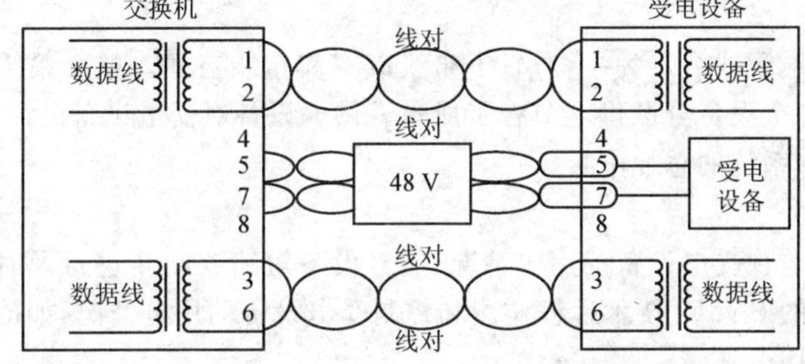

图 7-10　模式 B 中间供电方案

2. 供电过程

供电端设备 PSE 是整个 PoE 以太网供电过程的管理者。当在一个网络当中布置 PSE 供电端设备时，PoE 以太网供电工作过程如下：

(1) 检测过程

当一个 PSE 接入以太网的时候，首先是 PSE 检测这个网络中是否存在着需要 PoE 的设备。其过程如下：它在端口向链路输出一个很小的电压(118～10 V)，并实时检测线路的电流。当一个支持 IEEE 802.3af 标准的受电端设备接入链路时，它将一个阻值为 23 175～26 125 kΩ 的电阻串联到链路中，这样整个电路的电流将产生变化，PSE 检测到这个变化的电流时就会认为它是一个有效的受电设备。

(2) PD 端设备分类

在检测到受电端设备 PD 之后，供电端设备 PSE 就会为 PD 设备进行分类，并且评估此 PD 设备所需的功率损耗。为了检测 PD 的功率损耗，PSE 输出一个 1515～2015 V 的电压，并检测电流值。这时 PD 同样会串入一个电阻，这个电阻将直接决定受电设备的最大功耗。

(3) 开始供电

在一个可配置的时间(一般小于 15 μs)的启动期内，PSE 设备开始从低电压向 PD 设备供电，直至提供到 48 V 的直流电源。

(4) 供　电

为 PD 设备提供稳定可靠的 48 V 级直流电，满足 PD 设备不超过 1514 W 的功率消耗。

(5) 断　电

如果 PD 设备被物理或者电子从网络上去掉，PSE 就会快速地（一般在 300～400 ms 的时间之内）停止为 PD 设备供电，并且又开始检测过程检测线缆的终端是否连接 PD 设备。

在整个过程当中，PD 设备功率消耗过载、短路、超过 PSE 的供电负荷等会造成整个过程在中间中断，又会从第一步检测过程开始。

3. 供电性能

(1) 供电量适中

以太网供电方式可以为每个用电设备供给直流 48 V，10～350 mA，最大 13 W 的输出功率，这个功率能满足智能建筑低功耗电器的用电需求，如网络监视器、门窗传感器、防盗传感器、电动剃须刀、台灯等。

(2) 节约成本

网络数据线和电源线合二为一，节省了布线成本和布线空间。整个系统内的电源由供电设备统一管理，比各个设备分散供电节省了成本。供电设备对受电设备的用电等级细分，能切断设备的用电，减少系统的总耗电量。

(3) 供电可靠

供电设备实时监视受电设备的用电情况，能对设备短路或断路进行及时处理。供电设备能根据服务器提供的 SNMP 技术远程监测和控制受电设备的用电情况，如能够强制切断黑客侵入系统的设备的用电。

(4) 系统升级方便

在已布好网线的局域网区域（如办公区域），能够方便地为系统增加 PoE 技术。更换交换机或连接入具有以太网供电技术的集线器，而受电设备只需连接上网线端口即可。以太网供电技术能兼容原有系统的不需要通过网线供电的设备，原有设备可以继续使用。

(5) 布线范围大

只要能接入网线的地方就能接入受电设备。在智能建筑中，网线能布在电源线不能到达的地方，这使受电设备能接入的地点大大增加。

7.5　电源管理芯片在以太网供电中的应用

以太网供电（PoE）为数据终端、无线接入点、网络摄像头或网络电话之类连接到以太网端口的设备提供一种有效的电源解决方案。在以太网供电应用中，电源管理器件在以太网交换机和 PoE“中跨”集线器以及用电设备的 DC－DC 电源中用来转换电压和电流。

以太网指的是 IEEE 802.3 标准所涵盖的各种局域网系统，这一术语还用来表示用于如由高速数据线缆网络系统连接的中央文件服务器和多台 PC 机通信的协议。任何像数据终端、无线接入点、网络摄像头或网络电话之类连接到以太网端口的设备都需要用电池或独立的交流电源为其供电，如果在传输数据的同时为连接到网络上的设备提供电源将非常好，而如果这种供电方式能利用现有的以太网电缆来传送，这样就将具备 100％的向后兼容能力（如图

7-11所示)，那就再好不过了。这正是IEEE 802.3af标准定义的PoE标准所提供的，该标准的优点在于：

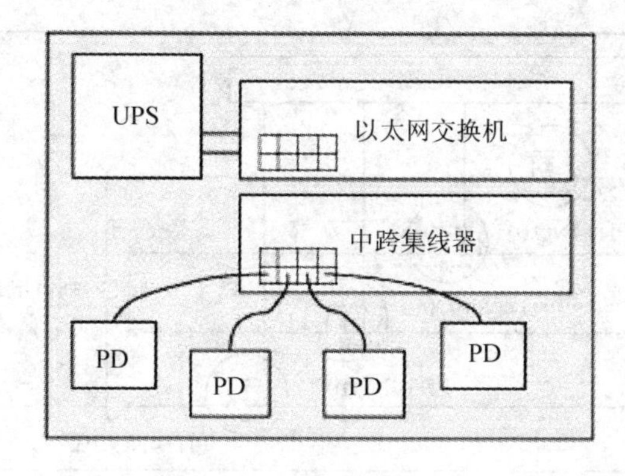

图7-11　向后兼容以太网交换机的“中跨”式集线器

① 由于每一个设备仅需要一套线缆，简化了连接各个设备的布线，并降低了布线成本；

② 省去交流电源线以及交流适配器，使得工作环境更加安全、整洁并且开销更低；

③ 可以很容易地将设备从一处搬移到另一处；

④ 当交流主电源发生故障时，可以用不间断电源向设备继续供电；

⑤ 连接到以太网的设备可以被远程监控。

正是这些优点使得PoE成为一项从本质上改变了低功耗设备供电方式的全新技术。能通过PoE技术供电的设备不胜枚举，可以在以太网供电技术的相关网站上查看其具体的门类与品种。但是，当下推动PoE总有效市场增长(Total Available Market，TAM)的主力是两类用电设备：WLAN接入点和VoIP电话。目前，前者的年复合增长率(CAGR)高达38%，达到1500万台；支持后者的企业网络预期将达到300万单位。而这些用电设备的需求反过来也推动着现有的以太网交换机升级，从而具备支持PoE的能力。

在这些例子中，通过在网络中加入将电源注入双绞线LAN电缆的“中跨”(Mid-Span) PoE集线器使原先的以太网交换机具备PoE功能。新的以太网交换机将会包括这里提到的“中跨”集线器的功能，向通过高速数据电缆与其连接着的用电设备(PD)供电。这些用电设备可以是网络摄像头、VoIP电话、WLAN接入点以及其他电器，如果主电源发生故障，UPS将提供备用电源。

1. 电源管理器件在以太网交换机中的应用

最新的以太网交换机能够通过其24或48个独立的端口向用电设备提供PoE连接，并且还具有与非PoE系统“向后兼容”的能力。每台用电设备都使用其自身的48 V输入电源供电，每台设备最大允许功耗为15.4 W，以太网交换机可以对每台设备的供电功率单独进行管理。

IEEE 802.3af PoE标准最多允许在每台用电设备消耗大约13 W的功率，而以太网交换机提供的最大15.4 W的功率是为了弥补长电缆带来的一定程度损耗。在用电设备端，48 V电源的实际电压值可以在36～57 V范围内。如果要承受最大开关电压两倍左右(根据经验允许开关尖峰等)的电压要求，则必须采用额定VDS为100 V的分立MOSFET。

图7-12所示为PoE控制器，使用分立的MOSFET控制4个端口。在这个例子中，使用

的是飞利浦半导体公司的PHT4NQ10T。按照这种配置，每台以太网交换机或“中跨”集线器要使用12片IC和48个MOSFET，其市场潜力将非常巨大。

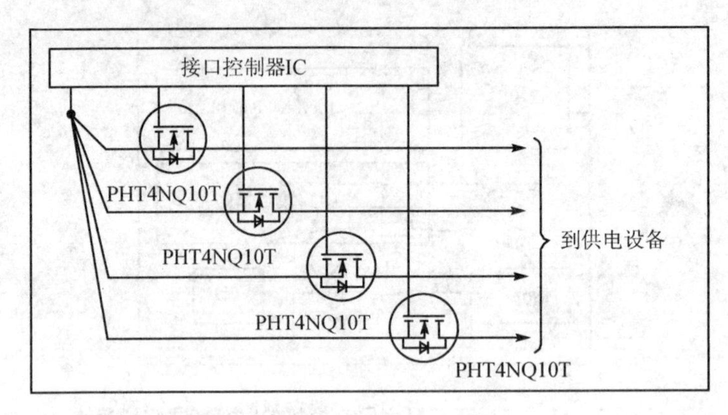

图7-12 热插拔控制器

PoE控制器通常指的是“热插拔”(Hot Swap)控制器，这些IC的功能包括：

① 分别控制4个独立的PoE端口；

② 检测有效的用电设备的连接状况；

③ (使用低阻值的检测电阻)监控MOSFET的稳态电流；

④ 当用电设备刚刚连接到一个端口时，控制浪涌电流以及MOSFET的功耗；

⑤ 具备低电流断开检测功能以确定用电设备是否断开连接。

在正常工作下，当一个端口已经供电并且用电设备的旁路电容已经充电到端口电压时，外部MOSFET的功耗非常低。这意味着较小的MOSFET就能用来完成这个功能。然而，IEEE 802.3af的其他要求，例如加电时的浪涌电流以及不兼容的用电设备连接到端口的风险，要求MOSFET能承受很大的瞬态功耗。正是基于这些原因，才选用了分立MOSFET而不是集成方案。

对于用在以太网交换机中的MOSFET的更进一步的要求是在关断状态下的漏电流非常低。IEEE 802.3af要求每端口绝对最大漏电流不得高于12 A，而且这个要求还包括了除MOSFET之外其他可能存在的保护电路的泄漏途径。飞利浦半导体公司的MOSFET就是被设计成为符合此项要求的，其最大漏电流仅为1 A。

2. 电源管理器件在用电设备中的使用

用电设备的框图如图7-13所示。来自以太网电缆的直流电源通过二极管桥式整流器恢复，因此消除了用电设备电路电压极性加反的可能性。当一个设备接入到一个PoE端口时，以太网交换机就执行一个“发现”程序，以确定这是一台被设计用来接受以太网供电的设备，还是不支持PoE的老式设备。

当用电设备断开时，也会执行“发现”程序。之所以需要这个发现程序的原因是将高电压(48 V)连到许多过去的设备上时会造成设备损毁。

有鉴于此，电压与已有的传统设备兼容时，“发现”才会发生，只有在“发现”成功后才能提供高电压直流电源。IEEE 802.3af的“发现”机制基于特征阻抗检测来实现。

通过确定从每个端口吸取的功率，供电设备(PSE)能借助系统电源管理协议，同时根据系

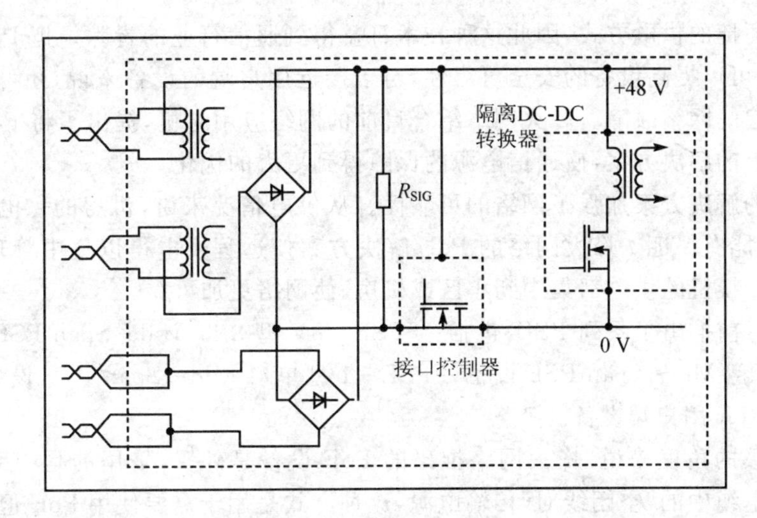

图 7-13　用电设备框图

统供电的输出能力决定其所能支持的用电设备总数。为了实现这种电源管理，要在 IEEE 802.3af 标准加入一种称为“分类”的可选方法。“分类”方法可以让用电设备向以太网交换机或“中跨”集线器报告其最大功率需求，因此电源管理协议能将未用的功率分配给其他端口，从而充分利用电源容量。

接口控制器的功能是作为用电设备电路主电路的“通断开关”，是基于一个 100 V 的 N 沟道 MOSFET。仅当输入的 48 V 电源在容许范围内时，接口控制器才允许将用电设备接入电路。此外，接口控制器通常还提供浪涌电流限制和故障电流限制功能，MOSFET 的浪涌性能要与上述以太网交换机应用中的 100 V MOSFET 相当。

一旦“发现”过程完成，且接口控制器确定电源电压在容许范围内时，接口控制器的 MOSFET 会开启，电源就施加到隔离 DC－DC 转换器。隔离 DC－DC 转换器要能在用电设备前端和 PD 电路的其他部分间提供 1 500 V 的隔离(这是一个安全特性)，向这些电路的输入端提供一个或多个较低的直流电压，其总的最大功耗为 13 W。转换器的输入额定电压通常为 48 V，采用通用的前向式和回扫拓扑结构。这是常用的 DC－DC 转换器结构，它与低功率电信电源极为相似，现有的多个控制器 IC 可以满足这一要求，如飞利浦半导体公司的 GREENCHIP 系列中的开关电源控制器 IC－TEA1502。

据 VDC 预测，到 2010 年，将有超过 50 亿个端口将采用电源管理芯片。由于并不是所有的端口都会被利用到，假定其中的一半会投入使用，其市场也是非常可观的。综上所述，PoE 是一项改变网络设备供电方式的全新技术。假以时日，PoE 将成为很多设备所采用的普及技术，而电源管理器件(既包括 IC 也包括 MOSFET)成就了这种改变。

7.6　以太网供电典型应用方案

7.6.1　烽火网络以太网供电解决方案

以太网供电技术推出以太网供电解决方案的源动力是 VoIP，由于越来越多的以太网设备可以采用这种便捷的供电方式,因此这种技术日益得到通信行业的青睐。把 PoE 应用到以太网设备上,不仅可以提高设备的安全可靠性,对于接近用户端的设备来说,还可以避免因供电情况不好而引起的网络故障。烽火网络结合目前的网络应用时机,提出了将 PoE 技术应用于以太网交换机上的解决方案,使通信电源的保障得到更大的优化。

烽火网络的解决方案加强了网络的可靠性。从供电情况来讲,机房的供电比用户端的供电更加稳定,更能有保证。烽火网络的 PoE 解决方案使远程供电得以集中管理,把工程区域范围内所有的交换机的供电都集中到小区或机房,使网络更加可靠。

烽火网络目前推出了系列 PSE,包括:FPSE-8V 型 8 口 Mid-Span PSE 设备、FPSE-8M 型 8 口网管型 Mid-Span PSE 设备、FPSE-1 型单口 Mid-Span PSE 设备以及 FSPT-1A 型单口 Splitter 用户端设备。

从网络升级的角度来说,烽火网络推出的 PoE 设备是外置,采用的是中跨式实现方式。通过 CAT-5 电缆中的“空闲线对”传输电源,这种方式是用于需要使用 PoE 但没有硬件更换计划的网络。烽火网络的 PSE 供电步骤如下:

① PSE 的网络控制器发起检测,通过检测电源输出线对之间的阻容值来判断 PD 是否存在;

② PSE 通过检测电源输出电流来确定 PD 功率的等级;

③ PSE 开始对设备供电输出 48 V 的电压;

④ 实施监控电源管理;

⑤ PSE 检测 PD 是否断开,如果 PD 断开,PSE 将关闭端口输出。

烽火网络针对 PD 端提供了集 PD 接口和 DC-DC PWM 控制器于一体的 PD 控制器,可用于隔离或非隔离的反激和正激转换器。其控制器可以为 PD 提供检测特征信号、分级特征信号和一个具有可变成浪涌电流控制功能的集成隔离开关,还具有供电模式欠压锁定(UVLO)以及“电源好”状态输出等功能。在检测和分级期间,由 MOSFET 提供 PD 隔离。

通过将交换功能与集成供电相结合,烽火网络推出的 PoE 供电解决方案具有很强的灵活性和实用性,网络管理十分丰富。同时该方案节省了投资,支持免升级移植,降低了运行成本,使 LAN 基础设施可以为客户创造更加理想的效益。

7.6.2 SYSTIMAXSCS 以太网供电解决方案

根据 IEEE 802.3af 标准,PoE 的应用将通过电源设备(PSE)得以实现,该 PSE 可以置于结构化布线信道的一端(End-Span,如图 7-14 所示)或处于结构化布线的区域内(Mid-Span,如图 7-15 所示)。该电源设备(PSE)为安装在结构化布线系统末端的需电源设备(PD)供电,PSE 装置可以经过 2 种有效的四线接头模式供电。模式一通过信号对(线对 2 和 3)供电,而模式二通过备用对(线对 1 和 4)供电。

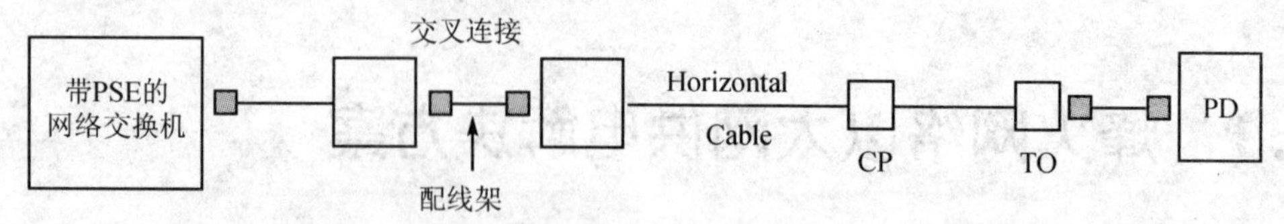

图 7-14 End-Span PSE(带 PSE 的网络交换机)为电源终端设备供电

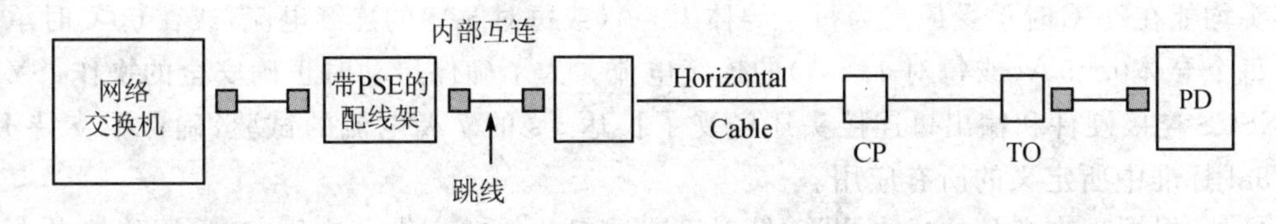

图 7-15　Mid-Span PSE(带 PSE 的配线架)为电源终端设备供电

值得注意的是，由于图 7-15 所示的信道中的一个 Mid-Span PSE 设备会产生额外的 2 个连接，这会影响信道的 NEXT、PSNEXT、ELFEXT、PSELFEXT 和 Return Loss 的性能。所以 IEEE 802.3af 标准建议配线架之间不进行交叉连接只进行内部互连，保证整个通道不超过 4 个连接。而 SYSTIMAXSCS 解决方案由于其卓越的支持 6 个连接的超标准性能，不受此限制。

IEEE 802.3af 同时还提供了需电源设备(PDs)的电源分类，这将允许 PSE 对它们的电源要求进行分类。此标准可允许在双对线上向电缆一端的需电源设备(PD)传输最大值为 12.95 W 的功率。IEEE 802.3af 同时规定了 PSE 输出端口(如表 7-5 所列)和 PD 输入端口(如表 7-6所列)的连续电压及电流规格要求。

表 7-5　PSE 输出端口电气连接要求

PSE 要求		
参　数	最小值	最大值
输出电压 DC/V	44	57
输出电流，普通模式 DC/mA	350	
输出电流，启动电流(50 ms)DC/mA	400	450
输出过冲峰值电流(1 ms)/A		5

注：其中，连接硬件必须能承受 5 A 的过冲电流和 450 mA 的启动电流。

表 7-6　PD 电源限制

PD 要求		
参　数	最小值	最大值
输入电压 DC/V	36	57
输入平均功率/W		12.95
输入电流，普通模式 DC/mA		350
输入电流，启动电流(50 ms)DC/mA		400
输入过冲峰值电流(1 ms)/A		5

注：其中，连接硬件必须能承受 400 mA 的启动电流。

IEEE 802.3af 同时也声明，电缆信道直流电阻不平衡应为 3%，与 ISO/IECIS11801：2002(版本 2)中的规定相一致。ISO/IECIS11801：2002 中所规定的最小布线信道规格要求为 5e 类。所以并不是所有厂家的综合布线系统均可以支持 PoE 应用，必须考虑到连接硬件和输出口连接头的连续电流操作能力。SYSTIMAXSCS 公司性能卓越的 Power Sum 或 Giga SPEE Dreg XL 解决方案能轻松地满足这一要求。所有 SYSTIMAXSCS 连接硬件和输出口连接头均能在25℃时承受最高为每个导体1.5A(或每对3A)的连续电流,或在60℃时承受最高为每个导体0.75A(或每对1.5A)的连续电流。为了确保启动时正确安全的操作,SYSTIMAXSCS连接硬件和输出口连接头还经受了长达5s的7A电流的试验,确保了支持IEEE 802.3af标准中所定义的所有应用。

另外,根据现有产品的成本测算,针对迅速崛起的低功率供电应用,若采用传统电力线安装,则每端口的成本为$350～$1000;若采用End-Span PoE,则对新的安装每端口的成本为$62.50,对旧楼翻新的安装每端口的成本为$175;若采用Mid-Span PoE,则每端口的成本仅为$47。由此可见,采用Mid-Span PoE将是安装最迅速,成本最低,性价比最高的供电方案。有了安全可靠的PoE设备,除了不需要对每个场所布放分开的电力线,对每个PD也减少了AC到DC的电源适配器;另外,符合IEEE标准的PoE的使用,改善了不同国家间的设备便携性和互操作性,加速了很多应用如楼控系统和安全系统的以太网实施。

SYSTIMAX方案提供6口、12口和24口的600/1200/2400/2400G Mid-Span PSE设备,这些设备完全符合IEEE 802.3af标准,并具有自动感应设备,能进行自动功率管理的功能。其中,PoE 2400G更可支持1000Mbit/s应用,提供无需软件的基于Web的供电设备远端管理功能。

第8章　通信电源管理

8.1　通信电源的管理概述

电源是通信系统的重要组成部分。一个通信工程的电源系统通常由5部分组成：交流配电单元、整流模块、直流配电单元、蓄电池组、监控系统。这样组合的通信电源系统有着广泛的应用意义，它不仅适用于电力系统通信，也适用所有专网通信和公众网通信。

1. 通信电源的基本要求和特点

通信电源系统的基本要求是可靠性和稳定性，一般通信设备发生故障的影响面较小，是局部性的，但通信电源系统一旦发生故障，通信系统将全部中断。所以电源系统要有备份设备，电源设备要有备品备件，市电要有双路或多路输入，交流和直流互为备用。

我国对通信电源的要求是：防雷措施要求完善，设备允许的交流输入电压波动范围大，多重备用系统以防止电源系统发生电源完全中断故障。由于电网分布和利用市电的条件存在千差万别，许多地方的市电电压波动范围很大。特别是一些变电站、微波站、光通信站、模块等，有时交流电压波动范围达±30%以上。为提高市电的可用度，要求电源设备具有更宽的工作电压范围，否则就要增加稳压装置。

2. 通信电源的管理原则

(1) 加强对电源设备的重视

电源设备与通信网中的其他设备(如交换、传输等)有较大的不同，本质上，电源设备是机电设备而非通信设备。正因为如此，在通信业中，它得不到充分的重视，无论是在组织机构、人员、资金还是管理上，都不能得到相应的保证。然而，必须看到，通信电源作为整个通信电信网的能量保证，它的作用是整体性和全局性的。虽然它不是通信网主流设备，但它却是通信网中最重要、最关键的设备。

(2) 加强电源管理上的专业化

对通信电源要求通信网上的各级管理层次和建设、维护方面都应该有独立的电源专业管理机构和人员。因为通信电源是一个专业，而且是个包括多种系统和学科的大专业，因此，应该对它作相应的专业管理，由其他专业人员来兼管电源专业是不够的，也是不科学的。

(3) 重视通信电源系统初期的设计、安装

电源系统设计时应充分考虑容量大小、地理位置、空间布置、未来发展、设备质量、工程勘察与设计、运行方式选择、建设管理、运行维护管理等各个相关环节。其中，对于设备选择、方案设计、工程管理等环节尤其要加强重视和管理。

(4) 加强对蓄电池的维护

通信电源涵盖范围很广，它至少应包括交流高低压、自备柴油发电机、USP、整流装置、蓄电池组、防雷接地、动力环境监控等这几大系统。在这几类系统中,直流系统和UPS是直接供给通信负荷的,因此最为重要。而在这些系统中,蓄电池作为不间断供电的保证,在整个电源系统中最为关键。蓄电池不但在交流系统或整流器出现问题时保证不间断供电,而且还能在市电和自备柴油发电机正常转换时提供保证,所以蓄电池是整个通信电源系统维护的关键。

3. 电源设备购置与维护的具体措施

① 在购置通信电源过程中,除考虑性价比外,要考虑高可靠性、多种自动保护功能、宽电压、良好的均流均衡性能、在线运行模式,要考虑是否严格按照ISO-9000质量保证体系组织生产。另外,系统故障率、防雷和电涌措施、交直流配电一体化等都应是分析考虑配置的重点。要选用可靠性高的设备,合理配置备份设备。

② 供电方式要大力推广分散供电,要有备品和备份,使用同一种直流电压的通信设备,采用两个以上的独立供电系统。

③ 为了尽量缩短设备的平均故障修复时间,要经常分析运行参数,预测故障的发生,并及时排除。

④ 设备宜采用模块化、热插拔式,便于更换和维修。再一个就是平时应建立起对电源故障的应急措施,保证可靠供电。最后,要提高技术维护水平,大力推广集中维护体制。

实施集中监控管理是技术发展的必然趋势,是现代化通信网的需要,也是企业减员增效的措施之一。随着通信设备的日益集成化、小型化,各种电源设备也要智能化、标准化,符合开放式通信协议。集中监控必须逐步实施,在实施过程中,三遥(遥信、遥测、遥控)设施的设备要合理,决不是越多越好,否则其效果适得其反。

8.2 通信整流器的运行要求

通信整流器是通信电源中的一个重要组成部分,对于其性能要求,则由其在通信电源中的位置来决定。

欧洲通信标准委员会已根据通信电源站的三级电源组成,在1995年制定了第二级电源和含第三级电源的主机设备的连接界面上的技术要求的标准。它分为A、B两部分:A部分是交流供电系统的,B部分是直流供电系统的。虽然在直流供电系统和交流供电系统的第二级以及交流供电系统的第三级电源中都有整流器,但要求不尽相同,例如交流供电系统第二级电源中的整流器并不直接连接通信设备,其对整流器的输出杂音要求比较低。而第三级电源中的整流器因无电池并联,故动态要求相对较高。至于由多个整流模块(Rectifier Modules)组成的整流器列架电源(Rack Power)也会和模块要求有些不同。首先第二级电源与第一级电源、第三级电源各形成一个界面,故整流器应满足2个界面的相关规范要求。再则要作为不间断电源,整流器必须与蓄电池相连,故整流器还应满足蓄电池性能及电池管理的要求。此外,整流器还应满足自身运行的一些要求。

(1) 直流输出电压及其调节范围

整流器的作用是将交流转换成直流对电池充电并对并联在一起的通信负载进行供电,其直流输出电压主要应满足电池浮充、均充、初充和放电后再充电的需要。

防酸隔爆电池初充最高电压,我国目前按低压恒压充电法推荐值为2.40V,但国外(如印度等国)也有的采用 2.70 V。整流器输出电压范围为 2.0～2.40 V,对标称值为 48 V 的系统,电压范围为 48.00～57.60 V。如考虑到为便于利用输出电压检验欠压、过压告警点,则范围宜再放宽到 43～59 V。

(2) 静态稳压精度

稳压精度是指在输入交流电压和负载电流这两个扰动因素变化时,在浮充和均充电压范围内(非全部输出电压范围),输出电压偏差的百分数。整流器的稳压精度也是针对电池的要求来定的,因为稳压精度低,无异于浮充电压设置值的不准确。如在 20 ℃时电池要求浮充电压 2.25 V,如整流器稳压精度为±1%,电压就要变化 22 mV 左右,即浮充电压将低至 2.23 V,高至 2.27 V±22 mV,也意味着温度变化±7 ℃时补偿电压作用的抵消。浮充电压的设置不当或温度补偿作用的削弱,都会对阀控电池的漏电流有影响,甚至在极端情况也可能造成电池的热失控,故稳压精度宜优于 1%。

(3) 浮充工作时的温度电压补偿

由于阀控电池漏电流对温度的敏感性,常用温度补偿的办法来抑制漏电流的恶性增长,即当温度升高时采用降低浮充电压的办法来平衡漏电流的增加。温度补偿的电压值通常为温度每升高/降低 1℃,电压降低/升高 3 mV(每只电池),即在一定温度区间电压-温度关系是用一条斜线补偿的,但也有采用阶梯形曲线的。

(4) 整流器输出限流和电池充电限流

整流器输出限流和电池充电限流是两个独立的限流功能。整流器的输出限流是对整流器的保护,而电池充电限流是对电池的保护,过去整流器往往只有本身输出限流,但这样对充电自动管理很不方便。如整流器具有接受外来信号作输出电压微调的功能,则充电限流及浮充电压的温度补偿就是轻而易举的事了。充电限流的调整范围一般按电池要求为 0.1～0.15 ℃之间。

(5) 输出端杂音电压

整流器的输出电压中除了直流成分外还存在着一定分量的交流成分,称之为杂音电压或噪声电压。它们对通话质量或电子电路的工作有一定影响,输出端含有交流分量的复杂波形是由一系列不同频率、不同幅度和相位的交流正弦所组成。但衡量这些杂音电压的影响,通常采用衡重杂音、峰峰杂音、宽频杂音、窄频杂音和离散杂音来表示。

(6) 功率限制/恒功率输出特性

整流器的负载电流有电池电流,通信负载中的线性负载电流和恒功率负载电流,一般在电池放电后再充电时,电压较低,电流总和最大。而平常浮充或均充末期,虽然电压较高,但电流均较小。因此整流器具有功率限制/恒功率输出特性,有利于以较小设计功率满足实际使用需要。对 48 V 系统,以最大限流值作为额定电流,以 57 V 作为额定电压,以二者的乘积作为额定功率值比较经济合理。

(7) 动态响应

整流器输出电压受外界扰动因素干扰后再回到其稳定值,会有一个超调量和调整恢复时间,考虑到所述整流器带有大容量后备蓄电池,它不同于第三级电源中的整流器要直接供给负载,超调量和恢复时间对实际使用不会产生大的影响。但对整流器增加这个特性要求,主要是通过对这项性能的测试间接了解其系统稳定性,是否容易产生振荡等。对其指标要求不宜过于苛求,但对其调整过程波形,因着眼于稳定性要求,还是以单调调整方式为宜。动态指标的确定与允差带、电流上升率和电流跃变量三者密切相关。动态响应中的超调量一般为小于±5%，而恢复时间以5～10ms为宜，但在多台并联运行中，恢复时间要长得多。

(8) 电磁兼容性(EMC)要求

EMC要求是对当前电子、电气设备的强制性要求，其目的是要在复杂的电磁环境中，各电子电气设备保持相互兼容，正常工作。

EMC的内容分为干扰和抗扰。干扰(disterbance)是指电子设备对外界产生的影响；抗扰(immunity)是指电子设备对外来干扰的耐受力。

干扰又分为传导发射(Conducted Emission)和辐射(Radiated Emission)。传导发射是指通过导线产生电磁干扰；辐射是指通过空间发射产生电磁干扰。

对于整流器，以前在德国，凡重复频率在10kHz以下的，划归家用电器标准。10kHz以上的按工、科、医设备标准分类。对于通信用整流器现在已逐步明确，鉴于它是和信息设备配套使用的，虽不属信息设备，但应按信息设备要求执行。1995年ITU已明确要求按CISPR22(信息技术设备无线电干扰限值标准)执行。CISPR22是属IEC的国际标准，除国际标准外比较有影响的地区标准还有德国的VDE0878和美国的FCC标准，CISPR22在欧洲已等同转化为EN55022。对传导干扰而言，三者主要差异在频率起始点，VDE是10kHz，EN是150kHz，FCC是450kHz。当然电子要求也不同。对于传导干扰在整流器的输入端和输出端都应有这项要求，上面输出杂音要求中，离散杂音要求实际上就是EMC的传导干扰要求。在干扰要求中值得一提的是，上述各项标准要求都有A、B两个等级。

至于抗扰要求是从对整流器自身安全可靠上着眼的。现IEC和ITU规定了静电、雷电浪涌、脉冲群、电源电压瞬变跌落等抗扰项目，其中雷击和电压瞬变跌落对整流器的工作影响较大。对于抗扰性要求，不论从整流器本身，还是从通信电源系统来看都应特别注意严格执行相关标准。

(9) 输出电压和输入电流的软启动

整流器的输出电压如果没有软启动性能，则开机后陡增的电压对低内阻的电池就要产生大的冲击电流，这既对电池不利，也影响到输入电流出现冲击。对备用发电机组也是不利的。为减小多台整流器并联运行时的影响，有时还采取了各台整流器不同延时开通的办法，进一步减小对小容量机组的冲击，一般软启动时间要求3～8s或更长。

(10) 并联运行

当系统容量大于整流器模块容量时，需采用多模块稳压并联运行方式，这是必要的也是经济的。如前期容量小时，可安装少量模块，扩容时可方便并联增容。但并联运行必须解决两个问题：

① 均流(Load Sharing)，这是指各并联运行模块应平均分担负载电流，并且偏差应在±5%以内；

② 选择性过电压，这是指并联工作的模块，如其中有一个因故障产生过电压，它必须及时单独退出系统，而其他模块仍能在系统中正常运行。

(11) 效　率

无论是功率器件、电路拓扑和吸收电路的改进以及软开关技术的采用，目的都是减少损耗，提高效率。因为效率的提高不仅意味着节省能源，同时也意味着损耗的减少——即发热量的降低，从而促使整流器可靠性或功率密度的提高，目前48 V/100 A整流器的效率已可达

93%～94%。效率的提高始终是整流器设计者的追求目标。

(12) 功率因数

功率因数或全功率因数应包括位移因数和畸变因数两部分，即全功率因数 $r=p\cos\varphi_1$。其中位移因数 $\cos\varphi_1$ 是电压与基波电流的相位差余弦，p 为畸变因数，指电流波形有畸变时，基波电流与基波及谐波的总有效电流 I 之比，p 和 $\cos\varphi_1$ 均小于 1，故 r 也小于 1。对于高频开关整流器而言，功率因数主要受制于畸变因数。功率因数低意味着无功功率和无功电流的增大，有时常使人误认为是整流器的效率低。此外，功率因数低，特别是畸变因数低的时候还因谐波电流的增大而影响电网的质量。为提高功率因数目前采用无源功率因数校正和有源功率因数校正的办法，可分别使功率因数提高到 0.94 和 0.99 以上。

(13) 电流谐波

当输入电流中含有 3 次、5 次、7 次等高次谐波，且其幅度较大时，将影响电网质量，即会造成电网电压的畸变，从而影响网上电机及其他电气设备的正常运用，因此对整流器的输入电流中的谐波必须有所限制。目前，IEC1000-3-2 及 IEC1000-3-4 分别对线电流为 16 A 及 16 A以上的设备提出了谐波限值的要求。对于 16 A 以下设备的限值标准，IEC100-3-2 有两个特点：

- 以各次谐波电流的最大允许值来对设备进行限制；
- 当多台设备(例如多个模块)装于一个列架时仍视为各台设备分别接入电网考虑。

对于 16 A 以上设备的限值标准 IEC1000-3-4 与 IEC1000-3-2 不同之处在于：

- 用谐波系数作限值标准；
- 当多台设备(例如多个模块)装在一个列架中时作为一个整体按限值标准考虑。

(14) 可靠性

可靠性是任何电子设备都要求的，作为通信整流器更不例外。值得注意的是元件失效率的选用、应力系数的选用和失效判据 3 个问题。

此外，作为可靠性的基本指标有：平均故障间隔时间(无故障工作时间)MTBF、平均维修时间 MTTR、可用度 A 和不可用度 U。由于可用度 A 与不可用度 U 之和为 1，因此常用独立参数是 MTBF、MTTR、U，如果可靠性指标只提 MTBF 一项，对系统可靠性是不便于计算的，故在 3 个参数中必须提供 2 个。

此外，目前常采用多个模块并联冗余运行，但对于 $N+1$ 冗余要有一个正确认识，N 的数字不同，多模块并联冗余运行时的可靠性是不同的。当 N 增大时，系统 MTBFs 下降很快。

例如，假设 100 A 整流模块和 50 A 的整流模块的 MTBF 相等，对于一个 400 A 系统可采用 5 个 100 A 模块(4+1)冗余或 9 个 50 A 模块(8+1)冗余，其系统 MTBF 分别为0.45MTBF 和 0.24MTBF，即使 50 A 采用(8+2)冗余方式，也仅为 0.34MTBF。

8.3　通信机房电源设备维护管理方法

通信电源在整体通信机房中占据重要作用。面对电信拆分、人员重组等新的发展形势，对电源维护管理工作提出了更新、更高的要求。

近年来电信技术的发展及产品技术的更新，使得当前通信设备呈现网络规模大、智能化程度高、品牌系列繁杂、无人值守、集中监控化程度高的新特点，而电信的拆分、人员的重组、职业生涯的晋升，使得维护上的人力资源和技术力量的发展，明显滞后于通信设备的发展，维护人员对厂商的依赖性增强，设备故障带来的损失风险增大。通信电源作为通信设备的心脏，面对新的形势，也应对维护管理工作提出更新、更高的要求。在现代通信机房的供电配置中可以采用以下几种典型的方法来做好电源设备维护管理工作。

1. 依据管理目标选择电源品牌

当前电源设备品牌繁杂，按照入网检验标准规定的性能指标，各家设备大同小异，而在结构、人性化设计、智能化监控、地域/特定环境解决方案以及售后服务保障上，各家则千差万别。对这些品牌设备如选用不当，将会使维护资源分散、力量削弱，维护工作难以深入，售后服务难以获得厂家保障。

依据管理目标，遵循“保证运行可靠、状态监测受控、维护时间缩短、成本费用降低”的原则和优先顺序对品牌和设备进行考察筛选，优选品牌数量最好不超过 3 个，以利于技术人员提高技术水平。设备有了一定的规模，也容易争取到较好的售后服务条件。同时，同一品牌设备尽量安排在同一地区使用，以利于维护人员能单一、深入地进行维护。

2. 预防性工作的调研和执行

预防性工作贯穿于设备的选择、安装与维护的全过程中。

设备选用前，应预先调查设备工作环境（包括地理条件、气候条件、市电环境、值守条件、支撑体系等）及被选设备对工作环境的适应性。实践证明，一些设备的功能和性能并不一定适用于所有条件，同一设备在不同的工作环境下，故障率会大相径庭。因此，选择设备前，一定要进行对自身环境的调查。对选用设备的分析及广泛听取其他各地市电信部门的具体使用情况的调查意见，对非适用功能，应予以去除或屏蔽；对重要指标，必要时可作相应的测试，甚至在实验网或非重要局站试用。

安装及验收工作也是预防工作的一个关键点，厂家经过检验合格的产品，经过多次转运、颠簸（尤其山区地区）后，到安装现场可能会发生内外部电气接触的松动和脱落；出厂参数设置也不一定与实际相符合，这些都会成为日后运行的故障隐患。在安装及验收工作中将这些因素进行排除、校正，将对设备日后可靠运行提供必要的保障。

在基础管理工作上，首先倡导主动维护、预防性维护，消除故障苗头。通过每年进行诸如“夏季供电高峰期前电源设备防掉电”、“夏季供电高峰期后加强电源设备维护保养和预检预修、提高设备完好率”等专项治理及劳动竞赛行动，以自查、互查、评比和交流形式，锻炼维护技术队伍、提高维护人员积极性、提升设备维护管理质量。同时，充分利用各类监控手段，及早发现故障，然后集中技术力量，以最快的速度处理，以压缩故障历时。对于突发供电故障，应制定应急处理预案，并定期加强演练。

3. 建设分级支撑体系

目前电信系统维护资源相对设备运行总量而言，还略显薄弱，部分设备维护承包责任人还没有足够能力及时解决、排除各种故障。在此情形下，在地市范围内，或扩展到全省范围内，建立一个包含技术专家组、技术骨干队伍、日常维护人员在内，并将厂商技术人员纳入其中的分级技术支撑体系，通过逐级、实时申告的流程实施分级技术支持，对电源的维护保障工作将有十分重大的意义。

在支撑体系范围内，对典型故障的调研，对各类故障的分类统计(如质量类、外因类、疏忽类等)，并进行数据档案存档，信息资源共享等措施，将对维护队伍的技术快速提升提供一个良好的平台。

4. 供电系统的合理化配置

供电系统的合理化配置必须注意以下几点：

① 在交流供电系统中，逐步推广自动倒换装置，并具备机械式手动切换功能，以备紧急时使用。大容量(2000kVA 以上)交流供电系统中，提倡用两个子供电系统(变压器和油机)分别供电，子供电系统之间采用联络柜互为备用，油机尽量不使用并机运行。重要局点(如枢纽局、数据中心、IDC 中心等)要争取引入两路不同变电站的高压线路，提高供电可靠性。由于大容量低压断路器一般不留备件，一旦损坏，判断故障原因和维修时间较长，应及时启动应急预案用临时电缆跨接临时供电(要排除短路因素才可)，避免因时间不足，导致电池放光的事件发生。

② 单套高频开关电源容量不宜过大。电源模块开机数量要依据环境和故障情况确定，具有整体破坏性因素(如市电过压)的局站，开机数量不宜多。电池充电电流限制在 $0.1C_{10}$，直流熔丝的额定电流应不大于最大负载电流的 2 倍，保证负载端短路时熔丝及时熔断，避免影响整个直流供电系统的输出电压大幅瞬降。

③ 大容量 UPS 是电源维护管理工作的难点，组网应优先选用"$N+1$"并机方式，设计、会审和安装时维护部门务必要全程介入，关注以下问题：UPS 主路和旁路供电最好由两个空气开关分别供电；UPS 输出零地电压过高会造成网络数据丢包率提高，因此要采取措施将 UPS 输出零地电压降低到 1V 以下；UPS 电池尽量使用单体为 2V 阀控密封式蓄电池；对 UPS 设备，应重点关注输入功率因数和谐波含量等重要指标，特别要协调好与油机的配合，油机容量与 UPS 容量比应在 2 倍以上，确保油机和 UPS 都能正常工作。

④ 柴油发电机组作为备用电源，要保证良好的备用状态。电信系统选用油机额定容量一般取备用功率，使用时要注意带满载要控制在 1h 以内，长时间运行要按 90%的备用功率使用。发动机功率与发电机配比至少要在 1.1 以上，发电机优先选用永磁、DVR 型号，能有效避免负载的谐波干扰。同时要保证油机能充分发挥作用，设计要考虑油机和市电之间自动切换要有电气连锁，考虑油机房通风、排烟、避震和消噪等事项，还要定期做好维护保养和试机，经常检查启动电池和自动抽油系统等等。

⑤ 蓄电池是电信通信网上后备电源的核心。应根据维护规程的要求，制定出一套蓄电池容量测试和核对性容量试验的操作规程，定制采购蓄电池容量测试设备，其中包括蓄电池容量测试仪、移动式假负载、移动式充电机、蓄电池单体活化仪，并配备到各区域维护站。同时，对通信电源站的蓄电池进行容量测试和核对性试验，希望消除由蓄电池带来的故障隐患。针对部分接入点电池经常小电流长时间放电容易导致出现落后电池的问题，宜采取调节整流器的自动均浮充的设定，调整整流模块开机数量和定期进行容量试验等方法，实践证明效果比较理想。

通信电源的管理工作应根据技术发展、管理发展和实践反馈不断地探索、改进，终极目标是不断改进管理工作，提高设备运行可靠性。

8.4 电源监控系统

8.4.1 电源监控系统的作用与特点

1. 电源监控系统的作用

电源监控系统是电源系统的控制、管理核心，它使人们对通信电源系统的管理由繁琐、枯燥变得简单、有效。通常其功能表现在3方面：

① 电源监控系统可以全面管理电源系统的运行、方便地更改运行参数，对电池的充放电实施全自动管理，记录、统计、分析各种运行数据。

② 当系统出现故障时，它可以及时、准确地给出故障发生部位，指导管理人员及时采取相应措施、缩短维修时间，从而保证电源系统安全、长期、稳定、可靠地运行。

③ 通过“遥测、遥信、遥控”功能，实现电源系统的少人值守或自动化无人值守。

2. 现代电源监控系统的特点

(1) 多级管理体系

监控系统采用以微处理器为核心的多级管理体系，对整流模块、交流配电屏、直流配电屏、电池组实施全方位监视、测量、控制。

(2) 双重测量显示、控制管理模式

这种设计思想将监控系统引入的故障因素减小到最低程度，即使监控系统出现故障仍可保证整个电源系统安全、可靠地运行。

(3) 扩展性能好

监控模块可以方便系统扩容和参数调整。

(4) 开放式接口设计

电源系统监控模块提供RS-232、RS-485、MODEM多种通信方式，用户可根据需要，组成多种形式电源集中维护系统。电源后台维护管理软件在Windows操作环境下运行，提供友好的全中文图像界面，充分考虑各种通信线路情况，具有多种纠错功能。

(5) 大屏幕液晶显示

现代电源系统监控模块通常采用大屏幕点阵式液晶显示器，各种状态、报警信息显示直观、明了，可使用户及时、准确掌握电源系统的运行状况。监控操作采用全汉化显示、对话式操作方式，非常便于学习掌握。

8.4.2 电源监控系统的分类

通常，中大容量和大容量系列通信电源采用集散式电源监控系统，此类监控系统的特点是系统监控模块通过整流模块监控单元、直流屏监控单元、交流屏监控单元分别采集数据，分级显示，集中管理。典型产品有安圣公司PS系列产品：PSM-4、PSM-6、PSM-23、PSM-A、

NP9801 等。

中小容量系列通信电源采用集中式电源监控系统，此类监控系统的特点是监控模块直接采集系统数据，集中显示，统一管理。典型产品有安圣公司 PS 系列产品：PSM－15、PSM－52 等。

在集散式电源监控系统中，各整流模块、交流配电单元及直流配电单元均有自己单独的 CPU 功能，而集中式电源监控系统却没有。在本节中，以结构相对复杂的集散式电源监控系统为例进行功能模块的分解介绍。

1. 集散式电源监控系统

集散式监控系统通常采用三级测量、控制、管理模式。最高一级为电源监控后台，电源监控后台通过 RS－232 或 RS－485 及 MODEM 通信方式与电源系统的监控模块连接；电源系统监控模块构成电源监控系统的第二级监控；电源监控系统的第三级监控由各整流模块内的监控单元、交流配电监控单元和直流配电监控单元等组成。

电源系统监控模块通过 RS－485 接口与直流配电监控单元、交流配电监控单元和各整流模块监控单元的 RS－485 接口并联连接在一起。直流配电、交流配电、整流模块内部的监控单元均采用单片机控制技术，它们是整个监控系统的基础，直接负责监测各部件的工作信息并执行从上级监控单元发出的有关指令，如上报有关部件工作信息，完成对部件的功能控制。电源监控系统的监控量有：

(1) 遥测量

- 系统输出总电压、负载总电流；
- 电池电压，电池充放电电流；
- 输入市电电网电压，中相电流，电网频率；
- 各整流模块的输出电压、输出电流。

(2) 遥信量

- 直流配电各输出支路熔断器通断状态；
- 电池组熔断器通断状态；
- 电池充电电流过大，电池电压欠压、过压；
- 市电电网停电、缺相，电网电压过高、过低；
- 整流模块工作温度过高、整流模块输出电压过高、过低；
- 整流模块输出过流保护、整流模块输入交流电压过高、过低、缺相或相间电压严重不平衡。

(3) 遥控量

- 整流模块输出电流限流控制；
- 整流模块开启、关停控制；
- 整流模块均充、浮充控制。

(4) 遥调量

整流模块的输出电压。

2. 整流模块监控单元

整流模块监控单元功能表现在两方面：

① 测量整流模块的运行参数，并通过 RS－485 接口传送给电源系统的监控模块进行信息处理。

② 接收监控模块发来的对整流模块的各种控制命令并具体完成。

具体来说，测量的模拟量包括整流模块的输出电压和输出电流；采集的报警量有交流输入过低报警、交流输入过高报警、电压不平衡报警、模块过热报警、输出电压过低报警、输出电压过高报警、输出过流报警；对整流模块的控制包括均充、浮充控制，限流点的改变，整流模块的开启和关停以及调节整流模块电压升降等。

整流模块监控单元的模拟量测量采用零点和满度自校准方式，当工作温度改变或工作时间延长引起测量电路参数改变时，仍能保证测量数据的准确性。

3. 直流配电监控单元

直流屏监控单元的主要功能是：

① 测量直流屏的各种参量及故障报警信息，并给出声、光报警。

② 通过 RS－485 接口将其监测到的各种参量和故障报警信息传送给电源系统的监控模块，作为监控模块管理电源系统的重要依据。

直流屏监控单元测量的模拟量主要有系统输出总电流、系统输出总电压、二组电池组充放电电流。采集的报警量有各直流配电输出熔断器通断状态、二组电池熔断器通断状态、电池充电电流过大预报警、电池充电电流紧急报警、电池电压欠压预报警、电池电压欠压紧急报警、电池电压过压预报警、电池电压过压紧急报警等。

4. 交流配电监控单元

交流监控单元除测量交流电压外，还要检测空气开关是否跳闸、防雷器是否损坏等。同时，对电网出现的如电网停电、电网电压过高、电网电压过低等情况给出具体指示，并发出声光报警。当电网停电时，交流监控单元还将接通照明接触器，以提供紧急照明用电。上述各种交流数据及参量通过 RS－485 接口传送给监控模块，作为监控模块全自动管理、控制电源系统的依据之一。

交流信号转变为直流信号采用的是真有效值转换器，也就是说无论交流信号有何种畸变，最终测量的结果仍然保证是有效值。

8.5 动力环境监控系统

8.5.1 动力环境监控系统的发展

电源监控是保障通信电源稳定运行的基础。通信电源集中监控技术在通信电源的应用，标志着通信电源的维护和管理从人工看守式的维护管理模式向计算机集中监控和管理模式转换，其目的：

- 与通信技术发展相适应，提高对通信电源设备的维护管理水平；
- 提高通信电源供电质量，使供电系统有更高的可靠性和经济性；

➢ 充分发挥计算机技术优势，使电源设备管理向自动化、智能化方向发展；
➢ 实现通信电源设备的少人/无人值守；
➢ 提高维护效率，降低维护成本。

从 20 世纪 90 年代初福州电信局的第一套通信电源监控系统的开发应用，到现在有 10 多年了。在此期间，电源监控系统无论在技术上，还是在系统实施的规模上都有了很大的发展，人们对计算机集中监控系统的认识有了较大的提高。可以说，目前通信电源集中监控技术发展与监控系统的实施已进入一个新时代——动力环境监控系统，实现了对通信局站电源、空调及环境的集中监控和管理。

在功能上，为实现对电源设备少人/无人值守的要求，动力环境监控系统更强调对电源设备故障事件的快速响应和故障告警的准确性。现在电源监控系统在对基本功能，如遥控遥信遥测、监控信息查询、数据存储记录、实时历史趋势、系统配制、远端操作、密码管理、支持联网等功能不断完善的基础上，同时不断扩展新的智能系统。

1. 智能设备的接入

由于通信电源设备种类较多，对于智能设备，即使同一种类设备不同厂家的协议也各不相同，加上电源设备供货的厂家繁多，协议种类也就更多。在监控系统的实施过程中，为了更好地利用智能设备的资源，将智能设备通过对通信接口和通信协议的转换直接接入其监控系统，通信接口基本上属于 RS－232、RS－485、RS－422 间的硬件转换，比较容易实现。而通信协议的转换在过去一直是困扰监控系统实施的棘手问题，目前这个问题得到初步的解决，一方面大部分电源设备厂家能积极提供其设备的通信协议，另一方面原邮电部对智能设备提供了统一的协议，为协议的转换提供了条件。目前通信协议和通信接口的转换主要是采用协议转换器的方式。所谓协议转换器的方式是将一种被称作是协议转换器的装置接入智能设备和局站监控主机之间，一端与智能设备的串口相接，另一端与局站监控主机的串口相接，从而完成通信协议和通信接口转换。

简单地说，协议转换器是一个具有 CPU、EPROM、RAM、串行通信口等的微机系统，协议转换一般具备两个条件：

一是至少有两个串口且分别与被转换的智能设备的串口以及局站监控主权的串口相匹配；

二是将智能设备的通信协议转换为局站监控主机协议，转换软件固化在协议转换的 EPROM 里。这种方式对多个不同协议智能设备同时接入一个监控主机的情况更有效。

此外，还有一种转换方式是将协议转换功能放在局站监控主机里，但这种转换方式在实际应用中并不多见，因为这种方式只适用于将具有单协议智能设备接入一个监控主机的情况，如果在监控主机里采用的协议种类过多会造成监控主机负担过重，影响监控主机的正常工作，同时也给监控主机软件开发带来很多困难和问题。另外，统一的通信协议出台为智能设备接入提供更好的解决方案。

2. 监控系统的可靠性

由于新技术、新工艺及高质量的器件在通信电源设备的生产制造中得到更广泛的应用，使监控系统的可靠性、自动化程度有了很大的提高，如开关电源设备、UPS、柴油发电机组等智能设备以及目前普遍使用的阀控蓄电池组等非智能设备，它们都有较高的可靠性，这对通信电源集中监控管理，实现通信电源设备少人、无人值守的目的提供了较好的条件。而通信电源监控系统的可靠性问题也同样至关重要，因为监控系统可靠建立和发展，影响到能否提高通信电源设备维护管理水平，提高信电源供电质量，实现少人无人值守的目的。因此在动力环境监控系统的性能不断完善的基础上，要注重改善监控系统的可靠性，动力环境监控系统是一个大型的实时网络系统。

3. 监控系统的自检功能

为了使监控系统更有效地发挥其作用，除了要不断完善监控系统基本功能外，同时还要注重利用计算机数据处理的优势，开发完善高智能化性能，从根本上改变传统维护模式，有效利用现代监控技术。

监控系统的实施是以新的维护模式为基础，即以区域为监控管理中心对相应局站进行监控管理，局站少人/无人值守，而城市监控管理中心对其区域监控管理中心进行统一管理的模式。这种计算机式的集中监控管理与人工看守式管理除维护管理模式上不同外，其更大的区别是监控系统对通信电源设备实现计算机自动实时监控，如当电源设备发生故障时，监控系统将作出快速响应，且及时上报到相应的管理中心。为适应这种计算机监控管理方式，要求从根本上改变传统的维护模式。监控系统的实施虽然是建立在新的维护模式基础上，但对监控系统的要求仍遗留有人工看守式维护管理模式的痕迹，如在过去人工看守式时期，一小时一次的例行抄表，为的是对设备进行定时查看，而现在采用计算机监控系统，其特点是对电源设备进行实时监控，但却对其提出一小时一抄表的要求，且以日报表的形式存储并打印，同时要将这些报表存放 2～3 年。其结果在监控系统里打印存放这些数据占用监控系统较大的资源，然而这些数据却很少能派上用场。面对这些问题，对监控系统在某些功能应该进行重新考虑：

① 在被控设备(电源设备)可靠性不断提高的基础上，全面提高监控系统的安全可靠性。

② 从被控设备和监控系统整体综合考虑，既然电源设备和监控系统的安全性、可靠性都能得到基本保证(电源设备中的可靠性指标要求为：开关整流设备 MTBF＞50 000 h，阀控电池 MTBF＞350 000 h，交直流配电设备可靠性指标要求更高，监控系统的可靠性指标要求为 MTBF＞100 000 h)，监控系统的实施应向简单化、实用化、高智能化方面发展，同时保证监控系统的告警、预警性能的准确性和快速性，再加上统计分析智能化功能的不断完善，使得类似一小时一抄表这样的功能变得没有太大的意义。

③ 更新人们过去那种人工看守式的维护观念，建立新的维护制度。

因此今后监控系统实施的又一项重要工作是从根本上改变传统维护模式，更有效利用监控技术，使电源监控系统在通信电源维护管理中发挥更大的作用。

4. 监控系统的入网检测

对监控系统实施检测是一件很困难的事情，将受到下列条件的限制：

① 对监控系统实施检测，首先在检测的项目、指标、检测条件及检测方法等方面需要有标准依据，目前虽然有一些监控系统方面的技术要求，但作为监控系统检测的标准依据还远远不够。

② 监控系统与一般的电源设备相比采用更多的是计算机技术，更强调其系统的网络性、

系统软件的实时性以及系统的功能性，由此对监控系统的实用性、技术性能的评估造成一定的难度。

③ 监控系统是一个大型的实时性网络系统，具有一定的容量特征（包括软件容量特征及硬件容量特征），各种性能指标的实现在满容量运行时才有意义，作为监控系统性能指标的检测，建立一个满容量的系统是不可能的。

④ 受到通信方式、通信条件等其他方面的限制。

虽然对监控系统实施检测确实面临着很大的困难，但是通过一定的方法对监控系统实施检测以达到最大程度逼近，对监控系统性能指标进行描述和评估还是有必要和有意义的。

8.5.2　动力环境监控系统设计原则及实现方式

1. 动力环境监控系统设计原则

依据当前通信行业中各基层用户的使用需求和相关电源系统、设备的监控需要，认为要设计好电源、空调及环境集中的动力环境监控管理系统需要遵循以下原则：

① 监控系统的增加，不能对供电系统造成运行上的影响，一定要确保各现有供电系统的安全性；

② 充分利用各种供电设备本身已有的监控功能，优先考虑使用设备本身的通信接口来实现对设备的监控；

③ 必须保证监控系统运行的可靠性，即监控系统自身的故障率一定要尽可能低；

④ 必须保证监控系统运行的独立性，即监控系统应能屏蔽掉外来的非法数据的入侵；

⑤ 监控系统要具有较强的灵活扩展性和适应性；

⑥ 注意投资的经济性，即监控系统建设后所能节约的人力、物力和提高维护质量所带来的效益应远远大于建设监控系统的投资。

动力环境集中监控管理系统设计应满足“真正实现无人值守”、“提高维护质量”和“节省人力、物力、财力”3 个目标。

2. 动力环境监控管理系统功能实现方式

动力环境监控系统通过对电源、空调设备的各种参数的监视、管理和控制，为设备的集中操作维护和提高生产效率提供技术手段。其主要功能是使各级监控中心的用户能够通过此系统自动/手动、实时/定时地访问各电源、空调设备，了解其运行数据。

整个监控系统在逻辑上可分为由监控中心、监控站和监控单元组成的三级结构。

在通信局站设置前置计算机可构成监控系统的最底级——监控单元(SU)。系统通过监控单元对下层各种监控模块进行监控和管理（监控模块指带有通信接口的各种供电或空调设备，或指新增的用于监控环境信息的采集设备等）。在监控单元一般要求无人值守，所以，前置计算机主要功能在于接收和发出上下级传送的各种信息。

监控站与监控中心的功能类似，均提供操作和维护的平台供最终用户使用。二者不同之处在于，如果设置了监控站，则监控中心对监控站管理范围内的设备的监视和控制均会削弱，仅记录重要的运行和故障信息，以便了解整个地区的总体运行情况和进行全网范围的统计、分析工作。各地区、各公司可以根据各自的维护方式(包括维护人员的配置、维护责任的划分等等),将系统的操作维护重点或主要的监控手段放在监控站(SS)或监控中心(SC)。

8.5.3 动力环境监控系统的组成结构

整个监控系统在逻辑上分为3个层次,分别是端局层次、监控中心层次和用户浏览器层次。端局负责采集电源、空调的各种信息。监控中心负责从端局收集信息,保存信息并提供Web服务。系统的用户原则上可以使用任意一台计算机,以浏览器方式,通过DCN网络访问监控中心读取数据和发送命令。电源、空调及环境集中监控管理系统结构层次划分如图8-1所示。

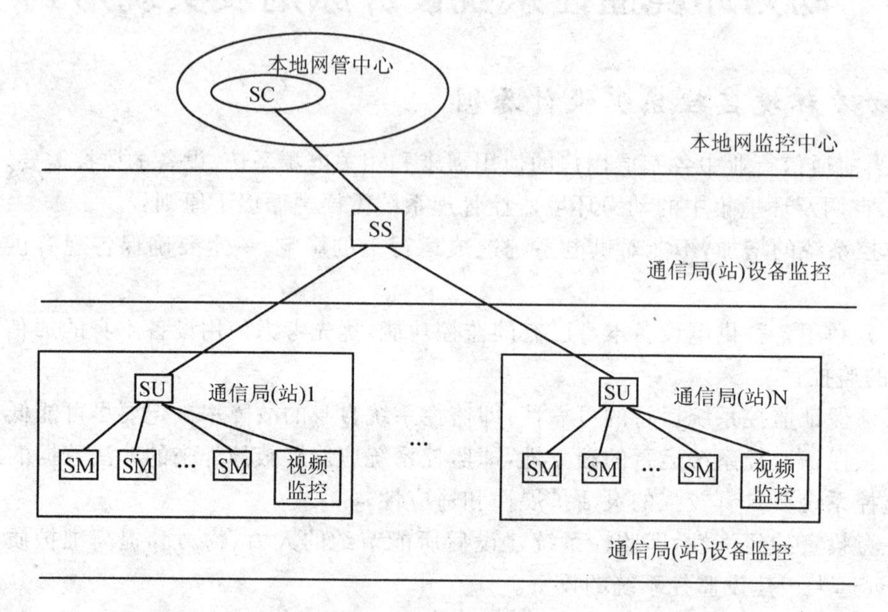

图8-1 通信电源、空调及环境集中管理系统三级结构

以地市级移动通信环境动力监控系统工程为例,为方便集中管理与维护,监控系统各地市的监控主机通常设置在省会城市交换局,各地区设置监控业务台、基站业务台与图像业务台,监控业务台从省会城市交换局的监控主机获取本地区的动力监控数据。

整个监控系统在网络上采用逐级汇接的树型结构,同时将各地区的监控主机设置在省网管中心。省监控中心负责对全省属所有通信局站的动力及环境系统进行实时监控,地市级监控中心负责对本地所有通信局站的动力及环境系统进行实时监控。两个监控中心主要由数据服务器、各种业务台、监控主机等组成,省监控中心计算机与移动其他网管计算机系统在工程需求时,可实现相互间的信息交互。

被监控局站内的监控模块与被监控设备之间采用RS-232、RS-485/422进行通信,采集模块根据局站的规模采用一条或多条RS-422总线的组网方式。交换局图像监控则从摄像机直接进入图像服务器,通过100M IP接口进入交换局内的交换机,传输到各级监控中心。

在省监控中心可采用三层交换机,所有监控主机、监控业务台都连接到三层交换机,通过路由器实现与各地区的连接;在各交换局采用交换机与路由器,所有分控中心业务台都连接到地区交换机。通过交换机划分 VLAN 和路由器的访问控制，可方便地实现系统内所有 IP 间的访问控制，有效地控制网络风暴，提高网络的安全性。

在省监控中心从基站的 OMC 获取基站的监控信息，在各地区配置基站业务台。各地区的基站业务台从省监控中心的 OMC 基站监控主机及基站数据服务器获取本地区的基站实时告警和历史告警数据。

环境动力监控系统的所有重要功能均集中在监控中心(SC)。要求监控中心具有强大的数据处理能力和高度的可靠性。监控中心的硬件由以下部分组成：数据库服务器、通信和 Web 服务器、磁盘阵列、工作台、打印机、大屏幕显示设备等，如图 8－2 所示。

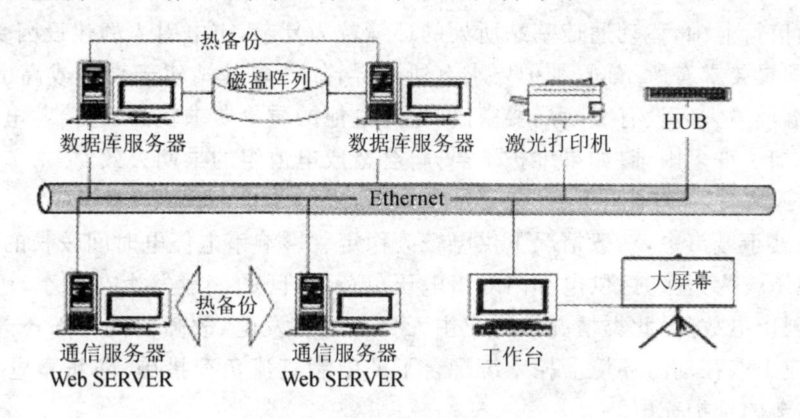

图 8－2　监控中心结构

各被监控的端局拥有各自独立的 IP 地址，对上层直接提供局域网口，监控中心可以通过 IP 地址直接访问到各端局。在端局前置机以总线形式或多串口形式与各监控模块建立连接，由前置机对监控模块直接收发信息并进行监控管理，如图 8－3 所示。

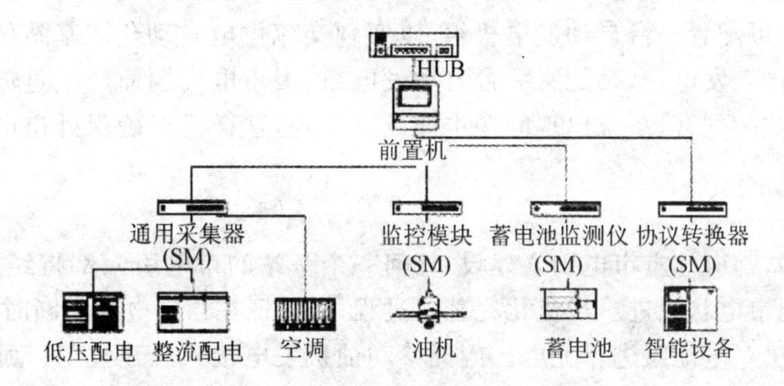

图 8－3　端局网络结构及配置

8.6　移动通信基站电源设备管理

移动通信基站电源系统为移动通信系统主体设备及传输设备的配套支撑系统之一，涉及动力机械学、化学、电子、通信与自动控制技术、计算机应用等多种专业学科知识。其维护工作的目的为保证通信设备获得持续、稳定、可靠的能源，为通信设备提供正常运行的环境，保证系统的安全。对此，维护人员需要具备一定的专业技能。

8.6.1 通信电源设备维护的要素

电源设备种类较多，受外界因素影响较大，如果维护不得力，设备总体的故障率就会很高，动力环境监控系统失去效用，运行成本开支大，基站不安全因素较大。为降低运营成本，防止蓄电池组早期报废，需要对基站市电环境及对电源维护的重点进行分析。

1. 基站市电环境因素

在整个通信行业中，移动通信基站所处的环境较为复杂，市电引入的建设因受基站环境条件限制，建设配置要求有所不同，维护要求有所差异，如许多基站建于高楼或高山上。客观上讲，基站的市电环境大多没有交换局要求高，但对电池的质量要求较高，这给蓄电池组的配置、维护和管理增加了许多困难，如果维护不当，将会造成电池组的早期失效。

(1) 高楼基站

此类基站处于城市中，一般情况下供电较为稳定。影响市电停电时间较长的两大因素为：一是当城市能源较为紧张时，供电部门对市电压负荷，该问题一般发生在夏季，用户端电话电压低；二是出现市电故障，此类情况多为业主无自备油机发电，故障时间一般不超过 24 h。对于此类问题，应采取在动力环境监控系统配合下的限制直流负荷措施，防止蓄电池组过放电，事后加强蓄电池的维护充电。

(2) 高山基站

高山基站指远离城市的乡村山丘基站，此类基站使用农电，对市电建设要求较高。此类基站的建设应根据当地情况及安全条件选用较高的市电引入方式，有条件的最好采用 10 kV 高压市电引入。在农村电力供应中，高压市电引入较 380 V 市电引入稳定，并且受人为因素的影响小。如有可能，可配置一台自动发电机组，以实现交流供电自动化。基站位于农村山丘，由于移动油机不便接入发电，基站配置一台自动发电组，因市电问题而产生过放电的情况，加之动力环境监控系统的配合，系统出现问题也能及时处理，这样可以确保外市电引入稳定、可靠保障通信畅通。

(3) 一般基站

无论什么基站都应注重市电引入建设，任何一个基站的市电引入都将经历一个从建设到维护、再根据当地市电状况进一步优化完善的过程，以保证在当市电被阻断时能可靠地接入固定油机或移动油机对电池组进行充电。因此移动油机发电接入应建立“移动油机发电制度”，保证在动力环境监控系统的配合下，进行即时、可靠、安全的操作，做好蓄电池维护。

2. 蓄电池的维护

蓄电池维护是整个电源维护工作中的重点，一切电源维护都围绕此项工作展开。一般说来，阀控式铅酸电池维护的关键在于控制环境的温度及电池的充放电，因此控制好电池的充放电是蓄电池维护的重要环节。电池的充电分为浮充充电和均衡充电。所谓浮充，是指在市电正常时，蓄电池与开关电源并联运行，开关电源输出电压符合蓄电池厂商规定的要求，一般为 2.23 V/只，用于满足电池的自放电、氧循环的需要。

从浮充的定义可知，浮充电压只能满足电池的自放电、氧循环的需要，不能作为电池放电后的补充充电。蓄电池的补充充电是通过开关电源的均衡充电来完成的。均充时，充电电压提高到2.35～2.40V/只，以≤$0.10C_{10}$的电流对电池充电，其充电过程的控制是通过对开关电源的设置，由开关电源智能控制实现。在日常维护中，可通过动力环境监控系统，定期对其进行检查，以防范整流设备参数的改变，避免造成电池受损。

蓄电池使用不当，将直接影响电池以后的运行效果及使用寿命，特别是基站电池受市电影响较大，更应注重其选用技巧。在基站电池选型时，应重点考虑负载性质及负荷大小、机房负荷要求和电池基本支持时间3个因素。

① 负载性质及负荷大小。包括主体设备用电量、传输设备用电量和监控设备用电量。

② 机房负荷要求。出于安全考虑，当所有设备安装完毕后不得超过建筑荷重。

③ 电池基本支持时间。主要指交流供电设备出现故障后的应急处理时间，通常根据市电条件确定其支持时间，一般选择8～10h支持时间。

基站主体设备对电源的要求没有交换设备高，基站电源的阻断不至于造成数据丢失不能恢复，无需两组电池并联使用。在基站市电环境下，两组电池并联不利于电池长期在恶劣条件下使用，因为两组电池完全处于两个不同的化学集合中，受电池联线及螺母拧紧等因素影响，不易将两组电源的内阻保持一致，经过一段时间运行后，电池内阻发生变化而使个别电池因长期得不到补充充电产生落后电池，从而使电池容量受损的概率较一组电池单独使用时要高。因此，基站电池配置一组为好。

3. 预检预修

任何设备故障的发生都有一个从积累（不安全因素的增大超过其设备允许极限）到集中爆发的过程。只有更一步熟悉它所处的环境因素对其的影响，主动采取防范措施，才能掌握维护工作的主动性。影响电源设备正常运行的3大因素：季节变化对电源的影响，人为因素对电源系统的影响以及设备的老化。

(1) 季节变化对电源的影响

入冬后雨雾天气，户外线路绝缘降低，因此取暖电器增加，是电源故障多发期；另外，盛夏天气湿度大，绝缘相对较低，因此制冷电器大规模增加，是电源故障多发期。为防止重大事故发生，消除事故隐患，应加强安全用电检查，检查重点为市电引入线路、变配电设备和空调机组等。

(2) 人为因素对电源系统的影响

对于农村公用变压器接380V或220V电源，应防止因火线、零线接错而造成重大故障。

(3) 设备的老化

此类故障多为电缆线路老化。

4. 重视电源辅助设备动力环境监控系统的建设和维护

基站动力环境监控系统是保证移动配套设备在无人值守条件下正常运行的远端在线重要测试工具，是配套设备维护基础网络，因此加强基站动力环境监控系统的维护管理是保障远端电源系统稳定、可靠运行的基础。基站动力环境监控系统维护工作的重点是防范系统误告警情况，提高系统稳定性，完备系统测量功能，基本任务为：

① 保证基站动力环境监控系统运行畅通，定期清理转存重要信息，防止病毒侵袭。

② 保证基站动力环境监控系统的配套设备电气检测性能、设备控制性能、系统告警性能、重要维护技术指标、网络指标符合标准。

③ 合理调整系统网络，保证系统安全运行，提高设备利用率，延长系统设备使用时间，发挥其最大效能。

④ 迅速准确地排除故障，避免因系统故障对配套设备造成的影响和因延误设备维护时机造成损失。

⑤ 采用新技术，优化系统配置，改进维护方式，提高工作效率。

⑥ 妥善保存技术资料，其工程竣工资料包括系统信号线配置图、智能设备通信协议文本（设备厂家提供）、协议开发竣工文件和设备配置清单。

⑦ 监控系统的扩容升级在原则上不得影响其系统正常工作。如对系统有影响，在扩容升级前必须说明影响部位、处理时限、处理方案，待相关管理部门批准后方能实施。

⑧ 监控系统开通交付使用后，基站监控系统、县返牵监控中不得任意中断，中断时限超过24 h应视为重大故障处理。

8.6.2 通信机房的节能降耗管理

随着通信网络规模和用户数量的不断增大，电信运营市场竞争日益激烈。由于受到国家政策的不对称管制和新技术、新业务的冲击，特别是电缆被盗和灾难损坏造成有线维护成本的增加，固网电信运营商的业务发展和创收日趋困难，各大电信企业通过挖掘网络潜力、发展新业务，在扩大市场份额和业务种类的同时，特别要通过减少运营支出、开源节流来提高企业经营收益。目前通信机房的节能降耗主要从电源、空调、机房管理等几个方面入手。

1. 电源系统的节能降耗

(1) 合理选用变压器

通信系统中，变压器损耗约占总损耗的25%～30%，其中空载损耗主要以磁场通过铁芯产生涡流形成的铁损为主，负载损耗主要以励磁电流通过电阻产生的铜损为主。以高压进线的通信局站，在选用变压器的时候，根据局站负荷性质以及负荷同时率、变压器效率、功率因数等因素，合理选配变压器容量，尽量选择不低于S11变压器技术指标的节能变压器。由于变压器的负载率越低，变压器的电能损耗越大，所以在通信电源设计时，要合理选择变压器容量并匹配相应容量的负荷，保证负荷率的平稳性。对于变压器容量较小、电压波动比较大的农村地区机房和移动基站，一般配用稳压器来保证设备的安全运行。

(2) 保证油机的经济运行

通信保障用油机要定期检查维修，定期检查调整气门间隙、喷油压力、供油时间等技术指标，保证油机在最佳工况下运行。一般要求使用沉淀净化后的油料，严禁使用劣质再生油，防止杂质堵塞柱塞和喷油嘴，造成供油时间不准、供油不均匀、雾化不良，导致油耗增加，油机功率下降甚至不能启动。油机使用中要及时清除积炭和水垢等污物，油机运行中一般要保持水温在45～65℃左右比较合适，水温过低会造成柴油燃烧不完全，冷却水最好不含矿物质。油机超负荷运行，机器会冒黑烟增大油耗，缩短零部件的使用寿命；长时间处于低于30%的轻负荷状况下运行，油机转速较高也不节油，而且机件非常容易损坏。

(3) 减少线损

配电系统的线损电量通常包括两部分：技术线损电量和管理线损电量。

技术线损电量是在传输过程中直接损失在线路设备上的电量，如正比于电流平方的负载损失和与运行电压有关的空载介质损失，技术线损电量可以通过采取相应的技术措施予以降低。管理线损电量是在计量管理环节上造成，包括电表的误差、错抄、漏抄，设备漏电及窃电造成的电量损失，只能通过采取必要的管理措施来避免和减少。

减少线损的技术措施包括：缩短配电距离和减少配电级数，更换破损的导线和老化的设备、开关及连接金具，减少接头数量，降低接触电阻，按经济电流密度选择导线截面等。

(4) 优化直流电源系统

通信企业目前已经大量采用新一代开关电源设备，相比老式的相控电源，开关电源体积小、容量大、智能化程度和转换效率比较高。在实际应用中需要注意的是，开关电源的容量配置要略高于负载容量，这样既节省投资，又节约电能，如果容量配置过小，则电源模块发热容易烧坏，且热负荷也变大。多模块并联供电情况下，如果单模块电流小于30%额定容量，应该关闭几个模块，使模块电流负荷率达到60%以上。蓄电池防止容量过大和过小设计，节约电池和开关电源的购置费用，避免长时间小电流放电、电池终了电压上升引起电池提前不可逆损坏和短时间大电流放电引起电池容量下降。

(5) 治理谐波和改善功率因数

首先，电网中非线性负荷产生非正弦谐波电流流过导体时，由于集肤效应的作用，线路有效电阻增加，导体会发热严重，变压器附加损耗增加，电能损耗加剧，谐波电流会引起电力系统中继电保护装置误动作。其次，低频谐波电流通过磁场耦合，会干扰通信系统的工作，谐波还会导致浪涌冲击，在中性线上产生过电流，导致三相电压不平衡，使得功率因数下降。谐波治理可以局部重组电网结构，隔离产生电力污染的设备，使用电源净化滤波设备进行治理，也可以通过在电网中安装无功补偿设备补偿负载所消耗的无功功率，降低线路和变压器的无功电能传输损耗，提高功率因数。

2. 空调系统的节能降耗

实现空调节能的根本途径，在于巧妙地利用室内外条件、维护结构及与空调设备的相互作用关系，制定出有效的节能方案。测试证明，夏季室内温度低1℃或冬季高1℃，工程投资将增加6%，能耗增加8%，且加大室内外温差不符合卫生学要求。从舒适性上讲，夏季比较理想的室内温度是比室外温度低5～8℃。

空调安装时室外机要有足够的散热空间，尽量避免阳光直射；冷热负荷要均匀分配，多机安装时，冷热气流不能形成“气流短路”，选择更利于制冷效果发挥的风向；尽量缩短管路弯道，减少沿程压力损失；尽量缩短室内、外机高度差，使压缩机处于下方位置。压缩机在下方时，室内、外机高度差最好在20～25 m之内，超过10 m就要加装回油弯或油分离器；压缩机在上方时，室内、外机高度差最好在3～5 m之内，否则压缩机因为润滑不良而容易损坏。机房空调尽量采用单冷空调，如果采用冷暖空调最好取消制热功能。机房精密空调一般可以不配置加热、加湿功能，不要设置空调在“自动”状态，以防止室内温度过低时空调机自动启动制热功能。搞好空调维护保养可大大减少空调耗电量，据测试，定期对空调进行维护保养，能使耗电量减少5%～10%。

目前市场常用的几种空调节能技术，各有其优、缺点，要根据不同应用环境因地制宜地选用。

(1) 空调冷凝器加水冷系统

空调冷凝器翅片积灰结垢，散热不畅，导致空调制冷效率不高，加大耗电量，系统压力过高易使高压压力开关动作，使压缩机停止工作。空调冷凝器加水冷系统利用雾化的水冲击空调冷凝器来达到清洗、散热、降温、节电的目的。测试证明，风冷冷凝器增加了冷凝器水冷系统后，风机运转电流和运转噪声大大减小，但风冷系统的水冷改造，需要在原有系统上增加额外的管路和设备，费用相对较高，且自动水量控制系统的安装使用，无形中增加了空调维护工作量。

(2) 中央空调变频改造

中央空调耗电量大，设计冗余度也大，很有节能潜力。压缩机变频技术通过变频器来改变压缩机供电频率，调节压缩机转速，依靠压缩机转速的快慢达到控制室温的目的，避免了压缩机频繁的开停对设备造成的损伤，压缩机降速运行和软启动，减少了振动、噪声和磨损，减少了对电网的冲击，耗电量大大下降，从而实现了高效节能。但是由于变频的高频脉宽调制技术会产生谐波，谐波窜入通信低压配电系统会干扰通信设备，影响其正常工作。所以配电时应尽量将空调电源与通信电源分开，空调变频器应与通信设备保持距离并做好电磁防护措施。

(3) 室外冷源的利用

新风系统利用机房室外的自然环境为冷源，依靠通风将机房内的热量带走实现室内散热，从而达到降低机房内部温度和节能的目的。自然通风新风系统直接利用室外较低温度的冷风送入机房内降温，兼有空调功能，系统效率高、节电量效果明显，但室外微尘易引入机房，影响机房洁净度，滤网易结灰尘，需经常清洗，该系统不适合在室外灰尘多的环境下使用。热交换新风系统采用了隔绝换热的工作方式，室外空气并不直接进入室内，不改变机房内湿度，室外灰尘不进入机房，应用范围相对较广，但室内外须有 5℃以上的温差才有明显效果，其转换效率明显低于前者。

(4)空调节能添加剂的使用

目前在市场上出现了一些号称可以节能环保的 R4 制冷剂，用于替代现在常用的 R12、R22 等制冷工质。这类添加剂加入到空调系统后，与制冷剂一起循环，到达系统内的各部位，抑制管道内油泡的产生，其活性极化分子能穿透管道内的油膜组织，嵌入金属表面晶格间隙中，逐渐分解并清除沉积在金属表面的油膜，加入防腐抗氧化剂后，还能在系统组件内表面形成保护膜，从而恢复、提高了系统的热传递效率，达到节能目的。但由于使用节能添加剂必定会改变空调设备工况，不同厂商的产品效果还需要在工程实际运用中去检验。

3. 通信机房的节能管理

除了采用以上技术，从硬件环境上来减少通信机房的能耗，还需要特别注重从软管理的角度，通过建立健全各类制度，并有效地监督执行，来达到节能降耗的目的。另外，还要注重研究节能方案的安全性和经济性，节能不能以影响机房环境质量，降低设备使用寿命，影响通信网络安全为代价，节能还要考虑其投入的成本与可能产生的效益两者之间的比例，看是否能真正做到既节约能源，又降低了企业运营成本。

(1) 机房环境的节能

在机房设计和外租机房时,应注重机房的隔热和通风,通信机房尽量布置在二到三楼,尽量不要使太阳光直射机房,机房的内外壁应尽量使用白色涂料,以增大对日照的反射率和对天空长波的反射,减少热负荷。机房在顶层的要在机房顶部安装隔热层,不具备条件的可增加防火窗帘,减少外界热辐射。面积较大的机房要增加隔断。要注重门窗的密封性和合适的窗墙比,实践证明,透过外窗的耗热量占建筑物总耗热量的 35%～45%,窗墙比过大时,由于太阳的直射,致使房间温度无法调节,既浪费电能,又无法取得合适的效果,一般各朝向的窗墙比控制在 20%～30%为宜。通信机房的门窗、孔洞在条件允许时应使用封堵密闭,减少室内冷气外漏或室外热量入内,减少冷气泄漏。

空调参数的设置应以低于室外温度 6℃为宜,在满足规程及设备要求前提下,空调温度在需制冷时宜设定在上限值,在需制热时宜设定在下限值。

对于安装了多套空调系统的机房,空调参数设置要一致,避免一台空调制冷、一台空调制热的情况发生,机房空调应轮流切换使用,不要同时开启和同时关闭。采用合理的送风方式,使用挡板消除无用机架空位,合理组织室内气流,使空调运行得更有效率,进出机房必须随手关门。模块局一般设为 24～26℃,农村光节点机房一般可以设为 26～28℃,并且根据不同的季节设置不同的温度参数,夏季设置下限,冬季设置上限。对设备安装较少、发热量较小的节点机房,冬季应关闭空调电源,在开放式机架的情况下,冬天也可以拔掉机架风扇,既节能,又可以防止农村长期电压不稳损坏空调设备。

机楼照明除了采用楼道声光控制开关和遵照"人走灯熄"的制度管理外,还应采用高效节能灯具。常用电感镇流器是一个高感抗和高电阻的器件,串联在电路中要消耗有功功率和无功功率;电子镇流器与之相比,具有不需要启动、有功消耗少、功率因数高、点燃速度快、无噪声干扰、无频闪、健康环保等优点,但其劣质产品产生的三次谐波仍对电源和通信设备有干扰和污染,所以机房照明在选用气体放电灯时,一般应选用品牌电子镇流器。

(2) 机房设备的节能

虽然机房通信设备相对空调而言,节能的空间比较小,但仍大有可为。通信设备的功耗下降 1kW,配套通信电源系统和机房空调设备的建设投资费用减少约 1.97 万元,其相关的运行和维护成本中仅电费一项一年就可节约 1.51 万元。机房设备的节能,主要从节能通信设备的选型、停用设备的及时下电、冗余设备的合理配置等几方面入手。

从源头上控制能耗,选择那些既节能又环保的通信产品是降低机房能耗的基本手段。在招标采购通信设备之前,应安排专业人员对交换、传输、数据、无线等通信设备的耗电量指标、通信电源设备的转换效率指标进行检测,以确保产品能够达到节能、环保标准。在机房中尽量采用较少的设备,通过先进的技术减少设备使用材料的数量,以此降低设备的能耗。在工程改造中,应逐步淘汰发热量大、效率低的通信设备,在安全条件允许的前提下,按最节能方式合理调整电源设备工作负荷率。

通信网络总是处在不断调整、优化和升级中,设备调整后经常有老设备淘汰,工程人员经常由于疏忽,忘记关掉下网设备的电源,造成能源损失。在工程中,经常有过度冗余配置的情况,备用板卡数量过多,没有开通业务却长时间插在机框里面,势必造成能源的浪费,所以设计时一般要选择最小冗余配置。

8.7 通信电源设备维护的内容

为了保障系统稳定、可靠地运行和优质供电，良好的电源设备的运行管理和维护工作是非常必要的。电源设备维护工作的基本任务是：

- 保证向电信设备不间断地供电，供电质量符合标准；
- 通过经常性的维护检修和定期大修理，保证设备稳定、可靠运行，延长设备使用时间；
- 迅速准确地排除故障，尽力减少故障造成的损失；
- 经常保持设备和环境整洁，使机房环境符合设备运行的基本要求；
- 采用新技术，改进维护方法，逐步实现集中监控，少人值守或无人值守。

概括起来说，电源设备维护包括日常维护、机房管理和巡检 3 个方面。

8.7.1 日常维护

电源设备维护涉及电池、交直流配电设备、油机发电机、开关电源设备、空调照明设备、动力环境监控设备以及机房环境等，每种设备维护又包括许多项目。多数项目的检测标准并没有权威的定义，为了便于维护操作，而采取现场可以判断的描述性定义，需要电源设备维护人员灵活把握运用。

1. 机房环境与消防设备维护

(1) 温湿度

检测标准：电力电池机房温度范围－5～40℃。

相对湿度：20%～80%。

检测工具：温湿度计。

检测方法：湿度计测量的为相对湿度，测量时要注意保持水气采集的干净、无污染。

(2) 粉　尘

检测标准：无明显积尘。

检测方法：对粉尘易于堆积的地方目测检查，如墙角、机柜顶部等。

(3) 照　明

检测标准：机房照度可以满足机箱内维护操作。

检测方法：对电源设备背离光源的部分作目测检查。

(4) 通　风

检测标准：电池机房必须有良好通风。

检测方法：定期开启门窗通风，减少机房腐蚀性、易燃易爆性气体富积。

(5) 噪　声

检测标准：空调、整流模块风扇运行无异常声音，变压器、滤波器无异常声音，噪声符合指标(50 dB)要求。

检测工具：指标测试可用声级计。

(6) 消防器材

检测标准：消防设备布置符合设计规定，消防器材在有效期内并年检标志齐全。

检测方法：符合性、有效性检查，目测方法。

(7) 密闭性

检测标准：门窗关闭后，刮风时没有明显的进风啸叫，机房没有屋顶渗漏、窗户与管线进水。

检测方法：目测，耳听。

2. 接地系统与过压防护设备维护

(1) 接地电阻

检测标准：接地电阻符合参考标准要求(或两次测量没有明显差别)。

检测工具：地阻仪。

检测方法：符合性测试，注意测量辅助点的选取，保证每次测量取点一致，以减少因测量方式不同造成的偏差。

(2) 接地连接

检测标准：地网引出点焊接良好，无锈蚀；接地排上接地线连接牢固可靠。

(3) 防雷部件

检测标准：防雷接地连接良好；防雷部件无变色、变形、开裂等。

(4) 雷击告警

检测标准：防雷器指示灯显示正常，防雷部件过压损坏时能告警。

检测方法：对于有告警结点的压敏电阻防雷器或设计有告警电路的防雷器，模拟压敏电阻损坏时应能告警。

3. 电源交流供电检查

(1) 电网接地

接地规范：交流用电设备应采用三相五线制引入，零线不准安装熔断器，在零线上除电力变压器近端接地外，用电设备近端不许接地。交流用电设备采用三相四线制引入时，零线不准安装熔断器，在零线上除电力变压器近端接地外，用电设备和机房近端应重复接地。每年检测一次接地引线和接地电阻，其电阻值应不大于规定值。

(2) 过压防护

防护要求：进、出变配电室的交流高压馈线超过避雷保护范围时，应分别装置高、低压避雷器。

(3) 交流断路器配置

检测标准：交流熔断器的额定电流值：照明回路按实际负荷配置，其他回路不大于最大负荷电流的 2 倍。

检测方法：根据断路器状态检查，断路器无热变形、接点发黑、接点附近电缆老化、龟裂等。

(4) 相不平衡度

检测标准：相不平衡度低于 4%(部标)。

检测工具：万用表。

检测方法：测量各相电压，将电压差最大值与标称值(220 V/380 V)比较。

(5) 电网波动范围

检测标准：(交流 220 V)187～242 V，(交流 380 V)323～418 V。

检测工具：万用表或查阅日常记录。

检测方法：测量点为受电端子，记录电网电压的最大值和最小值，一般要利用日常记录。

4. 密封电池的维护

(1) 电池端电压

检测标准：全组各单体电池端电压的最大值不低于 2.18 V/节。

检测工具：数字万用表。

测试方法：逐节电池测量。

测量包括三种状态：充电过程完成时各单体电压，放电 20%以上时各单体电压以及均衡充电时各单体电压。但是，不论在哪种状态下检测到某节电池电压异常，均需要对该电池作单独补充电或更换处理，以保证整组电池性能一致。

(2) 电池连接(牢固、腐蚀)

检测标准：电缆连接牢固；充放电电缆护层无老化、龟裂现象；均衡充电时电缆无明显发热。

检测方法：通过视觉和触觉判断。

(3) 电池外观结构

检测标准：电池外形无鼓胀变形，电池壳体无漏液痕迹。

检测方法：视觉判断。

(4) 放电维护

放电维护的基本要求是：

- 每年应以实际负荷做一次核对性放电试验，放出额定容量的 30%～40%。
- 每 3 年应做一次容量试验，使用 6 年后宜每年一次。
- 蓄电池放电期间，每小时应测量一次端电压、放电电流。

5. 开关电源设备维护

(1) 系统均流

检测标准：各模块超过半载时，整流模块之间的输出电流不平衡度低于 5%。

检测方法：通过监控单元观察每个模块的输出电流，计算不平衡度；通过观察各模块上的输出电流显示值，计算不平衡度。

处理方法：当出现模块之间输出电流分配不均衡(不平衡度大于 5%)时，可以通过监控单元或模块面板上的电压调节电位器，将输出电流较大的模块输出电压调低至电流均衡，或将输出电流较小的模块电压调高至均衡。

(2) 电压电流显示

检测标准：模块电压、母排电压、监控单元显示各输出电压之间偏差小于 0.2 V，模块显示电流、充电电流、负载总电流代数和不大于 0.5 A。

检测方法：从监控单元、整流模块读取各电压、电流值，根据以上标准作出判断。

(3) 参数设定

检测标准：根据上次设定参数的记录（参数表）作符合性检查。

处理方法：对不符合既定要求的参数重新设定。

(4) 通信功能

检测标准：系统各单元与监控单元通信正常；告警历史记录中没有某一单元多次通信中断告警记录。

(5) 告警功能

检测标准：发生故障必须告警。

检测方法：对现场可试验项抽样检查，可试验项包括交流停电、防雷器损坏带告警灯或告警接点的防雷器、直流熔丝断（在无负载熔丝上试验）等。

(6) 保护功能

检测标准：根据监控单元参数设定或设备出厂整定的参数作符合性检查。

检测时机：运行中的设备一般不易检测此项，只有在设备经常发生交流或直流保护，判断为电源保护功能异常时才做此检测。

检测方法是：通过外接调压器试验交流过欠压保护功能，通过强制放电检测直流欠压保护功能。

(7) 管理功能

检测标准：监控单元提供的计算、存储和电池自动管理功能，可查询项末告警历史记录，可试验项的电池自动管理功能。

检测方法：模拟告警，监控单元将记录告警信息（检查存储功能），交流下电 15 min 以上，上电后系统进入自动均充——转浮充充电过程（检查电池自动管理功能）。

(8) 杂音指标

检测标准：衡重杂音：不大于 2 mV；峰-峰值杂音：不大于 200 mV。

检测工具：杂音计、示波器。

检测要求：杂音测量时要求将电池与电源设备分离，但为了供电安全，现场操作不容许断开电池，只有在局站通信质量较差，认为电源设备供电质量不合要求时做杂音指标检测。

检测方法：衡重杂音，用杂音计测量，由正负母排输入，杂音计置“电话杂音”测量档，峰-峰值杂音用示波器测量。

(9) 耐压测试(停机大修时测试本项目)

耐压测试主要用来测试电源设备的输入对机壳、输出对机壳、输入对输出等之间的绝缘电阻与强度。

检测标准：绝缘电阻，加压直流 500 V 测得电阻大于 10 MΩ；绝缘强度，交直流输入/输出之间施加电压 2 000 V/50 Hz 持续一分钟无击穿且漏电流小于 30 mA，直流输出对地之间施加电压 500 V/50 Hz 持续一分钟无击穿且漏电流小于 30 mA。

检测工具：兆欧表、耐压测试仪。

测试方法：耐压测试仅在电源设备发生过耐压不足类型故障时做检测，如机壳放电、交流侧故障造成直流侧损坏。耐压测试时要将防雷器、模块内去耦电容等元器件分离后操作。

(10) 内部连接

检测标准：插座连接良好，电缆布线与固定良好，无电缆被金属件挤压变形，连接电缆无局部过热和老化现象。

(11) 风道与积尘

检测标准：模块风扇风道、滤尘网、机柜风道等无遮挡物、无灰尘累积。

检测工具：毛刷、皮老虎等。

检测方法：对风道挡板、风扇、滤尘网等进行拆卸清扫、清洗，凉干后装回原位。

(12) 直流电缆

检测标准：线路设计时确定的容许压降，一般低于 0.5 V(低阻配电)。

检测方法：记录电缆上流过的最大电流，从设计资料上查阅电缆线经、布线长度，计算线路压降，核对线路压降是否符合设计要求。

(13) 直流熔断器配置

检测标准：直流熔断器的额定电流值应不大于最大负载电流的 2 倍，各专业机房熔断器的额定电流应不大于最大负载电流的 1.5 倍。

检测方法：根据各负载最大电流记录来检查熔断器的匹配性。

(14) 节点压降与温升

检测标准：1000 A 以下，每百安培≤5 mV；1000 A 以上，每百安培≤3 mV；节点温升不超过 40℃。

检测工具：万用表、点温计。

检测方法：用万用表检查节点两端电缆或母线之间的压降，根据流过节点的电流核算节点压降的合理性；用点温计测量节点温升，测量结果必须满足温升限制和压降限制双重标准。

8.7.2 机房管理

1. 机房管理的一般要求

(1) 机房的环境要求

➤ 应保持整齐、清洁；

➤ 室内照明应能满足设备的维护检修要求；

➤ 室内温湿度应符合本规程的要求。

(2) 机房的管理

➤ 应设置灭火装置，各种灭火器材应定位放置，定期更换随时有效，人人会使用；

➤ 保持设备排列正规，布线整齐；

➤ 应配备有仪表柜、备品备件柜、工具柜和资料文件柜等，各类物品应定位存放；

➤ 门内外、通道、路口、设备前后和窗户附近不得堆放物品和杂物，以免防碍通过和工作；

➤ 认真做好防火、防雷、防冻、防鼠害工作；

➤ 无人值守机房必须安装环境监视告警装置，并将告警信号送到监控管理中心；

➤ 维护人员应严格执行机房管理细则。

2. 仪表工具的管理

工具、仪表是专用器材，应认真管理，并做到：

- 专人管理，放置整齐，账、卡、物一致；
- 定期检验仪表、工具，不合格的工具、仪表不得使用；
- 工具、仪表借用时应办理借还手续，禁止私自领取做他用。

3. 维护备品备件和材料的管理

电源室或电源维护中心的备品备件和材料，实行集中管理，专人保管。

- 加强零备件的计划管理，每年按时汇总，并办理申报手续；
- 贮备一定数量的易损零备件，并根据消耗情况及时补充，为防止零备件变质和性能劣化，存放环境应与机房环境要求相同；
- 加强零备件和材料的质量检查，不合格产品不出库。

8.7.3 巡　检

作为通信动力设备的核心的通信电源，在使用中处于在线不间断运行状态，不可能通过停机大修等方式实施半年或年度检修，动力维护单位通常采用的作法是对设备作巡检。

巡检是一种有目的、有计划的对设备进行运行状态、性能指标进行检查和测试的方法。从提高工作效率和降低费用上考虑，尽量不要单独针对电源设备作巡检。一般每次巡检要求能覆盖所有的动力设备与环境，包括：机房环境、基础电源、油机发电机、电池、低压配电柜、空调、接地系统、防护设备、消防设备、动力环境监控设备等。

通信电源的不间断在线运行方式，也使得巡检中对电源设备检测的全面性受到限制。如何从可检测项中获得完整的设备运行信息，消除设备潜在的事故隐患，是巡检实施中需要认真考虑的，因此，对巡检操作需要良好的策划。

1. 巡检策划

(1) 巡检目的

电力电池电源设备巡检一般包括春季巡检和秋季巡检，两次巡检的目的是不完全一样的。春季巡检是为了保障设备在潮湿的雨季和雷季中的运行安全，对设备接地系统状况、耐压参数与防雷部件等作检查。秋季巡检是为了保证设备在干燥的冬季，特别是春节期间，保持良好的运行状态，对设备的性能指标、负荷能力、电池容量、供电安全、机房安全等作检查。不论是春季还是秋季巡检都需要检查的项目包括机房温度湿度、设备防尘电线电缆状况、连接点状态等。

(2) 巡检要求

巡检往往是在设备处于正常运行状态下实施的，这使得巡检非常容易流于走形式。因此，在巡检策划时必须明确对巡检的要求，并有良好的检查控制措施。对巡检的基本要求一般包括：

明确巡检内容

巡检内容是根据巡检所要达到的目标,确定本次巡检的具体项目,编制每个检查项的操作程序。

规定巡检对象和范围

在维护部门管理的设备量较多时,每次巡检不可能全检。因此在巡检策划时,要明确界定哪些设备必须检查,哪些设备可以不检查,尽量降低巡检成本。确定巡检对象时,重要局站、事故多发局站、较长时间没有检修的局站优先的原则。

推荐的巡检范围界定原则是:

- 安装运行3个月没有返修和巡检的设备;
- 距离上次维修超过3个月没有巡检的设备;
- (春季巡检)运行环境可能发生水侵的设备;
- (夏季巡检)周边环境容易遭受雷击的设备;
- (秋季巡检)供电电压波动大的局站设备;
- 偏远的无人值守局站等。

限制巡检时间

巡检要有计划控制,保证巡检工作的效率。

作好费用预算

巡检中会涉及人力、车辆、工具、材料、备件等费用发生,在巡检前一定要作好费用预算,保证巡检工作有较高的投入产出比。

另外,巡检开始前的培训工作和巡检路线安排也很重要。用户在巡检前,可以请电源厂家的服务工程师作巡检前的培训或现场演示。

(3) 巡检计划

巡检策划的结果是形成巡检计划,动力设备维护部门可以自行编制巡检计划,巡检计划应包含以下内容:

- 人员安排;
- 车辆安排;
- 工具、材料采购计划;
- 巡检实施进度控制表等。

对于巡检实施进度控制表,计划必须做到具体的局站、具体的责任人、具体的实施日期等,以提高计划的可控性,避免操作者随意性。

2. 巡检操作

(1) 准 备

巡检准备的内容比工程准备简单得多,主要是按照巡检计划落实人员安排、车辆安排、工具材料购买等事项,保证巡检能顺利实施。

(2) 现场作业

巡检现场作业的主要工作是:检查、试验和测量。检测根据策划报告规定的项目实施,巡检操作项目根据需要从日常维护条例中选取。

(3) 巡检记录

巡检一般用表格记录,表格的内容在巡检前确定,可以参考表8-1,一些项目局方可以增删。

表 8-1 电力电池设备巡检记录表

编号：

局站名称			电源型号/配置		
电源编码			电池型号/容量		
空调型号	油机发动机			低压配电	
环境监控设备					
巡检人					
巡检项目	标准	检查/测试结果	巡检项目	标准	检查/测试结果

3. 巡检总结

(1)统计分析

巡检结束后，要对巡检作统计分析，基本分析项目包括：

① 巡检覆盖率。巡检覆盖率是指本次巡检局站数量与维护部门维护的局站总量的比值的百分值。

② 计划完成率。本次实际完成巡检量与计划完成巡检量的比值的百分值。

③ 问题统计分析。根据表 8-1“电力电池设备巡检记录表”的巡检项目对发现的问题进行分类统计，在检测内容不多时可以直接安装检查内容分项统计。

④ 预算执行分析。策划时预计的费用与实际完成费用的比较分析。

(2) 巡检报告

报告目的

巡检报告写作的目的是为了对巡检工作作一个总结，特别是巡检中发现的问题的分析总结，同时也要对今后维护工作提出建议或对策。巡检报告也是上级领导对相关工作作决策的依据之一。

报告内容

巡检报告应该包括的主要内容是：数据统计、数据分析与说明、问题与对策建议等。

- 数据统计包括巡检覆盖率、计划完成率、预算执行分析、问题分类统计等；
- 数据分析与说明是对每一个数据作说明和解释，即面向结果分析原因；
- 问题与对策部分主要是经过详细分析后，总结出维护中需要解决的 2～3 个关键问题或有代表性的问题，作出对策分析，并制定整改计划。

(3) 巡检记录文件

巡检报告撰写完成后，除了将巡检报告送交上级主管部门审查并作为工作决策参考外，动力设备维护部门还要将巡检的过程文件归档，作为设备维护记录之一。巡检记录文件一般包括：

- 巡检策划报告：上级主管部门审批件；

➤ 巡检计划书：巡检执行部门主管审批件；

➤ 巡检单：每个局站一张表单，集中归档；

➤ 巡检过程记录：如电池测试记录、监控系统打印报表、有人站日常记录等；

➤ 巡检总结报告：归档文件主体。

以上报告和文件编目时作为巡检报告附件。

8.8　数字化电源管理技术

便携式电子设备的发展，推动着数字电源技术和功率管理技术的发展。现代化的功率管理半导体已经将功率开关与多个相关保护及控制电路集成在一起，以减小功率管理设备中的电路板占位面积，并实现了保护、控制与故障监控等功能的组合。同时，数字化电源管理集成电路不满足于仅有的电压、电流、温度等参数的检测，逐步发展为集成了数字化 PWM 控制、ADC 和通信功能，并正在向着成为完整的电源片上系统的方向不断发展。

新一代集成电路需要 3.3 V、1.8 V 甚至更低的电源电压，单个器件需要多路电压供电，而且电流的需求很大，电压也必须以正确的时序加到器件上。为这些器件供电的电压必须在电路板上（最好在距离这些器件近的地方）产生，以使压降最小或电压稳定。高性能的 DC－DC 转换器适用于宽范围输入，既可作为隔离式电源，也可作为非隔离负载点转换器。因此，大多数板载电源系统已经采用 DC－DC 转换模块作为供电主体。但是，若缺少了电源管理电路，则无法构建一个完整、健全的电源系统。

电源管理的内容包括：电源系统监控、定序和跟踪、监视和失效保护。电源管理器件在输入端处理共模抑制、启动限制、启动和关闭的控制，甚至功率因数校正等功能。配置在输出端的电源管理器件控制启动定序和输出电压调节，并为过欠压、过流情况提供相应的失效保护，所有相关功能电路均要求与主电路隔离。图 8－4 所示为电源管理器件在隔离型 AC－DC 变换器中的应用。

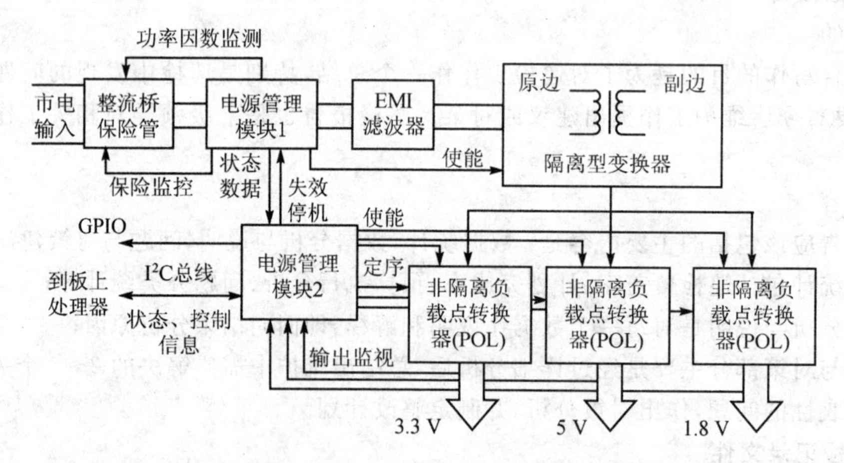

图 8－4　电源管理器件在隔离型 AC－DC 电源系统中的应用

专用的数字电源管理器件比通常采用的模拟电路或微控制器、可编程逻辑器件等方法在成本、开发周期和可靠性方面具有较大优势。新一代的数字电源管理器件内部集成了能够满足实时监控需求的快速 ADC，使它能比通用微控制器的片外 ADC 更快地反映失效。监测数

据通过 I^2C 或 PMBus 总线传输给电源主控制器，以实现精准的调压设置、故障保护等功能。内部的时钟可实现故障记录。对于多路输出的电源系统，数字电源主控制器实时地通过总线接口从各输出端的管理器件内读出各路输出的监测数据，实现了电源系统的全面监视。一旦软件设计通过，相同的源文件和配置文件可以用于该设计的所有产品，性能在单元之间是一致的，而模拟电路则会因元件本身差异导致性能不一。

依靠模拟电路实现电源管理，通过放大器、比较器和 *RC* 时间延迟来设置各参量的电源系统管理电路已经比不上数字化电源管理器件的优越性。随着设计的深入，元器件不再随着参量的改变而改变，电路板也不再需要反复重新加工。采用专门的数字电源管理器件，允许通过配置软件来设置工作参量。设计期间的更改可以很容易地通过软件实现，不需作硬件的改变。配置软件只要求设计人员调节少数参量，当所有参数设置完毕后，可以通过 I^2C 端口用编程下载线下载到数字电源管理器件中。图 8－5 为典型的电源管理器件的内部功能单元框图。

除了专门的电源管理集成电路应用在电源系统的监控上以外，新一代集成电路也在自身的设计上，增加了减小功耗和部分功率管理方面的功能，提供了与数字电源、数字化电源管理器件的通信接口，这已经在较高档的数字处理器上得到了体现。

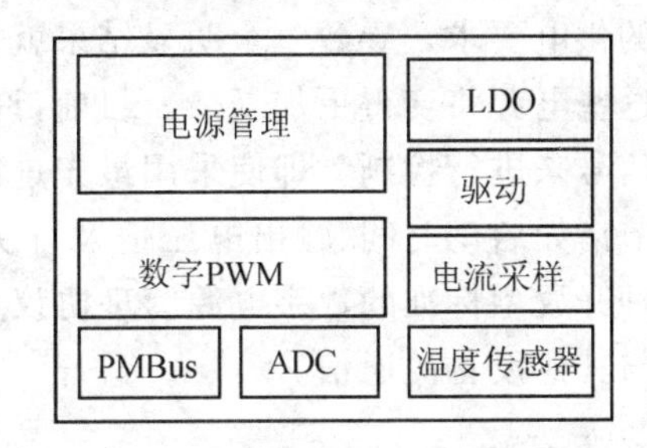

图 8－5　电源管理器件的内部功能单元结构

通过数字处理器和 DC－DC 变换器、数字电源管理单元之间的通信，处理器可以根据自身当前的处理速度和任务强度自动调节所需的电源电压。数字电源和功率管理单元内部包含若干寄存器，当处理器所需要的电压发生变化时，则通过总线接受新的数据来配置相关寄存器，或者在数字电源内部程序的查找表中找到相关设置值，此种方案在功耗要求严格的领域正成为主流应用。对于内部各部分供电分开的处理器，可将正处于待命或睡眠状态的功能单元完全断电，这将进一步减小功耗，但对于供电管理提出了更高的要求，不仅输出端口增加，对不同端口的设置和监测将显著增加数字电源管理单元内程序的复杂程度。处理器内部的硬件性能监视器则可以实现在特定时间内提供最低的供电电压。监视器的信息直接来源于处理器内部，所以监视系统的闭环完全处在处理器芯片内部，以实现功率管理的 SoC 设计。

电源管理是当今热门的电子技术，有关数字电源的 PMBus 控制协议、单片数字电源管理器和数字电源、分布电源拓扑等新产品和新解决方案等层出不穷，电源管理的市场在快速增长，伴随着的是电源的数字化、小型化、集成化、高效化和智能化。可以预见的是，更高集成度和更多可编程性的电源管理半导体将会不断应用在各种电源系统中。同时，符合 PMBus 的电源和转换器也会不断地涌现出来。随着半导体器件集成度的提高和数字技术的不断发展，数字化的电源控制与管理必将融合到同一硅片上来，集成了 PWM 控制和完善的智能化管理功能的数字电源控制管理芯片，必将给工程应用带来极大的便利。

8.9　电源管理总线

电源管理总线（PMBus）为控制电源变换和管理器件规定了数字通信协议。采用 PMBus，根据标准命令集可以配置、监控和操作电源变换器。用 PMBus 命令，可以方便地设置电源的工作参量、监控电源的工作和根据失效和报警执行正确的测量。

8.9.1 PMBus 规范

电源管理总线(PMBus)通信协议规范定义了一个用在功率转换器件和管理器件之间的数字通信协议(包括接口和命令)。该规范对于数字电源产品的推广有着非常重要的意义，意味着数字电源产品的接口完成了标准化。借助 PMBus，数字电源可以依据一套标准命令进行配置、监控和维护(设置电源的工作参数并监控其工作，而且能够在故障发生时采取应对措施)，还能使多个数字电源产品协同工作。

在供电要求较复杂的系统中，通常使用多个 DC－DC 转换器来产生不同的半导体器件所需要的供电要求。导致一个明显结果就是在产品设计、生产测试及日常使用的过程中，控制和监测这些电源将变得更加复杂。目前，许多高性能 DC－DC 转换器仍然通过无源元件产生的模拟信号来进行控制。即使采用最先进的电源电路拓扑，也不得不使用外部的电位器和电容来调节诸如启动时间、输出电压值及开关频率等参数，而且这些参数不能随时更改。PMBus 是一种开放型标准的数字电源管理协议，可通过定义传输和物理接口以及命令语言来实现变换器与其他设备的通信。

1. 传输层

PMBus 的传输层是基于低成本的 SMBus(系统管理总线)的 1.1 版本，这是个功能强健、符合工业现场应用标准的 I^2C 串行总线的版本，具有分组校验和主机通知的功能。PMBus 继承了 SMBus 的 SMBALERT 信号，该信号可使从属设备中断系统主机对总线的控制，此方式一方面减少了系统主机的负担，使主机在大多数时间内进行闭环控制；另一方面比用专门的微控制器来查询的方式更灵活。此外，PMBus 协议将从属设备的默认配置数据保存在永久性存储器内或者在硬件上设置好。在上电的过程中，不需通过总线通信来得到初始配置信息，缩短了启动时间，也减少了一部分总线数据传输。

PMBus 规范定义了 2 个必需信号和 3 个可选信号：必需信号为时钟信号(SCL)和数据信号(SDA)，可选信号为 SMBALERT＃、CONTROL 和 WP。SMBALERT＃由任何需要获得 PMBus 主控器支持的从属设备发起。当 SMBALERT＃有效时，主控器在 PMBus 上发送告警(alert)响应地址，然后每个发信号(alerting)的器件将其器件地址放在 SDA 上。一旦器件成功地将其地址加入总线，它就会释放 SMBALERT＃线。SMBALERT＃信号可以使从属设备(如负载点转换器)中断系统主机或总线的控制，这就使设计人员能够更容易地实现基于事件驱动的闭环控制方案。CONTROL 信号用于启动和关闭单个从属设备。WP 信号可用于防止意外更改存储器中的数据。此外，PMBus 协议规定所有从属设备必须将其默认的配置数据保存在永久性存储器内或使用针脚编程，这样它们在上电时无须与总线通信。

与其他总线不同的是 PMBus 的主控设备不是专门的集成电路，这给进行电源管理的主控设备选型提供了灵活性。当电源系统比较庞大时，可以采用 PC 机配置相应的数据采集板卡来完成各种管理功能；而对于较小的电源系统，则可以是单板上现成的微处理器、一些额外的低成本的微控制器或者是 PLD 器件中的一些门。在产品开发的不同阶段，可以使用不同的设备作为 PMBus 的主机。在单板设计阶段,一台便携式电脑可以作为总线主机;而在产品实际应用时,则使用板上主处理器中的一些硬件资源来控制 PMBus 总线。在开发阶段,可以通过 PMBus 总线动态修改从属设备中的设定值和配置,对于不同的电源系统,可以借鉴相同的 PMBus 总线配置,只需修改某些特定数据。

最终通过测试的设定值和配置通过写保护功能永久保存在从属设备的存储器之中,图 8－6 所示为一个基于 PMBus 的数字电源管理系统典型连接结构图。

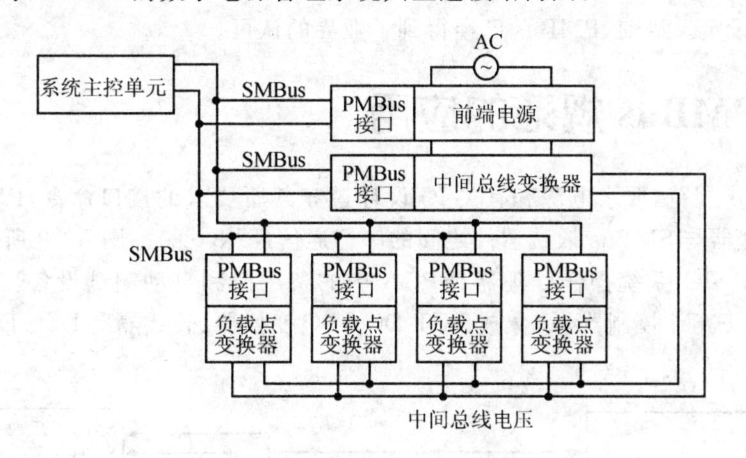

图 8－6　基于 PMBus 的数字电源管理连接结构

2. 控制语言

除采用 SMBus 传输层之外,PMBus 规范还增加了用于电源设计的控制语言。PMBus 的电源设计控制语言是按照一个简单的命令集进行的。每个数据包包含一个地址字节、一个命令字节、若干个数据字节,以及一个可选的包检验码字节。图 8－7 所示为一个主机到转换器的信息传输,主机使用单独的"开始"和"停止"来表明进程开始和结束,而从属设备则使用单独的位来确认收到的每个字节。与其他总线协议不同的是,PMBus 总线不会等待专门的"执行"命令,从属设备在收到"停止"信号后,立即处理并执行命令,符合电源管理的快速性要求。由于在开发之初就考虑到其开放性和超前性,PMBus 总线协议支持的指令集可以提供两个命令的扩展,该扩展可以有效地允许双字节命令,一个扩展留给 PMBus 设备的生产商,另一扩展则用于协议本身的后续升级和修订。

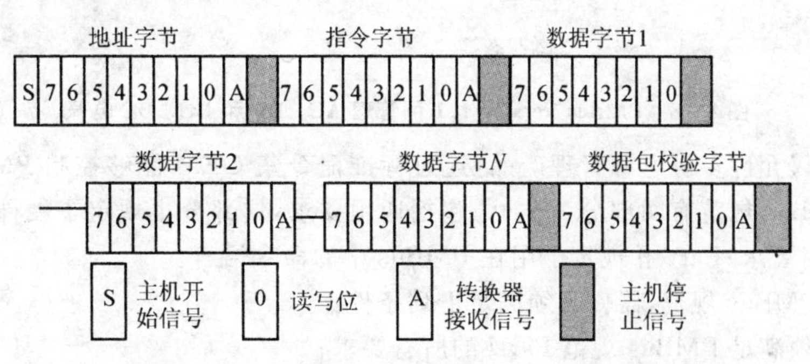

图 8－7　一个主机到转换器的信息传输示意图

实际应用中，PMBus 协议简单实用的指令集使得电源管理程序的编写更加快速、简便，负载点转换器的电压时序控制的实现就是很好的例子。上电时序控制对应着有两个 PMBus 命令，TON_DELAY 命令设定了转换器等待开始上电的时间，而 TON_RISE 则设定了从零增加到设定输出值的时间。所以，用户通过相关软件即可对每个转换器的启动延迟和上升时间进行设定。同样，对于掉电时序控制，也有对应的掉电延迟命令 TOFF_DELAY 和下降时间 TOFF_FALL 设定。显而易见，对于整个供电系统的启动和掉电的时序控制通常只需要 4 个 PMBus 命令来设定。目前，PMBus 已经得到了业界的认可。

8.9.2　PMBus 规范的应用

应用 PMBus 规范，要求电源和有关 IC 设计遵守其所要求的接口命令，PMBus 提供主计算机或系统管理器与 SMBus 依从器件之间的串行通信(图 8－8)。图 8－8 所示系统可以是：通用微控制器、ASIC、系统操作处理器、FPGA 中的备用门和自动测试设备。PMBus 器件可以是：Pol 模块、PWM 控制器 IC、集成 FET DC－DC 变换器、砖式隔离 DC－DC 变换器和 AC－DC 变换器。

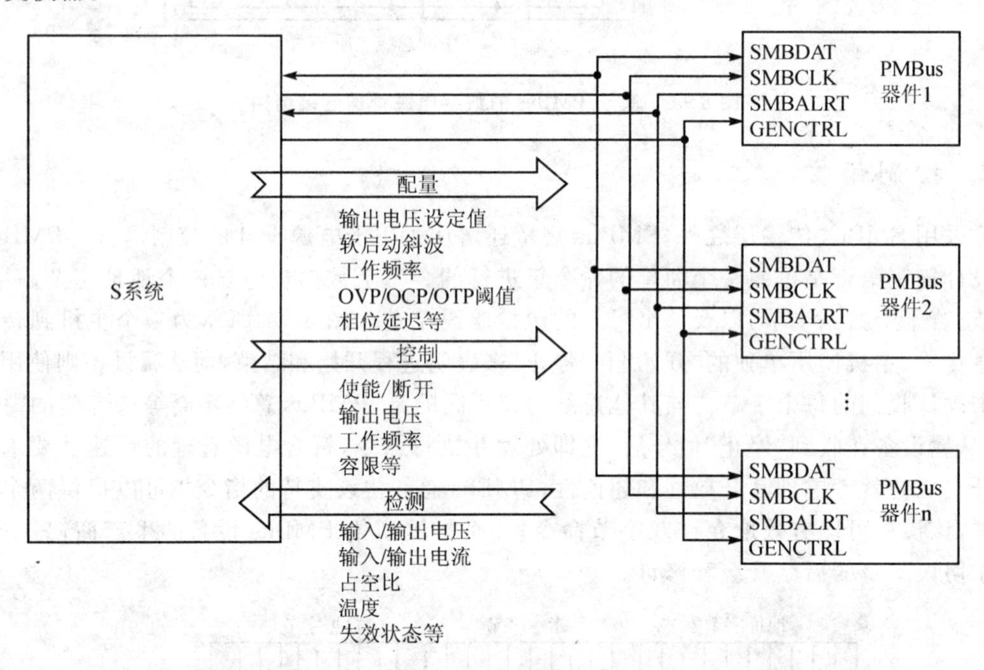

图 8－8　PMBus Version 1.1 可管理 AC－DC 和 DC－DC 电源

PMBus 协议允许多源电源管理产品，通过标准命令集 OEM 能够控制 PMBus 依从的电源变换器。PMBus 规范有两部分：Part Ⅰ包括通用要求，这部分也规定了硬件信号传输和电气接口以及定时要求；Part Ⅱ规定了用在 PMBus 中的命令语言。

为了遵守 PMBus 规范，器件必须满足下列条件：

① 器件必须满足 PMBus 规范 PartI 的所有要求；

② 器件至少支持由 PMBus 规范 PartⅡ规定的一个非制造商专门命令；

③ 若器件接受 PMBus 命令码，则它必须执行 PMBus 规范 PartⅡ所描述的功能；

④ 若器件不能接受给定的PMBus命令码，则它必须响应PMBus规范PartⅡ所描述的失效管理和报告；

⑤ 根据电源应用，PMBus器件随着内部或外部编程必须在控制状态下启动和开始工作。

PMBus协议覆盖广泛的电源系统架构和变换器。协议包括编程电源变换器件失效或报警的能力。对于失效条件，可以编程PMBus器件以立即判断，闭锁和重试或关机前继续工作一特定延迟时间来做出响应。

PMBus与Power-One的Z-One架构（图8-9）的主要差别是分配电源管理任务的方法不同。Z-One固件使能DPM（数字电源管理器）和Pol基DPWM（数字脉宽调制器）IC之间的电源管理任务分开。PMBus要求设计师根据PMBus协议编程计算机，其中很多信息存储在系统控制器中。它们之间的另一个差别是Z-One系统仅仅适合DC-DC变换器工作，而PMBus适合DC-DC和AC-DC变换器。

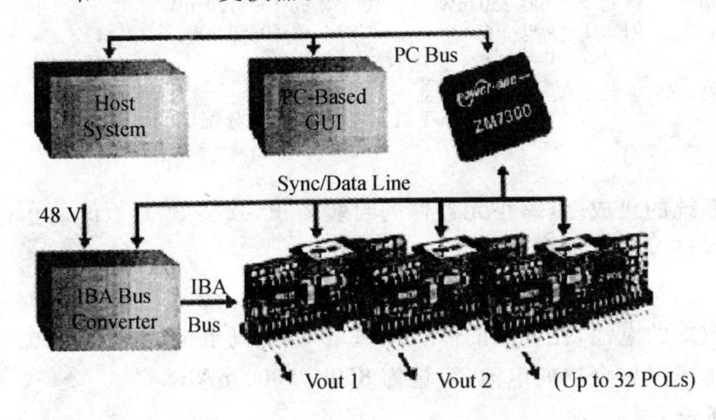

图8-9　Z-One数字电源系统

8.10　手机电源管理

随着手机的功能越来越多，用户对手机电池的能量需求也越来越高，现有的锂离子电池已经越来越难以满足消费者对正常使用时间的要求。对此，业界主要采取两种方法：一是开发具备更高能量密度的新型电池技术，如燃料电池；二是在电池的能量转换效率和节能方面下功夫。

8.10.1　手机整体电源管理技术

为手机提供电能的技术在最近几年虽有不少创新和发展，但是还远远不能满足手机功能发展的需要，因此如何提高电源管理技术并延长电池使用寿命，已经成为手机开发设计中的主要挑战之一。一个功能完善的手机正常工作时的时间分配比例如图8-10所示。

除此以外还有很多其他的功能造成的功耗，这么大的用电量对于900 mAh的电池来说无疑是巨大的。因此，在当前新的电池技术还不够成熟的情况下，要想尽可能地延长手机工作时间，就只能在电源管理上采取措施。

现代手机要满足用户的需要通常须具备以下特性：

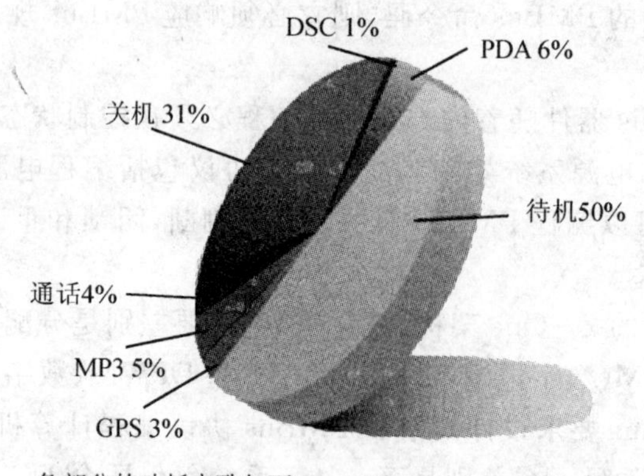

各部分的功耗大致如下：

待机	8~10 mW	通话	80~100 mW(芯片功耗)
彩显	300~350 mW	数字相机	100~120 mW
闪光灯	400~500 mW	MP3	50~60 mW(芯片功耗)
扬声器	0.5~1 W	…	

图 8-10　手机正常工作时间分配图

(1) 体积小

这要求提高系统的集成度，缩小元器件的封装体积，减小 PCB 板的面积，这可能会增加设计中解决电磁干扰(EMI)的难度。

(2) 重量轻

要求使用高效能的电池，在有限的体积和重量下，提高电池的能量密度。目前大部分手机都使用单节锂离子或锂聚合物的电池，容量为 850～1000 mAh。

(3) 通话时间长

要求提高工作时对电池中电能的转换效率，减少待机时的漏电电流，提高使用效率。

(4) 价格便宜

要求产品的方案集成度高，分立器件少而且成本低廉。

(5) 产品更新快

要求元器件简单易用、便于设计使用，硬/软件平台统一，便于增加新的功能和特色。

因此，手机的电源管理要在进行手机系统方案设计时综合考虑，平衡省电、成本、体积和开发时间等多种因素，进行最佳选择。总之，可以从提高电能的转化效率和提高电能的使用效率两方面着手进行手机的整体电源管理。

1. 提高电能的转化效率

随着对电源管理要求的不断提高，手持设备中的电源变换从以往的线性电源逐渐走向开关式电源。但并非开关电源可以代替一切，二者有各自的优势和劣势，适用于不同的场合。

(1) 线性电源——LDO(低压降稳压器)

LDO 具有成本低，封装小，外围器件少和噪声小的特点。在输出电流较小时，LDO 的成本只有开关电源的几分之一。LDO 的封装从 SOT23 到 SC70、QFN，直至 WCSP(晶圆级芯片封装)，非常适合在手持设备中使用。对于固定电压输出的使用场合，外围只需 2～3 个很小的电容即可构成整个方案。

超低的输出电压噪声是 LDO 最大的优势。TI 的 TPS793285 输出电压的纹波不到 35

μVrms，又有极高的信噪抑制比（PSRR＝70 dB，在 10 kHz 处），非常适合用作对噪声敏感的 RF 和音频电路的供电电路。同时在线性电源中因没有开关时大的电流变化所引发的电磁干扰（EMI），所以便于设计。

但 LDO 的缺点是低效率，且只能用于降压的场合。LDO 的效率取决于输出电压与输入电压之比：$\eta = V_{out}/V_{in}$。在输入电压为 3.6 V（单节锂电池）的情况下，输出电压为 3 V 时，效率为 90.9%，而在输出电压为 1.5 V 时，效率则下降为 41.7%。这样低的效率在输出电流较大时，不仅会浪费很多电能，而且会造成芯片发热，影响系统稳定性。

(2) 开关式电源

开关式电源又分为电感式开关电源和电容式开关电源。

电感式开关电源

电感式开关电源是利用电感作为主要的储能元件，为负载提供持续不断的电流。通过不同的拓扑结构，电源可以完成降压、升压和电压反转的功能。

电感式开关电源具有非常高的转换效率，在产品工作时主要的电能损耗包括：

- 内置或外置 MOSFET 的导通损耗，主要与占空比和 MOSFET 的导通电阻有关；
- 动态损耗，包括高侧和低侧 MOSFET 同时导通时的开关损耗以及驱动 MOSFET 开关电容的电能损耗，主要与输入电压和开关频率有关；
- 静态损耗，主要与 IC 内部的漏电流有关。

在电流负载较大时，这些损耗都相对较小，所以电感式开关电源可以达到 95%的效率。但是在负载较小时，这些损耗就会相对变得大起来，影响效率。这时一般通过两种方式降低导通损耗和动态损耗，一是 PWM 模式，开关频率不变，调节占空比；二是 PFM 模式，占空比相对固定，调节开关频率。

电感式开关电源的缺点在于电源方案的整体面积较大（主要是电感和电容），输出电压的纹波较大，在 PCB 布板时必须格外小心以避免电磁干扰（EMI）。

为了减小对大电感和大电容的需要以及减小纹波，提高开关频率是非常有效的办法。TI 的 TPS62040 的开关频率达 1.2 MHz，当输出电流为 1.2 A 时，外部电感只需 6.2 μH，今后 TI 还会推出开关频率更高的产品。

电容式开关电源——电荷泵

电荷泵是利用电容作为储能元件，其内部的开关管阵列控制着电容的充放电。为了减少由于开关造成的 EMI 和电压纹波，很多 IC 中采用双电荷泵的结构，电荷泵同样可以完成升压、降压和反转电压的功能。

由于电荷泵内部机构的关系，当输出电压与输入电压成一定倍数关系时，比如 2 倍或 1.5 倍，最高的效率可达 90%以上。但是效率会随着两者之间的比例关系而变化，有时效率也可低至 70%以下，所以设计者应尽量利用电荷泵的最佳转换工作条件。

由于储能电容的限制，输出电压一般不超过输入电压的 3 倍，而输出电流不超过 300 mA。

电荷泵特性介于 LDO 和电感式开关电源之间，具有较高的效率和相对简单的外围电路设计，EMI 和纹波的特性居中，但是有输出电压和输出电流的限制。

2. 提高电能的使用效率

在手机中，减少能量的浪费，将尽量多的可用电能用于实际需要的地方，是省电的关键。

(1) 信号处理系统

信号处理系统(主要是信号处理器)是手机的核心部分,它如同人的心脏,会一直工作,因此它也是一个主要的手机电能消耗源。如果要提高它的效率,可采用以下两种方法。

分区管理

将处理某项任务时不需要的功能单元关掉,比如在进行内部计算时,将与外部通信的接口关断或使其进入睡眠状态。为了达到这一目的,手机中的信号处理器往往涉及很多内部时钟,控制着不同功能单元的工作状态。另外,为不同功能块供电的电源电路是可以关断的。

改变信号处理器的工作频率和工作电压

目前绝大多数的信号处理器是用CMOS工艺制造的。在CMOS电路中,最大的一项功率损耗是驱动MOSFET栅极所引起的损耗,其大小为$P_{loss}=C_g f(I_{out})V_{in}^2$,$C_g$为栅极电容,$f$为频率。可以看出功率损耗与频率和输入电压,即IC的电源电压的平方成正比。所以针对不同的运算和任务,把频率和电源电压降低到合适的值,可以有效地减少功率损耗。

TI的DVS(动态电压调整)技术有效地将处理器(如OMAP)与电源转换器连接成闭环系统,通过I^2C等总线动态地调节供电电压,同时调节自身的频率。TPS65010集成了充电电路、电感式DC-DC和LDO。同时还可以通过I^2C总线对各路输出电压进行调节,非常适合为OMAP和类似的处理器供电。

(2) 音频功率放大部分

音频功率放大器是手机中又一能量消耗大户,输出功率可达750 mW,对于带有免提功能的手机可达2 W。如果要提高放大器的效率,可以采用AB类线性放大器或D类功率放大器。如果采用AB类线性放大器,其效率随输出功率变化,最好只有70%;使用D类功率放大器,利用PWM的方式,可使效率提高到85%~90%,如TPA2010D1可以输出2 W的功率,效率可达90%。

目前为了使设计者更方便地进行电源管理,一些厂商开发了电源管理的软件用于嵌入式操作系统。运用这类操作系统,可以有效地降低软件编制中的工作量,同时优化系统的电源管理。

总之,电源管理对手持设备日趋重要。一个高效的系统是要将电源管理的观念贯穿于设计的每一个环节,并且平衡系统多方面因素设计完成的。随着半导体技术和电路设计技术的发展,会有越来越多的节能技术涌现,为手持产品的不断发展助力。

8.10.2 典型3G手机系统的电源管理策略

手机系统电源设计通常是在完全了解电压、电流和调整参数后才确定下来,电源开发一般在整个系统开发的后期进行,并且常常远离系统开发商,也可能由OEM或第三方厂商开发,这就会出现电源模块与系统模块要求之间的矛盾,这种情况有时难以协调。

3G手机的电源管理与2G手机完全不一样,它不仅支持语音功能,还有长时间用手机获得互联网服务的功能,以及如MP3播放或PDA这样的娱乐和商务功能,甚至视频功能,这些功能会消耗大量的电能。因此,必须在电源管理上采用全新的方法,否则这种功能密集的设备在电池寿命上可能还达不到用户的期望。

随着系统性能的要求不断提高,全新的系统设计方法中,在设计系统结构甚至各电路模块的同时就要求考虑电源输送的方式，这样就可以兼顾以前无法顾及的两部分电路之间的协调。电源现在被看作是系统本身的一部分，需要分配到其他电路模块之中以获得最高的性能和经济效益。某些电源电路实际上可嵌入到电源芯片内部，并能够与其他大容量电源输送芯片进行通信，这种新方法可取得更佳的性能。在设计过程中，电源设计工程师要获得有关整个系统的详细知识，并在设计早期就参与到 OEM 的开发当中。

1. 3G 手机的电源要求

如今，数字手机已经成熟，随处可见的第二代手机（2G 手机）在电源管理方面能够适应语音工作模式并具有较高的效率。待机时间长达一周，通话时间可持续数小时的手机并不少见，用户不需额外携带笨重的电池。这样长的电池使用时间来自于功能模块的智能开/关控制与分布式电源结构的结合。分布式电源结构由若干的初级和次级调节器组成，调节器本身为高效的 LDO、磁性开关及开关电容，并且都固定在预设的电压上，以适应特定电路模块的需要。

然而，对 3G 手机的电源管理则完全不一样。这种多模式设备不仅有语音功能，还有数据功能，人们可以用手机获得互联网服务。3G 手机可能还会提供一些娱乐功能，如 MP3 播放机或 PDA 一类的商务功能，同时语音服务还会伴随现场的视频功能，这些都会消耗大量的电能。很多新增功能的电路都必须永久性开机，因此无法使用简单的开/关电源管理方式。总之，3G 手机在平均功耗方面与 2G 相比有很大的增加，增加最多的是基带、照相机、内存及显示模块。必须在电源管理上采用全新的方法，否则这种功能密集的设备在电池寿命上可能还达不到用户期望值的三分之一。

2. 延长电池寿命

在实际的系统设计过程中，设计师可以通过全局的系统方法来找到解决这个问题的方法。为更简明地说明这一概念，仅以功耗较大的数字基带部分作为分析对象。该数字电路是手机的核心部分，必须一直通电才能实现 3G 手机的很多功能。它需要有较高的处理能力以应付压缩视频这样的应用，但这种计算负载在处理不同内容时会出现很大的变化，一般情况下其工作负载相对来说是较轻的。它需要根据任务来调整功耗，这种强大的电源管理机制在笔记本电脑中极为常见，如英特尔公司的 Speed Step 技术就可根据处理器的几种模式调整电源电压。这是一种开环技术，处理器向 VRM 模块发出一个简单的命令来改变电压变化的幅度。它取决于该芯片在预定的速度工作时所需的功耗和最小电源电压，通过在主电源调整器的容许范围内可以增加一个较大的电压幅度来保证电路的正常工作。

3. 自适应电压调整

在电压调整上，一个更为先进的方法是让它具有完全的自适应性。自适应电压调整 AVS（Adaptive Voltage Scaling）是通过反馈机制将电源电压调整到给定工作负载（处理量）所需的最小值。这种闭环方式可进一步减小功耗，但需要将部分电源管理电路置入主处理器。

在 2G 手机电源管理系统中（图 8-11），来自 PLL 合成器的时钟在馈送到基带处理器之前要经过调整，该处理器由一高效电压调节器获得受控电源电压 V_{DD}。在保证处理器可达到最大处理能力的条件下，V_{DD}被设在最小的水平上，不同负载时，处理器所需的电压会有很大的差异。

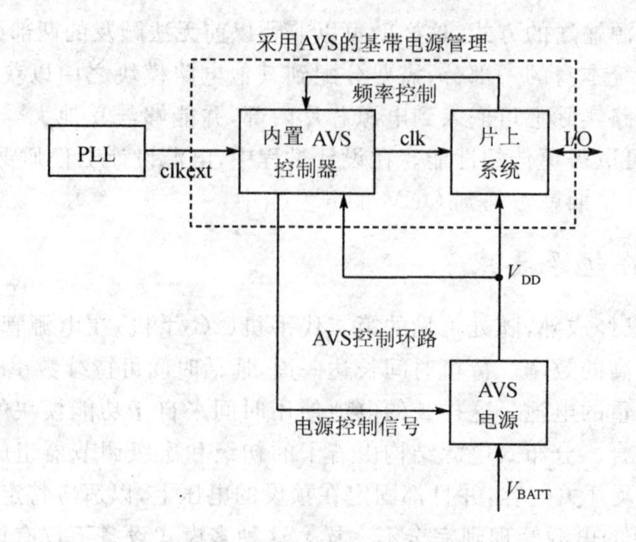

图 8-11　2G 手机电源管理系统

累积电能消耗量是电池管理的主要指标。由于一块完全充电的电池所存储的能量是有限的,无论是开/关控制,还是通过可变时钟来管理基带处理器的处理量,所消耗的电能总量是相同的。除时钟调整外,采用 AVS 可减少大量功耗。

成功实现 AVS 的关键是在基带芯片中集成部分系统电源管理电路,即内置 AVS 控制器。这一关键模块包含专门的电路和算法,用来确定给定处理量下的最优电压。通过向电压调整器的参考端输入馈送误差信号,可以生成最优的 V_{DD},无需提供不必要的电压余量,从而减少了电能损耗。对任何闭环方法来说,环路带宽都是很重要的。环路快速跟踪并稳定的能力决定了基带电源动态调整以自适应工作负载突变的能力。

在典型的 3G 手机使用方式下,节省的电能很可观。待机状态节能最大,它仅受泄漏电流的限制;视频模式不节能,因为该模式需要较大的计算处理。这些节能方法仅适合于基带处理器功耗部分,对于其他大量消耗电能的电路模块(比如射频部分)并不适合。随着技术的进步,AVS 在延长多功能 3G 手机的电池寿命、满足性能要求方面必将发挥重要作用。

4. 电流控制

除了调整电压使电池更有效率之外,还可采用其他办法实现这一目标。以手机的显示为例。目前,很多电话都采用白色 LED 背光显示,以满足消费者对更好、更生动显示质量的要求。第一代白色 LED 驱动器采用固定电压的方法,然而,与红色和绿色 LED 不同的是,驱动这些新型 LED 的正向电压要高一些,通常在 3～4 V 之间,这在采用锂电池等普通电池的应用中就需要使用升压转换器。全 LED 电路带来另一个复杂性,即需要恒流源的驱动,而不是恒压源驱动。因为在恒压源方式,正向电压在制造上的差异性会产生更大的亮度差异。为最大限度减少各白色 LED 在亮度及颜色飘移上的不均衡,采用恒流源比恒压源更好。在很多情况下,由于消除了限流电阻上的功耗,该方法还能提高电源效率。因此,目前的趋势是更多地采用恒流源驱动 LED。

5. 采用更多的集成

手机制造商一直面临将下一代电话的所有功能都集成到轻巧的外壳中的压力,因此,集成已成为达到这一目标的有效做法。尽管某些集成可能影响系统性能，但集成有助于实现更高可靠性、更轻和更小的手机，在这方面同样要提高电源效率。以白色 LED 驱动器为例，电源设计工程师已不再采用 4 个独立的 LED 驱动器，而将它们集成起来，在一只芯片中为 4 个 LED 分配电流，如图 8－12 所示。

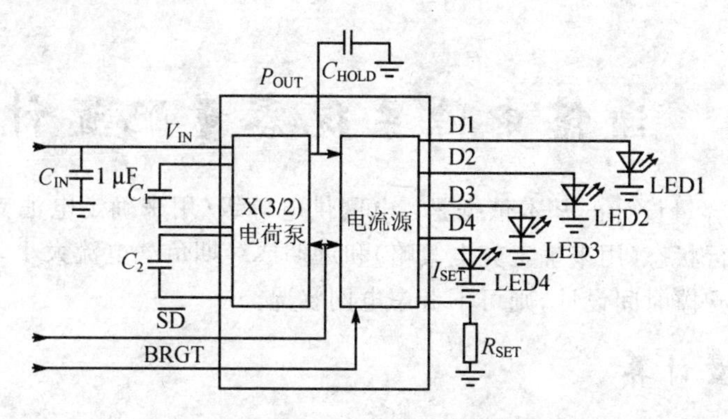

图 8－12　典型 3G 手机中驱动芯片的电流分配

由于手机的功能很多，系统性能是推动集成的另一个因素。电源管理的另一个很可能的集成发展趋势是将 LDO 集成到基带芯片中。对无绳电话来说，这有助于节省空间和成本。对于手机来说，这将提供自 LDO 输出到基带电路的最短路径。但是集成到基带芯片中之后将缺少灵活性，基带芯片的任何变化都会在其内部引起 LDO 的修改，这样就比 LDO 置于电源管理部分的情况花费更多的时间。所以，尽管 LDO 的集成已在无绳电话中采用，但手机制造商可能不会重走老路。

第 9 章　通信电源站的设计与配置

9.1　通信电源系统容量配置计算

通信电源系统容量设计的基本依据是：电网供电等级（用来确定电池支撑时间和后备油机的配置）、电网运行状态（用来确定充电策略）和近期或终期负载电流大小。如果直接按照用户期望的电池供电支撑时间设计，则可不考虑电网状况。

1. 电池容量计算

在确定了期望的电池支撑时间（或电池放电小时数）T 与电池平均工作环境温度 t 以后，电池容量 Q 与负载电流 I 之间的关系可以表达为：

$$Q = C \times I \tag{9-1}$$

其中，C 可以从表 9-1 查得。

表 9-1　不同温度下 C 与 T 值的关系

每组电池放电小时数/H	0.5	1	1.25	2	3	4	5	6	8	9	10	12	16	20
T=5℃时容量计算系数 C	1.7	2.38	2.75	3.9	4.76	6.03	7.17	8.03	10.13	11.05	11.9	14.29	19.05	23.81
T=10℃时容量计算系数 C	1.62	2.27	2.63	3.73	4.55	5.75	6.85	7.66	9.67	10.54	11.36	13.64	18.18	22.73
T=15℃时容量计算系数 C	1.55	2.17	2.52	3.56	4.35	5.5	6.55	7.33	9.25	10.09	10.87	13.04	17.39	21.74

2. 系统配置计算

系统配置计算的依据是：

(1) 电池备用方式

电池备份分为无备份和 1+1 备份两种。无备份时，一组电池可以满足放电小时数；1+1 备份时，任何一组电池损坏都可以满足放电小时数。有时为了选型方便或运行安全，将单组电池容量分成两组电池，每组电池可以满足一半的放电小时数。

(2) 整流器备用方式

整流器备份一般采用 $N+1$ 备份，局部地区也采用电池充电容量备份，即电池充电只在较短时间内发生，多数情况下为电池充电设计的整流器容量处于备用状态。

(3) 充电系数 a

基于电网停电频率和平均停电持续时间来确定。如果停电频率较高（3～4 次/月）且持续时间长(接近或大于电池放电小时数)，则电池的充电系数可以选择得大一些，如 0.15～0.2 左右，但不能超过部标的极限值 0.25。电网较好的局站，充电系数一般选择 0.1～0.15。

(4) 扩容考虑

如果局站近期负荷小、终期负荷大，为了减小近期投资额，可以按照近期负荷容量 I 进行设计。整流器容量 I_Z 配置计算公式如下：

$$I_Z = I + K \times a \times Q \tag{9-2}$$

式中：I_Z——计算的整流器总容量，单位为 A；

I——近期或终期负荷电流，单位为 A；

K——电池备用系数，无备份取 1，1+1 备份取 2；

a——充电系数，取值范围为 0.1～0.2；

Q——10 h 放电率电池容量，单位为 Ah。

整流器的配置个数 N 的确定通过 I_Z 与单体整流器容量的比值取整计算得出。根据备用方式确定最后需要配置的整流器数量。

9.2　交直流供电系统电力线的选配

常用通信电源系统的配线大致区分为：交流回路，直流回路，信号电源等杂放电线和控制、警报回路，接地回路。在通信电源工程设计中，应该考虑通电容量、机械强度、负荷条件、布设条件等因素，从技术方面、经济方面进行合理的设计。

1. 交流供电回路的配线设计

通信用电源设备的交流配线有受电设备的配线，直流供电方式的各种整流设备等的输入线，交流供电方式的输入/输出线以及内燃机发电机的输出线等，采用三芯或双芯的 IV 线和 CV 电缆，特别是大容量时使用铜母线、铝母线等。

通过线径根据温升决定的安全电流来选定。亦即电缆之类的发热主要是由于导体电阻产生损失，为了把发热控制在允许值内，必须限制电流大小。此外，机器配置和配线的关系，在分多层敷设的情况下，必须进一步递减允许电流值。这样，除了在规定条件下决定的容许温度和关于电压降外，配线还要注意以下几项：

- 必须不降低负荷的性能；
- 负荷端电压的变动幅度要小；
- 各负荷的端电压要均匀一致；
- 减小配线中的电力损失；
- 经济性好。

一般电压降值在输入电压的 2%以内。而且，在数据通信方式中采用的电源，在瞬变时也要求高精度的交流电压，当计算允许电压降低时，可采用考虑了配线电阻和电感两方面因素的公式进行设计。

$$S = \frac{\sqrt{3} \times 0.018 \times K \times I \times M}{V} \tag{9-3}$$

式中：S——所需线截面积(mm^2)；

K——使用不同电缆截面积的常数，与设计使用年数有关；

I——设计电流(A)；

M——配线距离(m)；

V——允许电压降(V)。

若按经济电流密度计算，则有：

$$S=\frac{I_m}{J_i} \tag{9-4}$$

式中：I_m——最大负荷电流；

J_i——经济电流密度。

2. 交流回路电力线的敷设

电源导线的敷设一般应满足如下要求：

① 按电源的额定容量选择一定规格、型号的导线，根据布线路由、导线的长度和根数进行敷设。

② 沿地槽、壁槽、走线架敷设的电源线要卡紧绑牢，布放间隔要均匀、平直、整齐，不得有急剧性转变或凹凸不平现象。

③ 沿地槽敷设的橡皮绝缘导线(或铅包电缆)不应直接和地面接触、槽盖应平整、密封并油漆，以防潮湿、霉烂或其他杂物落入。

④ 当线槽和走线架同时采用时，一般是交流导线放入线槽、直流导线敷设在走线架上。若只有线槽或走线架，交、直流导线亦应分两边敷设，以防交流对通信的干扰。

⑤ 电源线布放好后，两端均应腾空，在相对湿度不大于75%时，以500 V兆欧表，测量其绝缘电阻是否符合要求(2 MΩ以上)。

3. 直流供电回路电力线的组成

直流供电回路的电力线，包括除远供电源架出线以外的所有电力线，如蓄电池组至直流配电设备，直流配电设备至变换器、通信设备、电源架、列柜、安装在交流屏上的事故照明控制回路进线端子和高压控制或信号设备的接线端子，电源架、列柜和变换器至通信设备，事故照明控制回路出线端子至事故照明设备，列柜至信号设备，以及各种整流器至直流配电设备或蓄电池的导线等。

上述各段导线中，直流配电设备至高压控制及信号设备的电力线，应按容许电流选择，并在必要时按容许电压降校验；直流屏内浮充用整流器至尾电池的导线(在直流屏内部的部分)应按容许电流选择，并按机械强度校验；整流器至直流配电屏的导线，一般应按容许电流选择，但在该段导线使用母线时，可按机械强度选择，并按允许电流校验。其余部分的导线，均应按蓄电池至用电设备的容许电压降选择；或在使用变换器时，按变换器至通信设备的容许电压降选择。按导线的长期容许电流选择导线时，要根据导线可能承担的最大电流，对照导线容许载流量的敷设条件下的修正值，来确定导线截面。按允许电压降计算选择直流电力线时，也要根据导线可能承担的最大电流计算。

(1) 直流供电回路电力线的截面计算

根据允许电压降计算选择直流供电回路电力线的截面，一般采用电流矩法和固定分配压降法。

(2) 电流矩法

采用电流矩法计算导体截面，是按容许电压降来选择导线的方法，它以欧姆定律为依据。在直流供电回路中，某段导线通过最大电流 I 时，根据欧姆定律，该段导线上由于直流电阻造成的压降可按下式计算：

$$\Delta U = IR = I\rho L/S = IL/\gamma S \tag{9-5}$$

式中：ΔU——导线上的电压降(V)；

I——流过导线的电流(A)；

R——导体的直流电阻(Ω)；

ρ——导体的电阻率($\Omega \cdot mm^2/m$)；

L——导线长度(m)；

S——导体截面面积(mm^2)；

γ——导体的电导率($m/(\Omega \cdot mm^2)$)。

导体的电导率是其电阻率的倒数。不同材质的电导率也不相同，例如：$\gamma_{铜}=57$；$\gamma_{铝}=34$；单股的钢导体 $\gamma_{钢}=7$，它们的单位是 $m/(\Omega \cdot mm^2)$。

必须注意，所谓线路导体的总压降 $\Delta U_{总}$，是指从直流电源设备(如蓄电池组、变换器等)的输出端子到用电设备(如变换器、通信设备等)的进线端子的最大允许压降中，扣除设备和元器件的实际压降后，所余下的那一部分。

整个供电回路机线设备的最大允许压降，是根据通信等用电设备要求的允许电压变动范围和采用蓄电池浮充供电时的浮充电压、合理的放电终止电压以及结尾电池调压时的电压变动情况统筹规定的，其数值见表 9-2。

表 9-2　配电设备和元器件直流压降参考值

名　称	额定电流下直流压降/mV
刀型开关	30～50
RTO 型熔断器	80～200
RL1 型熔断器	200
分流器	有 45 及 75 两种，一般按 75 计算
直流配电屏	≤500
直流电源架	≤200
列熔断器及机器引下线	≤200

该段导线截面的选定，还要考虑筹料方便、布线美观，特别是主干母线各段规格相差不多时，一般按较大的一种规格选取，以减少导线品种、规格和接头数量。

由于上述计算导线截面的方法中常常用到电流与流经导体长度的乘积，即所谓的电流矩，故上述计算方法习惯上称为电流矩法。

(3) 固定压降分配法

所谓固定分配压降法，就是把要计算的直流供电系统全程允许压降的数值，根据经验适当地分配到每个压降段落上去，从而计算各段落导线截面面积。如果先后两段计算所得的导线截面显然不合理时，还应当适当调整分配压降重新计算。根据以往的工程实践，这种方法可以简化计算，只是精确性较差，适用于中小型通信工程计算。各种直流供电系统中电压降固定分配数值参见表 9-3。

表 9-3 各种电压下电压降固定分配值

电压种类/V	蓄电池至专业室母线接点或电源架分配压降/V	专业室母线接点或电源架及其以后至末端设备分配压降/V
±24	1.2	0.6
−48	2.7	0.5

9.3 接地系统

9.3.1 通信电源接地系统的组成和作用

1. 接地系统的组成

由地、接地体(或接地电极)、接地引入线、地线排或接地汇接排、接地配线组成的总体称为接地系统。电气设备或金属部件对一个接地体连接称为接地。

(1) 地

接地系统中所指的地，即一般的土地，不过它有导电的特性，并具有无限大的容电量，可以用来作为良好的参考电位。

(2) 接地体(或接地电极)

接地体是为使电流入地扩散而采用的与土地成电气接触的金属部件。

(3) 接地引入线

接地引入线是指把接地电极连接到地线盘(或地线汇流排)上去的导线。在室外与土地接触的接地电极之间的连接导线则形成接地电极的一部分，不作为接地引入线。

(4) 地线排(或地线汇流排)

地线排是指专供接地引入线汇集连接的小型配电板或母线汇接排。

(5) 接地配线

接地配线是指把必须接地的各个部分连接到地线盘或地线汇流排上去的导线。

2. 接地系统的作用

(1) 通信局站蓄电池正极或负极接地的作用

电话局蓄电池组−48 V 或−24 V 系正极接地，其原因是减少由于继电器或电缆金属外皮绝缘不良时产生的电蚀作用，因而使继电器和电缆金属外皮受到损坏。因为在电蚀时，金属离子在化学反应下是由正极向负极移动的。继电器线圈和铁芯之间的绝缘不良，就有小电流 i 流过，电池组负极接地时，线圈的导线有可能蚀断。反之，如电池组正极接地，虽然铁芯也会受到电蚀，但线圈的导线不会腐蚀，铁芯的质量较大，不会招致可察觉的后果。正极接地也可以使外线电缆的芯线在绝缘不良时免受腐蚀。

(2) 保护接地的作用

根据研究认为，流经人体的电流，当交流在 15～20 mA 以下或直流在 50 mA 以下时，对人身不发生危险，因为这对大多数人来说，是可以不需别人帮助而自行摆脱带电体的。但是即使是这样大小的电流，如长时间地流经人体，依然是会有生命危险的。

根据多次的试验证明：100 mA 左右的电流流经人体时，毫无疑问是要使人致命的。容许通过心脏的电流与流经电流时间的平方根成正比，其关系为：

$$I = \frac{116}{\sqrt{t}} \tag{9-6}$$

式中：I——单位为 mA；

t——时间，单位为秒。

人体各部分组织的电阻，以皮肤的电阻为最大。当人体皮肤处于干燥、洁净和无损伤时，可高达 4～10 kΩ。但当皮肤处于潮湿状态，则会降低到 1000 Ω 左右。此外当触电时，皮肤触及带电体的面积愈大，接触得愈紧密，也会使人体的电阻减小。

流经人体的电流大小，与作用于人体电压的高低并不是成线性关系。这是因为随着电压的增高，人体表皮角质层有电解和类似介质击穿的现象发生，使人体电阻急剧地下降，导致电流迅速增大，产生严重的触电事故。

根据环境条件的不同，我国规定的安全电压值为：

- 在没有高度危险的建筑物中为 65 V；
- 在高度危险的建筑物中为 36 V；
- 在特别危险的建筑物中为 12 V。

为了避免触电事故，需要采取各种安全措施，而其中最简单有效和可靠的措施是采用接地保护。就是将电气设备在正常情况下不带电的金属部分与接地体之间作良好的金属连接。

接触电压是指在接地电流回路上，一人同时触及的两点间所呈现的电位差。接触电压在愈接近接地体处时其值则愈小，距离接地体或碰地处愈远时则愈大。在距接地体处或碰地处约 20 m 以外的地方，接触电压最大，可达电气设备的对地电压。

跨步电压是指当电气设备碰壳或交流电一相碰地时，有电流向接地体或着地点四周流散出去，而在地面上呈现出不同的电位分布，当人的两脚站在这种带有不同电位的地面上时，两脚间呈现的电位差。

保护接地的作用如下：如未设保护接地时，人体触及绝缘损坏的电机外壳时，由于线路与大地间存在电容，或线路上某处绝缘不好，如果人体触及此绝缘损坏的电气设备外壳，则电流就经人体而成通路，这样就会遭受触电的危害。有接地措施的电气设备。当绝缘损坏外壳带电时，接地短路电流将同时沿着接地体和人体两路通路流过。流过每一条通路的电流值将与其电阻的大小成反比。即

$$\frac{I_R}{I'_d} = \frac{r_d}{r_R} \tag{9-7}$$

式中：I'_d——沿接地体流过的电流；

I_R——流经人体的电流；

r_R——人体的电阻；

r_d——接地体的接地电阻。

从式(9-7)中可以看出，接地体电阻愈小，流经人体的电流也就愈小。通常人体的电阻比接地体电阻大数百倍，所以流经人体的电流也就比流经接地体的电流小数百倍。当接地电阻极为微小时，流经人体的电流几乎等于零，也就是 $I_d \approx I'_d$。因而，人体就能避免触电的危险。

(3) 接零的作用

在通信局站中，220/380 V 交流电源采用中性点直接接地的系统，电力设备的外壳一般均采用接零的方法，即 TN 系统中接零型式。

在三相 TN 系统中，所以采用接零的方法，是因为电压在 1000 V 以下中性点接地良好系统中，无论电气设备采取保护接地与否，均不能防止人体遭受触电的危险，以及短路电流达不到保证保护设备可靠地动作，即短路电流达不到自动开关整定电流的 1.5 倍或熔断器额定电流的 4 倍，故采用接零保护。

(4) 重复接地的作用

在 TN 系统中要求电源系统有直接接地点，我国强调重复接地，以防止因保护线断线而造成的危害，增设重复接地是有作用的。

9.3.2 通信电源的接地分类

在通信设备和通信系统中，各种电路均有电位基准，将所有的基准点通过导体连接到一起，该导体就是通信设备或系统内部的地线，如果将这些基准点连接到一个导体平面上，则该平面就称为基准平面，所有信号都是以该平面作为零电位参考点。通信设备常以其金属底座、外壳或铜带作为基准面，基准面并不一定都与大地相连。在通常情况下，将基准面与大地相连主要是出于两个目的：一是为提高设备的工作稳定性；二是为设备的操作人员提供安全保障。

1. 工作接地

通信设备的工作接地主要是为了使整个电子电路有一个公共的零电位基准面，并给高频干扰信号提供低阻抗的通路，使屏蔽措施能发挥良好的效能。工作接地主要有以下 3 种方式。

(1) 浮　地

浮地是指通信设备的地线在电气上与建筑物接地系统保持绝缘，如图 9-1 所示，两者之间的绝缘电阻一般应在 50 MΩ 以上，这样建筑物接地系统中的电磁干扰就不能传导到通信设备上去，地电位的变化对设备也就无影响。在许多情况下，为了防止电子设备外壳上的干扰电流直接耦合到电子电路上，常将外壳接地，而将其中的电子电路浮地。浮地方式的优点是抗干扰能力强，缺点是容易产生静电积累，当雷电感应较强时，外壳与其内部电子电路之间可能出现很高的电压，将两者之间绝缘间隙击穿，造成电子电路的损坏。

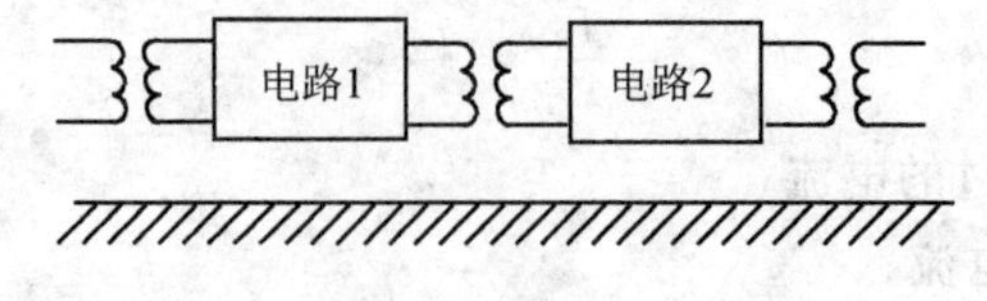

图 9-1　浮地方式

(2) 单点接地

把整个通信系统中某一点作为接地基准点,其各单元的信号地都连接到这一点上,如图 9-2所示,(a)为串联式单点接地,(b)为并联单点接地。单点接地可以避免形成地线回路,防止通过地线回路的电流传播干扰。在通常情况下,把低幅度易受干扰的小信号电路(如前置放大器等)用单独一条地线与其他电路的地线分开,而幅度和功率较大的大信号电路(如末级放大器和大功率电路等)具有较大的工作电流,其流过地线中的电流较大,为了防止它们对小信号电路的干扰,应有自己的地线。当采用多个电源分别供电时,每个电源都应有自己的地线,这些地线都直接连接到一点去接地。

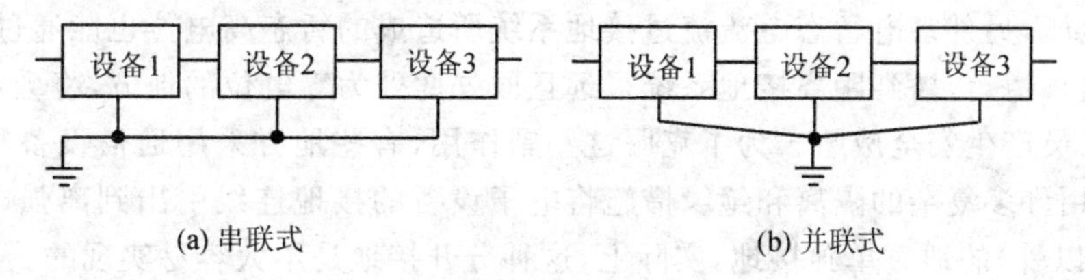

图 9-2　单点接地方式

在许多建筑物内,电子设备的安装位置与室内接地母线之间存在着一定的距离,采用这种单点接地往往会使接地连线具有较长的长度。由于每条地线均有阻抗,当流过地线中的电流频率足够高时,其波长就会与地线长度可比,这时的地线应看作是分布参数传输线。如果地线长度达到 1/4 电流波长的奇数倍,则地线的入端阻抗趋于无穷大,它相当于开路。因此,单点接地一般只适用于 0.1 MHz 以下的低频电路。

(3) 多点接地

将通信系统中各设备的接地点都直接接到距离各自最近的接地平面上,如图 9-3 所示,这样可以使接地连线的长度最短。这里所说的接地平面是指贯通整个通信系统的金属(具有高电导率)带,可以是设备的底板和结构框架等,也可以是室内的接地母线或接地网。

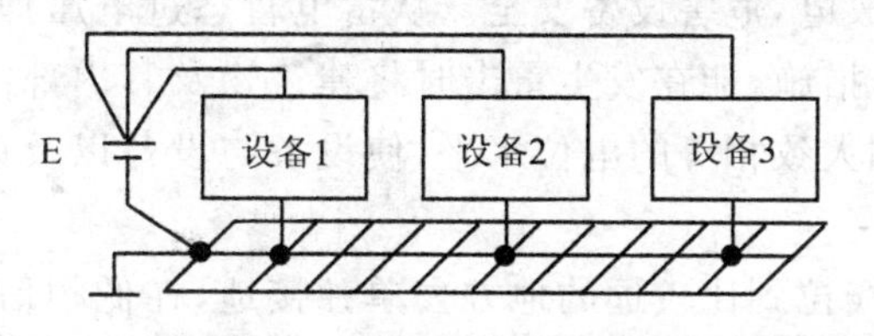

图 9-3　多点接地方式

采用多点接地的突出优点是可以就近接地,与单点接地相比,它能缩短接地连线的长度,减小其寄生电感,这对雷电防护来说是有利的。但是,在采用多点接地后,设备或系统内部可能会产生很多地线回路,大信号电路可以通过地线回路电流影响小信号电路,造成干扰,有时可能会使电子电路不能正常工作。当出现这种情况时,可以改用混合接地方式,对于信号频率在 10 MHz 以上的高频电路采用多点接地,对信号频率在 0.1 MHz 以下的低频电路采用单点接地;而对那些信号频率在 0.1～10 MHz 之间的电路,如果其实际接地连线长度不超过信号波长的 1/20,可采用单点接地,否则应采用多点接地。

2. 安全接地

在发生雷击时,强大的雷电暂态电流流过建筑物的接地系统将引起暂态地电位抬高,危及设备与人身的安全。通常,在使用电子设备时,常常伴随着电源等强电设备,通信设备与强电设备均须接地,但要做到通信设备与强电设备接地相互分开往往是十分困难的。在建筑物内,将通信设备与强电设备共用一个接地系统是比较容易实现的,不过这种共地也会带来一些副作用。

将通信设备与强电设备共地,雷击时暂态大电流可以通过电路的耦合对电子设备形成干扰或产生过电压,另外雷电暂态电流流过接地系统所造成的暂态高电位也能通过各种电源线、信号线和金属管道,传播到距离接地系统很远且原先此处为零电位的地方,将会对这里的通信设备及操作人员产生安全威胁。为了克服这些副作用,有些地方采用通信设备与强电设备分开接地,并采用许多复杂的隔离和绝缘措施将电子设备的接地连线引出到离强电设备接地系统较远(20 m 以外)的地方单独接地,实际上,这种分开接地是不太容易实现的。

由于各种线路、金属管道和建筑物构架中的钢筋纵横交错以及一些建筑物不断扩建,在设计与施工上稍有疏漏就容易造成在强电设备区出现的暂态高电位通过金属管道或构架钢筋引到低电位的通信设备区,或将通信设备区的低电位引到强电设备区,从而会引起击穿放电,危及设备与人身的安全。一些制造厂商要求其通信设备单独接地,即将通信设备的接地连线引到建筑物外一定距离后接在单独的地网上,这种接地要求往往是不切实际的。

在建筑物遭受雷击时,建筑物的地电位将瞬时抬高,由于通信设备接地与建筑物的地网是分开的,则通信设备地线此时仍保持低电位,这样就易于对通信设备造成击穿放电,使通信设备被损坏。为此,可以在通信设备单独接地的地线引入户外用一个低压避雷器或放电间隙放电,从而使通信设备接地与建筑物接地网达到大致相等的电位水平,这就是所谓的暂态共地。在正常情况下,避雷器或放电间隙将两个接地分开,有利于抗干扰,而在雷击时能实现两者之间的均压,避免发生击穿放电,危害设备安全。从雷电暂态过电压抑制的角度来看,采用这种暂态共地并配合采用均压措施,能在发生雷击时将建筑物及其内部的强电设备和电子设备以及操作人员同时都抬高到大致相等的电位水平,使设备与设备以及设备与人之间不会出现能造成危害的暂态电位差。

实际上,用较长的引线拉到比较远的地方去单独接地,在低频信号情况下,对保护电子设备与远处的单独接地点等电位还有意义。但在高频信号情况下,较长引线阻抗将影响等电位效果,特别是在信号波长与引线长度之间满足 1/4 奇数倍关系时,引线相当于开路,起不到外伸接地的作用。

9.3.3 接地参数的测量

1. 接地系统的电阻

接地系统的电阻是土壤电阻、土壤电阻和接地体之间的接触电阻、接地体本身的电阻、接地引入线、地线盘或接地汇流排、以及接地配线系统中采用的导线的电阻的总和。

以上几部分中,起决定性作用的是接地体附近的土壤电阻。因为一般土壤的电阻都比金属大几百万倍，如取土壤的平均电阻率为 $1\times10^4\ \Omega\cdot m$，而 $1\,cm^3$ 铜在 20℃时的电阻为 $0.0175\times10^{-4}\ \Omega$，则这种土壤的电阻率较铜的电阻率大 57 亿倍。接地体的土壤电阻 R 的分布情况主要集中在接地体周围。

在通信局站的接地系统里，其他各部分的电阻都比土壤小得多，即使在接地体金属表面生锈时，它们之间的接触电阻也不大。至于其他各部分则都是用金属导体构成，而且连接的地方又都十分可靠，所以它们的电阻更是可以忽略不计。

但在快速放电现象的过程中，例如“过压接地”的情况下，构成接地系统导体的电阻可能成为主要的因素。

如果接地电极与其周围的土壤接触得不紧密，则接触电阻可能影响接地电阻达到总值的百分之几十，而这个电阻可能在波动冲击条件下由于飞弧而减小。

2. 土壤的电阻率

衡量土壤电阻大小的物理量是土壤的电阻率，它表示电流通过 $1\,m^3$ 土壤的这一面到另一面时的电阻值，代表符号为 r，单位为 $\Omega\cdot m$。在实际测量中，往往只测量 $1\,cm^3$ 的土壤，所以 r 的单位也可采用 $\Omega\cdot cm$。其中，$1\,\Omega\cdot m=100\,\Omega\cdot cm$。

土壤的电阻率主要由土壤中的含水量以及水本身的电阻率来决定。决定土壤电阻率的因素很多，如：土壤的类型、溶解在土壤中的水中的盐的化合物、土壤中溶解的盐的浓度、含水量（水表）、温度（土壤中水的冰冻状况）、土壤物质的颗粒大小以及颗粒大小的分布、密集性和压力，以及电晕作用等。

3. 接地体和接地导线的选择

接地体一般采用镀锌材料，如：

- 角钢，$(50\times50\times5)\,mm$ 角钢，长 2.5 m；
- 钢管，$\phi50\,mm$，长 2.5 m；
- 扁钢，$(40\times4)\,mm^2$。

通信直流接地导线一般采用材料的方法如下：

① 室外接地导线用 $(40\times4)\,mm^2$ 镀锌扁钢，并应缠以麻布条后再浸沥青或涂抹沥青两层以上。

② 室外接地导线用 $(40\times4)\,mm^2$ 镀锌扁钢，再换接电缆引入楼内时，电缆应采用铜芯，截面不小于 $50\,mm^2$。在楼内如换接时，可采用不小于 $70\,mm^2$ 的铝芯导线。不论采用哪一种材料，在相接时应采取有效措施，以防止接触不良等故障。

4. 交流保护接地导线

根据《低压电网系统接地型式的分类、基本技术要求和选用导则》规定，保护线的最小截面如下：

- 相线截面 $S\leqslant16\,mm^2$ 时，保护线 S_p 为 S；
- 相线截面 $16\,mm^2<S\leqslant35\,mm^2$ 时，保护线 S_p 为 $16\,mm^2$；
- 相线截面 $S>35\,mm^2$ 时，保护线 S_p 为 $S/2$。

5. 接地电阻和土壤电阻率的测量

通信局站测量土壤电阻率(又称土壤电阻系数)有以下几个作用：

① 在初步设计查勘时,需要测量建设地点的土壤电阻率,以便进行接地体和接地系统的设计,并安排接地极的位置。

② 在接地装置施工以后,需要测量它的接地电阻是否符合设计要求。

③ 在日常维护工作中,也要定期地对接地体进行检查,测量它的电阻值是否正常,作为维修或改进的依据。

6. 测量接地电阻的方法

测量接地电阻的方法有：利用接地电阻测量仪器的测量法、电流表-电压表法、电流表-电功率表法、电桥法和三点法。

上述测量方法中,以前两种方法最普遍采用。但不管采用哪一种方法,其基本原则相同,在测量时都要敷设两组辅助接地体,一组用来测量被测接地体与零电位间的电压,称为电压接地体;另一组用来构成流过被测接地体电流回路,称为电流接地体。

利用电流表-电压表法测量接地电阻的优点是：接地电阻值不受测量范围的限制,特别适用于小接地电阻值(如 0.1Ω 以下)的测量。利用此法测得的结果是相当准确的。

若流经被测接地体与电流辅助接地体回路间的电流为 I,电压辅助接地体与被测接地体间的电压为 V,则被测接地体的接地电阻为：

$$R_0 = \frac{V}{I} \tag{9-8}$$

为了防止土壤发生极化现象,测量时必须采用交流电源。同时为了减少外来杂散电流对测量结果的影响,测量电流的数值不能过小,最好有较大的电流(约数十安培)。测量时可以采用电压为 65V、36V 或 12V 的电焊变压器,其中性点或相线均不应接地,与市电网路绝缘。被测接地体和两组辅助接地体之间的相互位置和距离,对于测量的结果有很大的影响。

9.4 地线干扰与抑制

地线是作为电路电位基准点的等电位体,在现代通信电源工程中具有广泛的应用。但是地线的这个定义其实是不完全符合实际情况的,因为实际地线上的电位并不是恒定的。如果用仪表测量一下地线上各点之间的电位,会发现地线上各点的电位可能相差很大,这些电位差造成了电路工作的异常。电路是一个等电位体的定义仅是人们对地线电位的期望,目前有一个更加符合实际的定义,将地线定义为：信号流回源的低阻抗路径。这个定义中突出了地线中电流的流动,按照这个定义,很容易理解地线中电位差的产生原因。因为地线的阻抗总不会是零,当一个电流通过有限阻抗时,就会产生电压降。

1. 地线的阻抗

地线的阻抗可以引起的地线上各点之间的电位差能够造成电路的误动作,使许多人觉得不可思议。用欧姆表测量地线的电阻时,地线的电阻往往在毫欧姆级,电流流过这么小的电阻时怎么会产生这么大的电压降，导致电路工作的异常。要搞清这个问题，首先要区分导线的电阻与阻抗两个不同的概念。

电阻指的是在直流状态下导线对电流呈现的阻抗，而阻抗指的是交流状态下导线对电流的阻抗，这个阻抗主要是由导线的电感引起的。任何导线都有电感，当频率较高时，导线的阻抗远大于直流电阻。在实际电路中，造成电磁干扰的信号往往是脉冲信号，脉冲信号包含丰富的高频成分，因此会在地线上产生较大的电压。对于数字电路而言，电路的工作频率是很高的，因此地线阻抗对数字电路的影响是十分可观的。

如果将 10 Hz 时的阻抗近似认为是直流电阻，可以看出当频率达到 10 MHz 时，对于 1 m 长的导线，它的阻抗是直流电阻的 1 000 倍至 10 万倍。因此对于射频电流，当电流流过地线时，电压降是很大的。此外，增加导线的直径对于减小直流电阻是十分有效的，但对于减小交流阻抗的作用很有限。但在电磁兼容中，人们最关心的交流阻抗，为了减小交流阻抗，一个有效的办法是多根导线并联。当两根导线并联时，其总电感 L 为：

$$L = (L_1 + M)/2 \qquad (9-9)$$

式(9－9)中，L_1是单根导线的电感，M 是两根导线之间的互感。从式中可以看出，当两根导线相距较远时，它们之间的互感很小，总电感相当于单根导线电感的一半。因此，可以通过多条接地线来减小接地阻抗。但要注意的是，多根导线之间的距离不能过近。

2. 地线干扰机理

(1) 地环路干扰

由于地线阻抗的存在，当电流流过地线时，就会在地线上产生电压。当电流较大时，这个电压可以很大。例如附近有大功率用电器启动时，会在地线中流过很强的电流。这个电流会在两个设备的连接电缆上产生电流。由于电路的不平衡性，每根导线上的电流不同，因此会产生差模电压，对电路造成影响。由于这种干扰是由电缆与地线构成的环路电流产生的，因此成为地环路干扰。此外，地环路中的电流还可以由外界电磁场感应出来。

(2) 公共阻抗干扰

当两个电路共用一段地线时，由于地线的阻抗，一个电路的地电位会受另一个电路工作电流的调制。因此，一个电路中的信号会耦合进另一个电路，这种耦合称为公共阻抗耦合。

在数字电路中，由于信号的频率较高，地线往往呈现较大的阻抗。这时，如果存在不同的电路共用一段地线，就可能出现公共阻抗耦合的问题。

3. 地线干扰对策

(1) 地环路对策

从地环路干扰的机理可知，只要减小地环路中的电流就能减小地环路干扰。如果能彻底消除地环路中的电流，则可以彻底解决地环路干扰的问题。因此，可以采用以下几种解决地环路干扰的方案。

将一端的设备浮地

如果将一端电路浮地，就切断了地环路，因此可以消除地环路电流。但有两个问题需要注意，一个是出于安全的考虑，往往不允许电路浮地，这时可以考虑将设备通过一个电感接地。这样对于 50 Hz 的交流电流设备接地阻抗很小，而对于频率较高的干扰信号，设备接地阻抗较大,减小了地环路电流,但这样做只能减小高频干扰的地环路干扰。另一个问题是,尽管设备浮地,但设备与地之间还是有寄生电容,这个电容在频率较高时会提供较低的阻抗,因此并不能有效地减小高频地环路电流。

使用变压器实现设备之间的连接

利用磁路将两个设备连接起来,可以切断地环路电流。但要注意,变压器初次级之间的寄生电容仍然能够为频率较高的地环路电流提供通路,因此变压器隔离的方法对高频地环路电流的抑制效果较差。提高变压器高频隔离效果的一个办法是在变压器的初次级之间设置屏蔽层,但一定要注意隔离变压器屏蔽层的接地端必须在接受电路一端;否则,不仅不能改善高频隔离效果,还可能使高频耦合更加严重。因此,变压器要安装在信号接收设备的一侧。经过良好屏蔽的变压器可以在频率为1MHz以下时提供有效的隔离。

使用光隔离器

另一个切断地环路的方法是用光实现信号的传输。这可以说是解决地环路干扰问题的最理想方法。用光连接有两种方法,一种是光耦器件,另一种是用光纤连接。光耦的寄生电容一般为2pF,能够在很高的频率下提供良好的隔离。光纤几乎没有寄生电容,但安装、维护、成本等方面都不如光耦器件。

使用共模扼流圈

在连接电缆上使用共模扼流圈相当于增加了地环路的阻抗,这样在一定的地线电压作用下,地环路电流会减小。但要注意控制共模扼流圈的寄生电容,否则对高频干扰的隔离效果很差。共模扼流圈的匝数越多,则寄生电容越大,高频隔离的效果越差。

(2) 消除公共阻抗耦合

消除公共阻抗耦合的途径有两个,一个是减小公共地线部分的阻抗,这样公共地线上的电压也随之减小,从而控制公共阻抗耦合。另一个方法是通过适当的接地方式避免容易相互干扰的电路共用地线,一般要避免强电电路和弱电电路共用地线,数字电路和模拟电路共用地线。如前所述,减小地线阻抗的核心问题是减小地线的电感,这包括使用扁平导体做地线,用多条相距较远的并联导体作接地线。对于印刷线路板,在双层板上布地线网格能够有效地减小地线阻抗,在多层板中专门用一层做地线虽然具有很小的阻抗,但这会增加线路板的成本。通过适当接地方式避免公共阻抗的接地方法是并联单点接地。并联接地的缺点是接地的导线过多,因此在实际中,没有必要所有电路都并联单点接地,对于相互干扰较少的电路,可以采用串联单点接地。例如,可以将电路按照强信号、弱信号、模拟信号、数字信号等分类,然后在同类电路内部用串联单点接地,不同类型的电路采用并联单点接地。

在现代通信电源的工程应用中,地线造成电磁干扰的主要原因是地线存在阻抗,当电流流过地线时,会在地线上产生电压,这就是地线噪声。在这个电压的驱动下,会产生地线环路电流,形成地环路干扰。当两个电路共用一段地线时,会形成公共阻抗耦合。解决地环路干扰的方法有切断地环路,增加地环路的阻抗,使用平衡电路等。解决公共阻抗耦合的方法是减小公共地线部分的阻抗,或采用并联单点接地,彻底消除公共阻抗。

4. 保护接零

保护接零是在电源中性点接地的低压系统中,把电气设备的金属外壳或框架与电源中性线(零线)连接。

采用保护接零后，如果电气设备的绝缘损坏而发生碰壳短路时，电压几乎全部加在相线和零线上，由于相线和零线的阻抗很小，故短路电流很大，短路电流将使电路中保护开关或熔断器迅速断开，从而切断电源，消除了触电的危险。

目前，发电机用单相电一般是二线制供电，三相电一般是三相四线制供电，即 TN－C 供电系统、TT 供电系统等。以后，应逐步实行 TN－S 供电系统，即单相三线供电，三相五线供电。野外用电时，如用某地电力资源，应据当地供电系统不同，确保正确的供电及接地方法，以增加供电系统的可靠性和安全性。

必须指出，在同一低压配电系统中，保护接地与保护接零不能混用。否则，当采取保护接地的设备发生单相接地故障时，危险电压将通过大地串至零线以及采取保护接零的设备外壳上。

9.5　通信电源站的防雷

9.5.1　通信设施接地和防雷的基本原则

通信设施的接地和防雷是通信设施稳定运行的根本保证，在建设、维护通信设施的过程中，应该做好通信设施各部分的接地和防雷工作，遵循以下建设原则：

1. 通信机房建筑物

① 机房建筑以钢筋混凝土结构为宜；

② 机房建筑应有避雷针等直击雷保护装置；

③ 机房建筑的防雷接地（避雷针等装置的接地）应与机房的保护接地共用一组接地体；

④ 站区内不应有架空走出建筑物的非用户线类信号线。

2. 低压交流配电

① 低压电力线的中性线不应在机房内接地。

② 交流电源线进入机房的入口处应配装标称放电电流不小于 20 kA 的交流电源防雷器（C 级防雷器）。

③ 通信电源的保护地应与通信设备保护地共用一组接地体，通信电源与通信设备处于同一机房的情况下，宜共用同一个机房保护接地排。

④ 通信机房的交流供电系统应采用 TN－S 供电方式，如图 9－4 所示。

这种供电对设备的安全运行有很好的保证，包括 3 种情况：

- 低压电力电缆从较远的变压器处采用三相五线（3 根相线、1 根中线、1 根保护地线）向机房供电；
- 高压或中压电力线引入通信楼，在通信楼的配电房内变成低压电力电缆输出，低压电力电缆的中性线、保护地线在配电变压器的输出处接通信楼的地网，然后变压器输出三相五线电源到机房；
- 高压或中压电力线引到通信楼附近，在户外由配电变压器变成低压电力电缆输出，低压

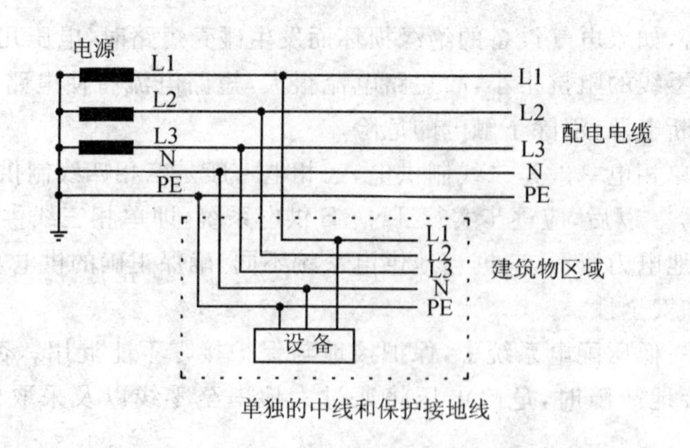

图 9-4 TN-S 交流供电方式

电力电缆的中性线、保护地线在配电变压器的输出处接配电变压器的地网，然后变压器输出三相五线电源到机房。

⑤ 若情况二、三不能满足，也可采用如下方法：低压电力电缆的中性线、配电变压器的保护地接通信楼的地网（或接配电变压器地网，通信楼的地网与配电变压器的地网在地下统一连接成一个地网），变压器输出三相四线电源（3 根相线，1 根中线）到机房。

⑥ 通信机房的交流供电系统不宜采用 TT 的配电方式，可提醒用户尽量避免。例如：

- 低压电力电缆从较远的变压器处采用三相四线（3 根相线、1 根中线）向机房供电；
- 高压或中压电力线在通信楼旁接配电变压器，配电变压器的地网和通信楼的地网分别使用两组独立的接地体。

3. 直流配电

① −48 V 直流电源的正极（或 +24 V 直流电源的负极）应在直流电源柜的输出处接地。

② 直流电源柜的工作地、保护地应与通信设备保护地共用一组接地体，直流电源柜与通信设备处于同一机房的情况下，宜用同一个机房保护接地排。

4. 电缆布放

为了防止强大的雷电侵入波能量通过各种线缆（如电力线、通信线等）损坏通信设备，应采取以下措施来减小雷电能量：

- 所有的进出局站的线缆都应采用埋地敷设方式，并应选用具有金属外护套的电缆。对于长途明线进局的线缆，应在进入室内之前至少 20 m 处改换成埋地电缆，电缆的埋深一般为 0.6～0.8 m。如果采用普通的双绞线或多芯电线，应将它们穿过埋地的铁管后进局。电缆的金属外护套或铁管两端应分别就近与防雷的接地装置相连。
- 在上述电缆与架空线连接处应加装浪涌保护器。保护器的连接线应尽可能短，其接地端应就近与电缆的屏蔽层以及杆塔的接地导体相连。
- 所有进出建筑物的线缆应考虑加装浪涌保护器。从 EMC 的观点来看，保护器最好安装于线缆在建筑物的入口处，但考虑到实际运行环境和安装的方便，建议将保护器安装于被保护设备附近，保护器的连接线应尽可能短，其接地端应就近与地网及电缆的屏蔽层相连。电缆内的空线对也应与屏蔽层及保护器的接地端相连。

同时，由于雷击建筑物或其附近时，会在其周围空间产生强大的电磁场，该电磁场与各种回路耦合，可能感应出较高的过电压(一般称为感应雷过电压，简称感应雷)。为了防止通信线、电力线等产生感应过电压，应该采取以下保护措施：

- 电力线、通信线等尽可能避免靠近有较大雷电流流过的导体，特别应避免在防雷引下线附近或沿墙角布线。对于室外布放的各种线缆，应避免靠近通信铁塔以及较高的树木等可能遭受直击雷的物体。
- 室内各种线缆尽可能相互靠近，以避免它们之间形成较大的感应回路。
- 电力线、通信线等尽可能采用屏蔽电缆，屏蔽层两端都应接地。
- 当局站地处雷害区或临近有强电磁场干扰源、楼高超过30 m时，楼内的垂直布线宜考虑设置金属竖井，或其他防干扰措施。机房内的架间布线宜采用金属槽道进行屏蔽。
- 在局站范围内，严禁布放架空线缆。相邻建筑物间的电力线、通信线等应采用屏蔽线或穿过金属管埋地走线，其屏蔽层或金属管应分别接在两个地网以及建筑物的进/出口处。

(1) 非用户线类信号电缆

非用户线类信号电缆主要为E1线、以太网线、串口线、以及其他正常情况下用于建筑物内通信设备间互连的信号电缆。

通信局站内的E1线、网线不应架空走线，特别是移动基站到传输设备的E1线，以及数据通信设备的网线。E1线、网线是室内信号互连线，正常情况下不应架空出户走线。如果由于实际条件出现E1线、网线出户走线的情况，此时应按进局电缆的要求进行E1线、网线的防雷保护，可以采用以下措施来预防雷击的损坏：

- 信号电缆宜穿金属管从地下入局，金属管两端接地，信号电缆进入室内后应在设备的对应接口处加装信号避雷器保护，信号避雷器的保护接地线应尽量短。
- 如果因条件限制，室外电缆无法从地下走线，信号电缆宜采用金属软管进行屏蔽，金属软管的两端应可靠接地，在机房内可连接到机房保护接地排。电缆进入室内后在设备的对应接口处应加装信号避雷器保护，信号避雷器的保护接地线应尽量短。
- 室外电缆可以采用具有金属外护套的电缆，金属外护套的两端应可靠接地，在机房内可连接到机房保护接地排；电缆进入室内后在设备的对应接口处应加装信号避雷器保护，信号避雷器的保护接地线应尽量短。

出入局站的信号电缆，电缆内的空线对在机房内宜做保护接地。例如：室外引入的E1总电缆内两对同轴线只用了一对，则另一对E1电缆的芯线和屏蔽层可在室内汇接到一块小金属板上，再由小金属板接出一根接地线到机房的保护接地排。

(2) 用户线类电缆

MDF架

- 所有进入机房的用户外线电缆的金属外护套应在配线架上接地或直接接到机房保护接地排；
- 未用的用户外线电缆应在配线架处做接地处理。

用户电缆

- 配线架和交换机应采用联合接地方式，即配线架的保护地和交换机的保护地应共用一组接地体，配线架和交换机在同一机房时，宜共用同一个机房保护接地排；

➢ 配线架的接地线长度应尽可能短，不要盘绕；

➢ 配线架接地线建议选用截面积不小于 50 mm² 的多芯铜导线，对于如远端模块、接入网 ONU 外置配线架接地线截面建议不小于 16 mm²；

➢ 配线架使用的保安单元应符合电信行业标准的要求，并应按照相关标准的要求对保安单元进行定期抽检，及时更换已失效或性能大幅下降的保安单元；

➢ 严禁用户外线电缆不经过保安单元连到交换机上；

➢ 应保证配线架的接地汇流条与保护地排连接牢固可靠，连接处不应发生氧化腐蚀；

➢ 应保证保安单元的接地端与配线架的接地汇流条间有良好的电气连接，连接处不应发生氧化腐蚀等现象。

(3) 走线架与设备绝缘的要求

根据信息产业部标准 YDJ26－89《通信局(站)接地设计暂行技术规定(综合楼部分)》要求，数字通信设备的机架保护接地，应从总接地汇集线或机房内的分接地汇集线上引入，并应防止通过布线引入机架的随机接地；数字通信设备和模拟通信设备共存的机房，两种设备的保护地应分开，并防止通过走线架或钢梁在电气上连通。

同样对于 ITU－T K.27 和 Bellcore GR－1089 标准中，对于不同的接地方式，对机架的绝缘也作了相应的说明。

因此，对于设备除了有意连接的接地线之外，设备放置在机房内，不允许因为偶然因素而可能出现另外的接地路径(非有意设计的接地路径)。为此，设备应做绝缘设计，使设备在机房中安装固定好之后：

➢ 独立放置在机房内：设备的外壳与机房地面、墙壁、屋顶、桌面绝缘；

➢ 放置在机架内：设备外壳与机架绝缘；

➢ 设备外壳与机房走线架绝缘。

对于走线架的接地，按照标准的要求，应通过接地线连接到机房的接地排上。

5. 接地系统

通信机房内各种通信设备及配套设备(移动基站、传输、交换、电源等)均应做保护接地，站内各种设备的保护接地均应汇接到同一个总接地排，同机房设备的保护地应在同一个机房保护接地排上汇接。

机房内通信设备的工作地、保护地应采用联合接地的方式，即工作地、保护地共同合用一组接地体。

总接地排不应出现因氧化腐蚀引起地排与地线连接不良导致接地路径上的接触电阻增大，并保证接地线与机房保护接地排接触良好。

移动基站的机房地网、铁塔地网和变压器地网应在地下进行多点连接，如图 9－5 所示。当铁塔设在机房房顶，电力变压器设在机房楼内时，其地网可合用机房地网。

机房内走线架、吊挂铁架、机架或机壳、金属通风管道、金属门窗等宜作保护接地，综合通信大楼的接地电阻宜不大于 1，交换设备的接地电阻应满足表 9－4 所列的规定。接入网、传输、宽带接入、数通、多媒体可将其作为参考。

移动通信基站的接地电阻额定功率应小于 5 W，对于年雷暴日小于 20 天的地区，接地电阻额定功率可小于 10 W；无线接入基站可参考。

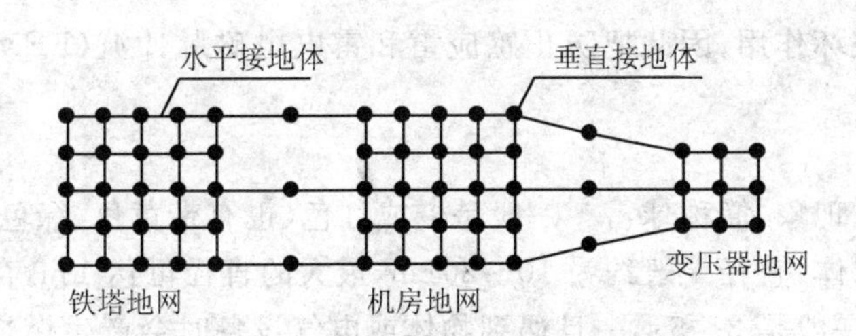

图9-5　地网间多点连接示意图

表9-4　通信交换设备的接地电阻要求

交换系统容量	市话2000门以下	市话10000门以下(含10000门)长话2000路以下(含2000路)	市话10000门以上长话2000路以上
接地电阻额定功率	5W	3W	1W

9.5.2　雷击对通信基站电源设备的危害及预防措施

我国地域广阔,许多地区属于雷击高发区,为了获得良好的通信效果,通信施工单位通常把通信基站建立在地势较高地区或郊外较空旷地区,由于相对位置较高,通信基站成为最易引发雷击的目标,天线一旦遭受雷击,基站内设备将位于雷电干扰中心(例如直击雷干扰半径为500m),内部引线将产生强烈的电磁感应,这种干扰甚至直接作用于基站内各种设备的线路板,而造成其损坏。另外雷电的电磁感应、二次效应以及地线的反击都会对基站内设备造成危害。所以对于在架设通信基站的过程中,做好雷击防护至关重要,这也是保障通信基站安全工作的重要环节。

1. 雷击破坏的主要形式

(1) 直击雷

带电的云层与大地上某一点之间发生迅猛的放电现象。直击雷只有在雷云对地闪击时才会对地面造成灾害,也就是说直击雷发生的几率较低,而且直击雷发生时一次只能袭击一个小范围的目标。但是由于放电现象发生过程迅猛,被直接击中的目标会由于放电电流过大而造成较严重的损坏。直击雷主要对室外物体产生破坏作用,所以把防直击雷的系统称为外部防雷系统。

(2) 二次雷(感应雷)

二次雷是雷电在雷云之间或雷云对地的放电时,在附近的户外传输信号线路、地埋电力线、设备间连接线上产生电磁感应并侵入设备,使串联在线路中间或终端的电子设备遭到损害的放电现象。感应雷虽然没有直击雷猛烈,但其发生的几率比直击雷高得多。感应雷不论雷云对地闪击还是雷云对雷云之间闪击,都可能发生并造成灾害。哪怕是一次雷闪击都可以在较大范围内的多个电子设备间产生感应雷过电压现象,并且这种感应高压可以通过基站供电线和信号中继线等引入,并通过传输使雷害范围扩大。感应雷发生时一般对室内的用电设备和电子元器件起到破坏作用，因此把防止感应雷和雷电电磁脉冲波（LEMP）破坏的系统称为内部防雷系统。

（3）球形雷

一种特殊的雷电现象，简称球雷。一般是橙或红色（也有带黄色、绿色、蓝色或紫色的），或似红色火焰的发光球体，直径一般约为 10～20 cm，最大的直径可达 1 m，存在的时间大约为百分之几秒至几分钟，一般是 3～5 s，一旦遇到物体或电气设备时会产生燃烧或爆炸。其主要是沿建筑物的孔洞或开着的门窗进入室内，有的由烟囱或通气管道滚进楼房，多数沿带电体消失。球形雷一般发生的较少，只有在一些特殊的地理环境或者特殊的基站位置上才会有球形雷的发生。

2. 基站防雷的主要措施

现代通信基站的防雷保护主要有三道防线，一是外部保护，将绝大部分雷电流直接引入地下泄散；二是内部保护，即阻塞沿电源线或数据线、信号线侵入波危害设备；三是过电压保护，限制被保护设备上雷电过电压幅值。这三道防线相互配合，各尽其职，缺一不可。

（1）外部防雷系统

一般防止雷击破坏是通过避雷装置即避雷针、引下线和接地网络构成完整的电气通路后，将雷电流泄入大地。然而避雷针、引下线和接地装置的导通只能保护安装避雷针的物体本身免受直击雷的损毁，但雷电会透过多种形式及途径破坏电子设备。对通信基站而言，天馈线系统和机房建筑物容易遭受到直击雷的袭击，可以通过合理设计避雷针的保护角和良好的接地系统起到保护作用。但需要说明，避雷针必须足够可靠，并且有接地电阻尽量小的引下线和接地装置与其配套，否则，它不但起不到避雷的作用，反而会增大雷击的损害程度。

避雷器与接地装置之间的金属导体称为引下线。将避雷针通过引下线与大地做良好的电气连接的装置称为接地装置。接地装置的作用是把由避雷针和网络屏蔽引来的雷电电流尽快地放泻到大地中去，以保护人员、设备和通信基站的安全。

所谓接地网，是把需要接地的各系统统一接到一个地网上或者把各系统原来的接地网通过地下或者地上用金属连接起来，使它们之间成为电气相通的统一接地网。在接地处理过程中，一定要有一个良好的接地系统，因为所有防雷系统都需要通过接地系统把雷电流泄入大地，从而保护设备和人身安全。如果基站接地系统做得不好，不但会引起设备故障，烧坏元器件，严重的还将危害工作人员的生命安全。

另外防干扰、防静电等问题都需要建立良好的接地系统来解决。一般整个基站的接地系统有建筑物地网、铁塔地、电源地、逻辑地（也称信号地）、防雷地等。当各地网之间必须独立时，如果相互之间距离达不到规范要求的话，则容易出现地电位反击事故。当各接地系统之间的距离达不到规范的要求时，应尽可能连接在一起，如实际情况不允许直接连接的，可通过地电位均衡器实现等电位连接。

（2）内部防雷系统

有可靠的外部防雷措施的同时，更需要完善内部防雷措施。在外部防雷措施中，避雷设施在雷电发生的瞬间，接地引下线会有很大的瞬变电流通过，也就是说在周围会产生很大的雷电磁脉冲波（LEMP），此时就需要内部防雷措施。

内部防雷工程主要由屏蔽、防雷器和等电位连接 3 部分组成。

通信基站内部防雷工程涉及面较宽，归纳起来有高电压引入和电磁脉冲波，其中危害最大的是高电压引入。高电压引入是指雷击产生的高电压通过金属线引入到其他地方和室内，造成破坏的雷害现象。高电压引入的途径有二种：一是雷击直接击中金属导线，让高压雷电以波的形式沿着导线两边传播而引入室内；二是来自感应雷的高电压脉冲，即由于雷雨云对大地放电或雷雨云之间迅速放电形成的静电感应和电磁感应，感生出几千伏到几十千伏甚至数百千伏的地电位反击，这种反击会沿着电力系统的零线、保护接地线和各种形式的接地线，以波的形式传入室内或传播到更大的室内范围，造成大面积的危害。

(3) 过电压保护

所谓的过电压保护就是限制被保护设备上雷电过电压幅值。根据 IEC1312 制定的雷电电磁脉冲防护标准，用对电源部分和信号部分安装电源类 SPD 和通信网络类 SPD(瞬态过电压保护器)进行过电压保护。SPD 是保护电子设备在受雷电闪击或者其他干扰造成浪涌过电压危害的有效手段。对于正常工作状态下的低压系统，安装 SPD 后要求不会对原有系统和原有设备工作特性造成影响；对于出现浪涌等非正常工作状态的低压系统，SPD 应及时对浪涌做出反应，通过 SPD 限制瞬态过电压和分走浪涌电流的特性，将过电压降到 IEC60664 - 1 规定的各类别不同设备耐冲击过电压额定值以下。对于经历了非正常状态的低压系统，即经过浪涌后恢复正常状态的 SPD，应恢复其高阻抗特性，并采取措施防止或抑制电力线上的续流。当浪涌电压超过设计的最大承受能力和放电电流容量时，SPD 可能会失效或被损坏。

SPD 的失效模式大致分为开路和短路两种方式。处于开路模式时，被保护设备将不再受保护。这时，因为处于开路模式的 SPD 对系统本身不会产生影响，很难发现 SPD 已失效。为了保证在下一次浪涌到来之前，能将失效的 SPD 替换掉，要求 SPD 必须具备失效指示的功能。处于短路模式时，短路电流由配电系统流向失效的 SPD，失效的 SPD 通常并未完全短路且有一定阻抗，在开路前将产生热能引起燃烧，此时，对处于短路失效模式的 SPD 要求安装一个合适的脱离装置(断路器)，使被保护系统与失效的 SPD 发生脱离。

雷电会导致多种不同形式的危害，没有任何一种产品或技术可以同时防止雷电所有形式的危害，因此防雷是一项系统工程，不仅需要通信公司相关人员从思想上高度重视，更重要的是在实际操作过程中从构筑物雷电防护、暂态过电压浪涌抑制以及有效的连接和接地等几方面综合考虑防雷措施，才能达到理想的防雷效果。

9.6　通信基站电源的节能技术

随着网络规模的不断扩张，通信网络的核心设备、动力系统以及机房、基站等成倍增加，需要耗费大量的电能。此外，为了确保核心设备的正常运转，需要采用空调等设备控制室内的温度，又造成了较高的能耗。目前，整个通信行业耗电达到 200 亿度以上。从可持续发展的角度，节能减排已成为衡量企业未来发展的重要指标，采用通信电源休眠节能模式可以有效地降低电源系统及基站能耗。

9.6.1　典型基站的能耗模型与级联效应

根据基站的设备配置及实际运行状况统计，基站能耗分配如图 9 - 6 所示。据统计，机房内主设备耗电量约占整个机房耗电量的43%，空调耗电量约占整个机房耗电量的46%，通信电源耗电量占机房耗电量的8%左右，剩余3%来自于机房配电及照明装置。

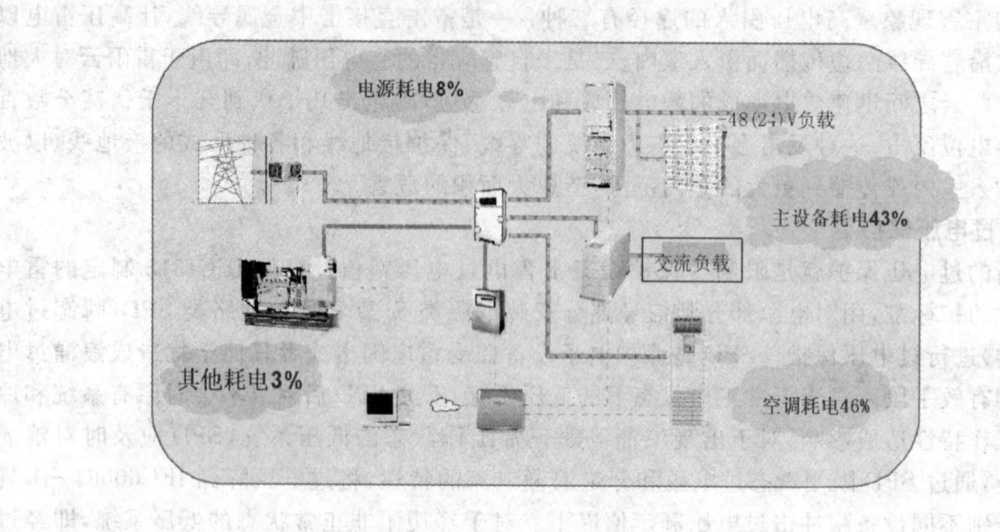

图9-6 基站能耗模型

根据目前网上设备状况，各种设备的典型效率如表9-5所列。

表9-5 机房设备典型效率

设 备	基站嵌入电源	通信电源	配电照明	空调能效比
效 率	72%	87%(30%负载)	98%	2.56

根据机房内设备的工作状况并结合表9-5中设备的典型参数，可以推出机房的能效逻辑如图9-7所示。

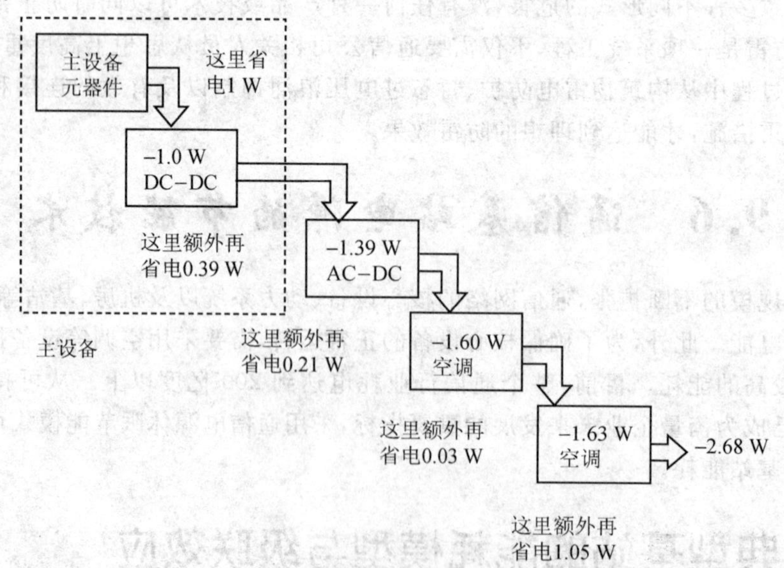

图9-7 机房的能效逻辑图

通信电源(AC-DC)本身不是空调的下级设备,但是考虑到空调要对机房内的所有设备(包括空调自身)进行散热,因此可以把空调等效为插入机房所有设备的前级。从图 9-7 中机房的能效逻辑图可以看到,基站内设备功耗是有级联效应的,末端设备功耗会逐级放大。基站设备每节省 1W 电能,可导致整个站点节省 2.68W 电能。同样,通信电源设备的能耗降低,也会降低机房配电及空调的能耗,因此,站点节能应从末端设备入手,逐渐向前端推进。

9.6.2 通信电源设备节能

通信电源是通信局站的关键设备之一。从基站的能耗模型来看,通信电源占基站总能耗的 8%左右。考虑能耗的级联效应,基站电源的降耗也会引起前端配电及空调耗电量的减少,因此,通信电源设备节能对机房的整体节能降耗有一定的实际意义。

通信电源系统节能要从提高系统整体效率出发,图 9-8 为典型通信电源设备在不同负载率下的效率曲线。从该效率曲线可以看出,通信电源设备效率在从低负载率到高负载率呈增加趋势。考虑目前站点内通信电源的配置,整流模块的配置均包含了电池充电的容量。正常情况下,由于电池充电相对于整个系统工作来讲只有很短的时间,因此,大部分时间内电源系统工作在 50%以下负载率较低的区间,在话务量较低的阶段,电源系统的负载率会进一步降低。因此,电源系统大部分时间没有工作在最佳的效率区间。

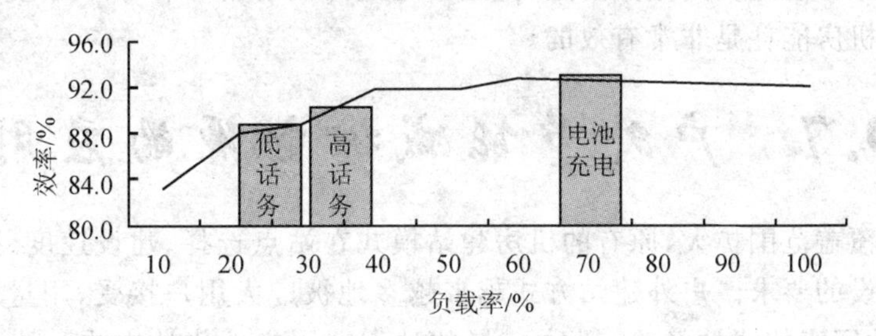

图 9-8　通信电源系统效率曲线

通过以上分析可以看出,通过电源系统控制使电源系统工作在最佳效率区间可以提高电源系统效率,从而达到节能的目的。

9.6.3 通信电源休眠节能

通信电源休眠节能技术是降低通信电源能耗的有效手段。休眠节能技术的主要思路是电源系统根据系统的负载情况和系统当前模块的工作情况,通过合理的逻辑判断和控制,在保证系统冗余安全的条件下,有选择地打开或休眠部分模块,使系统工作在最佳效率点并保证模块间同步老化。

休眠节能模式不同于模块的冷备份模式。休眠节能模式下,模块的主电路完全停止工作,控制电路仍在工作,整个系统处于待机状态。一旦有告警等异常情况,休眠模块可以立即进入工作状态,这与模块的冷备份是完全不同的。

休眠节能技术也不同于传统的遥控关机技术,传统的遥控关机功能只关闭模块的输出部分,模块输入及其他辅助电路仍处于工作状态。因此,模块在遥控关机状态下仍有一定的损耗。在模块休眠模式下，模块的输入/输出完全处于关闭状态，整个模块的待机损耗明显降低。传统方式工作在休眠节能状态下，一旦负载增大到一定程度或系统异常，系统会立即根据需要唤醒部分休眠模块，使整个系统始终处于安全可靠的工作状态之下。

此外，系统可根据设置的工作时间使模块轮流休眠，从而使每个模块的累计工作时间基本一致，从而使所有模块均匀老化，避免个别模块过度老化的现象。

通信电源休眠节能模式可以有效降低通信电源的能耗，对整个机房的能耗降低也有明显的作用。表 9-6 为网上运行的某型通信电源系统通过节能改造后，实际配置 210 A 系统，在不同负载率条件下节能前后的效率比较和节能效果测试数据，从测试结果可看出，采用休眠节能技术后，电源系统效率得到明显提升，且在不同负载率下保持较平稳的状态。因此，休眠节能技术达到了控制系统在不同负载条件下，工作在最佳效率点以达到能耗降低的目的。

表 9-6 电源系统休眠节能测试结果

负载率/%	10	20	30	40	50
节能前系统效率/%	86.19	87.75	89.58	91.08	90.80
节能后系统效率/%	92.00	91.13	91.00	91.04	90.64
节省能耗/W	218.2445	182.615	141.609	127.482	50.5

休眠节能技术已经过实际站点的运行验证，通过比较站点的平均日耗电量，可以发现电源休眠节能对降低机房能耗是非常有效的。

9.7 户外节能减排电源的应用

随着通信网覆盖范围扩大，原有的机房建站模式在站点选择、建设速度、投资等各方面已不能适应网络建设的要求。户外建站方式越来越多地被广大用户接受，用量逐渐增多。根据北美、欧盟等发达国家的建站经验，超过 50% 的站点选用户外建站方式。从我国的实际情况看，户外产品的应用方兴未艾，目前移动通信网主要应用于偏远地区的边际网，并开始向城区发展。在固网建设方面，随着宽带建设的提速，以光进铜退为主要方向的接入网下移改造，也出现了大量的户外柜需求。为了进一步实施节能增效，降低企业运营成本，户外节能减排型电源将获得越来越广泛的应用。

具体来说，节能减排包括节能、节地、节材、环保等诸多方面。节能可以降低能耗，对降低运营成本有直接作用；节地可以减少站点建设的投入；节材可以降低材料耗费。这几个方面也是相辅相成的，比如设备占地面积小，相应地会降低建站材料的耗费。此外，户外电源直接应用在户外，甚至有一些直接安装在居民区，因此要更加重视环保的要求，比如电磁辐射、音频噪声、材料污染等都需要满足相关的标准。

1. 节能技术

户外电源节能可以直接降低站点运营成本。此外，户外电源多应用于偏远站点，供电条件较差，配电变压器容量较小，配电线路损耗大。因此，户外电源本身能耗的降低对降低线路损耗，保证供电质量也有明显意义。户外电源的能耗主要产生于两个方面，电源部分和环境控制单元，因此节能主要从两方面入手。

针对电源部分的损耗，户外电源的工作模式和室内电源是一样的，正常情况下为均流工作模式。市电正常时模块负载率较低，电源系统大多数没有工作在系统最佳效率区间，因此可以采用电源模块休眠技术，根据系统负载状态动态调整工作模块数量，使系统始终工作在最佳效率区间，从而降低系统的能耗。图 9－9 所示为电源系统在普通工作模式下和节能模式下的系统典型效率比较。从图 9－9 可看出，采用节能模式，一方面，电源系统的效率在整个负载范围内基本保持不变，有效地降低了电源系统在低负载条件下的能耗；另一方面，对于户外电源来说，电源系统效率提高会降低设备仓的发热量，降低设备仓的温度。

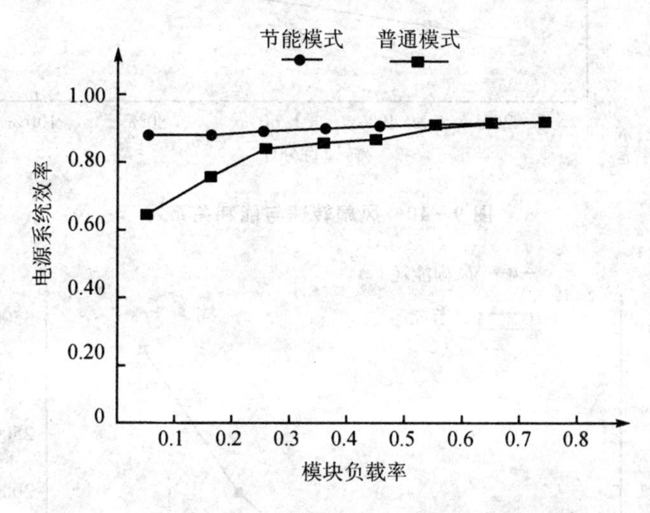

图 9－9　户外电源普通模式与节能模式的系统效率比较

与室内电源相比，户外电源具有自身的环境控制单元，环境控制单元根据外界环境温度和自身发热量的情况，通过实施热量控制，保证柜内设备的正常工作。其功能等同于室内站点的空调系统，因此环境控制单元直接影响设备的可靠性及能耗。正如机房中空调系统一样，户外电源的环境控制单元本身也会带来一定的能耗。通过先进的技术和设计，在保证设备可靠性的前提下降低环境控制单元的能耗，对降低站点的运营成本有实际意义。

降低换热单元能耗，首先要求机柜的密封性能良好，良好的机柜密封和隔热性能一方面可以提高设备的防护能力，另一方面可以提高环境控制单元的效率，从而降低机柜环境控制单元的能耗。对于户外电源来讲，柜内热量的散发主要通过冷热空气之间的热交换将热量带走。换热单元的换热量决定于选择的热交换器及风扇风量，风扇是环境控制单元的主要耗能部件，风扇的风量与能耗有直接的对应关系，如图 9－10 所示。风扇通过调速改变风量，风扇转速与耗能呈现二次曲线的特征，在转速低于额定转速的 80％条件下，风扇的耗能处在额定能耗的 60％以下。因此，风扇在大部分调速区间可以显著降低能耗。

考虑户外电源设计条件，风扇额定风量的选择是按照系统最极端工作条件考虑的。然而户外电源在大多数条件下，环境温度和设备仓的发热量均远低于系统极端条件。因此，在环境温度较低或负载较轻时，风扇可以以较低的转速满足系统散热的要求，同时降低换热单元的能耗。图 9－11 所示为艾默生公司某型户外产品采用换热单元调速技术，环境温度与换热单元能耗的关系曲线。

从图 9－11 可看出，随着环境温度的降低，换热单元的耗能随之减少。当环境温度为 20 ℃时，换热单元耗能只是满负荷功耗的 25％，日可节约电能约 1.5 度。

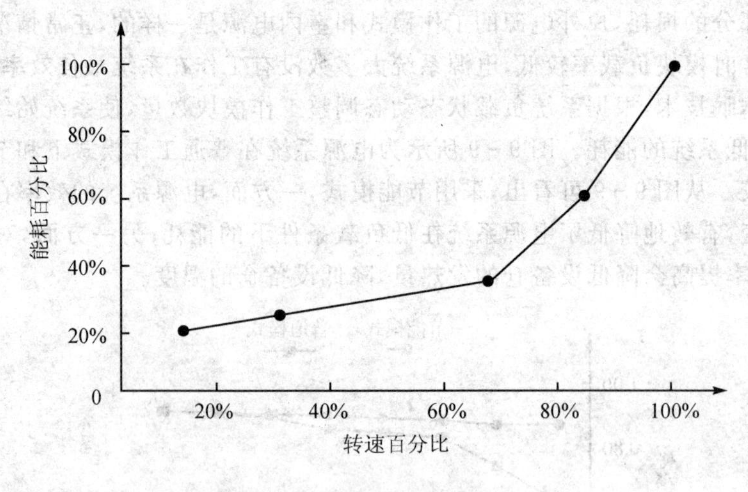

图 9-10 风扇转速与能耗关系

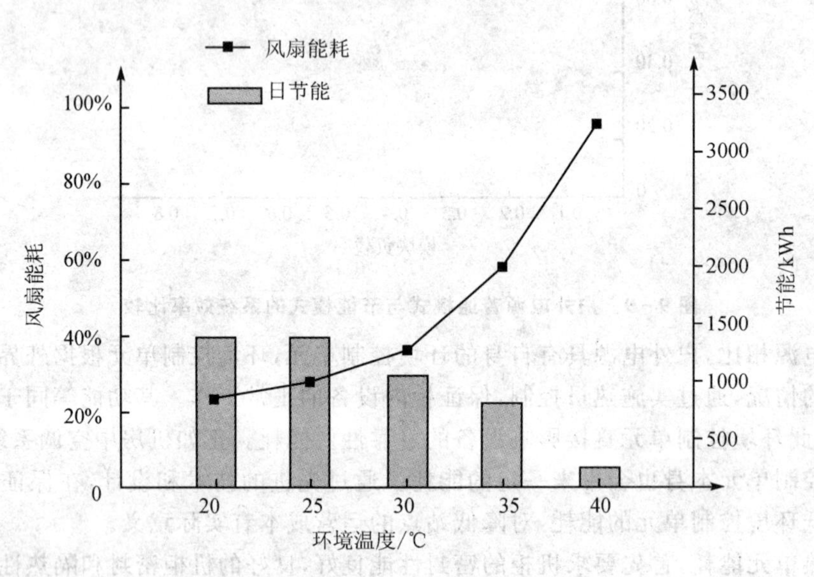

图 9-11 换热单元能耗与环境温度关系

2. 节地技术

节约占地是节能减排的一个重要指标。户外电源主要是满足站点面积小,不方便建站的应用,因此减少占地面积可方便站点寻址并可降低建站成本。如采用 H 型杆或塔架安装时,减少占地面积可以减少配套钢结构的投资,在城市中楼顶或过道安装时,减少占地面积可以减少租金和增加站点选择灵活性。

户外机柜采用全正面维护设计可以在较大程度上减小户外机柜占地面积。图 9-12 是采用不同维护方式的户外电源占地面积的比较。从图中可看出,双面维护的系统要在两面留足维护空间和四周的过道,最低占地面积也需要 2.4 m^2,相比单面维护不到 1 m^2 的占地面积要求,双面维护的柜体显然会增加占地投资和站点选择难度。

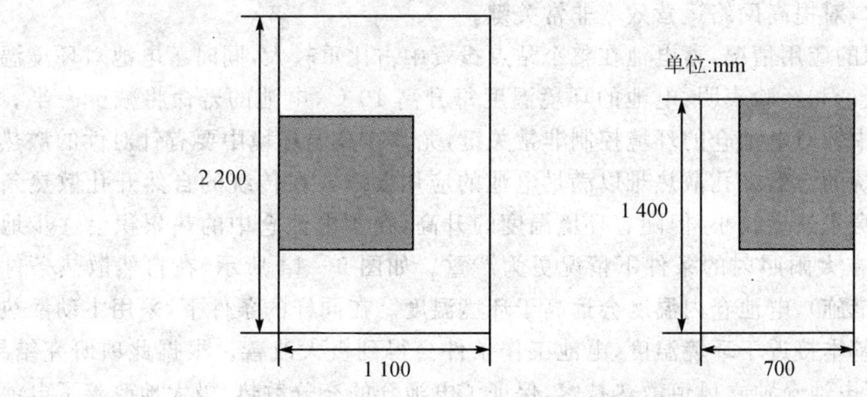

图 9-12　双面维护和正面维护系统占地面积比较

3. 环　保

环保须解决包括材料污染、音频噪声污染及电网污染等方面问题。

考虑当前的电源技术水平和户外电源应用场合,材料污染和音频噪声污染在户外电源设计时需要重点关注。因为多数户外站点位于自然环境优美的地区或者城市人口密集区。因此,系统的材料污染尤其是重金属污染对环境有较大的破坏,音频噪声过大给居民工作生活带来不便,从而影响设备使用。

针对材料污染,欧盟颁布了 RoHS 环保指令,国内信息产业部颁布了《电子信息产品污染控制管理办法》,要求设备不含重金属污染并对设备污染排放控制承诺相关时间。

音频噪声污染主要控制方法是选用低噪声换热单元,同时机柜采用消音措施。研究表明,换热单元调速可有效地降低机柜噪声。图 9-13 是某型户外产品噪声水平与环境温度关系曲线,从曲线可看出,采用调速后,随着环境温度降低,户外柜噪声明显降低。由于夜晚时环境温度变低,因此采用该项技术的设备晚间有更低的噪声水平,非常符合实际应用环境的需要。

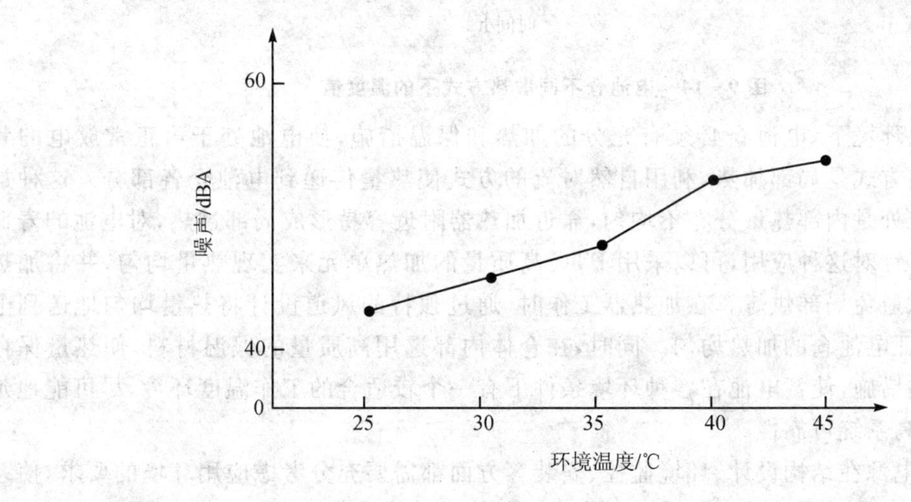

图 9-13　环境温度与噪声

4. 可靠性和维护成本

采用户外电源的站点多数交通不便,维护成本高,因此,通过合理的设计提高系统可靠性,降低站点维护成本，对提高网络运营效率非常关键。

根据户外电源的应用情况，蓄电池在整个站点投资中占比重较大，同时蓄电池对环境温度变化比较敏感。理论和经验表明，电池的环境温度每升高10℃，电池的寿命将减少一半。因此，户外电源设计中针对电池仓的环境控制非常关键，尤其在高温环境中要有针对性的散热措施。研究表明，传统的自然开孔散热难以满足电池的应用要求。在传统的自然开孔散热条件下，虽然蓄电池自身发热量较小，但随着环境温度的升高，在蓄电池仓中的热累积会逐步地升高电池仓的温度，在太阳照射的条件下情况更为严重。如图9-14所示，在自然散热条件下(仓内无主动散热措施)，电池仓内温度会远高于环境温度。在同样的条件下，采用主动散热技术，电池仓内温度基本接近于环境温度，电池工作条件会得到极大改善。根据此项研究结果，艾默生公司开发了电池仓独立风道散热技术，保证了电池仓的充分散热，极大地改善了电池工作温度，延长了电池寿命。

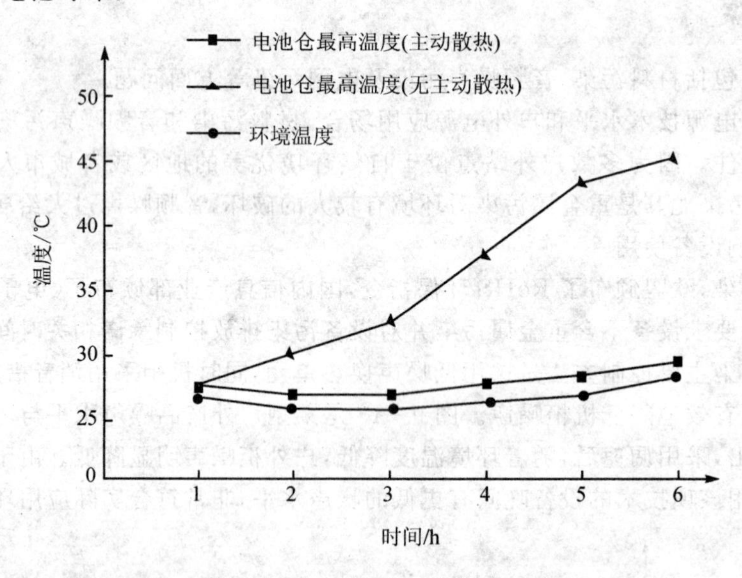

图9-14 电池仓不同散热方式下的温度值

同样在低温环境下，电池仓必须有充分的加热和保温措施，使电池处于可正常放电的状态。传统的加热方式是局部加热，利用自然对流的方式使热量传递到电池仓各部分。这种加热方式的不足之处是内部热量分布不均匀，靠近加热器附近容易形成局部过热，对电池的寿命形成不利影响。针对这种应用，可以采用PTC高质量的加热单元来实现热量均匀，并将加热器离开电池组以避免局部烘烤。在加热器工作时，通过独特的风道设计将热量均匀地送到电池仓各部分，保证电池仓的加热均匀。同时，在仓体内部选用高质量的保温材料，使热量保存持久。通过这些措施，使蓄电池在各种环境条件下有一个较适合的工作温度环境，尽可能地延长电池寿命，提高系统可靠性。

此外，户外电源在结构设计、环境监控、安装等方面都需要充分考虑应用环境的要求，使系统的维护量降到最低。采用节能减排方面的相关技术可以有效地降低站点的投资成本和维护成本，促进整个通信网络的节能增效。

参考文献

[1] 郭炳焜,徐徽等.锂离子电池[M].长沙:中南大学出版社,2002.
[2] 张德胜.应用高频开关电源加快相控电源更新改造[J].电力系统通信,2001(4).
[3] 殷君,薛吉.以太网供电技术的分析和设计[J].低压电器,2007(10)
[4] 蒋路平.风电·光电中的逆变器选择[J].太阳能,2003(5).
[5] 章建峰.逆变器死区时间对输出电压的影响分析[J].电力电子技术,2007(8).
[6] 崔志东,赵艳.高频开关通信电源系统的组成及维护与故障处理[J].通信电源技术,2008(5).
[7] 张少立.通信电源系统的日常维护和一般故障处理[J].电力安全技术,2006(5).
[8] 方舟.通信高频开关电源的现状及展望[J].电源世界,2005(10).
[9] 夏南军,雷卫清.影响阀控电池使用寿命的因素及维护建议[J].江苏通信技术,2006(1).
[10] 李红娟,刘勇.阀控式铅酸蓄电池的使用和维护[J].西北水力发电,2005(2).
[11] 梁雪松.电力系统通信电源系统的维护与管理[J].华北电力技术,2005(1).
[12] 闫保禄.延长UPS电源蓄电池使用寿命的有效措施[J].卫星电视与宽带多媒体,2006(7).
[13] 李平女.影响免维护电池使用寿命的因素分析[J].通化师范学院学报,2005(4).
[14] 曾凡建,龙红建.二滩水电站通信电源系统[J].电力系统通信,2005(1).
[15] 于成伟,李侃平.铅酸蓄电池使用寿命过短的原因及对策[J].汽车运用,2008(5).
[16] 冯卫东.通信电源网络的优化和实践[J].电信技术,2008(9).
[17] 王军.确保3G网络稳定运作的几大要素[J].电源世界,2007(3).
[18] 李京生.浅谈通信电源的发展和管理[J].科技情报开发与经济,2005(8).
[19] 当前我国通信电源市场发展趋势分析[J].电源世界,2005(12).
[20] 浅析通信电源市场的发展趋势[J].电子元器件应用,2005(12).
[21] 孙建平.接入网电源设备的配备与维护[J].电信技术,2002(12).
[22] 石卫涛,孙研,高健.安全、节能的蓄电池容量测试新技术[J].电信工程技术与标准化,2007(6).
[23] 陈镇中.阀控铅酸蓄电池的内阻与剩余容量监测[J].新乡师范高等专科学校校报,2007(5).
[24] 秦大志.结合新规范谈通信局(站)环境动力集中监控系统设计[J].现代电信科技,2008(5).
[25] 胡磊,周永忠,马皓.以太网供电系统及其功率扩展技术研究[J].机电工程,2007(11).
[26] 曹才开.开关电源保护电路的研究[J].继电器,2007(12).
[27] 王俊,李宏波,陈志.浅析交流电源质量问题对通信系统的危害[J].现代通信,2007(3).
[28] 赵海明.通信电源的发展现状[J].内蒙古科技与经济,2006(9).
[29] 陈林,李淑琴,林辉.数字管理技术及电源管理总线[J].电气传动,2007(8).
[30] 黄清平.通信用阀控铅酸蓄电池的充放电控制技术[J].电脑与电信,2007(3).
[31] 孙健.UPS供电系统中蓄电池的使用与维护[J].通信管理与技术,2008(2).
[32] 林伟平.论通信电源开关技术发展情况[J].广东科技,2008(4).
[33] 阮家余.浅析基站开关电源电池保护方式对蓄电池的影响[J].通信电源技术,2007(7).
[34] 何建勋.通信机房节能降耗技术与评估机制的探讨[J].长沙通信职业技术学院学报,2008(3).
[35] 郭敬爱,龚元明,罗俊,杨林.嵌入式系统在蓄电池充电上的应用[J].电子技术,2008(3).
[36] 付丹.电源管理总线数字式电源控制工具[J].电子技术,2006(1).
[37] 陈祝清.电池电量计的原理与计算[J].今日电子,2008(1).
[38] 石为涛,孙研,高健.安全、节能的蓄电池容量测试新技术[J].电信工程技术与标准化,2007(6).
[39] 邱大强,胡兵,李丹丹,唐海英.以太网供电在嵌入式系统中的应用[J].西华大学学报,2008(5).
[40] 陈丽娟.UPS电源的使用及维护[J].卫星电视与宽带多媒体,2007(10).
[41] 卢光源,杨黎.单相在线式UPS的全数字化控制实现[J].电子技术,2007(1).

[42] 郑国青,华伟.新型倍流整流器电路的研究[J].通信电源技术,2002(8).
[43] 褚建立,马骅.以太网供电技术及其应用[J].数字通信世界,2007(4).
[44] Bob White. PMBus——数字电源开放标准协议[J].今日电子,2005(9).
[45] 李敏.电源并联系统数字化均流的研究[J].通信电源技术,2007(3).
[46] A. Wojciech, A. Tabisz, M. Jovanovic, F. Lee, Presentand Future of Distributed Power System[J]. IEEE APEC 1992.
[47] Konstantin P. Louganski, Modeling And Analysis of ADC Power Distribution System in 21st Century Airlifters[J]. September30, 1999, Blacksburg, Virginia.
[48] C. M. Wildrick, F. C. Lee, B. H. Cho, B. Choi. A Method of Defining the Load Impedance Specification for A Stabile Distributed PowerSystem[J]. IEEE, 1993.